"十二五"普通高等教育本科国家级规划教材
普通高等教育"十一五"国家级规划教材

机械制造技术基础

第 2 版

主　编　于骏一　邹　青
参　编　祝佩兴　贾庆祥　曲兴田
主　审　王先逵　王龙山

机械工业出版社

本书是根据机械工程类专业教学指导委员会推荐的指导性教学计划,并结合这几年高校"机械制造技术基础"课教学工作的实际情况修订编写的。

这是一本以机械制造工艺和金属切削原理的基本理论和基本知识为主线,并将与之有关的机床、刀具、夹具等有关内容进行优化整合组建的技术基础课教材。

全书分七章,内容包括绪论、金属切削过程、加工方法及装备、机械加工质量及其控制、工艺规程设计、机床夹具设计和机械制造技术的新发展。

本书取材精炼、说理深入浅出,教材内容与相关实践性教学环节联系紧密、配合默契。

为便于教学和学生自学,本教材配有相应的CAI课件。

本书可供高等工业院校机械设计制造及其自动化、机械工程及自动化、工业工程、热能与动力工程、材料成形及控制工程、农业机械化工程等本科专业师生使用;也可供工厂企业、科研院所从事机械制造、机械设计工作的工程技术人员参考。

图书在版编目(CIP)数据

机械制造技术基础 / 于俊一. 邹青主编. —2版. —北京:机械工业出版社,2009.2(2025.6重印)

"十二五"普通高等教育本科国家级规划教材

普通高等教育"十一五"国家级规划教材

ISBN 978-7-111-13114-4

Ⅰ.机… Ⅱ.①于… ②邹… Ⅲ.机械制造工艺 — 高等学校 — 教材 Ⅳ.TH16

中国版本图书馆 CIP 数据核字(2009)第 010404 号

机械工业出版社(北京市百万庄大街22号 邮政编码 100037)
策划编辑:刘小慧 责任编辑:王勇哲 周璐婷
版式设计:霍永明 责任校对:张晓蓉
封面设计:张 静 责任印制:李 洋
三河市国英印务有限公司印刷
2025 年 6 月第 2 版第 35 次印刷
184mm×260mm · 21.75 印张 · 456 千字
标准书号:ISBN 978-7-111-13114-4
定价:59.80元

电话服务
客服电话:010-88361066
　　　　　010-88379833
　　　　　010-68326294
封底无防伪标均为盗版

网络服务
机 工 官 网:www.cptphook.com
机 工 官 博:weibo.com/cmp1952
金 书 网:www.golden-book.com
机工教育服务网:www.cmpedu.com

第1版前言

"机械制造技术基础"是 1998 年机械工程类专业教学指导委员会推荐设置的一门新的主干技术基础课。通过学习这门课程,要求学生掌握机械制造技术的基本知识和基本理论,为学习后续专业课和做毕业设计或毕业论文打下基础,也为学生毕业后从事机械设计制造工作打下基础。

本书是普通高等教育"十五"国家级规划教材。这是一本以机械制造工艺和切削原理的基本理论和基本知识为主线,将与之有关的机床、刀具、夹具等有关内容进行优化整合组建的技术基础课教材。本书按 70 学时编写。

"优质、高产、低成本"是指导机械制造技术工作的基本原则。机械制造人员的任务就是要在给定的生产条件下,按照预定的供货日期要求,最经济地制造出具有规定质量要求的机器。本教材将着力论述并自始至终贯彻这些原则。

"机械制造技术基础"是一门实践性很强的课程,须有相应的实践性教学环节与之配合。学习本课程前,学生须经"金工实习"环节的培训;学习本课程后,学生要到校外机器制造工厂进行生产实习。为帮助学生消化吸收"机械制造技术基础"课程的基本内容,本课程设有课程设计环节,旨在培养学生设计工艺规程和机床夹具的基本能力。为与生产实习、课程设计等实践性教学环节相配合,本书采用加工方法与常用制造装备相融合的方法,适当充实了加工方法与常用制造装备的内容,并将机床夹具专设一章介绍。

为便于教师教学和学生自学,本教材配有相应的 CAI 课件。

本书由于骏一、邹青任主编。第一章、第五章和第七章由于骏一编写,第二章由祝佩兴编写,第三章由贾庆祥编写,第四章和第六章由邹青编写。全书由清华大学王先逵教授主审;吉林大学王龙山教授、长春理工大学刘薇娜教授、长春工业大学王世龙教授、长春大学曲守平教授、长春工程学院孙伟副教授参加了审稿会,他们对教材书稿提出了许多宝贵意见,在此,谨向他们表示衷心感谢。

限于编者的水平,书中错误或不足之处在所难免,恳请广大读者批评指正。

编 者

第 2 版前言

本书是普通高等教育"十一五"国家级规划教材，它是普通高等教育"十五"国家级规划教材《机械制造技术基础》的修订本。教材修订工作是在总结这几年吉林大学与国内兄弟院校"机械制造技术基础"课教学实践经验的基础上进行的，修订要点为：

1. 根据国务院下发的"振兴装备制造业的几点意见"，修订了第一章第一节的内容。

2. 第三章增设了"圆柱齿轮齿面加工"一节，主要介绍滚齿、插齿、剃齿和磨齿的加工原理和加工方法；此外，第三章还新增了外圆表面车拉工艺和点磨工艺等新工艺内容。

3. 将第1版教材分别在第四章和第六章介绍的"装夹误差"、"定位误差计算"内容，合并到第四章集中介绍。

4. 针对当前制造行业资源消耗大、环境污染严重的情况，根据可持续发展的要求，第七章增设了"绿色制造技术"一节。

5. 受教材篇幅的限制，第二章删去了"单颗磨粒的切屑厚度计算"的内容，第四章删去了"振型耦合型颤振激振条件推导"的内容，第三章删去了"CA6140型车床主轴箱变速操纵机构"的内容。

本书由于骏一、邹青任主编。第一章、第五章和第七章由于骏一编写，第二章由祝佩兴编写，第三章由贾庆祥编写，第四章由邹青和曲兴田编写，第六章由邹青编写，CAI课件由曲兴田编写制作。全书由清华大学王先逵教授和吉林大学王龙山教授主审，他们对教材书稿提出了许多宝贵意见，谨向他们表示衷心感谢。

限于编者的水平，书中错误或不足之处在所难免，恳请读者批评指正。

编 者

目　　录

第 2 版前言
第 1 版前言
第一章　绪论 ··· 1
　　第一节　机械制造工业在发展我国国民经济中的地位与作用 ···················· 1
　　第二节　机械制造厂的生产过程和工艺过程 ···································· 3
　　第三节　生产类型及其工艺特征 ·· 7
　　第四节　基准 ··· 9
　　第五节　工件的装夹与定位 ·· 10
　　学习本章内容的基本要求 ·· 16
　　思考题与习题 ··· 16
第二章　金属切削过程 ··· 18
　　第一节　金属切削刀具基础 ·· 18
　　第二节　金属切削过程中的变形 ·· 28
　　第三节　切屑的类型及控制 ·· 34
　　第四节　切削力 ·· 37
　　第五节　切削热和切削温度 ·· 42
　　第六节　刀具磨损、刀具寿命和切削用量的选择 ···························· 46
　　第七节　刀具几何参数的选择 ··· 57
　　第八节　磨削原理 ··· 59
　　学习本章内容的基本要求 ·· 65
　　思考题与习题 ··· 65
第三章　机械制造中的加工方法及装备 ································· 67
　　第一节　概述 ··· 67
　　第二节　外圆表面加工 ··· 75
　　第三节　孔加工 ·· 93
　　第四节　平面及复杂表面加工 ··· 104
　　第五节　数控机床与数控加工 ··· 111
　　第六节　圆柱齿轮齿面加工 ·· 129
　　第七节　特种加工 ··· 138
　　学习本章内容的基本要求 ·· 145
　　思考题与习题 ··· 146
第四章　机械加工质量及其控制 ·· 148
　　第一节　机械加工精度概述 ·· 148
　　第二节　影响机械加工精度的因素 ··· 150
　　第三节　加工误差的统计分析 ··· 179
　　第四节　机械加工表面质量 ·· 190
　　第五节　机械加工过程中的振动 ·· 198

学习本章内容的基本要求 …………………………………………………… 205
　　思考题与习题 ………………………………………………………………… 205
第五章　工艺规程设计 ……………………………………………………………… 210
　　第一节　概述 ………………………………………………………………… 210
　　第二节　机械加工工艺规程设计 …………………………………………… 211
　　第三节　成组加工工艺规程设计 …………………………………………… 247
　　第四节　计算机辅助机械加工工艺规程设计 ……………………………… 254
　　第五节　机器装配工艺规程设计 …………………………………………… 259
　　第六节　机械产品设计的工艺性评价 ……………………………………… 274
　　学习本章内容的基本要求 …………………………………………………… 280
　　思考题与习题 ………………………………………………………………… 281
第六章　机床夹具设计 ……………………………………………………………… 287
　　第一节　概述 ………………………………………………………………… 287
　　第二节　工件在夹具中的定位 ……………………………………………… 289
　　第三节　工件在夹具中的夹紧 ……………………………………………… 294
　　第四节　典型机床夹具 ……………………………………………………… 303
　　第五节　机床夹具设计方法 ………………………………………………… 314
　　学习本章内容的基本要求 …………………………………………………… 318
　　思考题与习题 ………………………………………………………………… 318
第七章　机械制造技术的新发展 …………………………………………………… 321
　　第一节　超精密加工与纳米加工技术 ……………………………………… 321
　　第二节　机械制造自动化技术 ……………………………………………… 327
　　第三节　快速响应制造技术 ………………………………………………… 332
　　第四节　绿色制造技术 ……………………………………………………… 335
　　学习本章内容的基本要求 …………………………………………………… 337
　　思考题与习题 ………………………………………………………………… 337
参考文献 ……………………………………………………………………………… 338
读者信息反馈表

第一章 绪 论

第一节 机械制造工业在发展我国国民经济中的地位与作用

制造业是国民经济的支柱产业,是国家创造力、竞争力和综合国力的重要体现。它不仅为现代工业社会提供物质基础,为信息与知识社会提供先进装备和技术平台,也是实现军事变革和国防安全的基础[1]。据统计,2005年制造业增加值约占中国 GDP 的 33.3%,工业制成品出口总额占中国出口贸易总额的 94%,我国财政收入的三分之一来自制造业,制造业从业人员占全国工业从业人员总数的 90%[1-3]。

机械装备制造业是制造业中最重要的组成部分之一,它担负着向国民经济和国防建设的各个部门提供机械装备的任务。我国现代化建设的发展速度在很大程度上要取决于机械装备制造业的发展水平,从这个意义上说,加快振兴机械装备制造业是至关重要的。

我国是世界上文化、科学发展最早的国家之一。随着农业和手工业的发展,我国最先应用各种机械作为生产工具。早在公元前 2000 年左右,我国就制成了纺织机械;公元 260 年左右,我们的祖先就创造了木制齿轮,并应用轮系原理制成了水力驱动的谷物加工机械;在明代创造了和现在的铣削加工相类似的机械加工方法。然而后来我们落后了,从资本主义生产方式在欧洲大陆开始发展的 14 世纪起一直到 1949 年中华人民共和国成立这漫长的几百年间,由于封建主义的压迫和帝国主义的侵略,我国的机械制造工业长期处于停滞状态。

旧中国的机械制造工业基础十分薄弱,从 1865 年清朝政府在上海创办江南机械制造局起到 1949 年这 80 多年的时间里,全国只有屈指可数的少数城市有一些机械厂。新中国建立 50 多年来,我国已经建立了一个比较完整的机械工业体系。建国初期,以万吨水压机等为代表的各种重型装备的研制成功,标志着国民经济有了自己的脊梁[4];"两弹一星"和千万吨级露天矿采掘设备、大秦铁路重载列车、宝钢工程设备、30 万 kW 及 60 万 kW 火电机组、三峡发电机组、秦山核电站机组、30 万 t 乙烯成套设备、秦皇岛煤码头设备、正负电子对撞机、500kV 交流输变电设备等重大装备的研制成功，解决了 20 世纪后 20 年我国经济建设中的许多难题，有力地促进了国家重大工程建设，也为以后重大技术装备的研制打下了坚实的基础[5]。目前，全国电力、钢铁、石油、交通、矿山等基础工业部门所拥有的机电装备总量中，约有三分之二是我国自己制造的[5]，其中 12000m 特深井陆地石油钻机、五轴联动数控机床、70 万 kW 水轮发电机组等为代表的一批重大技术装备已达到或接近国际先进水平[1]。2007 年我国生产汽车约 888 万辆，生产金属切削机床约 58 万台（其中数控机床约 12 万台），许多与人民生活密切相关的主要耐用消费机械产品，如电冰箱、家用空调机、摩托车的产量均位居世界前列，我国已崛起成为全球第三制造大国。

新中国用了近 60 年时间走过了工业发达国家 200 年的历程，成就举世瞩目，但与世界先进水平相比，我国机械装备制造业的整体技术水平和国际竞争能力仍有较大差距。我国国民经济建设和高新技术产业所需重大装备的国内自给率目前尚不到 50%[5]，高档制造装备和科学仪器的 90% 要依赖进口[1]；其次，制造业的人均劳动生产率比较低，仅为工业发达国家的十几~二十几分之一[4]；第三，企业对市场需求的快速响应能力不高，我国新产品开发周期平均为 18 个多月，工业发达国家新产品开发周期平均为 4~6 个月[4]；第四，我国制造业仍存在着能源资源消耗高、污染排放严重、自主创新能力薄弱、区域产业结构趋同、服务增值率低、高水平人才短缺等亟待解决的问题[1]。

为加快振兴我国装备制造业（为国民经济各部门简单再生产和扩大再生产提供技术装备的各制造工业的总称，其产业范围包括机械工业和电子工业中的投资类产品），国务院于 2006 年 6 月 19 日在西安市召开了振兴装备制造业工作会议，并以国发〔2006〕8 号文件下发了《国务院关于加快振兴装备制造业的若干意见》。"十一五"以至今后十年振兴机械装备制造业的主要任务是[6]：

1）发展大型清洁高效发电装备，包括百万千瓦级核电机组、超超临界火电机组、燃气—蒸汽联合循环机组、整体煤气化燃气—蒸汽联合循环机组、大型循环流化床锅炉、大型水电机组及抽水蓄能水电站机组、大型空冷电站机组及大功率风力发电机等新型能源装备，满足电力建设需要。

2）开展 1000kV 高压交流和 ±800kV 直流输变电成套设备的研制，全面掌握 500kV 交直流和 750kV 交流输变电关键设备制造技术。

3）以一批大型乙烯项目为国产化依托工程，通过引进先进技术经过再创新以及自主开发，实现百万吨级大型乙烯成套设备和对二甲苯（PX）、对苯二甲酸（PTA）、聚酯成套设备国产化。

4）进行大型煤化工成套设备的研制开发，满足我国能源结构调整的需要。

5）研制大型薄板冷热连轧成套设备及涂镀层加工成套设备，实现成套设备国产化，满足汽车工业和家电等行业的发展需要。

6）发展大型煤炭井下综合采掘、提升和洗选设备以及大型露天矿设备，实现大型综合采掘、提升和洗选设备国产化。

7）开发大型海洋石油工程装备、30 万 t 矿石和原油运输船、海上浮动生产储油轮（FPSO）、10000箱以上集装箱船、液化天然气运输船等大型高技术、高附加值船舶及大功率柴油机等配套装备。

8) 以铁路客运专线、城市轨道交通等项目为依托，通过引进消化吸收先进技术和自主创新相结合，掌握时速200km以上高速列车、新型地铁车辆等装备核心技术，使我国轨道交通装备制造业在较短时间内达到世界先进水平。

9) 发展大气治理、城市及工业污水处理、固体废弃物处理等大型环保装备，以及海水淡化、报废汽车处理等资源综合利用设备，提高环保设备研发制造水平。

10) 满足铁路、水利工程、城市轨道交通等建设项目的需要，加快大断面岩石掘进机等大型施工机械的研制，尽快掌握关键设备制造技术。

11) 发展重大工程自动化控制系统和关键精密测试仪器，满足重点建设工程及其他重大（成套）技术装备高度自动化和智能化的需要。

12) 发展大型、精密、高速数控装备和数控系统及功能部件，改变大型、高精度数控机床大部分依赖进口的现状，满足机械、航空航天等工业发展的需要。

13) 发展新型纺织机械，重点对日产200t以上涤纶短纤维成套设备、高速粘胶长丝连续纺丝机、高效现代化成套棉纺设备、机电一体化剑杆织机和喷气织机等新型成套关键设备进行技术攻关和产业化，促进纺织行业技术升级。

14) 发展新型、大马力农业装备，提高大马力拖拉机、半喂入水稻联合收割机、玉米联合收割机、采棉机等国产化水平和技术档次，改变目前125HP以上拖拉机、新型农业装备主要依赖进口的状况。

15) 发展集成电路关键设备、新型平板显示器件生产设备、电子元器件生产设备、无铅工艺的整机装联设备、数字化医疗影像设备、生物工程和医药生产专用设备等，促进装备制造业全面升级。

16) 发展民用飞机及发动机、机载设备。

机械制造技术是机械制造企业实现产品设计、完成产品生产、保证产品质量、提高经济效益的共性技术和基础技术。在全球范围内，机械制造技术正朝着精密化、自动化、敏捷化和可持续发展方向发展。

同学们在学习"机械制造技术基础"这门课时，都要认真地想一想，在振兴我国机械装备制造业的宏伟事业中我们自己所肩负的历史重任。

第二节 机械制造厂的生产过程和工艺过程

一、生产过程和工艺过程

1. 生产过程

将自然界的物质作成对人们有用的机械装备，需要经历一系列的过程。例如，从矿井里开采矿石，把矿石运到原材料制造厂，经过熔炼变成各种原材料，将原材料送到机械制造厂，采用各种加工方法把它们作成机器零件，再将机器零件装成具有规定性能的机械装备。

机械制造厂一般都从其他工厂取得制造机械装备所需要的原材料或半成品。从原材料（或半成品）进厂，一直到把成品制造出来的各有关劳动过程的总和统称为工厂的生产过程，它包括原材料的运输保管、把原材料作成毛坯、把毛坯作成机器零件、把机器零件装配成机械装备、检验、试车、油漆、包装等。

工厂的生产过程又可按车间分为若干车间的生产过程。甲车间所用的原材料（或半成品），可能是乙车间的成品；而乙车间的成品，又可能是其他车间的原材料（或半成品）。例如，铸造车间或锻造车间的成品是机械加工车间的原材料（或半成品），而机械加工车间的成品又是装配车间的原材料（或半成品）等等。

2．工艺过程

在生产过程中，凡属直接改变生产对象的尺寸、形状、物理化学性能以及相对位置关系的过程，统称为工艺过程；其他过程则称为辅助过程。例如统计报表、动力供应、运输、保管、工具的制造、修理等。当然，把工艺过程从生产过程中划分出来，只能有条件地分到一定程度。例如，在机床上加工一个零件，加工前要把工件装夹到机床上去，加工后要测量它的尺寸等，这些工作虽然不直接改变加工件的尺寸、形状、物理化学性能和相对位置关系，但还是把它们列在工艺过程的范畴之内，因为它们与加工过程密切相关，很难分割。

工艺过程又可分为铸造、锻造、冲压、焊接、机械加工、热处理、装配等工艺过程。"机械制造技术基础"课只讨论机械加工工艺过程和装配工艺过程。铸造、锻造、冲压、焊接等工艺过程在"材料成形技术基础"课程中讨论；热处理工艺过程在"工程材料"课程中讨论。

一个同样要求的零件，可以采用几种不同的工艺过程来加工，但其中总有一种工艺过程在给定的条件下是最合理的，人们把该工艺过程的有关内容用文件的形式固定下来，用以指导生产，这个文件称为工艺规程。

二、工艺过程的组成

1．工序

一个工人或一组工人，在一个工作地对同一工件或同时对几个工件所连续完成的那一部分工艺过程，称为工序。

机械零件的机械加工工艺过程由若干工序组成，毛坯依次通过这些工序，就被加工成合乎图样规定要求的零件。加工图1-1所示零件，其工艺过程可由表1-1所示的五个工序组成。

在同一工序内所完成的工作必须是连续的，例如，磨图1-1所示零件 $\phi 30h6$、$\phi 28h6$ 的圆柱面时，如果粗磨之后，把工件从磨床上卸下来，到高频淬火机上作表面淬火处理，然后再拿到磨床上进行精磨，即使所用磨床还是同一台磨床，粗磨工作和精磨工作都被分别看作是一个独立的工序，如表1-1所示。为什么？因为粗磨工作和精磨工作不是连续完成的。如果粗磨之后不进行

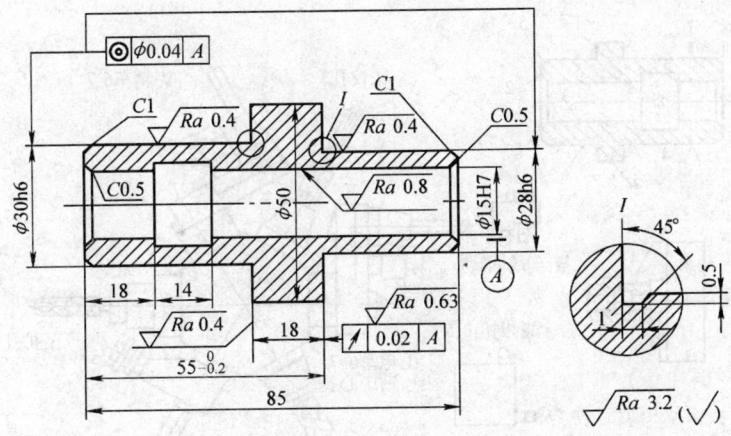

图 1-1 零件图

热处理,也不把工件从磨床上卸下来,而是紧接着就做精磨加工,那么,粗磨和精磨就被看作是一个工序。

表 1-1 工艺过程

工 序 号	工 序 名 称	工 作 地
1	车外圆、端面并加工孔	转塔车床
2	粗磨外圆及端面	外圆磨床
3	热处理	高频淬火机
4	精磨外圆及端面	外圆磨床
5	钳修	钳工台

工序是工艺过程的基本组成部分,工序是制订生产计划和进行成本核算的基本单元。

2. 安装

在同一工序中,工件在工作位置可能只装夹一次,也可能要装夹几次。安装是工件经一次装夹后所完成的那一部分工艺过程。如表 1-1 所列工艺过程的第一道工序,一般都要进行两次装夹,才能把工件上所有的内外表面加工出来。

从减小装夹误差及减少装夹工件所花费的时间考虑,应尽量减少安装次数。

3. 工位

在同一工序中,有时为了减少由于多次装夹而带来的误差及时间损失,往往采用转位工作台或转位夹具来改变工件相对于机床(或刀具)的位置关系。工位是在工件的一次安装中,工件相对于机床(或刀具)每占据一个确切位置所完成的那一部分工艺过程。图 1-2 就是表 1-1 所列工艺过程中第一道工序的第二次安装的加工示意图。它利用转塔车床的转塔刀架、前后方刀架,依次对工件进行粗车外圆、钻中心孔、钻孔、挖槽、倒内孔角、扩孔、精车外圆、铰孔、车端面、倒角等工作。此安装由 9 个工位组成。

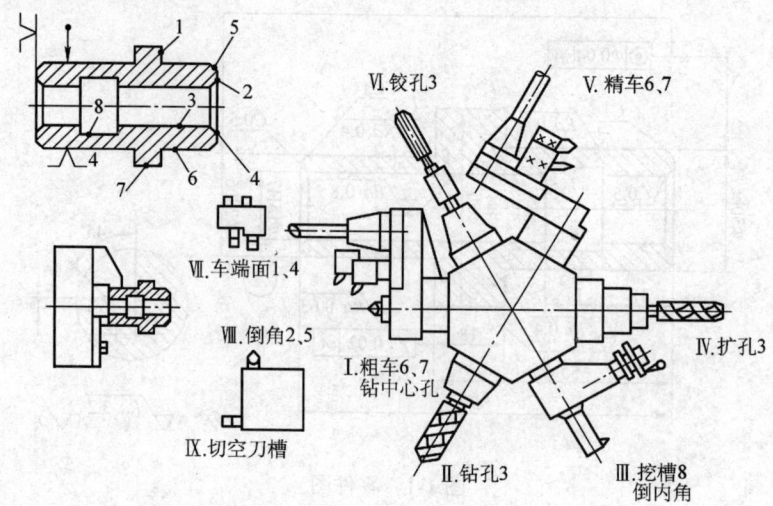

图 1-2 多工位加工

4. 工步

一个工序（或一次安装，或一个工位）中可能需要加工若干个表面，也可能只加工一个表面，但却要用若干把不同的刀具轮流加工，或只用一把刀具，但却要在加工表面上切多次，而每次切削所选用的切削用量不完全相同。工步是在加工表面、切削刀具和切削用量（仅指机床主轴转速和进给量）都不变的情况下所完成的那一部分工艺过程。上述三个要素中（指加工表面、切削刀具和切削用量），只要有一个要素改变了，就不能认为是同一个工步。

为了提高生产效率，机械加工中有时用几把刀具同时加工几个表面，这也被看作是一个工步，称为复合工步。图 1-2 中工位Ⅰ、Ⅴ、Ⅶ的加工情况都是复合工步的加工实例。

为简化工艺文件，工艺上把在同一工件上依次钻若干相同直径的孔看作是一个工步。例如，在尼龙喷丝头上钻几百个直径相同的小孔，如果照套工步的定义，势必认为这个钻孔工序包含有几百个工步，在工艺文件工步内容一栏中就要写上数百个相同的工步名称，这是极为繁琐的。从简化工艺文件考虑，可以把它们看作是一个工步。此种概念在生产中沿用至今，已经成为一种习惯。

5. 走刀

在一个工步中，如果要切掉的金属层很厚，可分为几次切削。每切削一次，就称为一次走刀。图 1-3 所示表面分两次切削就是两次走刀。

综上分析可知，工艺过程的组成是很复杂的。工艺过程由许多工序组成，一个工序可能有几个安装，一个安装可能有几个工位，一个工位可能有几个工步，如此等等。

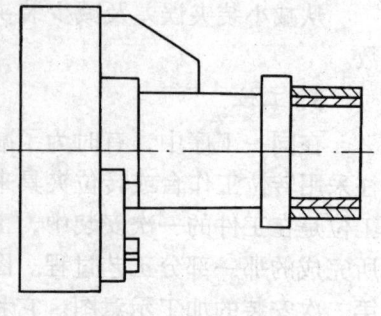

图 1-3 走刀示例

第三节　生产类型及其工艺特征

社会对于机械产品的需求是多种多样的，有些产品结构复杂，有些简单；有些产品技术要求高，比较精密，有些就不那么精密；有些产品社会需求量大，有些则需求量小。根据加工零件的年生产纲领和零件本身的特性（轻重、大小、结构复杂程度、精密程度等），可以参照表1-2、表1-3所列数据，将零件的生产类型划分为单件生产、成批生产和大量生产三种。产品种类很多，同一种产品的数量不多，生产很少重复，此种生产称为单件生产。产品的品种较少，数量很大，每台设备经常重复地进行某一工件的某一工序的生产，此种生产称为大量生产。成批地制造相同零件的生产，称为成批生产。每批制造的相同零件的数量，称为批量。批量可根据零件的年产量及一年中的生产批数计算确定。一年中的生产批数，需根据零件的特征、流动资金的周转速度、仓库容量等具体情况确定。按照批量多少和被加工零件自身的特性，成批生产又可进一步划分为小批生产、中批生产和大批生产。小批生产接近单件生产，大批生产接近大量生产，中批生产介于单件生产和大量生产之间。

表1-2　加工零件的生产类型

生产类型		同种零件的年生产纲领/（件/年）		
		重型零件	中型零件	轻型零件
单件生产		<5	<20	<100
成批生产	小批	5~100	20~200	100~500
	中批	100~300	200~500	500~5000
	大批	300~1000	500~5000	5000~50000
大量生产		>1000	>5000	>50000

表1-2中的重型零件、中型零件、轻型零件，可参考表1-3所列数据确定。

表1-3　不同机械产品各种类型零件的质量范围

机械产品类别	加工零件的质量/kg		
	轻型零件	中型零件	重型零件
电子工业机械	<4	4~30	>30
机床	<15	15~50	>50
重型机械	<100	100~2000	>2000

加工零件的年生产纲领 N 可按下式计算

$$N = Qn(1 + a\%)(1 + b\%)$$

式中　Q——产品的年产量（台/年）；

n——每台产品中该零件的数量（件/台）；

$a\%$——备品率；

$b\%$——废品率。

各种生产类型的工艺特征详见表1-4。

表1-4 各种生产类型的工艺特征

名　称	大量生产	成批生产	单件生产
生产对象	品种较少，数量很大	品种较多，数量较多	品种很多，数量少
零件互换性	具有广泛的互换性，某些高精度配合件用分组选择法装配，不允许用钳工修配	大部分零件具有互换性，同时还保留某些钳工修配工作	广泛采用钳工修配
毛坯制造	广泛采用金属模机器造型、模锻等 毛坯精度高，加工余量小	部分采用金属模造型、模锻等，部分采用木模手工造型、自由锻造 毛坯精度中等	广泛采用木模手工造型、自由锻造 毛坯精度低，加工余量大
机床设备及其布置	采用高效专用机床、组合机床、可换主轴箱（刀架）机床、可重组机床 采用流水线或自动线进行生产	部分采用通用机床，部分采用数控机床、加工中心、柔性制造单元、柔性制造系统 机床按零件类别分工段排列	广泛采用通用机床，重要零件采用数控机床或加工中心，机床按机群布置
获得规定加工精度的方法	在调整好的机床上加工	一般是在调整好的机床上加工，有时也用试切法	试切法
装夹方法	高效专用夹具装夹	夹具装夹	通用夹具装夹，找正装夹
工艺装备	广泛采用高效率夹具、量具或自动检测装置，高效复合刀具	广泛采用夹具、通用刀具、万能量具，部分采用专用刀具、专用量具	广泛采用通用夹具、量具和刀具
对工人要求	调整工技术水平要求高，操作工技术水平要求不高	对工人技术水平要求较高	对工人技术水平要求高
工艺文件	工艺过程卡片，工序卡片，检验卡片	一般有工艺过程卡片，重要工序有工序卡片	只有工艺过程卡片

由表1-4可知，不同的生产类型具有不同的工艺特征。在制订零件机械加工工艺规程时，必须首先确定生产类型，生产类型确定之后，工艺过程的总体轮廓就勾画出来了。

在同一个工厂中，可能同时存在几种不同生产类型的生产，例如，长春第一汽车集团公司是一个大量生产性质的企业，但是它的工具分厂却是成批生产性质的分厂。即使是在同一个分厂中，也可能同时存在着不同生产类型的生产，例如，长春第一汽车集团公司的发动机分厂是大量生产性质的分厂，可是它的杂件车间却是成批生产性质的车间。判断一个工厂（或一个车间）的生产类型应根据该厂（或车间）的主要工艺过程的性质来确定。

一般说,生产同样一个产品,大量生产要比成批生产、单件生产的生产效率高,成本便宜,性能稳定,质量可靠。但是社会对不同机械产品的需求量有多有少,有没有可能对那些社会需求量不多的产品按照规模生产的方式组织生产呢?可能性是有的,出路在于产品结构的标准化、系列化,如果产品结构的标准化、系列化系数能达到70%~80%以上,即使在各类产品生产数量不大的条件下也能组织区域性的(例如东北地区、华东地区等)、专业化的大批量生产,可以取得很高的经济效益。此外,推行成组技术,组织成组加工,也可使在大批量生产中被广泛采用的高效率加工方法和设备应用到中小批量生产中。

第四节 基 准

用来确定生产对象几何要素间几何关系所依据的那些点、线、面,称为基准。基准可分为设计基准和工艺基准两大类。

一、设计基准

设计图样上标注设计尺寸所依据的基准,称为设计基准。图1-4a中,A与B互为设计基准;图1-4b中,$\phi 40mm$外圆是$\phi 60mm$外圆的设计基准;图1-4c中,平面1是平面2与孔3的设计基准,孔3是孔4和孔5的设计基准;图1-4d中,内孔$\phi 30H7$的中心线是内孔$\phi 30H7$、齿轮分度圆$\phi 48mm$和顶圆$\phi 50h8$的设计基准。

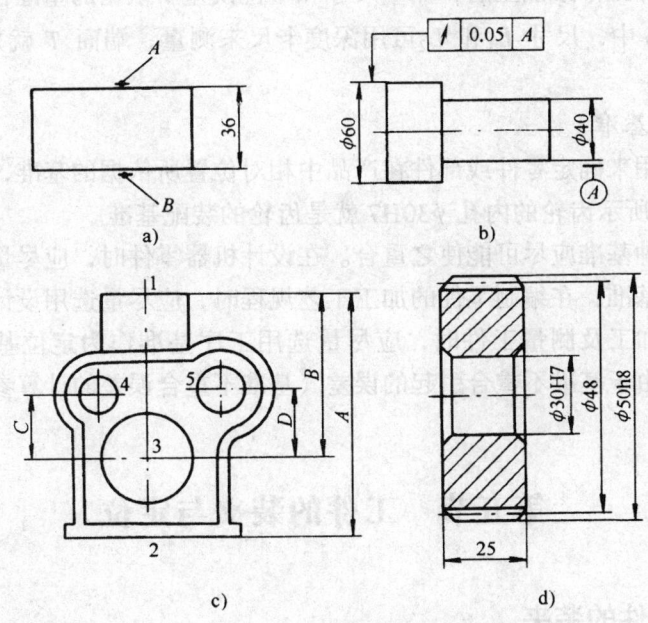

图1-4 设计基准示例

二、工艺基准

工艺过程中所使用的基准，称为工艺基准。按其用途不同，又可分为工序基准、定位基准、测量基准和装配基准。

1. 工序基准

在工序图上用来确定本工序加工表面尺寸、形状和位置所依据的基准，称为工序基准（又称原始基准）。图1-5是一个工序简图，图中端面 C 是端面 T 的工序基准，端面 T 是端面 A、B 的工序基准，孔中心线为外圆 D 和内孔 d 的工序基准。为减少基准转换误差，应尽量使工序基准和设计基准重合。

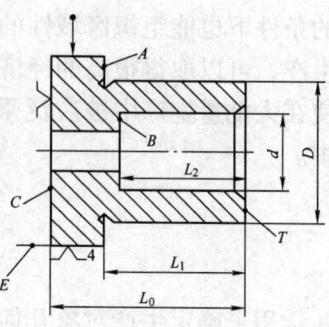

图1-5 工序简图

2. 定位基准

在加工中用作定位的基准，称为定位基准。作为定位基准的点、线、面，在工件上有时不一定具体存在（例如，孔的中心线、轴的中心线、平面的对称中心面等），而常由某些具体的定位表面来体现，这些定位表面就称为定位基面。例如，在图1-5中，工件被夹持在三爪自定心卡盘上，车外圆 D 和镗内孔 d，此时被加工尺寸 D 和 d 的设计基准和定位基准皆为中心线，定位基面为外圆面 E。

3. 测量基准

工件在加工中或加工后，测量尺寸和形位误差所依据的基准，称为测量基准。在图1-5中，尺寸 L_1 和 L_2 可用深度卡尺来测量，端面 T 就是端面 A、B 的测量基准。

4. 装配基准

装配时用来确定零件或部件在产品中相对位置所依据的基准，称为装配基准。图1-4d所示齿轮的内孔 $\phi 30H7$ 就是齿轮的装配基准。

上述各种基准应尽可能使之重合。在设计机器零件时，应尽量选用装配基准作为设计基准；在编制零件的加工工艺规程时，应尽量选用设计基准作为工序基准；在加工及测量工件时，应尽量选用工序基准作为定位基准及测量基准；以消除由于基准不重合引起的误差（基准不重合误差的计算参见第四章第二节）。

第五节 工件的装夹与定位

一、工件的装夹

在机床上加工工件时，为使工件在该工序所加工表面能达到规定的尺寸与形位公差要求，在开动机床进行加工之前，必须使工件在夹紧之前就相对于机床占有某一正确的位置，此过程称为定位。工件在定位之后还不一定能承受外力的作用，为了使工件在加工过程中总能保持其正确位置，还必须把它压紧，此过程称为夹紧。工件的装夹过程就是定位过程和夹紧过程的综合。

定位的任务是使工件相对于机床占有某一正确的位置，夹紧的任务则是保持工件的定位位置不变。

定位过程与夹紧过程都可能使工件偏离所要求的正确位置而产生定位误差与夹紧误差。定位误差与夹紧误差之和称为装夹误差。

工件装夹有找正装夹和夹具装夹两种方式。找正装夹又可分为直接找正装夹和划线找正装夹。

1. 直接找正装夹

用划针、千分表直接按工件表面找正工件的位置并夹紧，称为直接找正装夹。图1-6所示为在车床上用四爪单动卡盘装夹工件镗工件内孔的示意图，要求内孔与外圆面同轴。装夹时，工件用卡盘的四个爪夹住，旋转机床主轴，用千分表检查外圆面的偏摆方向，并相应调整卡盘上四个爪的位置，使外圆表面的径向圆跳动至允差范围内。

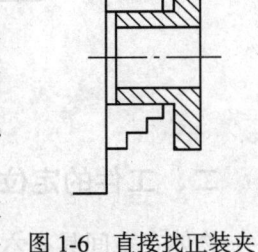

图1-6 直接找正装夹

直接找正装夹效率低，对操作工人技术水平要求高，但如用精密检具细心找正，就可以获得很高的定位精度（0.010~0.005mm）。这种方法多用于单件小批生产或装夹精度要求特别高的场合。

2. 划线找正装夹

根据零件图要求，在工件上划出中心线、对称线和待加工面的轮廓线、找正线，然后按找正线找正工件在机床上的位置并夹紧，这种装夹方法称为划线找正装夹。

与直接找正装夹方法相比，划线找正方法增加了一道技术水平要求高且费工费事的划线工序，生产效率低；此外，由于所划线条自身就有一定宽度，故其找正误差大（0.2~0.5mm）。划线找正装夹方法多用于单件小批生产中难以用直接找正方法装夹的、形状较为复杂的铸件或锻件。

3. 夹具装夹

产量较大时，无论是划线找正装夹，还是直接找正装夹，均不能满足生产率要求。这时，一般均需用夹具来装夹工件。夹具事先按一定要求安装在机床上，工件按要求装夹在夹具上，不需找正就可进行加工。图1-7所示为一钻孔夹具，只要把图中用细双点画线表示的、工件直径为 ϕA 和 ϕB 的两个定位基面孔分别插入心轴1和定位销7，再压紧螺母2，即可将工件夹紧在心轴上。

使用夹具装夹工件，不仅可以保证装夹精度，而且可以显著提高装夹效率，还可减轻工人的劳动强度，对工人技术水平要求也不高。成批生产和大量生产中广泛采用夹具装夹工件。本书第六章将专门讨论机床夹具设计方法。

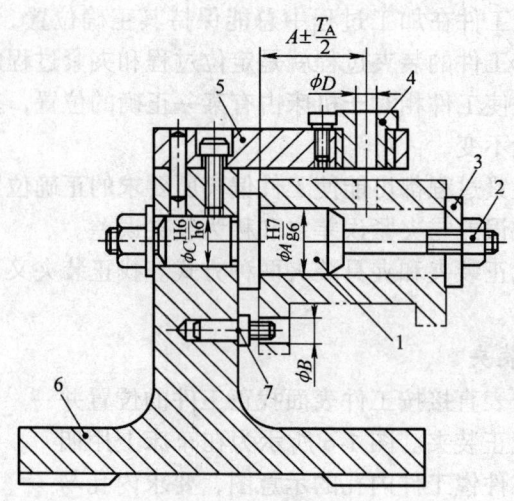

图 1-7　夹具装夹示例
1—心轴　2—压紧螺母　3—垫圈　4—钻套
5—钻模板　6—夹具体　7—定位销

二、工件的定位

物体在空间具有六个自由度，即沿三个坐标轴的移动（分别用符号 $\vec{x}$、$\vec{y}$ 和 $\vec{z}$ 表示）和绕三个坐标轴的转动（分别用 $\hat{x}$、$\hat{y}$ 和 $\hat{z}$ 表示）。如果完全限制了物体的这六个自由度，则物体在空间的位置就完全确定了。

工件的定位应使工件在空间相对于机床占有某一正确的位置，这个正确位置是根据工件的加工要求确定的。为了达到某一工序的加工要求，有时不一定要完全限制工件的六个自由度。例如，在图 1-8 所示工件上铣一个通槽，其加工要求为：①槽底到工件底面 A 的尺寸为 $a_{-T_a}^{\;\;0}$，并要求槽底与工件底面 A 平行；②槽侧面到工件侧面 B 的尺寸为 $b_{-T_b}^{\;\;0}$，并要求槽侧面与侧面 B 平行。为保证要求①，工件的底面 A 应放置在与铣床工作台面相平行的平面上定位，三点可以决定一个平面，这就相当于在工件的底面 A 上设置了三个支承点，它限制了工件 $\vec{z}$、$\hat{y}$ 和 $\hat{x}$ 三个自由度；为保证要求②，工件的侧面 B 应紧靠与铣床工作台纵向进给方向相平行的某一直线，两点可以决定一条直线，这就相当于让工件侧面靠在两个支承点上，它限制了工件 $\vec{x}$ 和 $\hat{z}$ 两个自由度。限制了上述 $\vec{x}$、$\vec{z}$、$\hat{x}$、$\hat{y}$、$\hat{z}$ 五个自由度，就可以保证图1-8 所示工件的加工要求。工件沿 y 方向的移动自由度 $\vec{y}$ 可以不加限制。

综上分析可知，欲使工件在空间处于完全确定的位置，就必须选用与加工件相

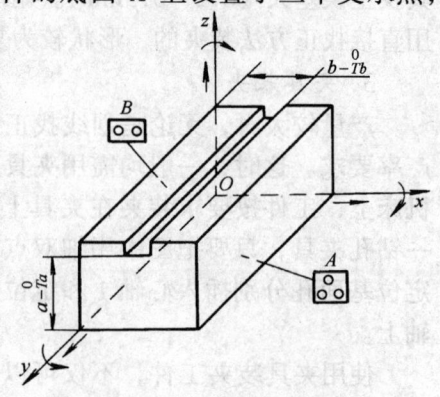

图 1-8　定位分析示例

适应的六个支承点来限制工件在空间的六个自由度,这就是工件定位的六点定位原理。但工件加工不一定非要使工件的位置达到完全确定的程度,如图1-8所示加工实例,按照铣槽工序的加工要求,只需限制五个自由度就足够了。工件在机床夹具上定位究竟需要限制哪几个自由度,可根据工序的加工要求确定。

分析工件定位所限制的自由度数时,必须把定位与夹紧区别开来。在图1-8所示加工实例中,工件限制了五个自由度,$\vec{y}$自由度可以不限制;但工件在夹紧后沿 y 轴确实是不能再移动了,这能不能说 $\vec{y}$ 自由度也被限制了呢?不能这样认为,因为工件相对于机床的定位位置是在夹紧动作之前确定的,夹紧的任务只是保持原先的定位位置不变。

工件加工所需限制的所有自由度必须全部限制,否则就会产生欠定位现象。在上例中,铣槽工序需限制 $\vec{x}$、$\vec{z}$、$\hat{x}$、$\hat{y}$、$\hat{z}$ 五个自由度,如果在工件侧面 B 上只放置一个支承点,则工件的 $\hat{z}$ 自由度就未加限制,加工出来的工件就不能满足尺寸 $b-^0_{\delta}$ 的要求,也不能满足槽侧面须与工件侧面 B 平行的要求,欠定位的情况是不允许的。

工件定位是通过定位元件来实现的,在选择定位元件时,原则上不允许出现几个定位元件同时限制工件某一自由度的情况。几个定位元件重复限制工件某一自由度的定位现象,称为过定位。例如,在滚齿机上加工齿轮时,工件是以孔和它的一个端面作为定位基面装夹在滚齿机心轴1和支承凸台3上的(图1-9),心轴1限制了工件的 $\vec{x}$、$\vec{y}$、$\hat{x}$、$\hat{y}$ 4个自由度,支承凸台3限制了工件的 $\vec{z}$、$\hat{x}$、$\hat{y}$ 三个自由度,心轴1和支承凸台3同时重复限制了工件的 $\hat{x}$ 和 $\hat{y}$ 两个自由度,出现了过定位现象。一般来说,滚齿机心轴轴线与支承凸台平面的垂直度误差是很小的,而被加工工件孔中心线与端面的垂直

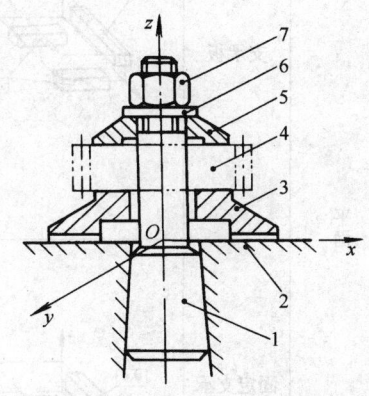

图1-9 过定位分析示例
1—心轴 2—工作台 3—支承凸台
4—工件 5—压块 6—垫圈
7—压紧螺母

度误差则较大;工件以内孔定位装在滚齿机心轴1中并用螺母7将工件4压紧在支承凸台3上后,会使机床心轴产生弯曲变形或使工件产生翘曲变形。出现过定位情况,通常会使加工误差增大。在研究确定定位方案时,原则上不允许出现某一自由度出现重复限制的情况;只有在需要增强工件系统的刚度而各定位面间又具有较高位置精度的条件下才允许采用过定位定位方案。对于图1-9所示的过定位定位方式,为减小由于过定位引起的心轴弯曲或工件翘曲误差,通常要求定位孔与定位端面应相互垂直。

表1-5列出了常见的几种定位方式所限制的自由度。

表 1-5 常见典型定位方式所限制的自由度

工件定位基面	定位元件	定位方式及所限制的自由度	工件定位基面	定位元件	定位方式及所限制的自由度
平面	支承钉		圆孔	定位销（心轴）	
	支承板				
	固定支承与自位支承			锥销	
	固定支承与辅助支承				

(续)

工件定位基面	定位元件	定位方式及所限制的自由度	工件定位基面	定位元件	定位方式及所限制的自由度
外圆柱面	支承板或支承钉		外圆柱面	半圆孔	
	V形块			锥套	
	定位套		锥孔	顶尖	
				锥心轴	

注：□内点数表示相当于支承点的数目；□外注表示定位元件所限制工件的自由度。

学习本章内容的基本要求

1) 深入理解机械制造工业在发展我国国民经济中的地位与作用。

2) 了解建国近 60 年来我国在发展机械制造工业方面所取得的成绩和当前存在的主要问题。

3) 了解"十一五"以至今后 10 年振兴装备制造业的主要任务。

4) 了解机械制造技术的发展方向。

5) 熟悉了解生产过程和工艺过程的概念，能够准确地判别生产过程中的哪些生产活动属于工艺过程，哪些生产活动不属于工艺过程。

6) 熟悉了解工艺过程每个组成的定义。

7) 熟悉了解三种不同生产类型的工艺特征，能根据生产零件的生产纲领和零件本身的特征确定生产类型。

8) 熟悉了解设计基准、装配基准、工序基准、定位基准和测量基准的概念。

9) 掌握工件定位的六点定位原理，消化理解表 1-5 所列常见典型定位方式和定位元件所限制的自由度。

10) 熟悉了解欠定位和过定位的基本概念。

思考题与习题

1-1 什么是生产过程、工艺过程和工艺规程？

1-2 什么是工序、工位、工步和走刀？试举例说明。

1-3 什么是安装？什么是装夹？它们有什么区别？

1-4 单件生产、成批生产、大量生产各有哪些工艺特征？

1-5 试为某车床厂丝杠生产线确定生产类型。生产条件如下：加工零件为普通车床丝杠（长为 1617mm，直径为 40mm，丝杠精度等级为 8 级，材料为 Y40Mn），车床年产量为 5000 台，备品率为 5%，废品率为 0.5%。

1-6 什么是工件的定位？什么是工件的夹紧？试举例说明。

1-7 什么是工件的欠定位？什么是工件的过定位？试举例说明。

1-8 试举例说明什么是设计基准、工艺基准、工序基准、定位基准、测量基准和装配基准。

1-9 有人说："工件在夹具中装夹，只要有 6 个定位支承点就是完全定位"，"凡是少于 6 个定位支承点，就是欠定位"，"凡是少于 6 个定位支承点，就不会出现过定位"。上面这些说法都对吗？为什么？试举例说明。

1-10 分析图 1-10 所示工件（图中工件用细双点画线绘制）的定位方式，回答以下问题：1) 各定位元件所限制的自由度；2) 判断有无欠定位或过定位现象，为什么？图中加工面用粗黑线标出。图 1-10a、b、d、e 为车外圆工序，图 1-10c 为钻孔工序，图 1-10f 为镗孔工序，图 1-10g 为钻大头孔工序，图 1-10h 为铣两端面工序。

1-11 分析图 1-11 所示工件为满足加工要求所需限制的自由度。先选定位基面然后在定位基面上标出所限制的自由度，其画法如图 1-8 所示。图中粗黑线为加工面。

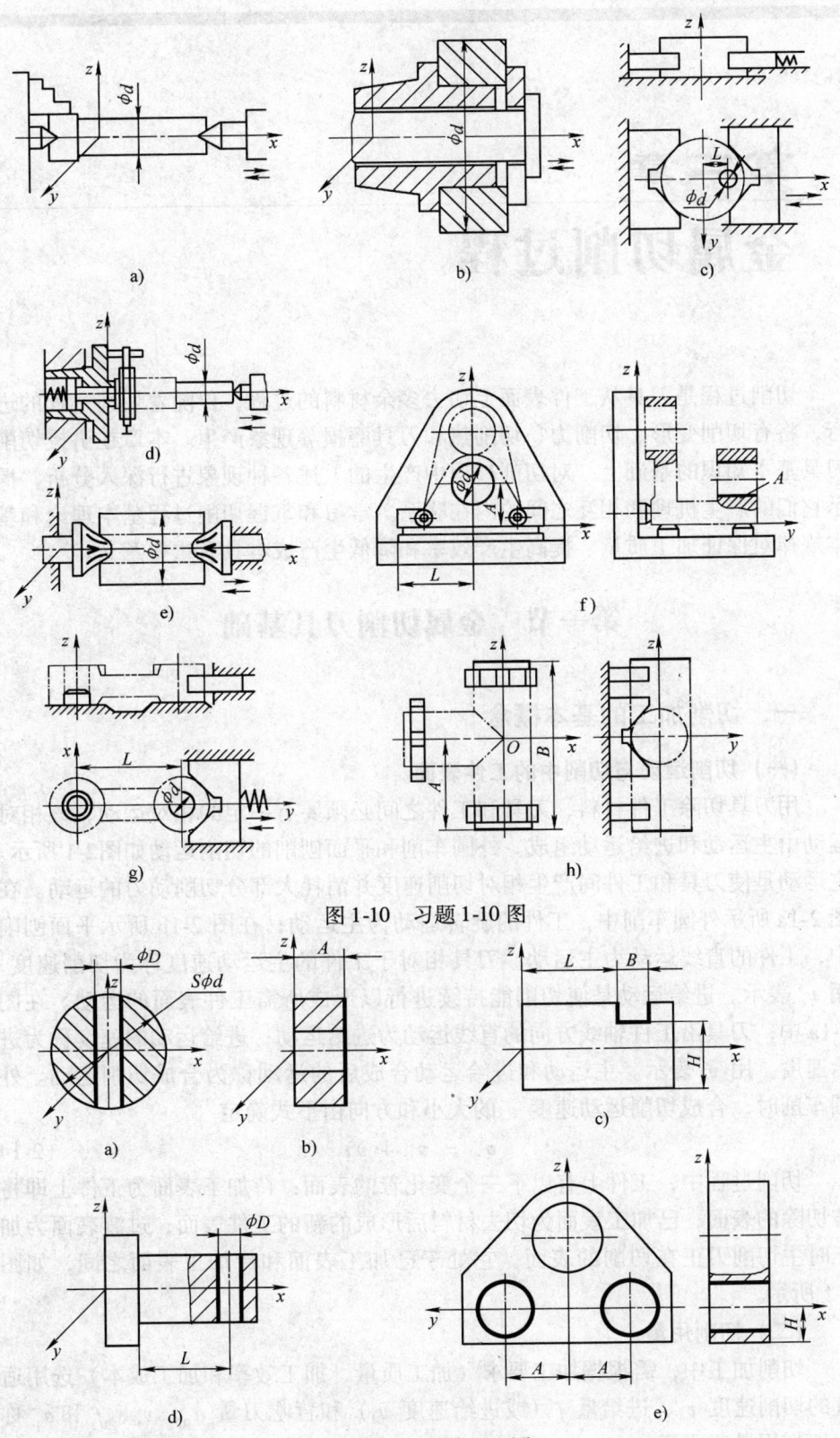

图 1-10　习题 1-10 图

图 1-11　习题 1-11 图

第二章 金属切削过程

切削过程是刀具从工件表面上切去多余材料的过程,伴随着切削过程的进行,将有切削变形、切削力、切削热和刀具磨损等现象产生。本章在讲授切削刀具基本知识的基础上,对切削过程中产生的上述各种现象进行深入分析,揭示它们的产生机理和相互之间的内在联系。学习和掌握切削过程基本理论和基本规律对保证加工质量、提高生产效率和降低生产成本具有重要意义。

第一节 金属切削刀具基础

一、切削加工的基本概念

(一)切削运动与切削中的工件表面

用刀具切除工件材料,刀具和工件之间必须要有一定的相对运动,该相对运动由主运动和进给运动组成。外圆车削和平面刨削的切削运动如图2-1所示。主运动是使刀具和工件间产生相对切削速度并消耗大部分切削动力的运动。在图2-1a所示外圆车削中,工件的旋转运动为主运动;在图2-1b所示平面刨削中,工件的直线运动为主运动。刀具相对于工件的主运动速度称为切削速度,用 v_c 表示。进给运动是使切削能持续进行以形成所需工件表面的运动。在图2-1a中,刀具沿工件轴线方向的直线运动为进给运动;进给运动的速度称为进给速度,用 v_f 表示。主运动和进给运动合成后的运动称为合成切削运动。外圆车削时,合成切削运动速度 v_e 的大小和方向由下式确定

$$v_e = v_c + v_f \tag{2-1}$$

切削过程中,工件上有以下三个变化着的表面:待加工表面为工件上即将被切除的表面;已加工表面为切去材料后形成的新的工件表面;过渡表面为加工时主切削刃正在切削的表面,它处于已加工表面和待加工表面之间,如图2-1所示。

(二)切削用量

切削加工中,需根据加工要求(加工质量、加工效率和加工成本)选用适宜的切削速度 v_c、进给量 f(或进给速度 v_f)和背吃刀量 a_p,v_c、f 和 a_p 称为切削用量三要素。

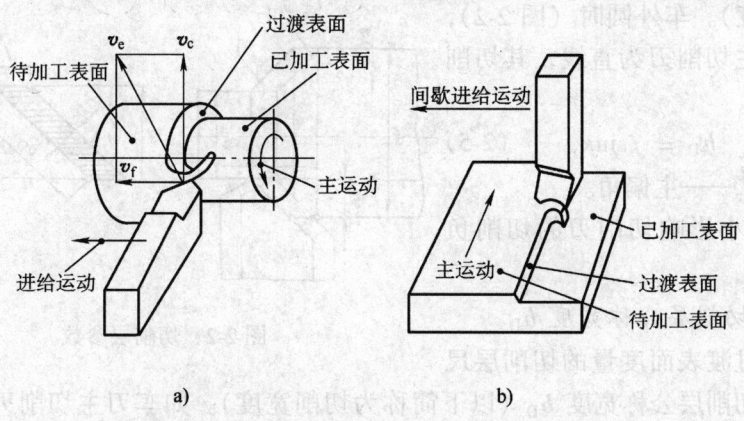

图 2-1 外圆车削和平面刨削的切削运动与加工表面

1. 切削速度 v_c（m/s 或 m/min）

切削刃相对于工件的主运动速度称为切削速度。计算切削速度时，应选取切削刃上速度最高的点进行计算。主运动为旋转运动时，切削速度由下式确定

$$v_c = \frac{\pi d n}{1000} \tag{2-2}$$

式中　d——工件（或刀具）的最大直径（mm）；
　　　n——工件（或刀具）的转速（r/s 或 r/min）。

2. 进给量 f

工件或刀具转一周（或每往复一次），两者在进给运动方向上的相对位移量称为进给量，其单位为 mm/r（或 mm/双行程）。对于铣刀、铰刀、拉刀等多齿刀具，还规定每刀齿进给量 f_z，单位为 mm/z。进给速度 v_f、进给量 f 和每齿进给量 f_z 之间的关系为

$$v_f = nf = nzf_z \tag{2-3}$$

式中　z——刀齿数。

3. 背吃刀量 a_p（mm）

背吃刀量为工件已加工表面和待加工表面间的垂直距离。外圆车削的背吃刀量（参见图 2-2）

$$a_p = \frac{d_w - d_m}{2} \tag{2-4}$$

式中　d_w——工件上待加工表面直径（mm）；
　　　d_m——工件上已加工表面直径（mm）。

（三）切削层参数

切削刃在一次走刀中从工件上切下的一层材料称为切削层。切削层的截面尺寸参数称为切削层参数。切削层参数通常在与主运动方向相垂直的平面内观察和度量。

1. 切削层公称厚度 h_D

垂直于过渡表面度量的切削层尺寸称为切削层公称厚度 h_D（以下简称为

切削厚度)。车外圆时（图2-2），如车刀主切削刃为直线，其切削厚度

$$h_D = f\sin\kappa_r \quad (2\text{-}5)$$

式中 κ_r——主偏角。

h_D 的大小影响切削刃的切削负荷。

2. 切削层公称宽度 b_D

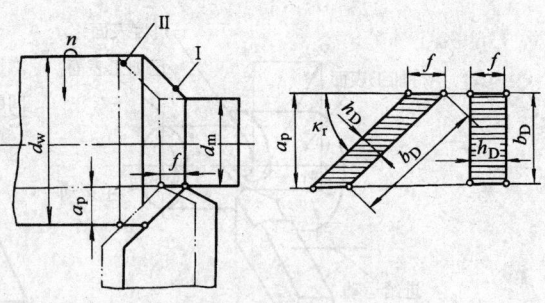

图2-2 切削层参数

沿过渡表面度量的切削层尺寸称为切削层公称宽度 b_D（以下简称为切削宽度）。如车刀主切削刃为直线，其切削宽度

$$b_D = \frac{a_p}{\sin\kappa_r} \quad (2\text{-}6)$$

b_D 值反映了切削刃参加切削的工作长度。

3. 切削层公称横截面积 A_D

切削层在切削层尺寸度量平面内的横截面积称为切削层公称横截面积 A_D（以下简称为切削面积）。对于车削，切削面积

$$A_D = h_D b_D = f a_p \quad (2\text{-}7)$$

二、刀具角度

切削刀具的种类繁多，结构各异，但是各种刀具的切削部分具有共同的特征。外圆车刀是最基本、最典型的刀具，车刀的切削部分与其他各种刀具刀齿上的切削部分是基本相同的。下面以外圆车刀为例，给出刀具几何参数的有关定义。

（一）刀具切削部分的构造

刀具上承担切削工作的部分称为刀具的切削部分，如图2-3所示。外圆车刀的切削部分由以下六个基本结构要素构造而成：

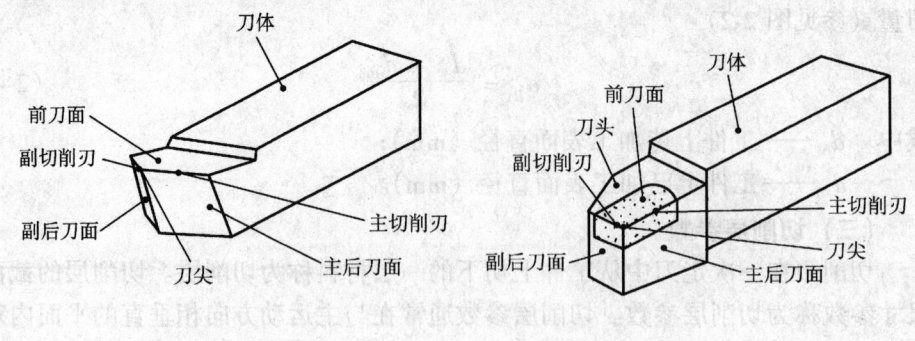

图2-3 外圆车刀的切削部分

(1) 前刀面　切屑沿其流出的刀具表面。

(2) 主后刀面　与工件上过渡表面相对的刀具表面。

(3) 副后刀面　与工件上已加工表面相对的刀具表面。

(4) 主切削刃　前刀面与主后刀面的交线，它承担主要切削工作，也称为主刀刃。

(5) 副切削刃　前刀面与副后刀面的交线，它协同主切削刃完成切削工作，并最终形成已加工表面，也称为副刀刃。

(6) 刀尖　连接主切削刃和副切削刃的一段刀刃，它可以是一段小的圆弧，也可以是一段直线。

通常将刀具只有一条直线主切削刃参与切削的切削过程，称为自由切削；将曲线刃参与切削或主、副切削刃同时参与切削的切削过程，称为非自由切削，图 2-1 所示两种工况均为非自由切削。

（二）刀具的标注角度

1. 刀具标注角度的参考系

刀具要从工件上切除材料，就必须具有一定的切削角度。切削角度决定了刀具切削部分各表面之间的相对位置。为了确定和测量刀具的角度，此处引入一个由以下三个参考平面组成的空间坐标参考系。组成刀具标注角度参考系的各参考平面定义如下：

(1) 基面 p_r　通过主切削刃上某一指定点，并与该点切削速度方向相垂直的平面。

(2) 切削平面 p_s　通过主切削刃上某一指定点，与主切削刃相切并垂直于该点基面的平面。

(3) 正交平面 p_o　通过主切削刃上某一指定点，同时垂直于该点基面和切削平面的平面。

上述三个参考平面是互相垂直的，由它们组成的刀具标注角度参考系称为正交平面参考系，如图 2-4 所示。除正交平面参考系外，常用的标注刀具角度的参考系还有法平面参考系、背平面和假定工作平面参考系。

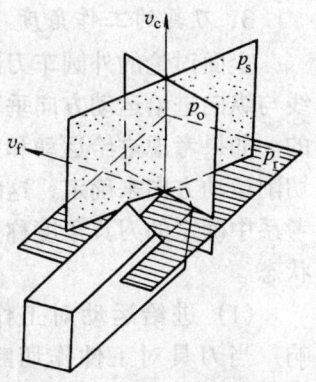

图 2-4　正交平面参考系

2. 刀具的标注角度

在刀具标注角度参考系中测得的角度称为刀具的标注角度。标注角度应标注在刀具的设计图中，用于刀具制造、刃磨和测量。在正交平面参考系中，刀具的主要标注角度有以下五个（图 2-5），其定义如下：

(1) 前角 γ_o　在正交平面内测量的前刀面和基面间的夹角。前刀面在基面之下时前角为正值，前刀面在基面之上时前角为负值。

(2) 后角 α_o　在正交平面内测量的主后刀面与切削平面间的夹角，一般为正值。

(3) 主偏角 κ_r　在基面内测量的主切削刃在基面上的投影与进给运动方

向间的夹角。

(4) 副偏角 κ_r' 在基面内测量的副切削刃在基面上的投影与进给运动反方向间的夹角。

(5) 刃倾角 λ_s 在切削平面内测量的主切削刃与基面之间的夹角。在主切削刃上，刀尖为最高点时刃倾角为正值，刀尖为最低点时刃倾角为负值。主切削刃与基面平行时，刃倾角为零。以刃倾角为零的刀具进行切削时，主切削刃与切削速度方向垂直，称作直角切削；以刃倾角不等于零的刀具进行切削时，主切削刃与切削速度方向不垂直，称作斜角切削。

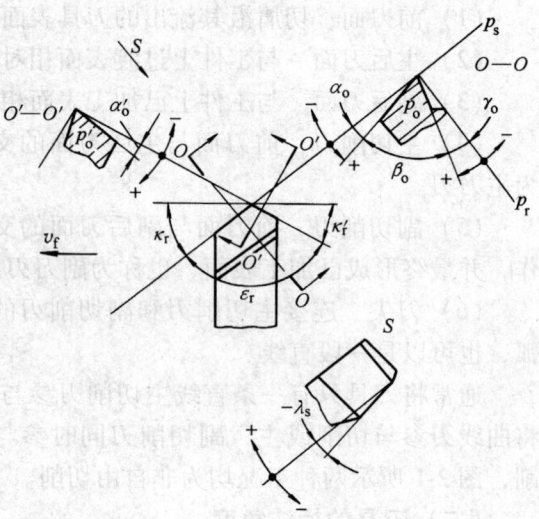

图 2-5 车刀在正交平面参考系中的标注角度

要完全确定车刀切削部分所有表面的空间位置，还需标注副后角 α_o'，副后角 α_o' 确定副后刀面的空间位置。

3. 刀具的工作角度

上面讨论的外圆车刀的标注角度，是在忽略进给运动的影响并假定刀杆轴线与纵向进给运动方向垂直以及切削刃上选定点与工件中心等高的条件下确定的。如果考虑进给运动和刀具实际安装情况的影响，参考平面的位置应按合成切削运动方向来确定，这时的参考系称为刀具工作角度参考系。在工作角度参考系中确定的刀具角度称为刀具的工作角度。工作角度反映了刀具的实际工作状态。

(1) 进给运动对工作角度的影响 当刀具对工件作切断或切槽工作时，刀具进给运动是沿横向进行的。图 2-6 所示为切断刀工作时的情况，当不考虑进给运动的影响时，按切削速度 v_c 的方向确定的基面和切削平面分别为 p_r 和 p_s。考虑进给运动的影响后，刀具在工件上的运动轨迹为阿基米德螺旋线，按合成切削速度 v_e 的方向确定的工作基面和工作切削平面分别为 p_{re} 和 p_{se}。工作前角 γ_{oe} 和工作后角 α_{oe} 为

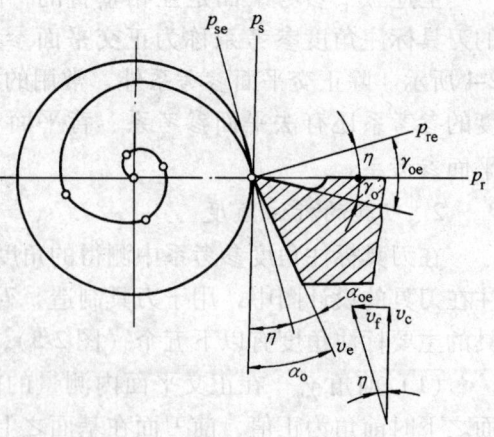

图 2-6 横向进给运动对工作角度的影响

$$\gamma_{oe} = \gamma_o + \eta$$

$$\alpha_{oe} = \alpha_o - \eta$$

$$\eta = \arctan\frac{v_f}{v_c} = \arctan\frac{f}{\pi d_{切}}$$

分析上式可知，进给量 f 越大，η 值越大；工件切削直径 $d_{切}$ 越小，η 值越大。过大的 η 值有可能使 α_{oe} 变为负值，后刀面将与工件相碰，这是不允许的。切断刀应选用较大的标注后角 α_o，进给量 f 的取值也不宜过大。

刀具沿纵向进给且进给量 f 的取值较大时（例如车螺纹），进给运动对工作角度的影响也不可忽视。图 2-7 所示为用螺纹车刀的左刃车削螺纹表面的情况，不考虑纵向进给的影响时，按切削速度 v_c 的方向确定的基面和切削平面分别为 p_r 和 p_s；考虑纵向进给的影响后，按合成速度 v_e（$v_e = v_c + v_f$）的方向确定的工作基面和工作切削平面分别为 p_{re} 和 p_{se}。图 2-7 中螺纹车刀左侧切削刃上 A 点在正交平面内的工作前角 $\gamma_{oe} = \gamma_o + \eta$，它大于标注前角 γ_o；工作后角 $\alpha_{oe} = \alpha_o - \eta$，它小于标注后角 α_o，其中 η 角为

$$\tan\eta = \tan\eta_f \sin\kappa_r$$

式中

$$\eta_f = \arctan\frac{v_f}{v_c}$$

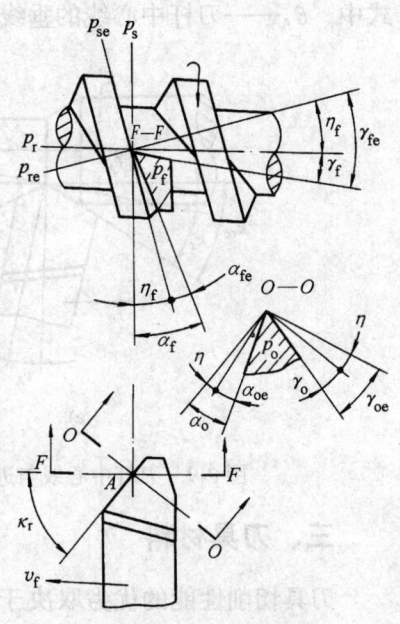

图 2-7 纵向进给运动对工作角度的影响

(2) 刀具安装位置对工作角度的影响 安装刀具时，如刀尖高于或低于工件中心，会引起刀具工作角度的变化。以图 2-8 所示车刀车槽为例，若不考虑车刀横向进给运动的影响，如果刀尖安装得高于工件中心，基面由 p_r 变为 p_{re}，切削平面由 p_s 变为 p_{se}，实际工作前角 γ_{oe} 将大于标注前角 γ_o，工作后角 α_{oe} 将小于标注后角 α_o。如果刀尖安装低于工件中心，则工作角度的变化情况恰好相反，γ_{oe} 小于 γ_o，α_{oe} 大于 α_o。

车刀刀杆中心线与进给方向不垂直时，会引起工作主偏角 κ_{re} 和工作副偏角 κ'_{re} 的改变，如图 2-9 所示。工作主

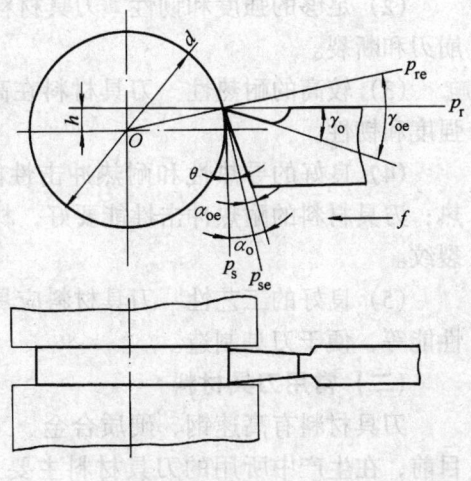

图 2-8 刀具安装高低对工作角度的影响

偏角 κ_{re} 和工作副偏角 κ'_{re} 分别为

$$\kappa_{re} = \kappa_r \pm \theta_A$$
$$\kappa'_{re} = \kappa'_r \mp \theta_A$$

式中 θ_A——刀杆中心线的垂线与进给方向的夹角。

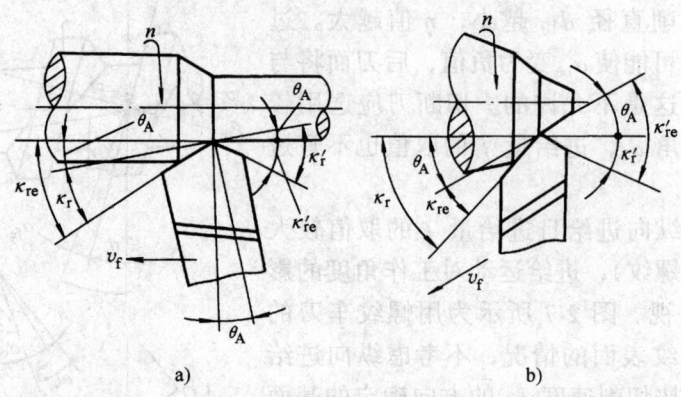

图 2-9 刀杆中心线与进给方向不垂直对主偏角和副偏角的影响

三、刀具材料

刀具切削性能的优劣取决于刀具材料、切削部分几何形状以及刀具的结构。刀具材料的选择对刀具寿命、加工质量、生产效率影响极大。

（一）刀具材料的性能要求

切削时刀具要承受高温、高压、摩擦和冲击的作用，刀具切削部分的材料须满足以下基本要求：

（1）较高的硬度和耐磨性　刀具材料的硬度必须比工件材料高，并具有良好的耐磨性，刀具材料的常温硬度要求在 60HRC 以上。

（2）足够的强度和韧性　刀具材料要能够承受冲击和振动的作用，不产生崩刃和断裂。

（3）较高的耐热性　刀具材料在高温作用下应具有足够的硬度、耐磨性、强度和韧性。

（4）良好的导热性和耐热冲击性能　刀具材料的导热性要好，有利于散热；刀具材料的耐热冲击性能要好，材料内部不得因承受热冲击的作用而产生裂纹。

（5）良好的工艺性　刀具材料应具有良好的锻造性能、热处理性能、刃磨性能等，便于刀具制造。

（二）常用刀具材料

刀具材料有高速钢、硬质合金、工具钢、陶瓷、立方氮化硼和金刚石等。目前，在生产中所用的刀具材料主要是高速钢和硬质合金两类。碳素工具钢（如 T10A、T12A）、合金工具钢（如 9SiCr、CrWMn）因耐热性差，仅用于手工切削或切削速度较低的场合。

1. 高速钢

高速钢是加入了较多的钨（W）、钼（Mo）、铬（Cr）、钒（V）等合金元素的高合金工具钢。高速钢具有较高的硬度（62~67HRC）和耐热性，在切削温度高达 500~650℃ 时仍能进行切削；高速钢的强度高（抗弯强度是一般硬质合金的 2~3 倍，是陶瓷的 5~6 倍）、韧性好，可在有冲击、振动的场合应用；高速钢的制造工艺性好，容易磨出锋利的切削刃，适用于制造各类刀具，尤其适用于制造钻头、拉刀、成形刀具、齿轮刀具等形状复杂的刀具。高速钢刀具可用于加工有色金属、结构钢、铸铁、高温合金等材料制作的工件。

高速钢按切削性能可分为普通高速钢和高性能高速钢；按制造工艺方法可分为熔炼高速钢和粉末冶金高速钢。

普通高速钢是切削硬度在 250~280HBW 以下的结构钢和铸铁的基本刀具材料，切削普通钢料时的切削速度一般不高于 40~60m/min。普通高速钢的典型牌号有 W18Cr4V（简称 W18）和 W6Mo5Cr4V2（M2）。W18 的综合性能较好，在 600℃ 时的硬度为 48.5HRC，可用于制造各种复杂刀具。M2 的碳化物分布细小、均匀，它的抗弯强度比 W18 高 10%~15%，韧性比 W18 高 50%~60%，可用来制造尺寸较大，承受较大冲击力的刀具；M2 的热塑性好，适合于制造热轧钻头等刀具。

高性能高速钢是在普通高速钢的基础上增加一些含碳量、含钒量并添加钴、铝等合金元素熔炼而成，其耐热性好。它在 630~650℃ 时仍能保持接近 60HRC 的硬度，适用于加工高温合金、钛合金、奥氏体不锈钢、高强度钢等难加工材料。高性能高速钢的典型牌号有 W2Mo9Cr4VCo8（M42）和 W6Mo5Cr4V2Al（501）。M42 的综合性能好，常温硬度接近 70HRC，600℃ 时其硬度为 55HRC，刃磨性能好；但 M42 含钴多，成本较贵。501 钢是一种含铝的无钴高速钢，600℃ 时硬度达 54HRC，501 钢的切削性能与 M42 大体相当，成本较低，但刃磨性能较差。表 2-1 列出了几种常用高速钢的力学性能。

表 2-1 几种常用高速钢的力学性能

钢 号	常温硬度 HRC	抗弯强度/GPa	冲击韧度/MJ·m^{-2}	高温硬度 HRC 500℃	600℃
W18CrV	63~66	3~3.4	0.18~0.32	56	48.5
W6Mo5Cr4V2	63~66	3.5~4	0.3~0.4	55~56	47~48
9W18Cr4V	66~68	3~3.4	0.17~0.22	57	51
W6Mo5Cr4V3	65~67	3.2	0.25	—	51.7
W6Mo5Cr4V2Co8	66~68	3.0	0.3		54
W2Mo9Cr4VCo8	67~69	2.7~3.8	0.23~0.3	60	55
W6Mo5Cr4V2Al	67~69	2.9~3.9	0.23~0.3	60	55
W10Mo4Cr4V3Al	67~69	3.1~3.5	0.2~0.28	59.5	54

粉末冶金高速钢是在用高压惰性气体（氩气或氮气）把钢水雾化成粉末后，经热压、锻轧成材，结晶组织细小而均匀。与熔炼高速钢相比，粉末冶金

高速钢材质均匀，韧性好，硬度高，热处理变形小，质量稳定，刃磨性能好，刀具寿命较高。可用它切削各种难加工材料，特别适合于制造各种精密刀具和形状复杂的刀具。

2. 硬质合金

硬质合金是用高硬度、难熔的金属碳化物（WC、TiC 等）和金属粘结剂（Co、Ni 等）在高温条件下烧结而成的粉末冶金制品。硬质合金的常温硬度达 89~93HRA，760℃时其硬度为 77~85HRA，在 800~1000℃的高温条件下硬质合金还能进行切削，刀具寿命比高速钢刀具高几倍到几十倍，可加工包括淬硬钢在内的多种材料。但硬质合金的强度和韧性比高速钢差，常温下的冲击韧度仅为高速钢的 1/8~1/30，硬质合金承受切削振动和冲击的能力较差。硬质合金是最常用的刀具材料之一，常用于制造车刀和面铣刀，也可用硬质合金制造深孔钻、铰刀、拉刀和滚刀。尺寸较小和形状复杂的刀具，可采用整体硬质合金制造；但整体硬质合金刀具成本高，其价格是高速钢刀具的 8~10 倍。

ISO（国际标准化组织）把切削用硬质合金分为三类：P 类、K 类和 M 类。

P 类（相当于我国 YT 类）硬质合金由 WC、TiC 和 Co 组成，也称钨钛钴类硬质合金。这类合金主要用于加工钢材。常用牌号有 YT5（TiC 的质量分数为 5%）、YT15（TiC 的质量分数为 15%）等。随着含 TiC 质量分数的提高，钴质量分数相应减少，硬度及耐磨性增高，抗弯强度下降。此类硬质合金不宜加工不锈钢和钛合金。

K 类（相当于我国 YG 类）硬质合金由 WC 和 Co 组成，也称钨钴类硬质合金。这类合金主要用来加工铸铁、有色金属及其合金。常用牌号有 YG6（钴的质量分数为 6%）、YG8（钴的质量分数为 8%）等，随着钴质量分数的增多，硬度和耐磨性下降，抗弯强度和韧性增高。

M 类（相当于我国 YW 类）硬质合金是在 WC、TiC、Co 的基础上再加入 TaC（或 NbC）而成。加 TaC（或 NbC）后，改善了硬质合金的综合性能。这类硬质合金既可以加工铸铁和有色金属，又可以加工钢材，还可以加工高温合金和不锈钢等难加工材料，有通用硬质合金之称。常用牌号有 YW1 和 YW2 等。

表 2-2 列出了几种常用的硬质合金的牌号、性能及其使用范围。

为提高高速钢刀具、硬质合金刀具的耐磨性和使用寿命，近年来在刀具制造中广泛采用涂层技术。涂层刀具是在高速钢或硬质合金基体上涂覆一层难熔金属化合物，如 TiC、TiN、Al_2O_3 等。涂层一般采用 CVD 法（化学气相沉积法）或 PVD 法（物理气相沉积法）制作。涂层刀具表面硬度高、耐磨性好，其基体又有良好的抗弯强度和韧性。涂层硬质合金刀片的寿命可提高 1~3 倍以上，涂层高速钢刀具的寿命可提高 1.5~10 倍以上。随着涂层技术的发展，涂层刀具的应用越来越广泛。

(三) 其他刀具材料

1. 陶瓷

用于制作刀具的陶瓷材料主要有两类：氧化铝（Al_2O_3）基陶瓷和氮化硅（Si_3N_4）基陶瓷。Al_2O_3 基陶瓷硬度高达 91~95HRA，耐磨性好、耐热性好、化学稳定性高、抗粘结能力强，但抗弯强度和韧性差。这种陶瓷适于对冷硬铸铁、淬硬钢工件进行精加工和半精加工。Si_3N_4基陶瓷有较高的抗弯强度和韧性，适于加工铸铁及高温合金，切削钢料效果不显著。

表 2-2 几种常用的硬质合金的牌号、性能及其使用范围

类 型	牌号	物理力学性能		使用性能			使用范围		相当的ISO牌号
		硬度(HRA)	抗弯强度/GPa	耐磨	耐冲击	耐热	材料	加工性质	
钨钴类（K类）	YG3	91	1.08	↑	↓	↑	铸铁，有色金属	连续切削时精、半精加工	K05
	YG6X	91	1.37				铸铁，耐热合金	精加工、半精加工	K10
	YG6	89.5	1.42				铸铁，有色金属	连续切削粗加工，间断切削半精加工	K20
	YG8	89	1.47				铸铁，有色金属	间断切削粗加工	K30
钨钴钛类（P类）	YT5	89.5	1.37	↑	↓	↑	钢	粗加工	P30
	YT14	90.5	1.25				钢	间断切削半精加工	P20
	YT15	91	1.13				钢	连续切削粗加工，间断切削半精加工	P10
添加稀有金属碳化物类（M类）	YW1	92	1.28	较好	较好		难加工钢材	精加工、半精加工	M10
	YW2	91	1.47	好			难加工钢材	半精加工、粗加工	M20

注：表中箭头指向性能提高的方向。

2．立方氮化硼

立方氮化硼（CBN）是由六方氮化硼经高温高压处理转化而成，其硬度高达8000HV，仅次于金刚石。CBN是一种新型刀具材料，它可耐1300～1500℃的高温，热稳定性好；它的化学稳定性也很好，即使温度高达1200～1300℃也不与铁产生化学反应。立方氮化硼能以硬质合金切削铸铁和普通钢的切削速度对冷硬铸铁、淬硬钢、高温合金等进行加工。

3．人造金刚石

金刚石分为天然金刚石和人造金刚石两种。由于天然金刚石价格昂贵，工业上多使用人造金刚石。人造金刚石又分为单晶金刚石和聚晶金刚石（PCD）。聚晶金刚石的晶粒随机排列，属各向同性体，常用于制造刀具。人造金刚石是借助某些合金的触媒作用，在高温高压条件下由石墨转化而成。金刚石的硬度高达6000～10000HV，是目前已知的最硬物质，可用于加工硬质合金、陶瓷、高硅铝合金等高硬度、高耐磨材料。人造金刚石目前主要用于制作磨具及磨料，用作刀具材料主要用于有色金属的高速精细切削。金刚石不是碳的稳定状

态,遇热易氧化和石墨化,用金刚石刀具进行切削时须对切削区进行强制冷却。金刚石刀具不宜加工铁族元素制造的工件,因为金刚石中的碳原子和铁族元素的亲和力大,其碳原子易扩散到被切表面中去,刀具寿命低。

第二节 金属切削过程中的变形

一、切屑的形成过程

1. 变形区的划分

切削层金属形成切屑的过程就是在刀具作用下被加工材料发生变形的过程。图 2-10 是在直角自由切削工件条件下观察绘制得到的金属切削滑移线和流线示意图,流线是被切金属在切削过程中流动的轨迹。切削过程中,切削层金属的变形大致可划分为三个区域:

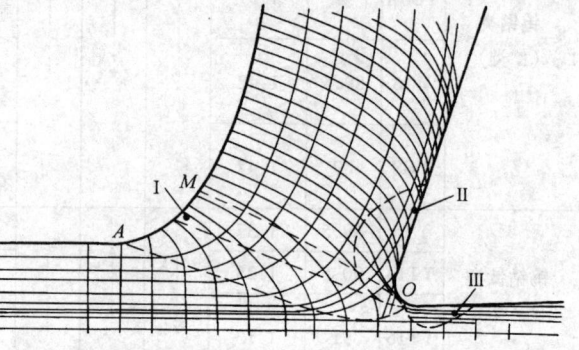

图 2-10 金属切削过程中的滑移线和流线示意图

(1) 第一变形区 被切金属向右运动进入 OA 线开始发生塑性变形,到 OM 线金属晶粒的剪切滑移基本完成。从 OA 线到 OM 线的区域(图中 Ⅰ 区)称为第一变形区。

(2) 第二变形区 切屑沿前刀面排出时进一步受到前刀面的挤压和摩擦,使靠近前刀面处的金属纤维化。这一区域(图中 Ⅱ 区)称为第二变形区。

(3) 第三变形区 已加工表面受到切削刃钝圆部分和后刀面的挤压和摩擦,造成表层金属纤维化与加工硬化。这一区域(图中 Ⅲ 区)称为第三变形区。

在第一变形区内,变形的主要特征就是沿滑移线的剪切变形,以及随之产生的加工硬化。在图 2-11 中,OA、OB 和 OM 等都是等切应力曲线。P 点金属

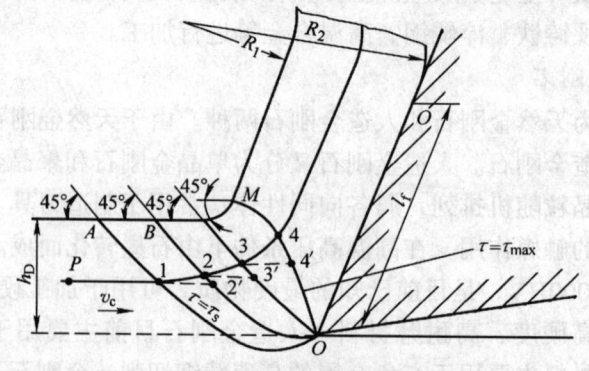

图 2-11 第一变形区金属的剪切滑移

在切削过程中以速度 v_c 向刀具作相对运动,到达点 1 时,其切应力 τ 达到材料的屈服强度 τ_s。过点 1 后,P 点在继续向前运动的同时沿滑移线 OA 滑移,从点 1 运动到点 2,$2'-2$ 就是它的滑移量。P 点金属运动到超过滑移线 OM 上点 4 位置后,其流动方向与前刀面平行,不再沿滑移线滑移。OA 称作始滑移线,OM 称作终滑移线。

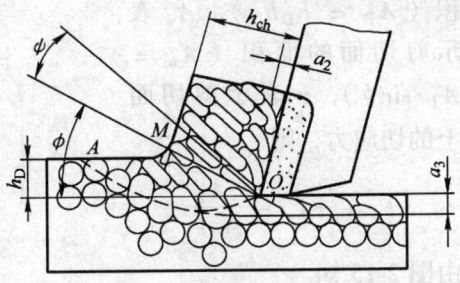

图 2-12 滑移与晶粒的伸长

当金属沿滑移线作剪切变形时,晶粒会伸长,如图 2-12 所示。晶粒伸长的方向与滑移方向(即剪切面方向)是不重合的,它们成一夹角 ψ。据研究,在一般切削速度范围内,第一变形区的宽度仅为 $0.02 \sim 0.2\mathrm{mm}$,所以可以用一剪切面来表示(图 2-12)。剪切面与切削速度方向的夹角称作剪切角,以 ϕ 表示。图 2-13 形象地模拟了塑性金属切屑形成过程,被切削金属层好比一叠卡片(图中用阴影平行四边形暗区 $1'$、$2'$、$3'$、$4'$、…表示),刀具进行切削时,卡片之间发生滑移,阴影暗区 $1'$、$2'$、$3'$、$4'$、…的金属分别被滑移到图中 1、2、3、4、…的位置。卡片之间滑移的方向就是剪切面的方向。

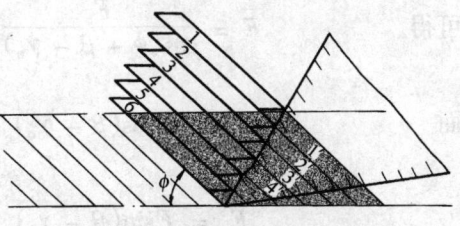

图 2-13 切屑形成过程示意图

2. 切屑的受力分析

在直角自由切削的情况下,作用在切屑上的力有:前刀面上的法向力 F_n 和摩擦力 F_m;剪切面上的正压力 F_{ns} 和剪切力 F_s。这两对力的合力互相平衡,如图 2-14 所示。如将上述两对力都画在切削刃的前方,就可得到图 2-15 所示的作用力关系图。图中,F 是 F_m 和 F_n 的合力,称为切屑形成力;ϕ 是剪切角;β 是 F_n 和 F 的夹角(摩擦角);γ_o 是刀具前角;F_c 是切削运动方向的切削分力;F_p 是垂直于切削运动方向的切削分力;h_D 是切削厚度。

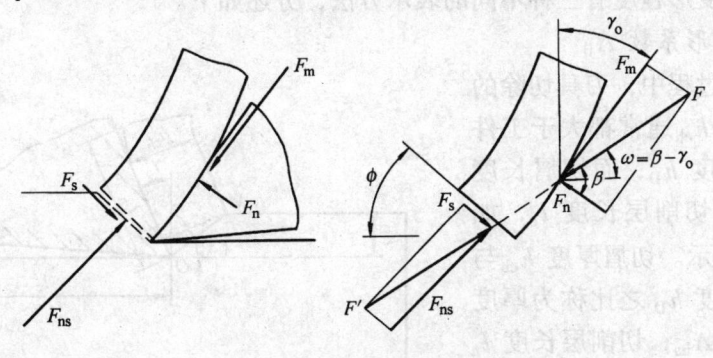

图 2-14 作用在切屑上的力

令 b_D 表示切削宽度，A_D 表示切削层公称横截面积（$A_D = h_D b_D$），A_s 表示剪切面的面积（$A_s = A_D/\sin\phi$），τ 表示剪切面上的切应力，则

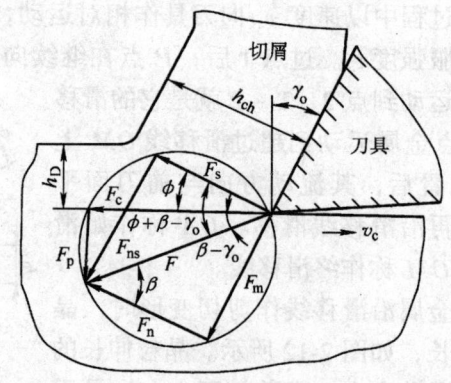

$$F_s = \tau A_s = \frac{\tau A_D}{\sin\phi}$$

由图 2-15 知

$$F_s = F\cos(\phi + \beta - \gamma_o)$$

图 2-15　直角自由切削时力与角度的关系

可得

$$F = \frac{F_s}{\cos(\phi + \beta - \gamma_o)} = \frac{\tau A_D}{\sin\phi\cos(\phi + \beta - \gamma_o)} \tag{2-8}$$

而

$$F_c = F\cos(\beta - \gamma_o) = \frac{\tau A_D \cos(\beta - \gamma_o)}{\sin\phi\cos(\phi + \beta - \gamma_o)} \tag{2-9}$$

$$F_p = F\sin(\beta - \gamma_o) = \frac{\tau A_D \sin(\beta - \gamma_o)}{\sin\phi\cos(\phi + \beta - \gamma_o)} \tag{2-10}$$

如用测力仪直接测得作用在刀具上的切削分力 F_c 和 F_p，在忽略被切材料对刀具后刀面作用力的条件下，即可由式（2-9）与式（2-10）推导求得前刀面对切屑作用的摩擦角 β，进而可近似求得前刀面与切屑间的摩擦因数 μ。

以式（2-10）除以式（2-9）得

$$\tan(\beta - \gamma_o) = \frac{F_p}{F_c}$$

$$\mu = \tan\beta$$

二、切削变形程度

切削变形程度有三种不同的表示方法，分述如下。

1. 变形系数 Λ_h

切削过程中，刀具切除的切屑厚度 h_{ch} 通常都大于工件切削层厚度 h_D，而切屑长度 l_{ch} 却小于切削层长度 l_c，如图 2-16 所示。切屑厚度 h_{ch} 与切削层厚度 h_D 之比称为厚度变形系数 Λ_{ha}；切削层长度 l_c 与切屑长度 l_{ch} 之比称为长度变形系数 Λ_{hl}。由图 2-16 知

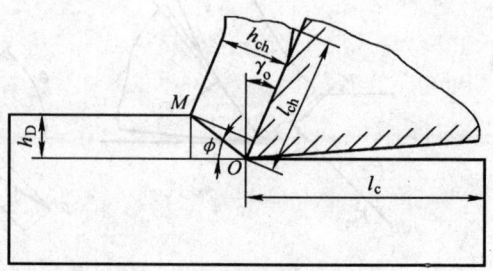

图 2-16　变形系数 Λ_h 的计算

$$\Lambda_{ha} = \frac{h_{ch}}{h_D} = \frac{OM\sin(90° - \phi + \gamma_o)}{OM\sin\phi} = \frac{\cos(\phi - \gamma_o)}{\sin\phi} \quad (2-11)$$

$$\Lambda_{hl} = \frac{l_c}{l_{ch}}$$

由于切削层变成切屑后，宽度变化很小，根据体积不变原理，可求得

$$\Lambda_{ha} = \Lambda_{hl}$$

Λ_{ha} 与 Λ_{hl} 可统一用符号 Λ_h 表示。变形系数 Λ_h 的值是大于 1 的数，它直观地反映了切屑的变形程度，Λ_h 越大，变形越大。Λ_h 值可通过实测求得。

由式 (2-11) 知，Λ_h 与剪切角 ϕ 有关，ϕ 增大，Λ_h 减小，切削变形减小。

2. 相对滑移 ε

既然切削过程中金属变形的主要形式是剪切滑移，当然就可以用相对滑移 ε 来衡量切削过程的变形程度。在图 2-17 中，平行四边形 $OHNM$ 发生剪切变形后，变为平行四边形 $OGPM$，其相对滑移

$$\varepsilon = \frac{\Delta s}{\Delta y} = \frac{NP}{MK} = \frac{NK + KP}{MK} = \cot\phi + \tan(\phi - \gamma_o) \quad (2-12)$$

3. 剪切角 ϕ

由式 (2-11) 知，剪切角 ϕ 与切削变形有密切关系，可用剪切角 ϕ 来衡量切削变形的程度。

在剪切面上，金属产生了滑移变形，最大切应力就在剪切面上。图 2-15 为直角自由切削状态下的作用力分析，在垂直于切削合力 F 方向的平面内切应力为零，切削合力 F 的方向就是主应力方向。根据材料力学平面应力状

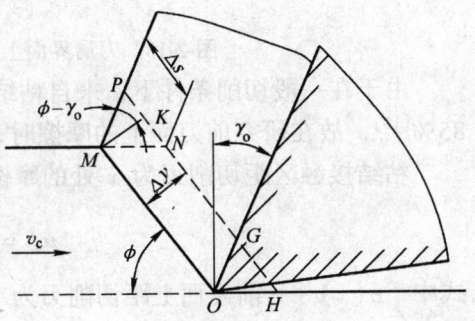

图 2-17 剪切变形示意图

态理论，主应力方向与最大切应力方向的夹角应为 45°，即 F_s 与 F 的夹角应为 45°，故有

$$\phi + \beta - \gamma_o = \frac{\pi}{4}$$

则

$$\phi = \frac{\pi}{4} - \beta + \gamma_o \quad (2-13)$$

分析上式可知：

1) 前角 γ_o 增大时，剪切角 ϕ 随之增大，变形减小。这表明增大刀具前角可减少切削变形，对改善切削过程有利。

2) 摩擦角 β 增大时，剪切角 ϕ 随之减小，变形增大。提高刀具刃磨质量，采用润滑性能好的切削液，可以减小前刀面和切屑之间的摩擦因数，有利于改善切削过程。

三、前刀面上的摩擦

经测定，切削钢材时，刀具前刀面对被切材料产生的正应力 σ 和切应力 τ

沿前刀面的分布如图 2-18 所示[16]。在切屑与刀具前刀面接触的 OB 长度内存在两种不同的接触状态。在靠近切削刃的 OA 区，由于正应力值大，切屑在前刀面上形成粘结接触，在此区域内，各点的切应力 τ 基本相同，它等于被切材料的剪切屈服强度 τ_s；在 AB 区，由于正应力小，切屑在前刀面上形成滑动接触，切屑相对于前刀面的摩擦特性服从古典摩擦法则，各点的摩擦因数 μ 相同，切应力 $\tau = \mu\sigma$。

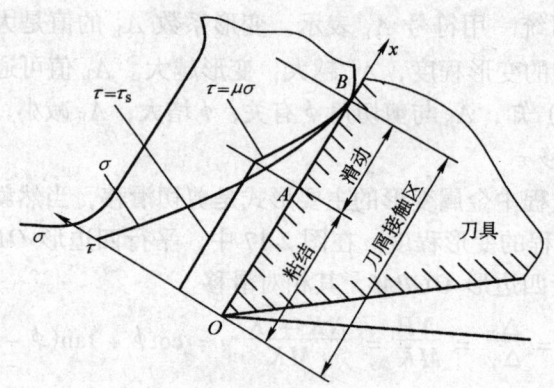

图 2-18 刀屑界面上正应力和切应力的分布

由于在一般切削条件下，来自粘结接触区的摩擦力占前刀面上总摩擦力的 85%[16]，故在研究前刀面上的摩擦时，应以粘结接触区的摩擦为主要依据。

粘结接触区距切削刃为 x 处的摩擦因数

$$\mu_x = \frac{\tau_s}{\sigma(x)}$$

式中 $\sigma(x)$ ——前刀面上距切削刃为 x 处的正应力。

由于 $\sigma(x)$ 随 x 变化，故在粘结接触区切屑与前刀面的摩擦因数是一个变值，离切削刃越远，摩擦因数越大，其平均摩擦因数

$$\mu_{平均} = \frac{F_{mz}}{F_{nz}} = \frac{\tau_s b_D \overline{OA}}{b_D \int_0^A \sigma(x) dx} = \frac{\tau_s \overline{OA}}{\int_0^A \sigma(x) dx} = \frac{\tau_s}{\sigma_{av}} \quad (2-14)$$

式中 F_{mz}、F_{nz}——粘结接触区的摩擦力和正压力；
b_D——切削层公称宽度；
σ_{av}——粘结接触区平均正应力。

四、积屑瘤的形成及其对切削过程的影响

1. 积屑瘤的形成及其影响

在切削速度不高而又能形成带状切屑的情况下，加工一般钢料或铝合金等塑性材料时，常在前刀面切削处粘着一块断面呈三角状的硬块（图 2-19），它的硬度很高，通常是工件材料硬度的 2~3 倍，这块粘附在前刀面上的金属称为积屑瘤。

切削时，切屑与前刀面接触处发生强烈摩擦，当接触面达到一定温度，同

时又存在较高压力时，被切材料会粘结（冷焊）在前刀面上。连续流动的切屑从粘在前刀面上的金属层上流过时，如果温度与压力适当，切屑底部材料也会被阻滞在已经"冷焊"在前刀面上的金属层上，粘成一体，使粘结层逐步长大，形成积屑瘤。积屑瘤的产生及其成长与工件材料的性质、切削区的温度分布和压力分布有关。塑性材料的加工硬化倾向越强，越易产生积屑瘤；切削区的温度和压力很低时，不会产生积屑瘤；温度太高时，由于材料变软，也不易产生积屑瘤。对碳钢来说，切削区温度处于300～350℃时积屑瘤的高度最大，切削区温度超过500℃时积屑瘤便自行消失。在背吃刀量 a_p 和进给量 f 保持一定时，积屑瘤高度 H_b 与切削速度 v_c 有密切关系，因为切削过程中产生的热是随切削速度的提高而增加的。图2-20中，Ⅰ区为低速区，不产生积屑瘤；Ⅱ区积屑瘤高度随 v_c 的增大而增高；Ⅲ区积屑瘤高度随 v_c 的增大而减小；Ⅳ区不产生积屑瘤。

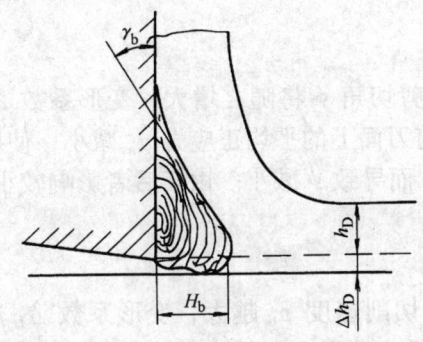

图2-19 积屑瘤前角 γ_b 和伸出量 Δh_D　　图2-20 积屑瘤高度与切削速度的关系

2．积屑瘤对切削过程的影响

（1）使刀具前角变大　阻滞在前刀面上的积屑瘤有使刀具实际前角增大的作用（参见图2-19），使切削力减小。

（2）使切削厚度变化　积屑瘤前端超过了切削刃，使切削厚度增大，其增量为 Δh_D，如图2-19所示。Δh_D 将随着积屑瘤的成长逐渐增大，一旦积屑瘤从前刀面上脱落或断裂，Δh_D 值就将迅速减小。切削厚度变化必然导致切削力产生波动。

（3）使加工表面粗糙度增大　积屑瘤伸出切削刃之外的部分高低不平，形状也不规则，会使加工表面粗糙度增大；破裂脱落的积屑瘤也有可能嵌入加工表面，使加工表面质量下降。

（4）对刀具寿命的影响　粘在前刀面上的积屑瘤，可代替切削刃切削，有减小刀具磨损、提高刀具寿命的作用。但如果积屑瘤从刀具前刀面上频繁脱落，可能会把前刀面上刀具材料颗粒拽走（这种现象易发生在硬质合金刀具上），反而使刀具寿命下降。

积屑瘤对切削过程的影响有积极的一面，也有消极的一面。精加工时必须防止积屑瘤的产生，可采取的控制措施有：

1）正确选用切削速度，使切削速度避开产生积屑瘤的区域。

2) 使用润滑性能好的切削液，目的在于减小切屑底层材料与刀具前刀面间的摩擦。

3) 增大刀具前角 γ_o，减小刀具前刀面与切屑之间的压力。

4) 适当提高工件材料硬度，减小加工硬化倾向。

五、影响切屑变形的因素

在研究分析切削过程变形规律之后，我们来归纳一下影响切屑变形的一些主要因素，以便利用这些规律控制和优化切削过程。

1. 工件材料

实验结果表明，工件材料强度越高，切屑和前刀面的接触长度越短，导致切屑和前刀面的接触面积减小，前刀面上的平均正应力 σ_{av} 增大，前刀面与切屑间的摩擦因数减小（见式（2-14）），摩擦角 β 减小，剪切角 ϕ 增大（见式（2-13）），变形系数 Λ_h 将随之减小。

2. 刀具前角 γ_o

由式（2-13）知，增大刀具前角 γ_o，剪切角 ϕ 将随之增大，变形系数 Λ_h 将随之减小；但 γ_o 增大后，切屑作用在前刀面上的平均正应力 σ_{av} 减小，使摩擦角 β 和摩擦因数 μ 增大（见式（2-14））而导致 ϕ 减小。由于后者影响较小，Λ_h 还是随 γ_o 的增加而减小。

3. 切削速度 v_c

在无积屑瘤产生的切削速度范围内，切削速度 v_c 越大，变形系数 Λ_h 越小。主要是因为塑性变形的传播速度较弹性变形慢，切削速度越高，切削变形越不充分，导致变形系数 Λ_h 下降；此外，提高切削速度还会使切削温度增高，切屑底层材料的剪切屈服强度 τ_s 因温度增高而略有下降，导致前刀面摩擦因数 μ 减小，使变形系数 Λ_h 下降。

4. 切削层公称厚度 h_D

在无积屑瘤产生的切削速度范围内，切削层公称厚度 h_D 越大，变形系数 Λ_h 越小。这是由于 h_D 增大时，前刀面上的法向压力 F_n 及平均正应力 σ_{av} 随之增大，前刀面摩擦因数 μ 随之减小，剪切角 ϕ 随之增大，所以 Λ_h 随 h_D 增大而减小。

第三节 切屑的类型及控制

一、切屑的类型

由于工件材料不同，切削条件各异，切削过程中生成的切屑形状是多种多样的。切屑的形状有带状、节状、粒状和崩碎四种类型，如图 2-21 所示。

(1) 带状切屑 这是最常见的一种切屑。它的内表面是光滑的，外表面呈毛茸状。加工塑性金属时，在切削厚度较小、切削速度较高、刀具前角较大的工况条件下常形成此类切屑。

(2) 节状切屑 又称挤裂切屑。它的外表面呈锯齿形，内表面有时有裂纹。在切削速度较低、切削厚度较大、刀具前角较小时常产生此类切屑。

(3) 粒状切屑 又称单元切屑。在切屑形成过程中，如剪切面上的切应力超过了材料的断裂强度，则切屑单元便从被切材料上脱落，形成粒状切屑。

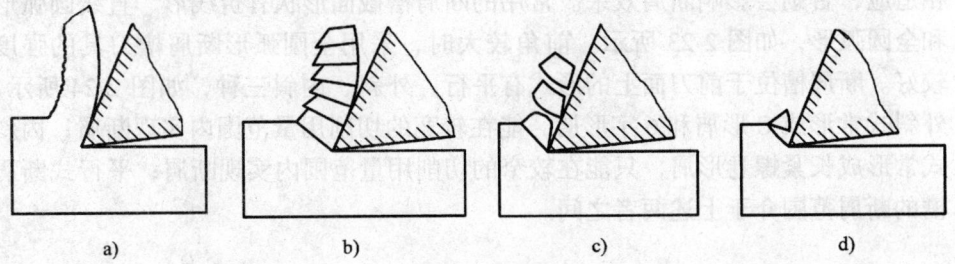

图 2-21 切屑类型
a) 带状切屑 b) 节状切屑 c) 粒状切屑 d) 崩碎切屑

(4) 崩碎切屑 切削脆性金属时，由于材料塑性很小、抗拉强度较低，刀具切削时，切削层金属在刀具前刀面的作用下，未经明显的塑性变形就在拉应力作用下脆断，形成形状不规则的崩碎切屑。加工脆性材料，切削厚度越大越易得到这类切屑。

前三种切屑是加工塑性金属时常见的三种切屑类型。形成带状切屑时，切削过程最平稳，切削力波动小，加工表面粗糙度较小；形成粒状切屑时，切削过程中的切削力波动最大。前三种切屑类型可以随切削条件变化而相互转化，例如，在形成节状切屑工况条件下，如进一步减小前角，或加大切削厚度，就有可能得到粒状切屑；反之，加大前角，减小切削厚度，就可得到带状切屑。

二、切屑类型控制

在生产实践中，我们会看到不同的排屑情况。有的切屑打成螺卷状，达到一定长度时自行折断；有的切屑折断成 C 形、6 字形；有的呈发条状卷屑；有的碎成针状或小片，四处飞溅，影响安全；有的带状切屑缠绕在刀具和工件上，易造成事故。不良的排屑状态会影响生产的正常进行，因此控制切屑类型和流向具有重要意义，这在自动化生产线上加工时尤为重要。

切屑经第Ⅰ、第Ⅱ变形区的剧烈变形后，硬度增加，塑性下降，性能变脆。在切屑排出过程中，当碰到刀具后刀面、工件上过渡表面或待加工表面等障碍时，如某一部位的应变超过了切屑材料的断裂极限值，切屑就会折断。图 2-22 所示为切屑碰到工件或刀具后刀面折断的情况。

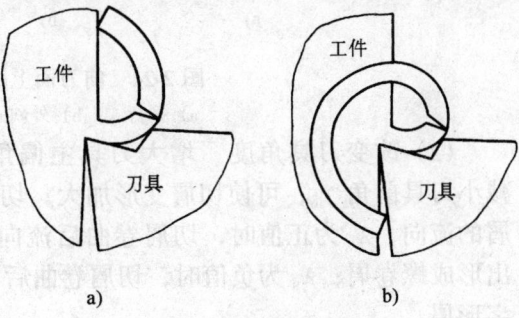

图 2-22 切屑碰到工件或刀具后刀面折断的情况
a) 切屑碰工件折断 b) 切屑碰刀具后刀面折断

研究表明，工件材料脆性越大、切屑厚度越大、切屑卷曲半径越小，切屑就越容易折断。通常可采取以下措施对切屑实施控制。

(1) 采用断屑槽　通过设置断屑槽对流动中的切屑施加一定的约束力，可使切屑应变增大，切屑卷曲半径减小。断屑槽的尺寸参数应与切削用量的大小相适应，否则会影响断屑效果。常用的断屑槽截面形状有折线形、直线圆弧形和全圆弧形，如图 2-23 所示。前角较大时，采用全圆弧形断屑槽刀具的强度较好。断屑槽位于前刀面上的形式有平行、外斜、内斜三种，如图 2-24 所示。外斜式常形成 C 形屑和 6 字形屑，能在较宽的切削用量范围内实现断屑；内斜式常形成长紧螺卷形屑，只能在较窄的切削用量范围内实现断屑；平行式断屑槽的断屑范围介于上述两者之间。

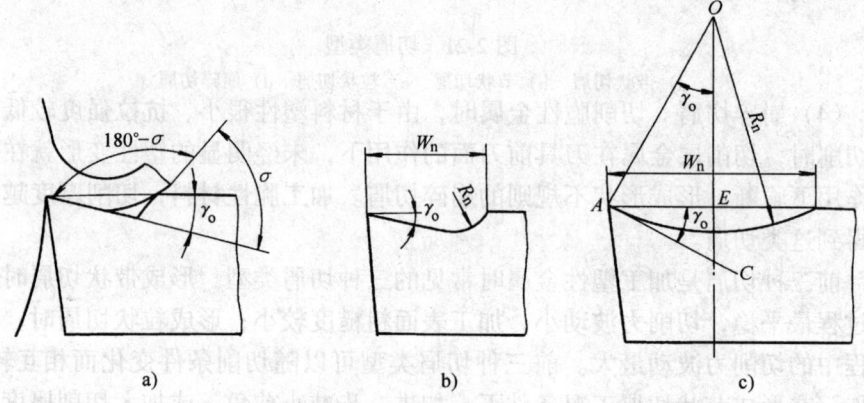

图 2-23　断屑槽截面形状
a) 折线形　b) 直线圆弧形　c) 全圆弧形

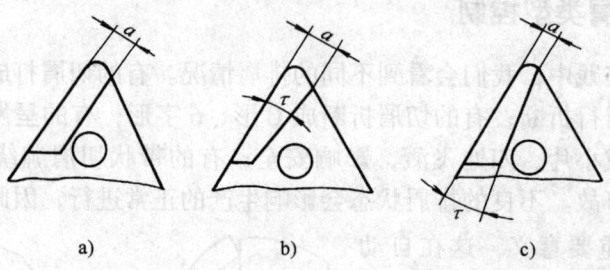

图 2-24　前刀面上的断屑槽形状
a) 平行式　b) 外斜式　c) 内斜式

(2) 改变刀具角度　增大刀具主偏角 κ_r，切削厚度变大，有利于断屑。减小刀具前角 γ_o，可使切屑变形加大，切屑易于折断。刃倾角 λ_s 可以控制切屑的流向，λ_s 为正值时，切屑卷曲后流向主后刀面，折断成 C 形屑或自然流出形成螺卷屑；λ_s 为负值时，切屑卷曲后流向已加工表面，折断成 C 形屑或 6 字形屑。

(3) 调整切削用量　提高进给量 f 使切削厚度增大，对断屑有利，但增大 f 会增大加工表面粗糙度。适当地降低切削速度可使切削变形增大，也有利于断屑，但这会降低材料切除效率。因此须根据实际条件适当选择切削用量。

第四节 切削力

在切削加工中,切削力是一个非常重要的参数,切削热、刀具磨损等物理现象都与切削力有关。切削力还是设计和使用机床、刀具、夹具的重要依据。

一、切削力与切削功率

1. 切削力

切削时,使被加工材料发生变形而成为切屑所需的力称为切削力。使被加工材料发生变形所需克服的力主要是(参见图 2-25):

1) 切削层材料和工件表面层材料对弹性变形、塑性变形的抗力。

2) 刀具前刀面与切屑、刀具后刀面与工件表面间的摩擦阻力。

2. 切削合力与分力

上述各力的总和形成作用在刀具切削部位上的合力 F。可将 F 分解为 F_c、F_p 和 F_f 三个互相垂直的分力,如图 2-26 所示。

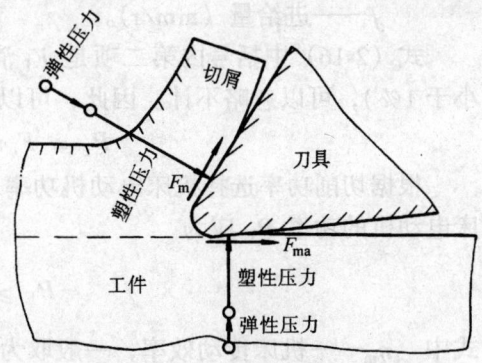

图 2-25 加工材料发生变形所需克服的力

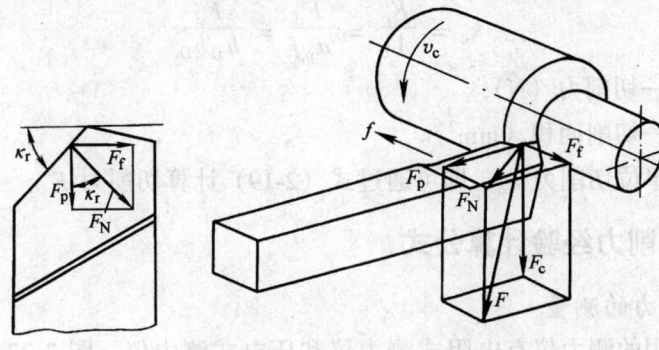

图 2-26 切削合力和分力

F_c 垂直于基面,与切削速度 v_c 的方向一致,称为切削力(也称切向力、主切削力)。F_c 是计算切削功率和设计机床的主要参数。

F_p 平行于基面,并与进给方向相垂直,称为背向力。

F_f 平行于基面,并与进给方向平行,称为进给力。

在上述三个分力中,F_c 值最大,F_p 为 $(0.15 \sim 0.7)F_c$,F_f 为 $(0.1 \sim 0.6)F_c$。

由图 2-26 可知

$$F = \sqrt{F_c^2 + F_N^2} = \sqrt{F_c^2 + F_p^2 + F_f^2} \tag{2-15}$$

3. 切削功率

消耗在切削过程中的功率称为切削功率,用 P_c(kW)表示。由于在 F_p 方向的位移极小,可以近似认为 F_p 不做功,不消耗功率。切削功率

$$P_c = \left(F_c v_c + \frac{F_f n_w f}{1000} \right) \times 10^{-3} \tag{2-16}$$

式中 F_c——切削力(N);
v_c——切削速度(m/s);
F_f——进给力(N);
n_w——工件转速(r/s);
f——进给量(mm/r)。

式(2-16)中括号内第二项是 F_f 消耗的功率,与第一项相比很小(一般小于 1%),可以忽略不计。因此,可以认为

$$P_c = F_c v_c \times 10^{-3} \tag{2-17}$$

根据切削功率选择机床电动机功率 P_E 时,还要考虑机床的传动效率。机床电动机的功率 P_E 应为

$$P_E \geqslant \frac{P_c}{\eta_m} \tag{2-18}$$

式中 η_m——机床传动效率,一般取为 0.75~0.85。

4. 单位切削力的概念

单位切削面积上的切削力 k_c(N/mm²)称为单位切削力,即

$$k_c = \frac{F_c}{A_D} = \frac{F_c}{a_p f} = \frac{F_c}{h_D b_D} \tag{2-19}$$

式中 F_c——切削力(N);
A_D——切削面积(mm²)。

若已知单位切削力 k_c,即可通过式(2-19)计算切削力 F_c。

二、切削力经验计算公式

1. 切削力的测量

目前常用的测力仪有电阻式测力仪和压电式测力仪。图 2-27 所示为切削力测量系统。测力仪输出的模拟信号经 A/D 转换成数字信号后输入计算机,计算机对测试数据进行处理后即可求得切削力。在自动化生产中,可以用测得的切削力信号实时监控和优化切削过程。

2. 切削力经验计算公式

通过实际测量不同切削工况条件下的切削力,经数据处理,可求得以下切削力经验计算公式:

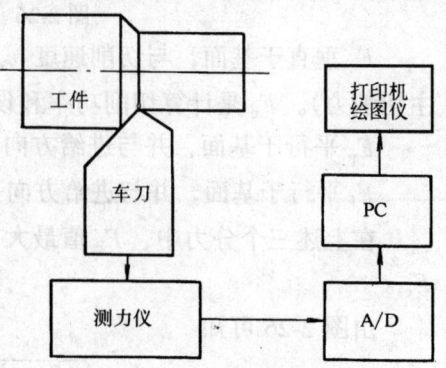

图 2-27 切削力测量系统

$$\left.\begin{array}{l}F_{\mathrm{c}} = C_{F_{\mathrm{c}}} a_{\mathrm{p}}^{x_{F_{\mathrm{c}}}} f^{y_{F_{\mathrm{c}}}} v_{\mathrm{c}}^{n_{F_{\mathrm{c}}}} K_{F_{\mathrm{c}}} \\ F_{\mathrm{p}} = C_{F_{\mathrm{p}}} a_{\mathrm{p}}^{x_{F_{\mathrm{p}}}} f^{y_{F_{\mathrm{p}}}} v_{\mathrm{c}}^{n_{F_{\mathrm{p}}}} K_{F_{\mathrm{p}}} \\ F_{\mathrm{f}} = C_{F_{\mathrm{f}}} a_{\mathrm{p}}^{x_{F_{\mathrm{f}}}} f^{y_{F_{\mathrm{f}}}} v_{\mathrm{c}}^{n_{F_{\mathrm{f}}}} K_{F_{\mathrm{f}}} \end{array}\right\} \quad (2\text{-}20)$$

式中 $C_{F_{\mathrm{c}}}$、$C_{F_{\mathrm{p}}}$、$C_{F_{\mathrm{f}}}$——取决于被加工材料和切削条件的切削力系数;

$x_{F_{\mathrm{c}}}$、$y_{F_{\mathrm{c}}}$、$n_{F_{\mathrm{c}}}$、$x_{F_{\mathrm{p}}}$、$y_{F_{\mathrm{p}}}$、$n_{F_{\mathrm{p}}}$、$x_{F_{\mathrm{f}}}$、$y_{F_{\mathrm{f}}}$、$n_{F_{\mathrm{f}}}$——三个分力公式中,背吃刀量 a_{p}、进给量 f 和切削速度 v_{c} 的指数;

$K_{F_{\mathrm{c}}}$、$K_{F_{\mathrm{p}}}$、$K_{F_{\mathrm{f}}}$——实际加工条件与建立经验计算公式的试验条件不相符时,计算切削力 F_{c}、F_{p}、F_{f} 的修正系数。

试验条件(包括工件材料的强度和硬度、刀具几何参数等)对切削力影响的修正系数可查阅参考文献 [35] 或其他有关机械加工工艺手册。

表 2-3 列出了在不同工况条件下进行车削试验经数据处理得到的上述有关系数和指数。

表 2-3 车削力公式中的系数和指数

加工材料	刀具材料	加工形式	主切削力 F_{c}				背向力 F_{p}				进给力 F_{f}			
			$C_{F_{\mathrm{c}}}$	$x_{F_{\mathrm{c}}}$	$y_{F_{\mathrm{c}}}$	$n_{F_{\mathrm{c}}}$	$C_{F_{\mathrm{p}}}$	$x_{F_{\mathrm{p}}}$	$y_{F_{\mathrm{p}}}$	$n_{F_{\mathrm{p}}}$	$C_{F_{\mathrm{f}}}$	$x_{F_{\mathrm{f}}}$	$y_{F_{\mathrm{f}}}$	$n_{F_{\mathrm{f}}}$
结构钢及铸钢 650MPa	硬质合金	外圆纵车、横车及镗孔	2795	1.0	0.75	-0.15	1940	0.9	0.6	-0.3	2880	1.0	0.5	-0.4
		切槽及切断	3600	0.72	0.8	0	1390	0.73	0.67	0	—	—	—	—
	高速钢	外圆纵车、横车及镗孔	1770	1.0	0.75	0	1100	0.9	0.75	0	590	1.2	0.65	0
		切槽及切断	2160	1.0	1.0	0	—	—	—	—	—	—	—	—
		成形车削	1855	1.0	0.75	0	—	—	—	—	—	—	—	—
不锈钢 1Cr18Ni9Ti 141HBW	硬质合金	外圆纵车、横车及镗孔	2000	1.0	0.75	0								
灰铸铁 190HBW	硬质合金	外圆纵车、横车及镗孔	900	1.0	0.75	0	530	0.9	0.75	0	450	1.0	0.4	0
	高速钢	外圆纵车、横车及镗孔	1120	1.0	0.75	0	1165	0.9	0.75	0	500	1.2	0.65	0
		切槽及切断	1550	1.0	1.0	0	—	—	—	—	—	—	—	—

(续)

加工材料	刀具材料	加工形式	公式中的系数及指数											
			主切削力 F_c				背向力 F_p				进给力 F_f			
			C_{F_c}	x_{F_c}	y_{F_c}	n_{F_c}	C_{F_p}	x_{F_p}	y_{F_p}	n_{F_p}	C_{F_f}	x_{F_f}	y_{F_f}	n_{F_f}
可锻铸铁 150HBW	硬质合金	外圆纵车、横车及镗孔	795	1.0	0.75	0	420	0.9	0.75	0	375	1.0	0.4	0
	高速钢	外圆纵车、横车及镗孔	980	1.0	0.75	0	865	0.9	0.75	0	390	1.2	0.65	0
		切槽及切断	1375	1.0	1.0	0	—	—	—	—	—	—	—	—
中等硬度不均质铜合金 120HBW	高速钢	外圆纵车、横车及镗孔	540	1.0	0.66	0	—	—	—	—	—	—	—	—
		切槽及切断	735	1.0	1.0	0	—	—	—	—	—	—	—	—
铝及铝硅合金	高速钢	外圆纵车、横车及镗孔	390	1.0	0.75	0	—	—	—	—	—	—	—	—
		切槽及切断	490	1.0	1.0	0	—	—	—	—	—	—	—	—

注：刀具切削部分几何参数：硬质合金车刀 $\kappa_r = 45°$，$\gamma_o = 10°$，$\lambda_s = 0°$；高速钢车刀 $\kappa_r = 45°$，$\gamma_o = 20° \sim 25°$，刀尖圆弧半径 $r_\varepsilon = 2$ mm。

生产中常用切削力经验计算公式估算切削力，现举例说明如下。

例 2-1 在 CA6140 型车床上粗车 $\phi 68$ mm × 420 mm 的圆柱面。已知工件材料为 45 钢，$\sigma_b = 0.637$ GPa；刀具材料牌号为 YT15；刀具切削部分几何参数：$\gamma_o = 15°$，$a_o = 8°$，$a'_o = 6°$，$\lambda_s = 0°$，$\kappa_r = 60°$，$\kappa'_r = 10°$，刀尖圆弧半径 $r_\varepsilon = 0.5$ mm；切削用量：$a_p = 3$ mm，$f = 0.56$ mm/r，$v_c = 106.8$ m/min。试估算切削分力 F_c、F_p、F_f 及切削功率 P_c。

解 由表 2-3 查得

$C_{F_c} = 2795$ $x_{F_c} = 1.0$ $y_{F_c} = 0.75$ $n_{F_c} = -0.15$

$C_{F_p} = 1940$ $x_{F_p} = 0.9$ $y_{F_p} = 0.6$ $n_{F_p} = -0.3$

$C_{F_f} = 2880$ $x_{F_f} = 1.0$ $y_{F_f} = 0.5$ $n_{F_f} = -0.4$

本例所给定的加工条件中刀具前角 γ_o 和主偏角 κ_r 与表 2-3 的试验条件不符，计算时需进行修正。由文献 [35] 查得前角 γ_o 的修正系数分别为 $k_{\gamma_o F_c} = 0.95$，$k_{\gamma_o F_p} = 0.85$，$k_{\gamma_o F_f} = 0.85$；主偏角 κ_r 的修正系数分别为 $k_{\kappa_r F_c} = 0.94$，$k_{\kappa_r F_p} = 0.77$，$k_{\kappa_r F_f} = 1.11$；其余加工条件与表 2-3 试验条件相同，相应的各项修正系数值均为 1。

由式（2-20）和式（2-17）可求得

$F_c = 2795 \times 3^{1.0} \times 0.56^{0.75} \times 106.8^{-0.15} \times 0.95 \times 0.94$ N $= 2406$ N

$$F_p = 1940 \times 3^{0.9} \times 0.56^{0.6} \times 106.8^{-0.3} \times 0.85 \times 0.77 \text{N} = 594\text{N}$$
$$F_f = 2880 \times 3^{1.0} \times 0.56^{0.5} \times 106.8^{-0.4} \times 0.85 \times 1.11 \text{N} = 942\text{N}$$
$$P_c = 2406 \times \frac{106.8}{60} \times 10^{-3} \text{kW} = 4.3 \text{kW}$$

三、影响切削力的因素

1. 工件材料的影响

工件材料的强度、硬度越高，切削力越大。切削脆性材料时，被切材料的塑性变形及它与前刀面的摩擦都比较小，故其切削力相对较小。

2. 切削用量的影响

(1) 背吃刀量 a_p 和进给量 f　a_p 和 f 增大，都会使切削力增大，但两者的影响程度不同。a_p 增大时，变形系数 Λ_h 不变，切削力成正比增大；f 增大时，Λ_h 有所下降，故切削力不成正比增大。在车削力的经验计算公式中，a_p 的指数 x_{F_c} 近似等于 1，f 的指数 y_{F_c} 小于 1。在切削层面积相同的条件下，采用大的进给量 f 比采用大的背吃刀量 a_p 的切削力要小。

(2) 切削速度 v_c　切削塑性材料时，在无积屑瘤产生的切削速度范围内（参见图 2-20 Ⅰ、Ⅳ 区），随着 v_c 的增大，切削力减小；这是因为 v_c 增大时，切削温度升高，摩擦因数 μ 减小，从而使 Λ_h 减小，切削力下降。在产生积屑瘤的情况下，刀具的实际前角是随积屑瘤的成长与脱落变化的。在积屑瘤增长期（参见图 2-20 Ⅱ 区），v_c 增大，积屑瘤高度增大，实际前角增大，Λ_h 减小，切削力下降；在积屑瘤消退期（参见图 2-20 Ⅲ 区），v_c 增大，积屑

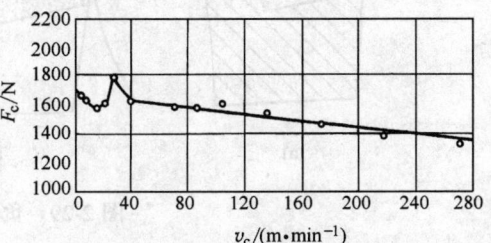

图 2-28　切削速度对切削力的影响
工件材料：45 钢（正火），187HBW；
刀具：外圆车刀，材料为 YT15；
刀具几何参数：$\gamma_o = 18°$，$\alpha_o = 6° \sim 8°$，
$\alpha_o' = 4° \sim 6°$，$\kappa_r = 75°$，
$\kappa_r' = 10° \sim 12°$，$\lambda_s = 0°$，$b_{\gamma 1} = 0$，$r_\varepsilon = 0.2\text{mm}$；
切削用量：$a_p = 3\text{mm}$，$f = 0.25\text{mm/r}$

瘤减小，实际前角变小，Λ_h 增大，切削力上升。图 2-28 为加工塑性金属得到的实验曲线，在该图给定的切削条件下，产生积屑瘤的区域为 $5\text{m/min} < v_c < 27\text{m/min}$，在这个区域内切削力随 v_c 变化呈凹谷形。

切削铸铁等脆性材料时，被切材料的塑性变形及它与前刀面的摩擦均比较小，v_c 对切削力没有显著影响。

3. 刀具几何参数的影响

(1) 前角 γ_o　γ_o 增大，Λ_h 减小，切削力下降。切削塑性材料时，γ_o 对切削力的影响较大；切削脆性材料时，由于切削变形很小，γ_o 对切削力的影响不显著。

(2) 主偏角 κ_r　由图 2-26 可知，主偏角 κ_r 增大，背向力 F_p 减小，进给

力 F_f 增大。

(3) 刃倾角 λ_s 改变刃倾角将影响切屑在前刀面上的流动方向,从而使切削合力的方向发生变化。增大 λ_s,F_p 减小,F_f 增大。λ_s 在 $-45°\sim 10°$ 范围内变化时,F_c 基本不变。

(4) 负倒棱 $b_{\gamma1}$ 为了提高刀尖部位的强度,改善散热条件,常在主切削刃上磨出一个带有负前角 γ_{o1} 的棱台,其宽度为 $b_{\gamma1}$,如图 2-29 所示。负倒棱对切削力的影响与负倒棱面在切屑形成过程中所起作用的大小有关。当负倒棱宽度 $b_{\gamma1}$ 小于切屑与前刀面接触长度 l_f 时,如图 2-29b 所示,切屑除与倒棱接触外,主要还与前刀面接触,切削力虽有所增大,但增大的幅度不大。当 $b_{\gamma1} > l_f$ 时,相当于用负前角为 γ_{o1} 的车刀进行切削,与不设负倒棱相比,切削力将显著增大。

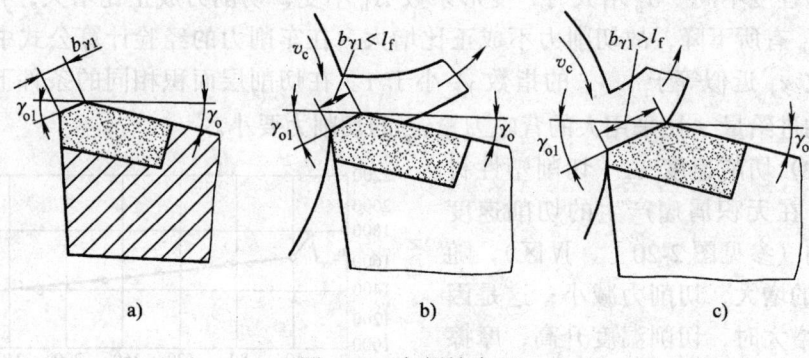

图 2-29 负倒棱车刀

4. 刀具磨损

后刀面磨损增大时,后刀面上的法向力和摩擦力都增大,故切削力增大。

5. 切削液

使用以冷却作用为主的切削液(如水溶液)对切削力影响不大,使用润滑作用强的切削液(如切削油)可使切削力减小。

6. 刀具材料

刀具材料与工件材料间的摩擦因数影响摩擦力的大小,导致切削力变化。在其他切削条件完全相同的条件下,用陶瓷刀具切削比用硬质合金刀具切削的切削力小,用高速钢刀具进行切削的切削力大于硬质合金刀具。

无论是从降低机床动力消耗考虑,还是从降低工艺系统的变形考虑,通常希望能以较小的切削力完成预定的切削加工任务,这在工艺系统刚度较差时尤为重要。读者可以参照上述影响切削力诸多因素的分析,根据具体工况确定降低切削力的途径和方法。

第五节 切削热和切削温度

切削过程中产生的切削热对刀具磨损和刀具寿命具有重要影响,切削热还会使工件和刀具产生变形、残余应力而影响加工精度和表面质量。

一、切削热的产生与传导

切削热来源于两个方面,一是切削层金属发生弹性和塑性变形所消耗的能量转换为热能;二是切屑与前刀面、工件与后刀面间产生的摩擦热。切削过程中的三个变形区就是三个发热区域,如图 2-30 所示。

切削过程中所消耗能量的 98%~99% 都将转化为切削热。如忽略进给运动所消耗的能量,则单位时间产生的切削热

$$Q_c = F_c v_c \tag{2-21}$$

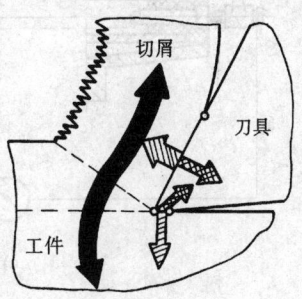

图 2-30 切削热的产生与传导

式中 Q_c——单位时间产生的切削热(J/s);
F_c——切削力(N);
v_c——切削速度(m/s)。

切削热由切屑、工件、刀具及周围的介质(空气,切削液)向外传导。影响散热的主要因素是:

(1) 工件材料的导热系数　工件材料的导热系数高,由切屑和工件传导出去的热量增多,切削区温度就低。工件材料导热系数低,切削热传导慢,切削区温度就高,刀具磨损就快。

(2) 刀具材料的导热系数　刀具材料的导热系数高,切削区的热量向刀具内部传导快,可以降低切削区的温度。

(3) 周围介质　采用冷却性能好的切削液能有效地降低切削区的温度。

车削加工时产生的切削热多数被切屑带走,切削速度越高,切削厚度越大,切屑带走的热量越多;传给工件的热量次之,约为 30%;传给刀具的热量更少,一般不超过 5%。钻削时,由于切屑不易从孔中排出,故被切屑带走的热量相对较少,只有 30% 左右;约有 50% 的热量被工件吸收。

二、切削温度的测量

测量切削温度的方法很多,有热电偶法、辐射热计法、热敏电阻法等。目前常用的是热电偶法,它简单、可靠、使用方便。热电偶法测量切削温度分为自然热电偶和人工热电偶两种方法,分述如下:

1. 自然热电偶法

图 2-31a 为用自然热电偶法测量切削温度的示意图,利用工件材料和刀具材料化学成分不同组成热电偶的两极。切削区温度升高后,形成热电偶的热端;刀具尾端及工件引出端保持室温,形成热电偶的冷端。热端和冷端之间有热电势产生,热电势的大小与切削温度高低有关,因此可通过测量热电势来测量切削温度。测量前,须对该热电偶输出电压与温度之间的对应关系作出标定。根据标定曲线,即可由毫伏计的输出电压读数求得与之相对应的切削温度

值。用自然热电偶法测得的温度是切削区的平均温度。

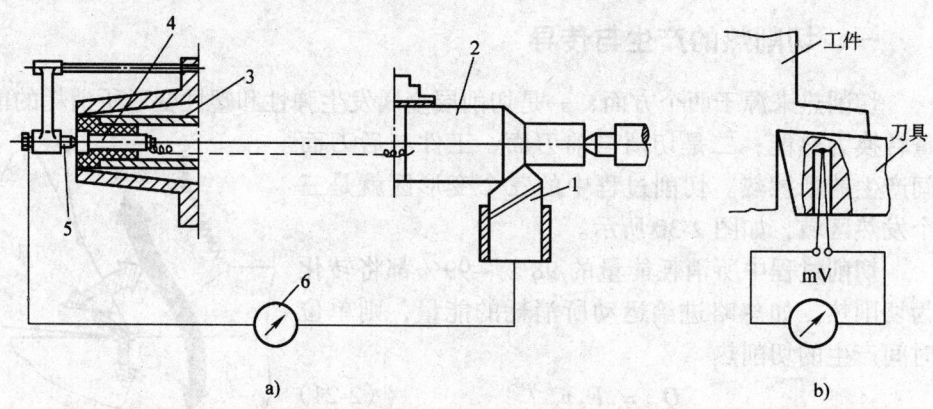

图 2-31 用热电偶测量切削温度
1—车刀 2—工件 3—主轴尾部 4—铜接线柱 5—铜顶尖（与支架绝缘） 6—毫伏计

2. 人工热电偶法

图 2-31b 为用人工热电偶法测量切削温度的示意图。用两种预先经过标定的金属丝组成热电偶，它的热端焊接在测温点上，冷端接在毫伏表上。用这种方法测得的是某一点的温度。

图 2-32 所示为采用人工热电偶法测量并辅以传热学计算得到的刀具、切屑和工件的切削温度（单位为℃）分布图。由图中可以看出：①剪切面上各点温度几乎相同，说明剪切面上各点的应力应变规律基本相同；②前刀面上温度最高点不在切削刃上，而是在离切削刃有一定距离的区域。

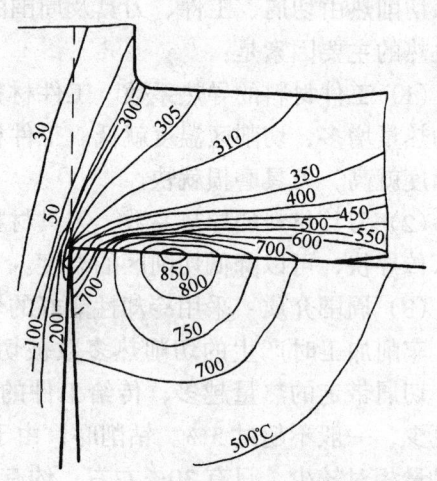

图 2-32 刀具、切屑和工件的温度分布

三、影响切削温度的主要因素

1. 切削用量对切削温度的影响

用实验方法求得的刀具与切屑接触区平均切削温度的经验计算公式为

$$\theta = C_\theta v_c^{z_\theta} f^{y_\theta} a_p^{x_\theta} \tag{2-22}$$

式中　θ——刀具与切屑接触区平均温度（℃）；
　　　C_θ——切削温度系数；
　　　v_c——切削速度（m/min）；
　　　f——进给量（mm/r）；

a_p——背吃刀量（mm）;

z_θ、y_θ、x_θ——v_c、f、a_p 的指数。

用高速钢或硬质合金刀具切削中碳钢时，式（2-22）中的系数和指数值参见表 2-4。

表 2-4　切削温度的系数和指数

刀具材料	加工方法	C_θ	z_θ		y_θ	x_θ
高速钢	车削	140~170	0.35~0.45		0.2~0.3	0.08~0.10
	铣削	80				
	钻削	150				
硬质合金	车削	320	f/mm·r^{-1}		0.15	0.05
			0.1	0.41		
			0.2	0.31		
			0.3	0.26		

分析式（2-22）及表 2-4 中的系数和指数值可知，v_c、f、a_p 增大，单位时间内材料的切除量增加，切削热增多，切削温度将随之升高。但 v_c、f 和 a_p 对切削温度的影响程度不同，切削速度 v_c 对切削温度的影响最为显著，f 次之，a_p 最小。原因是：v_c 增大，前刀面的摩擦热来不及向切屑和刀具内部传导，所以 v_c 对切削温度影响最大；f 增大，切屑变厚，切屑的热容量增大，由切屑带走的热量增多，所以 f 对切削温度的影响不如 v_c 显著；a_p 增大，切屑刃工作长度增大，散热条件改善，故 a_p 对切削温度的影响相对较小。

从尽量降低切削温度考虑，在保持切削效率不变的条件下，选用较大的 a_p 和 f 比选用较大的 v_c 更为有利。

2．刀具几何参数对切削温度的影响

（1）前角 γ_o 对切削温度的影响　γ_o 增大，变形减小，切削力减小，切削温度下降，如图 2-33 所示。前角超过 18°~20°后，γ_o 对切削温度的影响减弱，这是因为刀具楔角（前、后刀面的夹角）减小而使散热条件变差的缘故。

（2）主偏角 κ_r 对切削温度的影响　减小 κ_r，切削刃工作长度和刀尖角增大，散热条件变好，使切削温度下降，如图 2-34 所示。

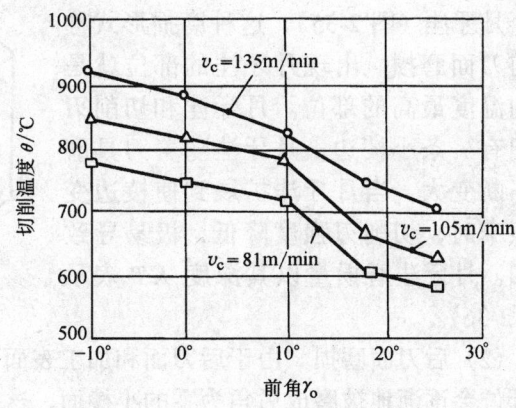

图 2-33　前角与切削温度的关系

试验条件：$a_p = 3$mm，$f = 0.1$mm/r

3．工件材料对切削温度的影响

工件材料的强度和硬度高，产生的切削热多，切削温度就高。工件材料的导热系数小时，切削热不易散出，切削温度相对较高。

切削灰铸铁等脆性材料时，切屑变形小，摩擦小，切削温度一般较切削钢时低。

4．刀具磨损对切削温度的影响

刀具磨损使切削刃变钝，切削时变形增大，摩擦加剧，切削温度上升。

5．切削液对切削温度的影响

使用切削液可以从切削区带走大量的热量，可以明显降低切削温度，提高刀具寿命。

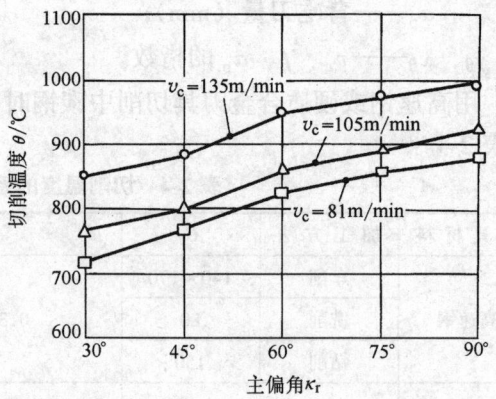

图 2-34 主偏角与切削温度的关系
工件材料：45钢；刀具材料：YT15；
切削用量：$a_p = 2mm$，$f = 0.2mm/r$；
刀具前角：$\gamma_o = 15°$

第六节 刀具磨损、刀具寿命和切削用量的选择

一、刀具磨损形态和磨损机制

1．刀具磨损的形态

（1）前刀面磨损（月牙洼磨损） 切削塑性材料时，如果切削速度和切削厚度较大，切屑在前刀面上经常会磨出一个月牙洼（图 2-35），这种磨损形式称作前刀面磨损。出现月牙洼的部位就是切削温度最高的部位。月牙洼和切削刃之间有一条小棱边，月牙洼随着刀具磨损不断变大，当月牙洼扩展到使棱边变得很窄时，切削刃强度降低，极易导致崩刃。月牙洼磨损量以其深度 KT 表示（图 2-36）。

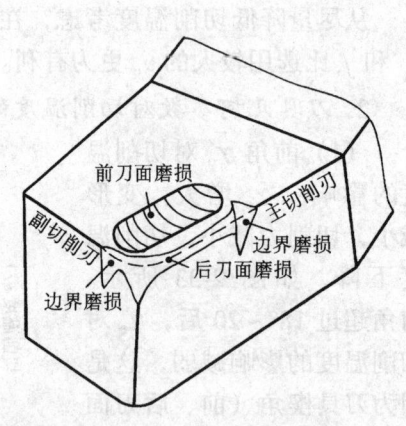

图 2-35 刀具的磨损形态

（2）后刀面磨损 由于后刀面和加工表面间的强烈摩擦，后刀面靠近切削刃部位会逐渐地被磨成后角为零的小棱面，这种磨损形式称作后刀面磨损（图 2-35）。切削铸铁和以较小的切削厚度、较低的切削速度切削塑性材料时，后刀面磨损是主要形态。后刀面上的磨损棱带往往不均匀，刀尖附近（C 区）因强度较差，散热条件不好，磨损较大；中间区域（B 区）磨损较均匀，其平均磨损宽度以 VB 表示，如图 2-36 所示。

（3）边界磨损 切削钢料时，常在主切削刃靠近工件外皮处（图 2-36 中

的 N 区)和副切削刃靠近刀尖处的后刀面上磨出较深的沟纹,这种磨损称作边界磨损。沟纹的位置在主切削刃与工件待加工表面、副切削刃与已加工表面接触的部位。

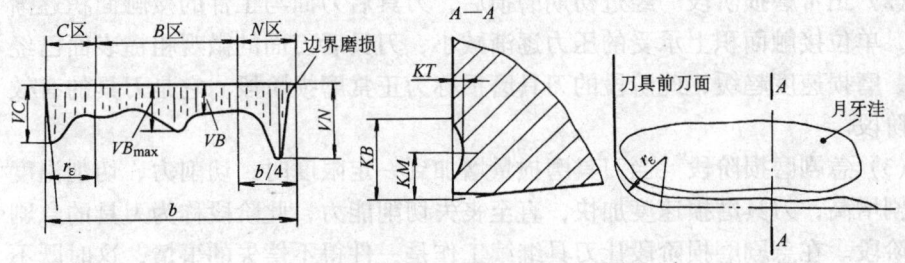

图 2-36 刀具磨损的测量位置

2. 刀具磨损机制

(1) **硬质点划痕** 由工件材料中所含的碳化物、氮化物和氧化物等硬质点以及积屑瘤碎片等在刀具表面上划出一条条沟纹,造成机械磨损。硬质点划痕在各种切削速度下都存在,它是低速切削刀具(如拉刀、板牙等)产生磨损的主要原因。

(2) **冷焊粘结** 切削时,切屑与前刀面之间由于高压力和高温度的作用,切屑底面材料与前刀面发生冷焊粘结形成冷焊粘结点,在切屑相对于刀具前刀面的运动中,冷焊粘结点处刀具材料表面微粒会被切屑粘走,造成粘结磨损。上述冷焊粘结磨损机制在工件与刀具后刀面之间也同样存在。在中等偏低的切削速度条件下,冷焊粘结是产生磨损的主要原因。

(3) **扩散磨损** 切削过程中,刀具后刀面与已加工表面、刀具前刀面与切屑底面相接触,由于高温和高压的作用,刀具材料和工件材料中的化学元素相互扩散,使刀具材料化学成分发生变化,耐磨性能下降,造成扩散磨损。例如,用硬质合金刀具切削钢质工件时,切削温度超过 800℃,硬质合金刀具中的 Co、C、W 等元素就会扩散到切屑和工件中去,由于 Co 元素减少,硬质相(WC、TiC)的粘结强度下降,导致刀具磨损加快。扩散磨损在高温下产生,且随温度升高而加剧。

(4) **化学磨损** 在一定温度作用下,刀具材料与周围介质(例如空气中的氧,切削液中的极压添加剂硫、氯等)起化学作用,在刀具表面形成硬度较低的化合物,易被切屑和工件摩擦掉,造成刀具材料损失,由此产生的刀具磨损称为化学磨损。化学磨损主要发生在较高的切削速度条件下。

二、刀具磨损过程及磨钝标准

1. 刀具磨损过程

刀具磨损实验结果表明,刀具磨损过程可以分为图 2-37 所示的三个阶段:

(1) **初期磨损阶段** 新刃磨的刀具刚投入使用,后刀面与工件的实际接触面积很小,再加上刚刃磨后的后刀面微观凸凹不平,单位接触面积上承受的正压力极大，刀具磨损速度极快，此阶段称为刀具的初期磨损阶段。刀具刃磨以后如能用细粒度磨粒的油石对刃磨面进行研磨，可以显著降低刀具的初期磨损量。

（2）正常磨损阶段 经过初期磨损后，刀具后刀面与工件的接触面积逐渐增大，单位接触面积上承受的压力逐渐减小，刀具后刀面的微观粗糙表面已经磨平，磨损速度趋缓，此阶段的刀具磨损称为正常磨损阶段。它是刀具的有效工作阶段。

（3）急剧磨损阶段 当刀具磨损量增加到一定限度时，切削力、切削温度将急剧增高，刀具磨损速度加快，直至丧失切削能力，此阶段称为刀具的急剧磨损阶段。在急剧磨损阶段让刀具继续工作是一件得不偿失的事情，这时既不能保证加工质量，又将大量消耗刀具材料，如出现切削刃崩裂的情况，损失就更大。刀具在进入急剧磨损阶段之前必须更换。

2．刀具的磨钝标准

刀具磨损到一定限度就不能再继续使用了，这个磨损限度称为刀具的磨钝标准。

因为一般刀具的后刀面都会发生磨损，而且测量也较方便，因此国际标准 ISO 统一规定，以 1/2 背吃刀量处后刀面上测量的磨损带宽度 VB 作为刀具的磨钝标准。

自动化生产中使用的精加工刀具，从保证工件尺寸精度考虑，常以刀具的径向尺寸磨损量 NB（图 2-38）作为衡量刀具的磨钝标准。

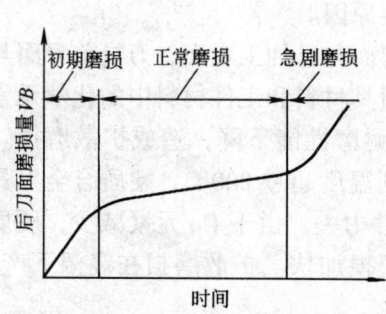

图 2-37 磨损过程曲线

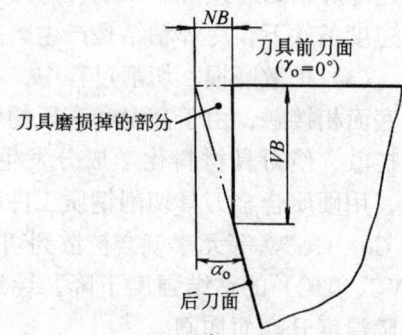

图 2-38 刀具的磨损量 VB 与 NB

制订刀具的磨钝标准时，既要考虑充分发挥刀具的切削能力，又要考虑保证工件的加工质量。精加工时磨钝标准取较小值，粗加工时取较大值；工艺系统刚性差时，磨钝标准取较小值；切削难加工材料时，磨钝标准也要取较小值。

国际标准 ISO 推荐硬质合金车刀刀具寿命试验的磨钝标准，有下列三种可供选择：

1) $VB = 0.3 \text{mm}$。

2) 如果主后刀面为无规则磨损，取 $VB_{max} = 0.6 \text{mm}$。

3) 前刀面磨损量 $KT = (0.06 + 0.3f) \text{mm}$，式中 f 为以 mm/r 为单位的进给量值。

三、刀具寿命

1. 刀具寿命的定义

刃磨后的刀具自开始切削直到磨损量达到磨钝标准为止所经历的总切削时间,称为刀具寿命,用 T 表示。一把新刀往往要经过多次重磨,才会报废。刀具寿命指的是两次刃磨之间所经历的切削时间。刀具寿命乘以刃磨次数,就是刀具总寿命。

2. 刀具寿命的经验计算公式

试验结果表明,切削速度是影响刀具磨损的主要因素。在正常的切削速度范围内,分别以不同的切削速度 v_{c1}、v_{c2}、v_{c3}、v_{c4}、…,进行刀具磨损试验,得到一组磨损曲线,如图 2-39 所示,刀具磨钝标准与磨损曲线的交点所对应的时间,就是不同切削速度所对应的刀具寿命 T_1、T_2、T_3、T_4、…。将数据点 (v_{c1}, T_1)、(v_{c2}, T_2)、(v_{c3}, T_3)、(v_{c4}, T_4),…标在对数坐标轴上,相邻数据点依次用直线相连,即可求得 v_c-T 试验曲线,如图 2-40 所示。分析图示 v_c-T 试验曲线可知,在试验给定的切削速度范围内,上述各点基本都在一条直线上,该直线方程可写为

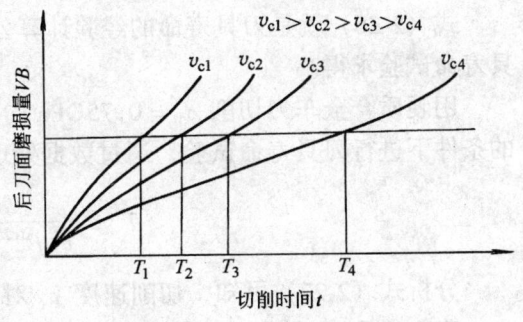

图 2-39 刀具磨损曲线

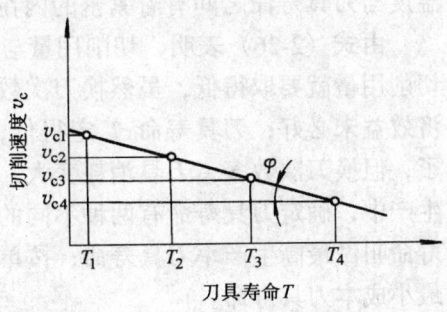

图 2-40 在双对数坐标上的 v_c-T 曲线

$$\lg v_c = -m\lg T + \lg C_0$$

切削速度与刀具寿命的关系式为

$$v_c T^m = C_0 \tag{2-23}$$

式中 v_c——切削速度(m/min);

T——刀具寿命(min);

m——v_c 对 T 的影响程度的指数,它反映了刀具材料的切削性能。m 值越大,切削速度对刀具寿命的影响越小,刀具的耐热性越好。对高速钢刀具,$m = 0.1 \sim 0.125$;对硬质合金刀具,$m = 0.2 \sim 0.3$;陶瓷刀具的 m 值约为 0.4;

C_0——与刀具材料、工件材料、切削条件有关的系数。

按照上面求 v_c-T 关系式的方法,同样可以求得 f-T 和 a_p-T 关系式,即

$$f T^g = C_1 \tag{2-24}$$

$$a_p T^h = C_2 \tag{2-25}$$

综合式（2-23）、式（2-24）、式（2-25），可求得切削用量与刀具寿命的一般关系式为

$$T = \frac{C_T}{v_c^{\frac{1}{m}} f^{\frac{1}{g}} a_p^{\frac{1}{h}}} \tag{2-26}$$

式中　C_T——与工件材料、刀具材料及切削条件有关的系数。

式（2-26）就是刀具寿命的经验计算公式。式中有关指数和系数可通过刀具寿命试验求得。

用硬质合金车刀切削 $\sigma_b = 0.75\text{GPa}$ 的碳钢工件，在进给量 $f > 0.75\text{mm/r}$ 的条件下进行刀具寿命试验，通过数据处理后得到的刀具寿命公式为

$$T = \frac{C_T}{v_c^5 f^{2.25} a_p^{0.75}} \tag{2-27}$$

分析式（2-27）可知，切削速度 v_c 对刀具寿命的影响最大，进给量 f 次之，背吃刀量 a_p 最小。这与它们对切削温度的影响顺序完全一致，表明切削温度与刀具寿命之间有着紧密的内在联系。

由式（2-26）表明，切削用量与刀具寿命密切相关。刀具寿命 T 定得高，切削用量就要取得低，虽然换刀次数少，刀具消耗少了，但切削效率下降，经济效益未必好；刀具寿命 T 定得低，切削用量可以取得高，切削效率是提高了，但换刀次数多，刀具消耗变大，调整刀具耗时长，经济效益也未必好。在生产中，确定刀具寿命有两种不同的原则，按单件时间最少的原则确定的刀具寿命叫做最高生产率刀具寿命；按单件工艺成本最低的原则确定的刀具寿命叫最小成本刀具寿命。

一般情况下，应采用最小成本刀具寿命。在生产任务紧迫或生产中出现节拍不平衡时，可选用最高生产率刀具寿命。

制订刀具寿命时，还应具体考虑以下几点：

1）刀具构造复杂、制造和磨刀费用高时，刀具寿命应规定得高些。

2）多刀车床上的车刀，组合机床上的钻头、丝锥和铣刀，自动机及自动线上的刀具，因为调整复杂，刀具寿命应规定得高些。

3）某工序的生产成为生产线上的瓶颈时，刀具寿命应定得低些，这样可以选用较大的切削用量，以加快该工序生产节拍；某工序单位时间的生产成本较高时，刀具寿命应规定得低些，这样可以选用较大的切削用量，缩短加工时间。

4）精加工大型工件时，刀具寿命应规定得高些，应至少保证在一次走刀中不换刀。

四、刀具的破损及刀具状态监控

在切削加工中，刀具有时没有经过正常磨损，而在很短时间内突然损坏，

这种情况称为刀具破损。磨损是逐渐发展的过程，而破损是突发的。破损的突发性很容易在生产过程中造成较大的危害和经济损失。

1. 刀具的破损形式

刀具的破损形式分为脆性破损和塑性破损。

(1) 脆性破损　硬质合金刀具和陶瓷刀具切削时，在机械应力和热应力冲击作用下，经常发生以下几种形态的破损：

1) 崩刃　切削刃产生小的缺口。在继续切削中，缺口会不断扩大，导致更大的破损。用陶瓷刀具切削和用硬质合金刀具作断续切削时，常发生这种破损。

2) 碎断　切削刃发生小块碎裂或大块断裂，不能继续进行切削。用硬质合金刀具和陶瓷刀具作断续切削时，常发生这种破损。

3) 剥落　在刀具的前、后刀面上出现剥落碎片，经常与切削刃一起剥落，有时也在离切削刃一小段距离处剥落。陶瓷刀具端铣时常发生这种破损。

4) 裂纹破损　长时间进行断续切削后，因疲劳而引起的一种破损。热冲击和机械冲击均会引发裂纹，裂纹不断扩展合并就会引起切削刃的碎裂或断裂。

(2) 塑性破损　在刀具前刀面与切屑、后刀面与工件间接触面上，由于过高的温度和压力的作用，刀具表层材料将因发生塑性流动而丧失切削能力，这就是刀具的塑性破损。抵抗塑性破损的能力取决于刀具材料的硬度和耐热性。硬质合金和陶瓷的耐热性好，一般不易发生这种破损。相比之下，高速钢耐热性较差，较易发生塑性破损。

2. 刀具破损的防治措施

(1) 合理选择刀具材料　用作断续切削的刀具，刀具材料应具有较高的韧性。

(2) 合理选择刀具几何参数　通过选择合适的几何参数，使切削刃和刀尖有较好的强度。在切削刃上磨出负倒棱是防止崩刃的有效措施。

(3) 保证刀具的刃磨质量　切削刃应平直光滑，不得有缺口，刃口与刀尖部位不允许烧伤。

(4) 合理选择切削用量　防止出现切削力过大和切削温度过高的情况。

(5) 工艺系统应有较好的刚性　防止因为产生强烈振动而损坏刀具。

(6) 对刀具状态进行实时监控　监测刀具状态的方法有测力法、测主电动机电流法和声发射法等。图 2-41 所示为在加工中心上建立的通过测量主电动机电流变化监测刀具破损的刀具状态监控系统。霍尔电流传感器测出的电流信号经 A/D 转换后输入计算机，计算机对所测信号进行数据处理，提取特征参数，识别刀具的工作状态。一旦监控系统识别到刀具发生破损或即将发生破损时，监控系统立即发出信号控制机床停止进给并退刀，避免出现加工事故。

五、切削用量的选择

切削用量的选择，对生产效率、加工成本和加工质量均有重要影响。所谓

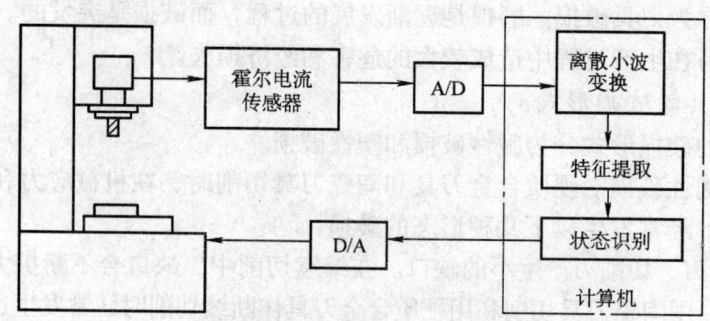

图 2-41　测量主电动机电流监测刀具破损

合理的切削用量是指在保证加工质量的前提下,能取得较高的生产效率和较低成本的切削用量。约束切削用量选择的主要条件有:工件的加工要求,包括加工质量要求和生产效率要求;刀具材料的切削性能;机床性能,包括动力特性(功率、转矩)和运动特性;刀具寿命要求。

(1) 切削用量与生产效率、刀具寿命的关系　机床切削效率可以用单位时间内切除的材料体积 Q (mm^3/min) 表示:

$$Q = a_p f v_c \tag{2-28}$$

分析式 (2-28) 可知,切削用量三要素 a_p、f、v_c 均与 Q 成正比关系,三者对机床切削效率影响的权重是完全相同的。从提高生产效率考虑,切削用量三要素 a_p、f、v_c 中任一要素提高一倍,机床切削效率 Q 都提高一倍,但提高 v_c 一倍与提高 f、a_p 一倍对刀具寿命带来的影响却是完全不相同的。由式 (2-26) 和式 (2-27) 知,切削用量三要素中对刀具寿命影响最大的是 v_c,其次是 f,再其次是 a_p。在保持刀具寿命一定的条件下,提高背吃刀量 a_p 比提高进给量 f 的生产效率高,比提高切削速度 v_c 的生产效率更高。

(2) 切削用量的选用原则　选择切削用量的基本原则是:首先选取尽可能大的背吃刀量 a_p;其次根据机床进给机构强度、刀杆刚度等限制条件(粗加工时)或已加工表面粗糙度要求(精加工时),选取尽可能大的进给量 f;最后根据切削用量手册查取或根据公式 (2-29) 计算确定切削速度 v_c。

(3) 切削用量三要素的选用

1) 背吃刀量 a_p。背吃刀量根据加工余量确定。粗加工时,只要机床功率许可,粗加工余量应尽可能在一次走刀中全部切除。下面几种情况,可几次走刀分切:①加工余量太大,导致机床动力不足或刀具强度不够;②工艺系统刚性不足;③断续切削。切削表层有硬皮的锻铸件或切削冷硬倾向较为严重的材料(例如不锈钢)时,应尽量使 a_p 值超过硬皮或冷硬层深度,以防刀具过快磨损。半精加工时,a_p 可取为 $0.5 \sim 2mm$。精加工时,a_p 可取 $0.1 \sim 0.4mm$。

2) 进给量 f。粗加工时,对表面质量没有太高要求,合理的进给量应是工艺系统所能承受的最大进给量。限制粗加工进给量的因素是:机床进给机构的强度、刀杆的强度和刚度、硬质合金或陶瓷刀片的强度等。限制精加工进给量的主要因素是表面粗糙度和加工精度要求。

实际生产中，经常采用查表法确定进给量。粗加工时，根据加工材料、车刀刀杆尺寸、工件直径及已确定的背吃刀量等条件，由《切削用量手册》即可查得进给量 f 的取值。表 2-5 列出了用硬质合金车刀粗车外圆及端面的进给量推荐值。

表 2-5 硬质合金车刀粗车外圆及端面的进给量

工件材料	车刀刀杆尺寸 /mm	工件直径 /mm	背吃刀量 a_p/mm ≤3	>3~5	>5~8	>8~12	>12
			进给量 f/mm·r^{-1}				
碳素结构钢、合金结构钢及耐热钢	16×25	20	0.3~0.4	—	—	—	—
		40	0.4~0.5	0.3~0.4	—	—	—
		60	0.5~0.7	0.4~0.6	0.3~0.5	—	—
		100	0.6~0.9	0.5~0.7	0.5~0.6	0.4~0.5	—
		400	0.8~1.2	0.7~1.0	0.6~0.8	0.5~0.6	—
	20×30 25×25	20	0.3~0.4	—	—	—	—
		40	0.4~0.5	0.3~0.4	—	—	—
		60	0.6~0.7	0.5~0.7	0.4~0.6	—	—
		100	0.8~1.0	0.7~0.9	0.5~0.7	0.4~0.7	—
		400	1.2~1.4	1.0~1.2	0.8~1.0	0.6~0.9	0.4~0.6
铸铁及铜合金	16×25	40	0.4~0.5	—	—	—	—
		60	0.6~0.8	0.5~0.8	0.4~0.6	—	—
		100	0.8~1.2	0.7~1.0	0.6~0.8	0.5~0.7	—
		400	1.0~1.4	1.0~1.2	0.8~1.0	0.6~0.8	—
	20×30 25×25	40	0.4~0.5	—	—	—	—
		60	0.6~0.9	0.5~0.8	0.4~0.7	—	—
		100	0.9~1.3	0.8~1.2	0.7~1.0	0.5~0.8	—
		400	1.2~1.8	1.2~1.6	1.0~1.3	0.9~1.1	0.7~0.9

注：1. 加工断续表面及有冲击的工件时，表内进给量应乘系数 $k=0.75~0.85$。
2. 在无外皮加工时，表内进给量应乘系数 $k=1.1$。
3. 加工耐热钢及其合金时，进给量不大于 $1mm/r$。
4. 加工淬硬钢时，进给量应减小。当钢材的硬度为 44~56HRC 时，表内进给量应乘系数 $k=0.8$；当钢材的硬度为 57~62HRC 时，应乘系数 $k=0.5$。

半精加工和精加工时，主要根据加工表面粗糙度要求，选择进给量 f 值。表 2-6 列出了按表面粗糙度选择进给量的参考值。

3) 切削速度 v_c。根据已经选定的背吃刀量 a_p、进给量 f 及刀具寿命 T，可以用公式计算或用查表法确定切削速度 v_c。表 2-7 列出了车削加工切削速度参考值，其他加工方式参见参考文献 [33、35、37]。

表 2-6 按表面粗糙度选择进给量的参考值

工件材料	表面粗糙度 $Ra/\mu m$	切削速度 $v_c/\text{m}\cdot\text{min}^{-1}$	刀尖圆弧半径 r_ε/mm		
			0.5	1.0	2.0
			进给量 $f/\text{mm}\cdot\text{r}^{-1}$		
铸铁、青铜、铝合金	10~5	不限	0.25~0.40	0.40~0.50	0.50~0.60
	5~2.5		0.15~0.25	0.25~0.40	0.40~0.60
	2.5~1.25		0.10~0.15	0.15~0.20	0.20~0.35
碳钢及合金钢	10~5	<50	0.30~0.50	0.45~0.60	0.55~0.70
		>50	0.40~0.55	0.55~0.65	0.65~0.70
	5~2.5	<50	0.18~0.25	0.25~0.30	0.30~0.40
		>50	0.25~0.30	0.30~0.35	0.35~0.50
	2.5~1.25	<50	0.10	0.11~0.15	0.15~0.22
		50~100	0.11~0.16	0.16~0.25	0.25~0.35
		>100	0.16~0.20	0.16~0.25	0.25~0.35

车削速度计算公式为

$$v_c = \frac{C_v}{T^m a_p^{x_v} f^{y_v}} K_v \tag{2-29}$$

式中 C_v——切削速度系数；

m、x_v、y_v——T、a_p 和 f 的指数；

K_v——工件材料、毛坯表面状态、刀具材料、加工方式、主偏角 κ_r、副偏角 κ_r'、刀尖圆弧半径 r_ε 及刀杆尺寸对切削速度的修正系数的乘积。

式（2-29）中的有关系数、指数和各项修正系数均可由文献［35］或有关机械加工工艺手册查得。

在确定切削速度时，还应考虑以下几点：

① 精加工时，应尽量避开产生积屑瘤的速度区。

② 作断续切削时，应适当降低切削速度。

③ 在易产生振动的情况下，机床主轴转速应选择能进行稳定切削的转速区进行。

④ 加工大件、细长件、薄壁件以及带铸、锻外皮的工件时，应选较低的切削速度。

例 2-2 按图 2-42 所示工序图的要求，在 CA6140 型车床上车外圆。已知毛坯直径为 ϕ68mm，工件材料为 45 钢，$\sigma_b = 0.637\text{GPa}$；采用牌号为 YT15 的焊接式硬质合金外圆车刀加工，刀杆截面尺寸为16mm×25mm；车刀切削部分

表 2-7 车削加工的切削速度参考数值

加工材料		硬度 HBW	背吃刀量 a_p/mm	高速钢刀具 v_c/m·min⁻¹	高速钢刀具 f/mm·r⁻¹	硬质合金刀具 未涂层 v_c/m·min⁻¹ 焊接式	硬质合金刀具 未涂层 v_c/m·min⁻¹ 可转位	硬质合金刀具 未涂层 f/mm·r⁻¹	硬质合金刀具 材料	硬质合金刀具 涂层 v_c/m·min⁻¹	硬质合金刀具 涂层 f/mm·r⁻¹	陶瓷(超硬材料)刀具 v_c/m·min⁻¹	陶瓷(超硬材料)刀具 f/mm·r⁻¹	说明
易切碳钢	低碳	100~200	1	55~90	0.18~0.2	185~240	220~275	0.18	YT15	320~410	0.18	550~700	0.13	切削条件较好时可用冷压Al_2O_3陶瓷,切削条件较差时宜用Al_2O_3+TiC热压混合陶瓷,下同
			4	41~70	0.40	135~185	160~215	0.50	YT14	215~275	0.40	425~580	0.25	
			8	34~55	0.50	110~145	130~170	0.75	YT5	170~220	0.50	335~490	0.40	
	中碳	175~225	1	52	0.20	165	200	0.18	YT15	305	0.18	520	0.13	
			4	40	0.40	125	150	0.50	YT14	200	0.40	395	0.25	
			8	30	0.50	100	120	0.75	YT5	160	0.50	305	0.40	
碳钢	低碳	125~225	1	43~46	0.18	140~150	170~195	0.18	YT15	260~290	0.18	520~580	0.13	
			4	34~38	0.40	115~125	135~150	0.50	YT14	170~190	0.40	365~425	0.25	
			8	27~30	0.50	88~100	105~120	0.75	YT5	135~150	0.50	275~365	0.40	
	中碳	175~275	1	34~40	0.18	115~130	150~160	0.18	YT15	220~240	0.18	460~520	0.13	
			4	23~30	0.40	90~100	115~125	0.50	YT14	145~160	0.40	290~350	0.25	
			8	20~26	0.50	70~78	90~100	0.75	YT5	115~125	0.50	200~260	0.40	
	高碳	175~275	1	30~37	0.18	115~130	140~155	0.18	YT15	215~230	0.18	460~520	0.13	
			4	24~27	0.40	88~95	105~120	0.50	YT14	145~150	0.40	275~335	0.25	
			8	18~21	0.50	69~76	84~95	0.75	YT5	115~120	0.50	185~245	0.40	
合金钢	低碳	125~225	1	41~46	0.18	135~150	170~185	0.18	YT15	220~235	0.18	520~580	0.13	
			4	32~37	0.40	105~120	135~145	0.50	YT14	175~190	0.40	365~395	0.25	
			8	24~27	0.50	84~95	105~115	0.75	YT5	135~145	0.50	375~335	0.40	
	中碳	175~275	1	34~41	0.18	105~115	130~150	0.18	YT15	175~200	0.18	460~520	0.13	
			4	26~32	0.40	85~90	105~120	0.40~0.50	YT14	135~150	0.40	280~360	0.25	
			8	20~24	0.50	67~73	82~95	0.50~0.75	YT5	105~120	0.50	220~265	0.40	
	高碳	175~275	1	30~37	0.18	105~115	135~145	0.18	YT15	175~190	0.18	460~520	0.13	
			4	24~27	0.40	84~90	105~115	0.40	YT14	135~150	0.40	275~335	0.25	
			8	18~21	0.50	66~72	82~90	0.50	YT5	105~120	0.50	215~245	0.40	
高强度钢		225~350	1	20~26	0.18	90~105	115~135	0.18	YT15	150~185	0.18	380~440	0.13	>300HBW时宜用W12Cr4V5Co5及W2Mo9Cr4VCo8
			4	15~20	0.40	69~84	90~105	0.40	YT14	120~135	0.40	205~265	0.25	
			8	12~15	0.50	53~66	69~84	0.50	YT5	90~105	0.50	145~205	0.40	

几何参数为：$\gamma_o = 15°$，$\alpha_o = 8°$，$\kappa_r = 60°$，$\kappa_r' = 10°$，$\lambda_s = 0°$，$r_\varepsilon = 0.5\text{mm}$，$\gamma_{o1} = -10°$，$b_{\gamma 1} = 0.2\text{mm}$。试为该车削工序选取切削用量。

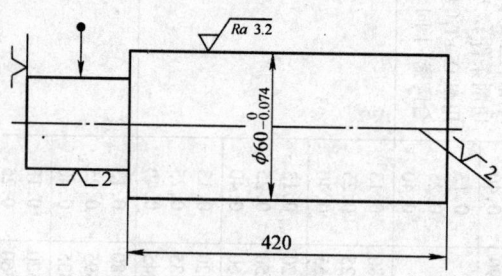

图 2-42　工序草图

解　为达到图 2-42 规定的加工要求，此工序需分粗车和半精车两个工步完成，粗车工步将 $\phi 68\text{mm}$ 外圆车至 $\phi 62\text{mm}$，半精车工步将 $\phi 62\text{mm}$ 外圆车至 $\phi 60_{-0.074}^{0}\text{mm}$。

1. 确定粗车工步切削用量

(1) 背吃刀量 a_p　$a_p = (68-62)/2\text{mm} = 3\text{mm}$。

(2) 进给量 f　根据已知条件，从表 2-5 中查得 $f = 0.5 \sim 0.7\text{mm/r}$，根据所用 CA6140 车床的技术参数，实际取 $f = 0.56\text{mm/r}$。

(3) 切削速度 v_c　切削速度可由式（2-29）计算，也可查表确定，本例采用查表法确定。从表 2-7 查得 $v_c = 100\text{mm/min}$，由 v_c 可推算出机床主轴转速 n

$$n = \frac{1000 v_c}{\pi d_w} = \frac{1000 \times 100}{3.14 \times 68}\text{r/min} = 468\text{r/min}$$

根据所用 CA6140 型车床的主轴转速数列，取 $n = 500\text{r/min}$，故实际切削速度为

$$v_c = \frac{\pi d_w n}{1000} = \frac{3.14 \times 68 \times 500}{1000}\text{m/min} = 106.8\text{m/min}$$

(4) **校核机床功率**　本章第四节例 2-1 已为本例计算出了切削功率 $P_c = 4.3\text{kW}$。查阅机床说明书知，CA6140 车床电动机功率 $P_E = 7.5\text{kW}$，取机床传动效率 $\eta_m = 0.8$。为完成粗车工步要求电动机提供的功率

$$P = \frac{P_c}{\eta_m} = \frac{4.3}{0.8}\text{kW} = 5.38\text{kW} < P_E = 7.5\text{kW}$$

校核结果表明，机床功率是足够的。

(5) **校核机床进给机构强度**　例 2-1 已为本例计算出切削力 $F_c = 2406\text{N}$，$F_p = 594\text{N}$，$F_f = 942\text{N}$。考虑到在机床导轨和溜板之间由 F_c 和 F_p 所产生的摩擦力（设摩擦因数 $\mu_s = 0.1$），机床进给机构承受的力应为

$$F_{\text{进}} = F_f + \mu_s(F_c + F_p) = [942 + 0.1 \times (2406 + 594)]\text{N} = 1242\text{N}$$

查机床说明书知，CA6140 车床纵向进给机构允许作用的最大力为 3500N，它大于机床进给机构承受的力 $F_{\text{进}}$。校核结果表明机床进给机构的强度是足够的。

2. 确定半精车工步切削用量

(1) 背吃刀量 a_p　$a_p = (62-60)/2\text{mm} = 1\text{mm}$。

(2) 进给量 f　根据图 2-42 提供的加工表面粗糙度 $Ra = 3.2\mu\text{m}$ 的要求，设 $v_c > 50\text{m/min}$，则由表 2-6 查得 $f = 0.25 \sim 0.30\text{mm/r}$，对照 CA6140 车床进给量数列，取 $f = 0.26\text{mm/r}$。

(3) 切削速度 v_c　查表 2-7 取 $v_c = 130\text{m/min}$，由 v_c 推算机床主轴转速

$$n = \frac{1000 \times 130}{3.14 \times (68-6)}\text{r/min} = 668\text{r/min}$$

对照 CA6140 型车床主轴转速数列，取 $n = 710\text{r/min}$，则实际切削速度为

$$v_c = \frac{3.14 \times (68-6) \times 710}{1000}\text{m/min} = 138\text{m/min}$$

因半精车工步 a_p 和 f 的取值均不大，在通常条件下，可不校核机床功率和机床进给机构强度。

第七节　刀具几何参数的选择

刀具的切削性能主要是由刀具材料的性能和刀具几何参数两方面决定的。刀具几何参数的选择是否合理对切削力、切削温度及刀具磨损有显著影响。选择刀具的几何参数要综合考虑工件材料、刀具材料、刀具类型及其他加工条件（如切削用量、工艺系统刚性及机床功率等）的影响。

一、前角 γ_o 的选择

前角是刀具上最重要的几何参数之一。增大前角可以减小切削变形，降低切削力和切削温度。但过大的前角使刀具楔角减小，切削刃强度下降，刀头散热体积减小，刀具温度上升，使刀具寿命下降。针对某一具体加工条件，客观上有一个最合理的前角取值。

工件材料的强度、硬度较低时，前角应取得大些，反之应取较小的前角。加工塑性材料宜取较大的前角，加工脆性材料宜取较小的前角。刀具材料韧性好时宜取较大前角，反之应取较小的前角，如硬质合金刀具就应取比高速钢刀具较小的前角。粗加工时，为保证切削刃强度，应取小前角；精加工时，为提高表面质量，可取较大前角。工艺系统刚性较差时，应取较大前角。为减小刃形误差，成形刀具的前角应取较小值。

用硬质合金刀具加工中碳钢工件时，通常取 $\gamma_o = 10° \sim 20°$；加工灰铸铁工件时，通常取 $\gamma_o = 8° \sim 12°$。

二、后角 α_o 的选择

后角的主要功用是减小切削过程中刀具后刀面与工件之间的摩擦。较大的后角可减小刀具后刀面上的摩擦，提高已加工表面质量。在磨钝标准取值相同时，后角较大的刀具，磨损到磨钝标准时，磨去的刀具材料较多，刀具寿命较

长（参见图 2-43a）。但是过大的后角会使刀具楔角显著减小，削弱切削刃强度，减小刀头散热体积，导致刀具寿命降低。

可按下列原则正确选择合理后角值。切削厚度（或进给量）较小时，宜取较大的后角。进行粗加工、强力切削和承受冲击载荷的刀具，为保证切削刃强度，宜取较小后角。工件材料硬度、强度较高时，宜取较小的后角；工件材料较软、

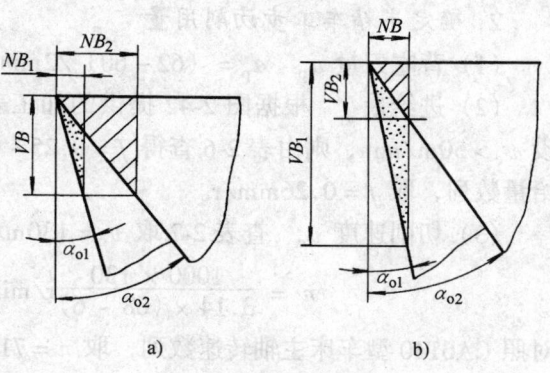

图 2-43 后角与磨损体积的关系
a) VB 一定 b) NB 一定

塑性较大时，宜取较大后角；切削脆性材料，宜取较小后角。对精度要求高的定尺寸刀具（例如铰刀），宜取较小的后角。因为在径向磨损量 NB 取值相同的条件下，后角较小时允许磨掉的刀具材料较多（图 2-43b），刀具寿命长。

车削中碳钢和铸铁工件时，车刀后角通常取为 $6° \sim 8°$。

三、主偏角 κ_r、副偏角 κ_r' 的选择

减小主偏角和副偏角，可以减小已加工表面上残留面积的高度，使其表面粗糙度减小；同时又可以提高刀尖强度，改善散热条件，提高刀具寿命；减小主偏角还可使切削厚度减小、切削宽度增加，切削刃单位长度上的负荷下降，对提高刀具寿命有利。另外，主偏角取值还影响各切削分力的大小和比例的分配，例如车外圆时，增大主偏角可使背向力 F_p 减小，进给力 F_f 增大。

工件材料硬度、强度较高时，宜取较小主偏角，以提高刀具寿命。工艺系统刚性较差时，宜取较大的主偏角；反之则宜取较小的主偏角，以提高刀具寿命。

精加工时，宜取较小的副偏角，以减小表面粗糙度；工件强度、硬度较高或刀具作断续切削时，宜取较小副偏角，以增加刀尖强度。在不会产生振动的情况下，一般刀具的副偏角均可选择较小值（$\kappa_r' = 5° \sim 15°$）。

四、刃倾角 λ_s 的选择

改变刃倾角可以改变切屑流出方向，达到控制排屑方向的目的。负刃倾角的车刀刀头强度好，散热条件也好。增大刃倾角绝对值可使刀具的切削刃实际钝圆半径减小，切削刃变得锋利。刃倾角不为零时，切削刃是逐渐切入和切出工件的，增大刃倾角绝对值可以减小刀具受到的冲击，提高切削的平稳性。

加工中碳钢和灰铸铁工件时，粗车取 $\lambda_s = 0° \sim -5°$，精车取 $\lambda_s = 0° \sim +5°$，有冲击负荷作用时取 $\lambda_s = -5° \sim -15°$，冲击特别大时取 $\lambda_s = -30° \sim -45°$；加工高强度钢、淬硬钢时，取 $\lambda_s = -20° \sim -30°$；工艺系统刚性不足时，为避免背向力 F_p 过大而导致工艺系统受力变形过大，不宜采用负的刃倾角。

第八节 磨削原理

一、砂轮的特性和选择

1. 普通砂轮的特性和选择

普通砂轮是用结合剂把磨粒粘结起来，经压坯、干燥、焙烧及车整制成。它的特性决定于磨料、粒度、结合剂、硬度、组织及形状尺寸等。

(1) 磨料 磨料是砂轮的主要成分，普通砂轮常用的磨料有氧化物系和碳化物系两类。几种常用磨料的特性及适用范围参见表 2-8。

表 2-8 普通砂轮磨料的特性及适用范围

系 列	磨料名称	代号	显微硬度 HV	特 性	适用范围
氧化物系	棕刚玉	A	2200~2280	棕褐色；硬度高，韧性大；价格便宜	磨削碳钢、合金钢、可锻铸铁、硬青铜
	白刚玉	WA	2200~2300	白色；硬度比棕刚玉高，韧性较棕刚玉低	磨削淬火钢、高速钢、高碳钢及薄壁零件
碳化物系	黑碳化硅	C	2840~3320	黑色，有光泽；硬度比白刚玉高，性脆而锋利，导热性和导电性良好	磨削铸铁、黄铜、铝、耐火材料及非金属材料
	绿碳化硅	GC	3280~3400	绿色；硬度和脆性比黑碳化硅高，具有良好的导热性和导电性	磨削硬质合金、宝石、陶瓷、玉石、玻璃等材料

(2) 粒度 粒度表示磨料颗粒的尺寸大小。当磨粒尺寸较大时，用筛选法分级，以其能通过的筛网上每英寸长度上的孔数来表示粒度号，如 F60 表示磨粒刚能通过每英寸 60 个孔眼的筛网。粒度号越大，磨粒越细。基本尺寸小于 $53\mu m$ 的磨粒称为微粉，用光电沉降仪法分级。微粉的粒度号为 F230~F1200，F 后的数字越大，微粉越细。常用磨粒的粒度及适用范围参见表 2-9。

粗磨加工选用颗粒较粗的砂轮，以提高生产效率；精磨加工选用颗粒较细的砂轮，以减小加工表面粗糙度。砂轮与工件接触面积较大时，选用颗粒较粗的砂轮，防止烧伤工件。

表 2-9 常用粒度及适用范围

类别	粒度号	应用范围	类别	粒度号	应用范围
磨粒	F4, F5, F6, F7, F8, F10, F12, F14, F16, F20, F22, F24	荒磨，打毛刺	微粉	F230, F240, F280, F320, F360	珩磨，研磨
	F30, F36, F40, F46, F54, F60, F70, F80, F90, F100	粗磨，半精磨，精磨		F400, F500, F600, F800, F1000, F1200	研磨，超精磨削，镜面磨削
	F120, F150, F180, F220	精磨，珩磨			

(3) 结合剂 结合剂的作用是将磨粒粘结在一起，形成具有一定形状和强

度的砂轮。常用的结合剂种类有陶瓷结合剂、树脂结合剂和橡胶结合剂。它们的性能及适用范围参见表 2-10。

表 2-10 结合剂的种类及适用范围

结合剂	代号	性能	适用范围
陶瓷	V	耐热，耐蚀，气孔率大，易保持廓形，弹性差	最常用，适用于各类磨削加工
树脂	B	强度较陶瓷高，弹性好，耐热性差	适用于高速磨削、切断、开槽等
橡胶	R	强度较树脂高，更富有弹性，气孔率小，耐热性差	适用于切断、开槽及作无心磨的导轮

（4）硬度　砂轮的硬度是指磨粒在磨削力作用下，从砂轮表面上脱落的难易程度。砂轮硬度越高，磨粒越不容易脱落。砂轮的硬度分七个等级，参见表 2-11。

磨削时，如砂轮硬度过高，则磨钝了的磨粒不能及时脱落，会使磨削温度升高而造成工件烧伤；若砂轮太软，则磨粒脱落过快，不能充分发挥磨粒的磨削效能，也不易保持砂轮的外形。

工件材料硬度较高时，应选用较软的砂轮；工件材料硬度较低时，应选用较硬的砂轮；砂轮与工件接触面较大时，应选用较软砂轮；磨薄壁件及导热性差的工件时应选用较软的砂轮；精磨和成形磨时，应选用较硬的砂轮；砂轮粒度号大时，应选用较软的砂轮。

表 2-11 砂轮的硬度等级名称及代号

大级名称	超软	软			中软		中		中硬			硬		超硬
小级名称	超软	软1	软2	软3	中软1	中软2	中1	中2	中硬1	中硬2	中硬3	硬1	硬2	超硬
代号	D	E	F	G	H	J	K	L	M	N	P	Q	R	S	T	Y

（5）组织　砂轮的组织是指磨粒、结合剂、气孔三者之间的比例关系。磨粒在砂轮体积中所占的比例越大，则组织越紧密。砂轮组织的级别及适用范围参见表 2-12。

表 2-12 砂轮的组织号和适用范围

组织号	0	1	2	3	4	5	6	7	8	9	10	11	12	13	14
磨粒在砂轮体积中所占比例（%）	62	60	58	56	54	52	50	48	46	44	42	40	38	36	34
疏密程度	紧密				中等				疏松					大气孔	
适用范围	重负荷、成形、精密磨削，间断磨削及自由磨削，或加工硬脆材料				外圆磨、内圆磨、无心磨及工具磨，淬火钢工件，刃磨刀具等				粗磨，砂轮与工件接触面较大的平面磨，磨削韧性大、硬度低的工件，薄壁、细长类工件					磨削有色金属及塑料、橡胶等非金属以及热敏性大的合金	

（6）砂轮形状　常用砂轮的形状、代号及主要用途参见表2-13。

表2-13　常用砂轮的形状、代号及主要用途

砂轮名称	代号	断面形状	主要用途
平形砂轮	1		用于外圆磨、内圆磨、平面磨、无心磨、工具磨、螺纹磨和砂轮机
双斜边一号砂轮	4		主要用于磨齿面和螺纹面
薄片砂轮	41		用于切断和开槽等
杯形砂轮	6		用端面刃磨刀具，用圆周面磨平面及内孔
碗形砂轮	11		通常用于刃磨刀具，也可用于磨机床导轨
碟形一号砂轮	12a		适于磨铣刀、铰刀、拉刀等，也可用于磨齿面

在砂轮的端面上一般都印有标志，用以标示砂轮的特性。例如：在标记"1—300×30×75—A60L5V—35m/s"中，"1"表示该砂轮为平形砂轮，"300"为砂轮的外径（mm），"30"为砂轮的厚度（mm），"75"为砂轮内径（mm），"A"表示磨料为棕刚玉，"60"为砂轮的粒度号，"L"表示砂轮的硬度为中软2，"5"为砂轮的组织号，"V"表示砂轮的结合剂为陶瓷，"35m/s"是砂轮允许的最高圆周速度。

2．超硬砂轮的特性和选择

超硬砂轮采用人造金刚石或立方氮化硼为磨料，其特性及适用范围见表2-14。超硬磨料的常用粒度号及其适用范围见表2-15。

表2-14　超硬砂轮磨料的特性及适用范围

磨料名称	代号	显微硬度HV	特　性	适用范围
人造金刚石	RVD SCD MBD	6000~10000	无色透明或淡黄色、黄绿色、黑色；硬度高，比天然金刚石脆	磨削硬质合金、宝石、光学玻璃、半导体等材料
立方氮化硼	CBN	6000~8500	黑色或淡白色；立方晶体，硬度仅次于金钢石，耐磨性高	磨削各种高温合金、高钼、高钒、高钴钢，以及不锈钢等材料

表 2-15　超硬磨料的常用粒度号及其适用范围

粒度号	80/100	100/120	120/140	140/170	170/200	200/230	230/270	270/325	325/400
适用范围	粗磨			半精磨	半精磨 精磨	精磨			

超硬砂轮除使用树脂结合剂和陶瓷结合剂外，还使用青铜和铸铁纤维等金属结合剂，其特性和适用范围见表 2-16。

超硬砂轮用浓度来表示砂轮内含有磨粒的疏密程度。浓度的高低用百分比表示，如 25%、75%、100%、150% 等，磨料在磨具中的浓度值为 100% 时，其磨料含量为 $0.88g/cm^3$。加工石材、玻璃时选较低浓度的金刚石砂轮；加工超硬合金、金属陶瓷等难加工材料时选高浓度的金刚石砂轮。立方氮化硼砂轮只用于加工金属材料，应选用较高浓度的砂轮。成形磨削和镜面磨削选用高浓度砂轮。

表 2-16　超硬砂轮的金属结合剂特性及其适用范围

结合剂	性　能	适用范围
青铜	结合强度较高，型面保持性好，磨耗少，自锐性差，不宜用于结合细粒度磨料	制作金刚石磨具，用于磨削玻璃、石材、半导体等材料 制作立方氮化硼磨具，用于珩磨各种合金钢材料
铸铁纤维	对金刚石颗粒把持力大，磨粒露出充分，性能优于青铜结合剂	制作金刚石磨具，用于磨削工程陶瓷、玻璃、石材等材料

二、磨削过程

磨削时砂轮表面上有许多磨粒参与磨削工作，每个磨粒都可以看做是一把微小的刀具。磨粒的形状很不规则，其尖点的顶锥角大多为 90°～120°。磨粒上刃尖的钝圆半径 r_n 大约在几微米至几十微米之间，磨粒磨损后 r_n 值还将增大。由于磨粒以较大的负前角和钝圆半径对工件进行切削（见图 2-44），磨粒接触工件的初期不会切下切屑，只有在磨粒的切削厚度

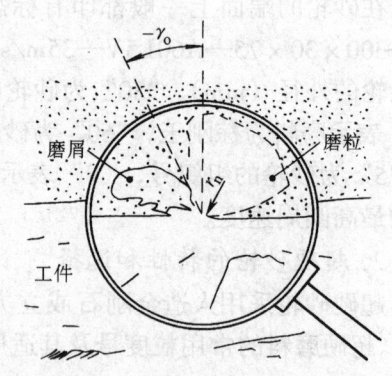

图 2-44　磨粒对工件的切削

增大到某一临界值后才开始切下切屑。磨削过程中，磨粒对工件的作用包括滑擦、耕犁和形成切屑三个阶段（参见图 2-45）。

（1）滑擦阶段　磨粒刚开始与工件接触时，由于切削厚度非常小，磨粒只是在工件上滑擦，砂轮和工件接触面上只有弹性变形和由摩擦产生的热量。

（2）耕犁阶段　随着切削厚度逐渐加大，被磨工件表面开始产生塑性变形，磨粒逐渐切入工件表层材料中。表层材料被挤向磨粒的前方和两侧，工件

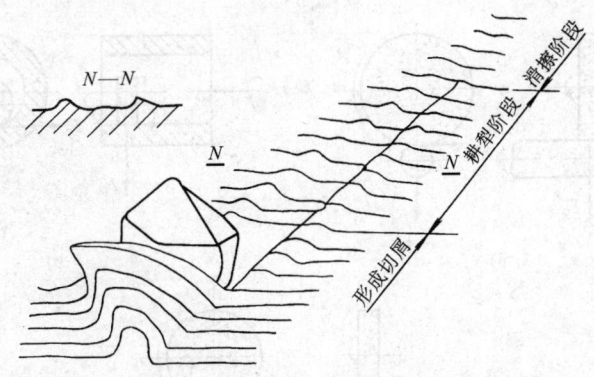

图 2-45 磨粒的切削过程

表面出现沟痕，沟痕两侧产生隆起，如图 2-45 中 $N—N$ 截形图所示。此阶段磨粒对工件的挤压摩擦剧烈，产生的热量大大增加。

(3) 形成切屑 当磨粒的切削厚度增加到某一临界值时，磨粒前面的金属产生明显的剪切滑移形成切屑。

磨削过程中产生的沟痕两侧隆起的现象对磨削表面粗糙度影响较大。图 2-46 所示为隆起量与磨削速度的关系，随着磨削速度的增加，隆起减小，这是因为在较高磨削速度条件下，工件材料塑性变形的传播速度远小于磨削速度，磨粒侧面的材料来不及变形。由图可知，增加磨削速度对减小隆起量是有利的。

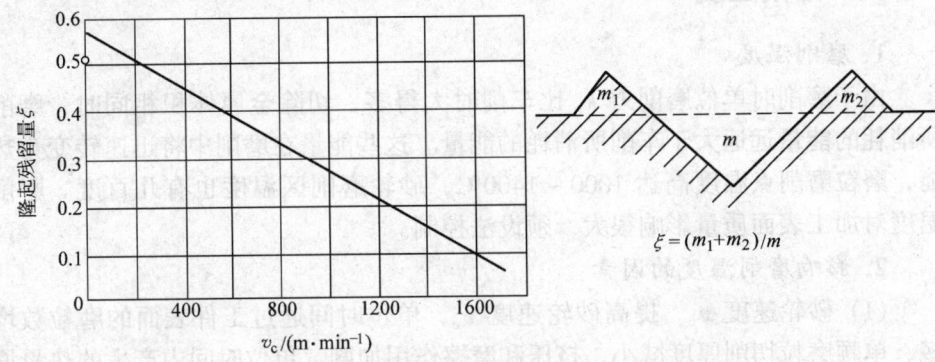

图 2-46 隆起量与磨削速度的关系

三、磨削力

磨削力可以分解为三个分力：主磨削力（切向磨削力）F_c、背向力 F_p、进给力 F_f，如图 2-47 所示。

与切削力相比，磨削力具有以下特征：

1) 单位磨削力 k_c 都在 $70 kN/mm^2$ 以上，切削加工的 k_c 值均在 $7 kN/mm^2$ 以下，原因是磨粒大多以较大的负前角进行切削。

2) 三向磨削分力中 F_p 值最大，磨削钢及铸铁时 F_p 与 F_c 的比值参见表 2-17。

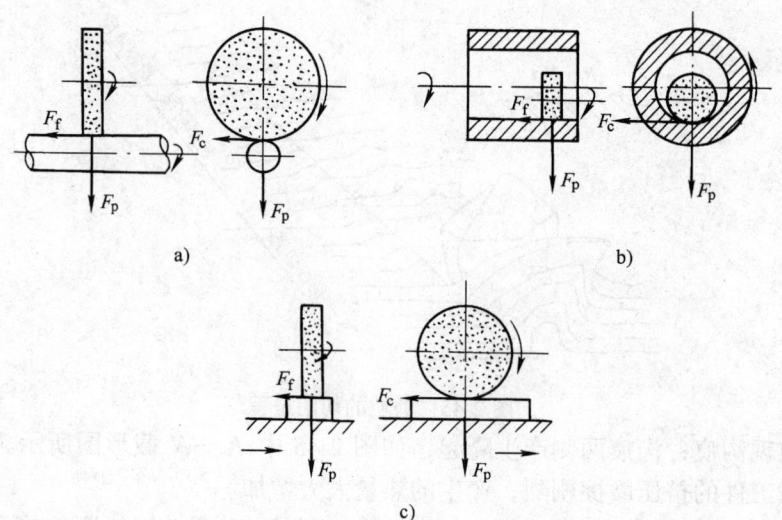

图 2-47 磨削时的三个磨削分力
a) 外圆磨削　b) 内孔磨削　c) 平面磨削

表 2-17 磨削时 F_p 与 F_c 的比值

工件材料	钢	淬火钢	铸铁
F_p/F_c	1.6~1.8	1.9~2.6	2.7~3.2

四、磨削温度

1. 磨削温度

由于磨削时单位磨削力 k_c 比车削时大得多，切除金属体积相同时，磨削所消耗的能量远远大于车削所消耗的能量。这些能量在磨削中将迅速转变为热能，磨粒磨削点温度高达 1000～1400℃，砂轮磨削区温度也有几百度。磨削温度对加工表面质量影响很大，须设法控制。

2. 影响磨削温度的因素

(1) 砂轮速度 v_c　提高砂轮速度 v_c，单位时间通过工件表面的磨粒数增多，单颗磨粒切削厚度减小，挤压和摩擦作用加剧，单位时间内产生的热量增加，使磨削温度升高。

(2) 工件速度 v_w　增大工件速度 v_w，单位时间内进入磨削区的工件材料增加，单颗磨粒的切削厚度加大，磨削力及能耗增加，磨削温度上升；但从热量传递的观点分析，提高工件速度 v_w，工件表面与砂轮的接触时间缩短，工件上受热影响区的深度较浅，可以有效防止工件表面层产生磨削烧伤和磨削裂纹。

(3) 径向进给量 f_r　径向进给量 f_r 增大，单颗磨粒的切削厚度增大，产生的热量增多，使磨削温度升高。

(4) 工件材料　磨削韧性大、强度高、导热性差的材料，因为消耗于金属变形和摩擦的能量大，发热多，而散热性能又差，故磨削温度较高。磨削脆性大、强度低、导热性好的材料，磨削温度相对较低。

（5）砂轮特性　选用低硬度砂轮磨削时，砂轮自锐性好，磨粒切削刃锋利，磨削力和磨削温度都比较低。选用粗粒度砂轮磨削时，容屑空间大，磨屑不易堵塞砂轮，磨削温度比选用细粒度砂轮磨削时低。

学习本章内容的基本要求

1）学习了解有关切削运动、切削层参数和切削用量的概念。

2）学习掌握刀具切削部分的构造和刀具角度的定义，熟悉了解进给运动对刀具工作角度的影响。

3）熟悉了解常用刀具材料的种类及特点，掌握选择常用刀具材料的基本原则和方法。

4）熟悉了解切削变形、切削力、切削热、刀具磨损等物理现象，熟悉了解它们的内在联系，学习掌握切削变形、切削力、切削温度、刀具寿命的影响因素和影响规律。

5）了解切屑的种类，了解切屑形态控制方法。

6）熟悉了解刀具磨损的形态和磨损过程，深入理解磨钝标准和刀具寿命的概念。

7）学习掌握合理选择刀具几何参数的要领。

8）学习掌握合理选择切削用量的原则和方法。

9）熟悉了解砂轮特性，熟悉了解磨削过程。

思考题与习题

2-1　什么是切削用量三要素？在外圆车削中，它们与切削层参数有什么关系？

2-2　确定外圆车刀切削部分几何形状最少需要几个基本角度？试画图标出这些基本角度。

2-3　试述刀具标注角度和工作角度的区别。为什么车刀作横向切削时，进给量取值不能过大？

2-4　刀具切削部分的材料必须具备哪些基本性能？

2-5　常用的硬质合金有哪几类？如何选用？

2-6　怎样划分切削变形区？第一变形区有哪些变形特点？

2-7　什么是积屑瘤？它对加工过程有什么影响？如何控制积屑瘤的产生？

2-8　试述影响切削变形的主要因素及影响规律。

2-9　常见的切屑形态有哪几种？它们一般都在什么情况下生成？控制切屑形态有哪几种方法？

2-10　在 CA6140 型车床上车削外圆。已知：工件材料为灰铸铁，其牌号为 HT200；刀具材料为硬质合金，其牌号为 YG6；刀具几何参数为：$\gamma_o = 10°$，$\alpha_o = \alpha_o' = 8°$，$\kappa_r = 45°$，$\kappa_r' = 10°$，$\lambda_s = -10°$（$\lambda_s$ 对三向切削分力的修正系数分别为 $k_{\lambda_s F_c} = 1.0$，$k_{\lambda_s F_p} = 1.5$，$k_{\lambda_s F_f} = 0.75$），$r_\varepsilon = 0.5\text{mm}$；切削用量为：$a_p = 3\text{mm}$，$f = 0.4\text{mm/r}$，$v_c = 80\text{m/min}$。试求切削力 F_c、F_f、F_p 及切削功率。

2-11　影响切削力的主要因素有哪些？试论述其影响规律。

2-12 影响切削温度的主要因素有哪些？试论述其影响规律。
2-13 试分析刀具磨损四种磨损机制的本质与特征，它们各在什么条件下产生？
2-14 什么是刀具的磨钝标准？制订刀具磨钝标准要考虑哪些因素？
2-15 什么是刀具寿命和刀具总寿命？试分析切削用量三要素对刀具寿命的影响规律。
2-16 什么是最高生产率刀具寿命和最小成本刀具寿命？怎样合理选择刀具寿命？
2-17 试述刀具破损的形式及防治破损的措施。
2-18 试述前角的功用及选择原则。
2-19 试述后角的功用及选择原则。
2-20 在 CA6140 型车床上车削外圆。已知：工件毛坯直径为 $\phi 70\text{mm}$，加工长度为 40mm；加工后工件尺寸为 $\phi 60_{-0.1}^{0}\text{mm}$，表面粗糙度为 $Ra3.2\mu m$；工件材料为 40Cr（σ_b = 700MPa）；采用焊接式硬质合金外圆车刀（牌号为 YT15），刀杆截面尺寸为 $16\text{mm} \times 25\text{mm}$，刀具切削部分几何参数为：$\gamma_o = 10°$，$\alpha_o = 6°$，$\kappa_r = 45°$，$\kappa_r' = 10°$，$\lambda_s = 0°$，$r_\varepsilon = 0.5\text{mm}$，$\gamma_{o1} = -10°$，$b_{\gamma 1} = 0.2\text{mm}$。试为该工序确定切削用量（CA6140 型车床纵向进给机构允许的最大作用力为 3500N）。
2-21 试述切削用量的选择原则。
2-22 什么是砂轮硬度？如何正确选择砂轮硬度？
2-23 为什么磨削外圆时磨削力的三个分力中 F_p 值最大，而车外圆时切削力的三个分力中 F_c 值最大？
2-24 粗磨一直径为 $\phi 50\text{mm}$ 的外圆，工件材料为 45 钢，其硬度为 228~255HBW，砂轮速度选为 50m/s。试为上述磨削工况确定所用砂轮特性。

第三章 机械制造中的加工方法及装备

机器零件都是由若干不同类型的基本表面（例如外圆表面、内圆表面、平面等）构成的，零件的加工过程实际上就是获得这些表面的过程。本章以外圆表面、孔表面、平面加工和圆柱齿轮齿面加工为主线，介绍机械制造中的加工方法及装备，与之有关的若干共性的概念和知识集中在第一节概述中介绍；数控加工和特种加工则各设一节单独讨论，希望引起更多的关注。制造装备包括机床、刀具、夹具等内容，其中夹具将在第六章单独讨论，其余内容则结合加工方法介绍。

第一节 概 述

一、机械制造中的加工方法

机械制造中的加工方法很多，按照工件在加工过程中质量的变化（Δm），可将加工方法分为材料去除加工（$\Delta m < 0$）、材料成形加工（$\Delta m = 0$）和材料累积加工（$\Delta m > 0$）三种形式。

1. 材料去除加工

材料去除加工是通过在被加工对象上去除一部分材料后才制成一合格零件的。与其他方法相比，其材料利用率较低，但由于该方法的加工精度相对较高、表面质量相对较好，并且有很强的加工适应性，故至今仍然是机械制造中应用最为广泛的加工方法，而且在未来相当长的时期内仍将占有重要地位。

在材料去除加工中，还可按材料去除方式不同分为切削加工和特种加工两种加工方法。切削加工是利用切削刀具从工件上切除多余材料的方法，切削刀具的硬度比工件硬度高得多。常用的切削加工方法有车削、铣削、刨削、拉削、磨削等。特种加工主要是指利用机械能以外的其他能量（如光、电、化学、声、热能等）直接去除材料的加工方法，加工过程中基本上无机械力的作用。常见的特种加工方法有电火花加工、电子束加工、离子束加工、激光加工等。

2. 材料成形加工

材料成形加工是一种在较高温度（或压力）下，使材料在模具中成形的方法，如铸造、锻造、挤压、粉末冶金等，它的主要特点是生产效率较高。由于材料成形方法目前所能达到的加工经济精度还较低，一般常用于制造毛坯，也可用于制造形状复杂但精度和表面粗糙度要求较低的零件。应用"接近最终形状（Near-Net-Shape）成形技术"，例如精密铸造、精密锻造、挤压及粉末冶金等，可用来直接制造精度要求较高（例如IT7）的零件。

3. 材料累积加工

材料累积加工是利用微体积材料逐渐叠加的方式使零件成形的。这类加工方法中包括电镀、化学镀等原子沉积加工，热喷涂、静电喷涂等微粒沉积加工以及快速原型制造等。

快速原型制造的基本原理是：先将零件的三维实体CAD模型数据沿某一坐标轴进行分层处理，得到分层截面的一系列二维数据，然后让成形材料在计算机控制下逐层堆积成型，生成三维实体原型。快速原型制造方法的特点是可以制造形状复杂的零件，而不需任何刀具和模具。快速原型制造目前除用于快速制造零件的三维实体模型外，还可用于模具和少量零件的快速制造。

材料成形方法将在机械类专业开设的另一门技术基础课"材料成形技术"中讨论，此处不作介绍。本章以讨论典型表面的切削加工方法及其装备为主，也要介绍一部分常用的特种加工方法和快速原型制造方法。

二、零件表面形成原理及机床基本知识

(一) 零件表面的形成方法及所需运动

1. 零件表面的形状

机器零件的结构形状尽管千差万别，但其轮廓都是由若干几何表面（例如：平面，内、外旋转表面等）按一定位置关系构成的。

零件表面可以看作是一条线（称为母线）沿另一条线（称为导线）运动的轨迹。母线和导线统称为形成表面的发生线（成形线）。常见的零件表面按其形状可分为四类：

(1) 旋转表面 图3-1a所示圆柱表面由平行于轴线的母线 A 沿着圆导线 B 转动形成；图3-1b所示圆锥表面由不平行于轴线，但与轴线相交的直母线 A 沿圆导线 B 转动形成；图3-1c所示球面由圆母线 A 沿圆导线 B 转动形成。

(2) 纵向表面 图3-1d所示平面由直母线 A 沿直导线 B 移动形成；图3-1e所示曲面由直母线 A 沿曲线导线 B 移动形成，也可看成是由母线 A 沿直导线 B 移动形成（图3-1f）。

(3) 螺旋表面 图3-1g所示螺旋面由直母线 A 沿螺旋导线 B 运动（边作旋转运动 v'，边作轴向移动 v''）形成。

(4) 复杂曲面 上述三种表面都是由固定形状的母线沿导线移动形成的。复杂曲面则是由形状不断变化的母线沿导线移动形成的，例如螺旋桨的表面、涡轮叶片表面、复杂模具型腔面、飞机和汽车的外形表面等。

2. 零件表面的形成方法及所需的成形运动

研究零件表面的形成方法，应首先研究表面发生线的形成方法。表面发生

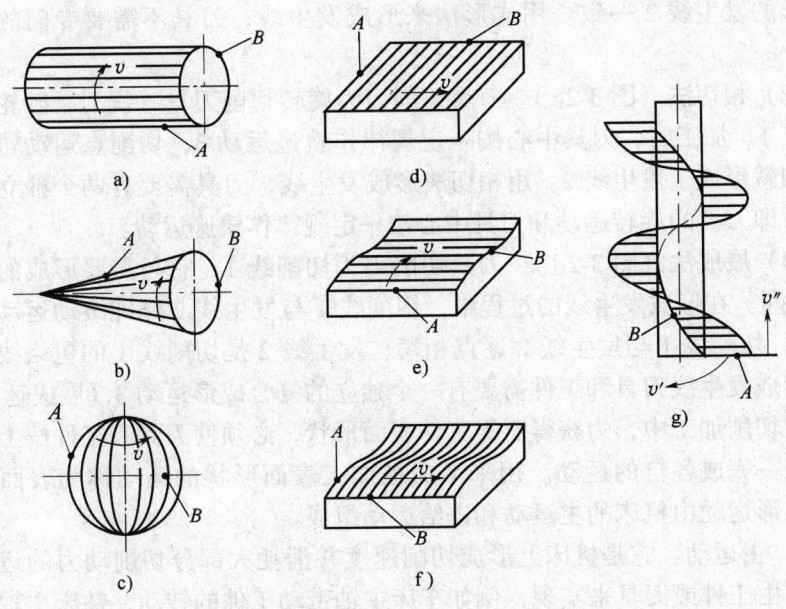

图 3-1 组成工件轮廓的各种几何表面

线的形成方法可归纳为以下四种：

（1）轨迹法（图 3-2a） 刀具切削点 1 按一定的规律作轨迹运动 3，形成所需的发生线 2。采用轨迹法来形成发生线，刀具需要有一个独立的成形运动。

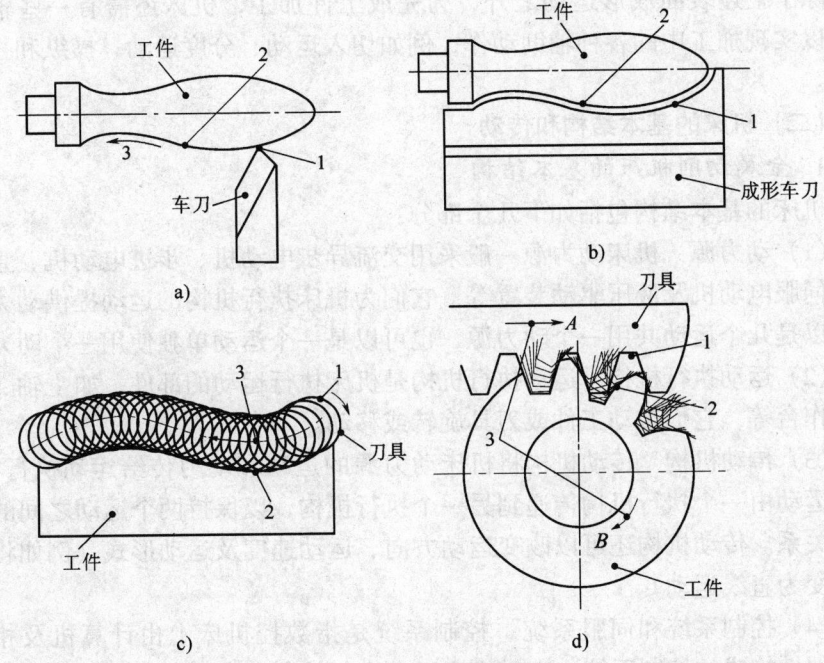

图 3-2 形成表面发生线的四种方法

（2）成形法（图 3-2b） 刀具切削刃就是切削线 1，它的形状及尺寸与需要成形的发生线2一致。用成形法来形成发生线，刀具不需要专门的成形运动。

（3）相切法（图3-2c） 刀具切削刃为旋转切削刀具（铣刀、砂轮）上的切削点1。加工时，刀具中心按一定规律作轨迹运动3，切削点运动轨迹与工件相切就形成了发生线2。用相切法形成发生线，刀具需要有两个独立的成形运动，即刀具的旋转运动和刀具中心按一定规律作轨迹运动。

（4）展成法（图3-2d） 刀具切削刃为切削线1，它与需要形成的发生线2不相同。在形成发生线的过程中，切削线1与发生线2作纯滚动运动（展成运动），切削线1与发生线2逐点相切，发生线2是切削线1的包络线。用展成法形成发生线刀具和工件需要有一个独立的复合成形运动3（展成运动）。

在切削加工中，为获得所需工件表面形状，必须使刀具和工件按上述四种方法之一完成各自的运动。用来形成被加工表面形状的运动称为表面成形运动。成形运动由机床的主运动和进给运动组成。

1) 主运动。它是机床上形成切削速度并消耗大部分切削动力的运动。主运动可由工件或刀具来实现，例如车床主轴带动工件的转动，钻床主轴带动钻头的转动，龙门刨床工作台带动工件的直线运动等。主运动可以是旋转运动，也可以是直线运动。

2) 进给运动。进给运动是根据工件的形状配合主运动使切削得以继续的运动。根据刀具相对于工件被加工表面运动方向的不同，进给运动可分为纵向进给、横向进给、圆周进给、径向进给和切向进给运动等。

除了上述表面成形运动之外，为完成工件加工，机床还需有一些辅助运动，以实现加工中的各种辅助动作，例如切入运动、分度运动、操纵和控制运动等。

（二）机床的基本结构和传动

1. 金属切削机床的基本结构

机床的基本结构包括如下几个部分：

（1）动力源 机床动力源一般采用交流异步电动机、步进电动机、直流或交流伺服电动机及液压驱动装置等，它们为机床执行机构的运动提供动力。机床可以是几个运动共用一个动力源，也可以是一个运动单独使用一个动力源。

（2）运动执行机构 运动执行机构是机床执行运动的部件，如主轴、刀架和工作台等，它们带动工件或刀具旋转或移动。

（3）传动机构 传动机构将机床动力源的运动和动力传给运动执行机构，或将运动由一个执行机构传递到另一个执行机构，以保持两个运动之间的准确传动关系。传动机构还可以改变运动方向、运动速度及运动形式（例如将旋转运动变为直线运动）。

（4）控制系统和伺服系统 控制系统是指数控机床上由计算机及相应的软、硬件构成的控制系统。它对机床运动进行控制，实现各运动之间的准确协调。伺服系统根据控制系统给出的速度和位置指令驱动机床进给运动部件，完成指令规定的动作。

(5) 支承系统 支承系统是机床的机械本体，包括床身、立柱及相关机械联接在内的支承结构，属于机床的基础部分。

我们在分析一台机床时，一定要从认识这台机床的基本结构入手。

2．金属切削机床的传动

机床为了获得所需的运动，需要通过传动机构把执行机构（例如机床主轴）和动力源，或者把执行机构和执行机构（例如把车床主轴和刀架）联接起来，构成机床传动联系。构成机床传动联系的一系列传动件称为传动链。根据传动联系的性质，传动链可分为以下两类：

(1) 外联系传动链 机床动力源和运动执行机构之间的传动联系称为外联系传动链。外联系传动链的作用是使执行机构按预定的速度运动，并传递一定的动力。外联系传动链传动比的变化只影响执行机构的运动速度，不影响发生线的性质，因此，外联系传动链不要求动力源与执行机构间有严格的传动比关系。例如，在车床上用轨迹法车削圆柱面时，主轴的旋转和刀架的移动是电动机分别经由两条外传动链传动的，两者之间不要求有严格的传动比关系。

(2) 内联系传动链 执行件与执行件之间的传动联系称为内联系传动链。内联系传动链的作用是将两个或两个以上的单独运动组成复合的成形运动。内联系传动链所联系的各执行件之间的相对运动有严格要求，例如，在车床上用螺纹车刀车螺纹时，为了保证所加工螺纹的导程，主轴（工件）每转一转，车刀必须移动一个导程。联系主轴与刀架之间的传动链，就是一条有严格传动比要求的内联系传动链。

数控机床各执行件之间的运动关系是由数控装置控制协调的，在数控机床上一般无内联系传动链。

（三）机床的分类

机床是机械加工系统的主要组成部分。为适应不同的加工对象和加工要求，机床有许多品种和规格。为便于区别、使用和管理，需对机床加以分类并编制型号。

机床的分类方法很多，最基本的是按机床的主要加工方法、所用刀具及其用途进行分类。根据国家制定的机床型号编制方法，机床共分为 11 类，即车床、钻床、镗床、磨床、齿轮加工机床、螺纹加工机床、铣床、刨插床、拉床、锯床和其他机床。在每一类机床中，又按工艺范围、布局形式和结构性能等，分为 10 组，每一组又分为若干系（系列）。

在上述基本分类的基础上，机床还可根据其他特征进一步细分。

同类机床按应用范围（通用性程度）又可分为通用机床、专门化机床和专用机床。通用机床的工艺范围很宽，可以加工一定尺寸范围内的各类零件，完成多种多样的工序，例如卧式车床、摇臂钻床、万能升降台铣床等。专门化机床的工艺范围较窄，只能加工一定尺寸范围内的某一类（或少数几类）零件，完成某一种（或少数几种）特定工序，例如曲轴车床、凸轮轴车床等。专用机床的工艺范围最窄，通常只能完成某一特定零件的特定工序，例如加工机床主轴箱的专用镗床、加工机床导轨的专用导轨磨床等。组合机床也属于专用机床。

同类机床按工作精度又可分为普通精度机床、精密机床和高精度机床。

机床还可按重量、尺寸、自动化程度、主要工作部件（如主轴等）的数目等进行分类。随着机床的不断发展，机床的分类方法将不断变化。

（四）金属切削机床型号的编制

机床型号是机床产品的代号，用以简明地表示机床的类型、性能和结构特点、主要技术参数等。我国执行 GB/T 15375—1994《金属切削机床型号编制方法》，机床型号由一组汉语拼音字母和阿拉伯数字按一定规律组合而成。

1. 通用机床的型号编制

（1）型号表示方法 通用机床型号由基本部分和辅助部分组成，中间用"/"隔开，读作"之"。基本部分需统一管理，辅助部分是否纳入型号由企业自定。通用机床型号的表示方法为：

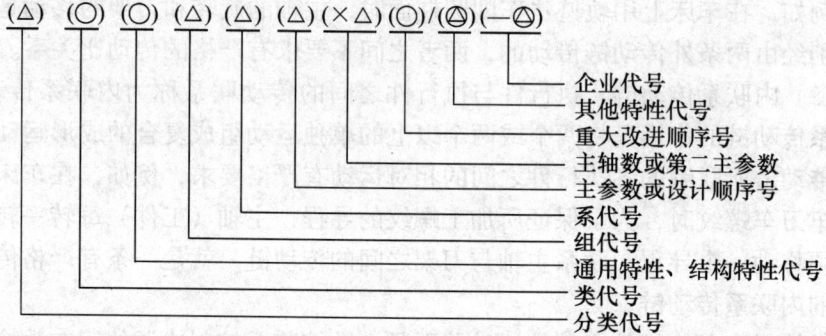

注：1. 有"（ ）"的代号或数字，当无内容时，不表示；若有内容则不带括号。
2. 有"○"符号者，为大写的汉语拼音字母。
3. 有"△"符号者，为阿拉伯数字。
4. 有"⌀"符号者，为大写的汉语拼音字母或阿拉伯数字，或两者兼有。

（2）机床类、组、系的划分及其代号 机床类别用大写汉语拼音字母表示（见表3-1）。需要时，类以下还可有若干分类，分类代号用阿拉伯数字表示，放在类别代号之前，作为型号的首位，第一分类代号的数字不用表示。例如，磨床类机床就有 M、2M、3M 三个分类。

表3-1 机床的类别代号

类别	车床	钻床	镗床	磨床			齿轮加工机床	螺纹加工机床	铣床	刨插床	拉床	锯床	其他机床
代号	C	Z	T	M	2M	3M	Y	S	X	B	L	G	Q
读音	车	钻	镗	磨	二磨	三磨	牙	丝	铣	刨	拉	割	其

每类机床按其结构性能及使用范围划分为10个组，用数字 0~9 表示。每组机床又分若干个系（系列）。系的划分原则是：凡主参数相同，并按一定公比排列，工件和刀具本身的相对运动特点基本相同，且基本结构及布局也相同的机床，划为同一系。机床的组、系代号分别用一位阿拉伯数字表示，位于类别代号或特性代号之后。机床的类、组划分见表3-2。

表 3-2 金属切削机床类、组划分

类别＼组别	0	1	2	3	4	5	6	7	8	9
车床 C	仪表车床	单轴自动车床	多轴自动、半自动车床	回轮、转塔车床	曲轴及凸轮轴车床	立式车床	落地及卧式车床	仿形及多刀车床	轮、轴、辊、锭及铲齿车床	其他车床
钻床 Z		坐标镗钻床	深孔钻床	摇臂钻床	台式钻床	立式钻床	卧式钻床	铣钻床	中心孔钻床	其他钻床
镗床 T			深孔镗床		坐标镗床	立式镗床	卧式铣镗床	精镗床	汽车、拖拉机修理用镗床	其他镗床
磨床 M	仪表磨床	外圆磨床	内圆磨床	砂轮机	坐标磨床	导轨磨床	刀具刃磨床	平面及端面磨床	曲轴、凸轮轴、花键轴及轧辊磨床	工具磨床
磨床 2M		超精机	内圆珩磨机	外圆及其他珩磨机	抛光机	砂带抛光及磨削机床	刀具刃磨及研削机床	可转位刀片磨削机床	研磨机	其他磨床
磨床 3M		球轴承套圈沟磨床	滚子轴承套圈滚道磨床	轴承套圈超精机		叶片磨削机床	滚子加工机床	钢球加工机床	气门、活塞及活塞环磨削机床	汽车、拖拉机修磨机床
齿轮加工机床 Y		仪表齿轮加工机	锥齿轮加工机	滚齿及铣齿机	剃齿及珩齿机	插齿机	花键轴铣床	齿轮磨齿机	其他齿轮加工机	齿轮倒角及检查机
螺纹加工机床 S				套螺纹机	攻螺纹机		螺纹铣床	螺纹磨床	螺纹车床	
铣床 X		仪表铣床	悬臂及滑枕铣床	龙门铣床	平面铣床	仿形铣床	立式升降台铣床	卧式升降台铣床	床身铣床	工具铣床	其他铣床
刨插床 B		悬臂刨床	龙门刨床		插床		牛头刨床		边缘及模具刨床	其他刨床
拉床 L			侧拉床	卧式外拉床	连续拉床	立式内拉床	卧式内拉床	立式外拉床	键槽、轴瓦及螺纹拉床	其他拉床
锯床 G			砂轮片锯床		卧式带锯床	立式带锯床	圆锯床	弓锯床	镗锯床	
其他机床 Q	其他仪表机床	管子加工机床	木螺钉加工机		刻线机	切断机	多功能机床			

（3）机床的特性代号 当某类型机床除有普通型外，还具有某种通用特性

时，则在类代号之后加上通用特性代号（表 3-3）。例如"MG"表示高精度磨床。若仅有某种通用特性，而无普通型者，则通用特性不必表示。例如 C1107 型单轴纵切车床，由于这类自动车床没有"非自动型"，所以不必用"Z"表示通用特性。对主参数相同而结构、性能不同的机床，在型号中加结构特性代号予以区分。结构特性代号为汉语拼音字母，位置排在类别代号之后。当型号中有通用特性代号时，排在通用特性代号之后。例如，CA6140 型卧式车床中的"A"就是结构特征代号，表示此型号车床在结构上不同于 C6140 型车床。

表 3-3 通用特性代号

通用特性	高精度	精密	自动	半自动	数控	加工中心（自动换刀）	仿形	轻型	加重型	简式或经济型	柔性加工单元	数显	高速
代号	G	M	Z	B	K	H	F	Q	C	J	R	X	S
读音	高	密	自	半	控	换	仿	轻	重	简	柔	显	速

（4）机床主参数和设计顺序号 机床主参数代表机床规格的大小，用折算值（主参数乘以折算系数，如 1/10 等）表示。某些通用机床，当无法用一个主参数表示时，则在型号中用设计顺序号表示，设计顺序号由 1 起始。

（5）主轴数和第二主参数的表示方法 对于多轴车床、多轴钻床等机床，其主轴数以实际值列入型号，置于主参数之后，用"×"分开，读作"乘"。第二主参数一般是指最大模数、最大转矩、最大工件长度、工作台工作面长度等。第二主参数也用折算值表示。

（6）机床的重大改进顺序号 当机床的性能及结构布局有重大改进，并按新产品重新设计、试制和鉴定时，在原机床型号的尾部，加重大改进顺序号，以区别于原机床型号。序号按 A、B、C、…等字母的顺序选用。

（7）其他特征代号及其表示方法 其他特征代号置于辅助部分之首，主要用以反映机床的特征。例如，在基本型号机床的基础上，如仅改变机床的部分结构性能，则可在基本型号之后加上 1、2、3、…等变型代号。

（8）企业代号及其表示方法 企业代号中包括机床生产厂或机床研究单位代号，置于辅助部分末尾，用"—"号分开，读作"至"。

通用机床型号编制实例：CA6140 型卧式车床

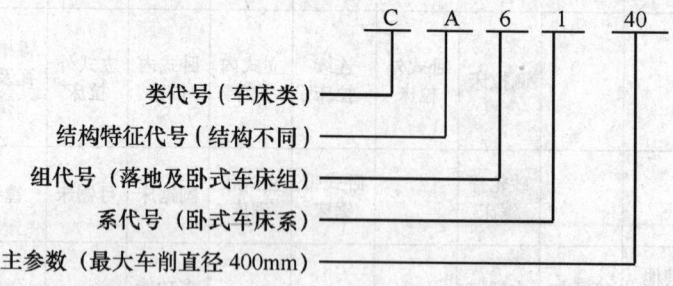

2. 专用机床的型号编制

专用机床型号由设计单位代号和设计顺序号组成。专用机床型号的表示方法为：

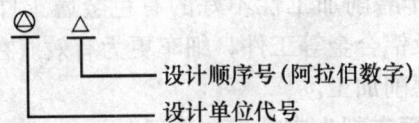

(1) 设计单位代号 设计单位代号包括机床生产厂和机床研究单位代号，位于型号之首。

(2) 设计顺序号 专用机床的设计顺序号按该单位的设计顺序（由"001"起始）排列，位于设计单位代号之后，并用"—"号隔开，读作"至"。

需要说明的是，我国的机床型号编制方法自 1957 年第一次颁布以来，已作过 6 次修改和补充（1959 年、1963 年、1971 年、1976 年、1985 年和 1994 年）。目前工厂中使用和生产的机床有相当一部分还是按照 1994 年以前颁布的机床型号编制方法编制的，其涵义可查阅相应的标准。

第二节 外圆表面加工

一、外圆表面的车削加工

(一) 加工方法

1．粗车

车削加工是外圆粗加工最经济有效的方法。由于粗车的主要目的是高效地从毛坯上切除多余的金属，因而提高生产率是其主要任务。

粗车通常采用尽可能大的背吃刀量和进给量来提高生产率。为了保证必要的刀具寿命，所选切削速度一般较低。粗车时，车刀应选取较大的主偏角，以减小背向力，防止工件产生变形和振动；选取较小的前角、后角和负值的刃倾角，以增强车刀切削部分的强度。粗车所能达到的加工精度为 IT12～IT11，表面粗糙度 Ra 为 50～12.5μm。

2．精车

精车的主要任务是保证零件所要求的加工精度和表面质量要求。精车外圆表面一般采用较小的背吃刀量与进给量和较高的切削速度（$v \geqslant 100\text{m/min}$）。在加工大型轴类零件外圆时，常采用宽刃车刀低速精车（$v = 2\sim12\text{m/min}$）。精车时，车刀应选用较大的前角、后角和正值的刃倾角，以提高加工表面质量。精车可作为较高精度外圆的最终加工或作为精细加工的预加工。精车的加工精度可达 IT8～IT6 级，表面粗糙度 Ra 可达 1.6～0.8μm。

3．细车

细车的特点是背吃刀量 a_p 和进给量 f 取值极小（$a_p = 0.03\sim0.05\text{mm}$，$f = 0.02\sim0.2\text{mm/r}$），切削速度高达 150～2000m/min。细车一般采用立方氮化硼（CBN）、金刚石等超硬材料刀具进行加工，所用机床也必须是主轴能作高速回转并具有很高刚度的高精度或精密机床。细车的加工精度及表面粗糙度与普通外圆磨削大体相当，加工精度可达 IT6～IT5 级，表面粗糙度 Ra 可达

$0.02\sim1.25\mu m$,多用于磨削加工性不好的有色金属工件的精密加工。对于容易堵塞砂轮气孔的铝及铝合金等工件,细车更为有效。在加工大型精密外圆表面时,细车可以代替磨削加工。

(二)提高外圆表面车削生产效率的途径

车削是轴类、套类和盘类零件外圆表面加工的主要工序,也是这些零件加工耗费工时最多的工序。提高外圆表面车削生产效率的途径主要有:

(1)采用高速切削　高速切削是通过提高切削速度来提高加工生产效率的。切削速度的提高除要求车床主轴具有高转速外,主要受刀具材料的限制。硬质合金、立方氮化硼等优质刀具材料的问世,为推广应用高速切削创造了条件。硬质合金车刀的切削速度可达 $200\sim250m/min$,陶瓷车刀可达 $500m/min$,而人造金刚石和立方氮化硼车刀切削普通钢时的切削速度可达 $600\sim1200m/min$。高速切削不但可以提高生产率,而且可以降低加工表面的粗糙度(Ra 达 $1.25\sim0.63\mu m$)。

(2)采用强力切削　强力切削是通过增大切削面积($f\times a_p$)来提高生产效率的。其特点是对车刀进行改革,在刀尖处磨出一段副偏角 $\kappa_r'=0$、长度取为 $1.2\sim1.5f$ 的修光刃,在进给量 f 提高几倍甚至十几倍的条件下进行切削时,加工表面粗糙度 Ra 仍能达到 $5\sim2.5\mu m$。强力切削比高速切削的生产效率更高,适用于刚度比较好的轴类零件的粗加工。采用强力切削时,车床加工系统必须具有足够的刚性及功率。

(3)采用多刀加工方法　多刀加工是通过减少刀架行程长度提高生产效率的。图3-3列出了几种不同的多刀加工方式。

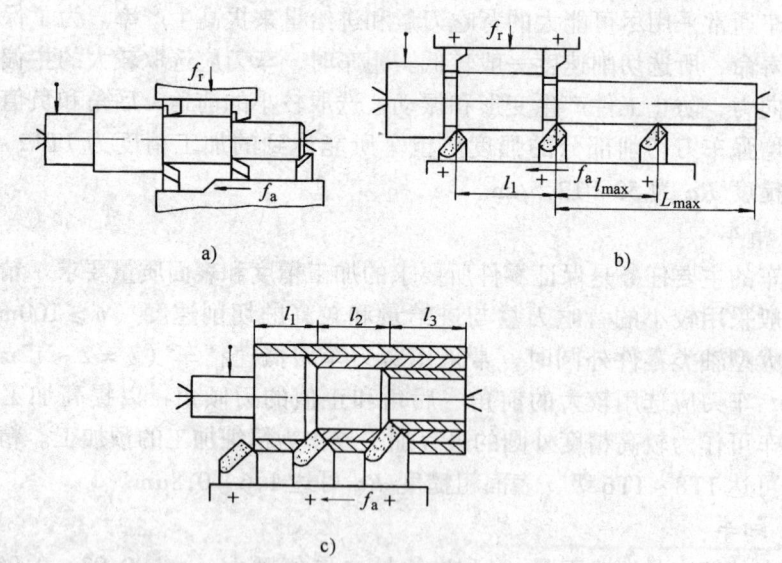

图3-3　多刀加工
a)按阶梯分段切削法　b)等分最长阶梯分段切削法　c)等分余量切削法

(三)车刀的种类和用途

车刀按用途分为外圆车刀、端面车刀、内孔车刀、切断刀、切槽刀等多种形式。常用车刀的种类及其用途如图 3-4 所示。外圆车刀用于加工外圆柱面和外圆锥面，它分为直头和弯头两种。弯头车刀通用性较好，可以车削外圆、端面和倒棱。外圆车刀又可分为粗车刀、精车刀和宽刃光刀。精车刀刀尖圆弧半径较大，可减小加工表面粗糙度；宽刃光刀用于低速精车，当外圆车刀的主偏角 $\kappa_r = 90°$ 时，可用于车削阶梯轴、凸肩、端面及刚度较低的细长轴。外圆车刀按在不同进给方向上使用又分为左偏刀和右偏刀。

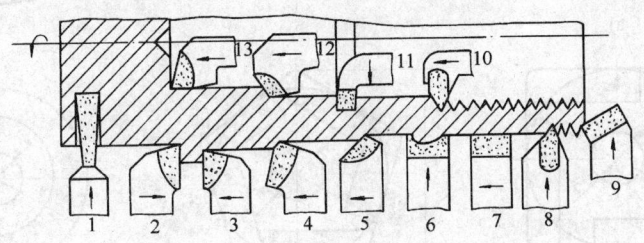

图 3-4　常用车刀的种类及其用途

1—切断刀　2—左偏刀　3—右偏刀　4—弯头车刀　5—直头车刀　6—成形车刀　7—宽刃精车刀
8—外螺纹车刀　9—端面车刀　10—内螺纹车刀　11—内槽车刀　12—通孔车刀　13—盲孔车刀

车刀在结构上可分为整体车刀、焊接车刀和机械夹固式车刀。只有高速钢车刀才做成整体车刀，截面为正方形或矩形，使用时可根据不同用途进行刃磨；整体车刀耗用刀具材料较多，一般只用作切槽、切断使用。焊接车刀是将硬质合金刀片用焊接的方法固定在普通碳素钢刀体上。它的优点是结构简单、紧凑、刚性好、使用灵活、制造方便，缺点是由于焊接产生的应力会降低硬质合金刀片的使用性能，有的甚至会产生裂纹。机械夹固车刀简称机夹车刀，根据使用情况不同又分为机夹重磨车刀和机夹可转位车刀。机夹重磨车刀（图 3-5a）是采用普通硬质合金刀片，用机械夹固的方法将其夹持在刀柄上使用的车刀，切削刃用钝后可以重磨，经适当调整后仍可继续使用。机夹可转位车刀（图 3-5b）是采用机械夹固的方法将可转位刀片（图 3-6）固定在刀体上。刀片制成多个切削刃，当一个切削刃用钝后，只需将刀片转位并重新夹固，即可使新的切削刃投入工作。机夹可转位车刀又称为机夹不重磨车刀。

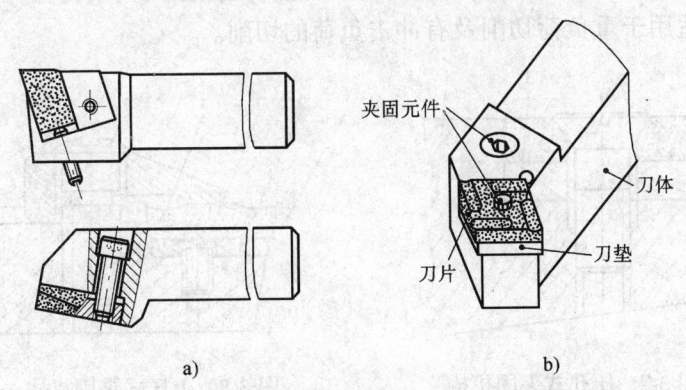

图 3-5　机械夹固车刀

a) 机夹重磨车刀　b) 机夹可转位车刀

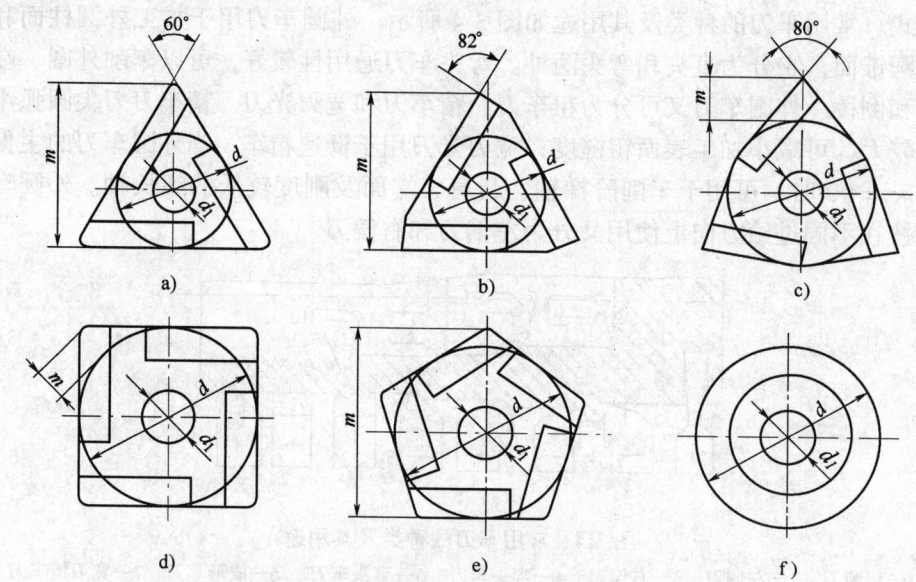

图 3-6 硬质合金可转位刀片

a）三角形 b）偏8°三角形 c）凸三角形 d）正方形 e）五角形 f）圆形

  可转位车刀的刀片夹固机构应满足夹紧可靠、装卸方便、定位精确等要求。图 3-7～图 3-10 为几种常用的夹固机构。压孔式夹固机构（图 3-7）利用沉头螺钉 2 的斜面将刀片夹紧，它的结构简单，刀头部分小，适用于小型刀具。上压式夹固机构（图 3-8）由压板 6 将刀片压紧，适用于不带孔刀片的夹固。杠杆式夹固机构（图 3-9）以曲杠 2 上的凸部为支点，向下旋进压紧螺钉 6，可使曲杠 2 摆动，将刀片压紧在刀槽定位面上；刀垫 4 由一个开口圆筒形弹簧套 3 在其孔中定位，松开刀片时，弹簧套 3 的张力可保持刀垫 4 的位置不变，弹簧 7 自动托起曲杠 2 松开刀片，使刀片转位或迅速更换。综合式夹固机构（图 3-10）综合采用了两种刀片夹固方式。夹紧刀片时，一方面靠压块 5 上楔面部分的推力作用，使刀片孔紧靠在圆柱销 4 上；另一方面靠压块 5 上楔钩的向下压力，使刀片 3 压紧在刀垫 2 上。这种夹固方式夹紧力大，刀片固定准确可靠，适用于重负荷切削及有冲击负荷的切削。

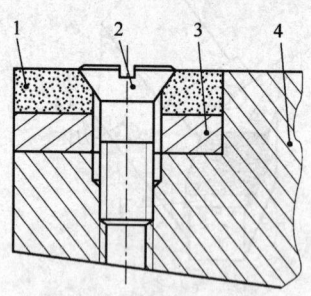

图 3-7 压孔式夹固机构

1—刀片 2—沉头螺钉
3—刀垫 4—刀体

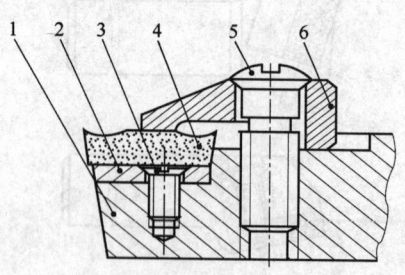

图 3-8 上压式夹固机构

1—刀体 2—刀垫
3、5—螺钉 4—刀片 6—压板

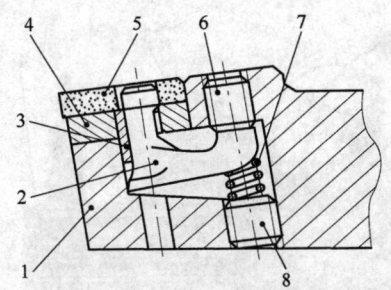
图 3-9 杠杆式夹固机构
1—刀体 2—曲杠 3—弹簧套 4—刀垫
5—刀片 6—压紧螺钉 7—弹簧 8—调节螺钉

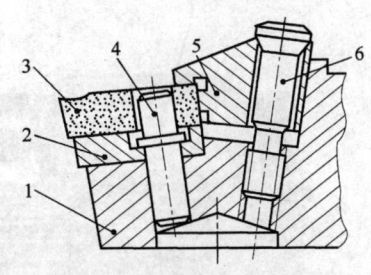
图 3-10 综合式夹固机构
1—刀体 2—刀垫 3—刀片
4—圆柱销 5—压块 6—螺钉

(四) CA6140 型卧式车床

车床是作进给运动的车刀对作旋转主运动的工件进行切削加工的机床。车床的通用性好，可完成各种回转表面、回转体端面及螺纹面等表面加工，是外圆表面切削加工的主要设备，也是一种应用最为广泛的金属切削机床。车床的种类很多，按用途和结构的不同，主要分为以下几类：

(1) 卧式车床 卧式车床的万能性好，加工范围广，是基本的和应用最广的车床。

(2) 立式车床 立式车床的主轴竖直安置，工作台面处于水平位置，主要用于加工径向尺寸大，轴向尺寸较小的大、重型盘套类、壳体类工件。

(3) 转塔车床 转塔车床有一个可装多把刀具的转塔刀架，根据工件的加工要求，预先将所用刀具在转塔刀架上安装调整好；加工时，通过刀架转位，装夹在转塔刀架上的刀具依次轮流工作。转塔车床适于在成批生产中加工内外圆有同轴度要求的较复杂的工件。

(4) 仿形车床 仿形车床能按照样板或样件的轮廓自动车削出形状和尺寸相同的工件。仿形车床适于在大批大量生产中加工圆锥形、阶梯形及成形回转面工件。

(5) 专门化车床 专门化车床是为某类特定零件的加工而专门设计制造的，如凸轮轴车床、曲轴车床、车轮车床等。

限于篇幅，下面仅以 CA6140 型卧式车床为例，介绍普通车床的传动和结构。

1. 机床布局

图 3-11 是 CA6140 型卧式车床的外形图，其主要部件及功能如下：

(1) 主轴箱 1 它固定在床身 4 的左端，内部装有主轴和变速、传动机构。主轴箱的功能是支承主轴，并将动力经变速、传动机构传给主轴，使主轴按规定的转速带动工件转动。

(2) 床鞍和刀架 2 它位于床身 4 中部，可沿床身导轨作纵向移动。刀架部件由几层刀架组成，它的功用是装夹刀具，使刀具作纵向、横向或斜向进给运动。

图 3-11　CA6140 型卧式车床

1—主轴箱　2—刀架　3—尾座　4—床身　5—右床腿　6—溜板箱　7—左床腿　8—进给箱

（3）尾座 3　它装在床身 4 右端的尾座导轨上，并可沿此导轨纵向调整其位置。尾座的功能是安装作定位支撑用的后顶尖，也可以安装钻头、铰刀等孔加工刀具进行孔加工。

（4）进给箱 8　它固定在床身 4 的左前侧。进给箱内装有进给运动的变速装置，用于改变进给量。

（5）溜板箱 6　它固定在床鞍的底部。溜板箱的功用是把从进给箱传来的运动传递给刀架，使刀架实现纵向和横向进给或快速移动。溜板箱上装有各种操纵手柄和按钮。

（6）床身 4　床身固定在左床腿 7 和右床腿 5 上。在床身上安装着车床的各个主要部件，使它们在工作时保持准确的相对位置。

2．机床的传动系统

图 3-12 为 CA6140 型卧式车床的传动系统原理框图。它概要地表示了由电动机带动主轴和刀架运动所经过的传动机构和重要元件。

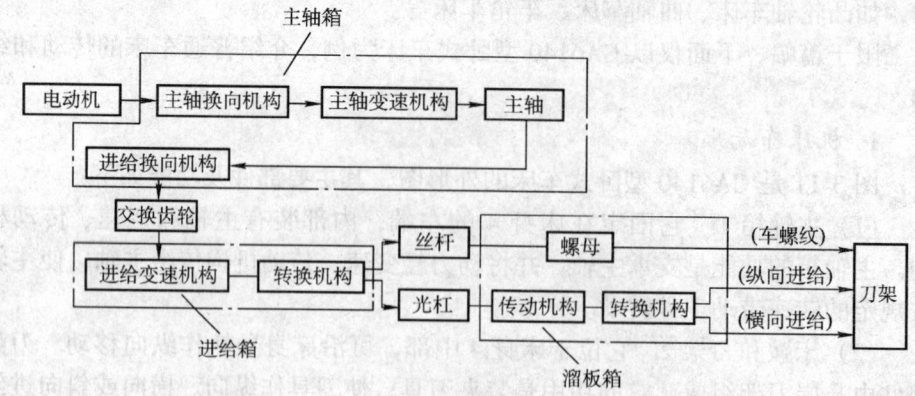

图 3-12　CA6140 型卧式车床传动系统原理框图

电动机经主轴换向机构、主轴变速机构带动主轴转动；进给传动从主轴开始，经进给换向机构、交换齿轮和进给箱内的变速机构和转换机构，溜板箱中的传动机构和转换机构传至刀架。溜板箱中的转换机构起改变进给方向的作用，使刀架作纵向或横向、正向或反向进给运动。

3．机床的主传动链

图 3-13 为 CA6140 型卧式车床传动系统图。主传动部分从电动机开始到主轴为止。电动机的旋转运动经 V 带轮传动副传至主轴箱中的Ⅰ轴。在Ⅰ轴上装有双向多片离合器 M_1，使主轴正转、反转或停止，它就是图 3-12 中的主轴换向机构。压紧离合器 M_1 左侧摩擦片时，Ⅰ轴的运动经齿轮副 56/38 或 51/43 传给Ⅱ轴，使Ⅱ轴获得两种转速；压紧右侧摩擦片时，Ⅰ轴的运动经齿轮 50 和Ⅶ轴上的空套齿轮 34 传给Ⅱ轴上的固定齿轮 30，由于Ⅰ轴至Ⅱ轴间多了一个中间齿轮 34，故Ⅱ轴的转动方向与经 M_1 左侧传动时相反。Ⅱ轴的运动可通过Ⅱ、Ⅲ轴间三对齿轮的任何一对传至Ⅲ轴。运动由Ⅲ轴到主轴（Ⅵ轴）可以有两种不同的传动路线：

（1）高速传动路线 主轴上的滑动齿轮 50 位于左端，与Ⅲ轴上的齿轮 63 啮合，运动由Ⅲ轴经齿轮副 63/50 直接传给主轴。

（2）低速传动路线 主轴上的滑动齿轮 50 移至右端与主轴上的牙嵌式离合器 M_2 啮合，Ⅲ轴上的运动经齿轮副 20/80 或 50/50 传给Ⅳ轴，然后由Ⅳ轴经齿轮副 20/80 或 51/50 传给Ⅴ轴，再经齿轮副 26/58 和牙嵌式离合器 M_2 传至主轴。

上述滑动变速齿轮副就是图 3-12 中的主轴变速机构。

4．主轴箱的主要机构

图 3-14 是 CA6140 型卧式车床主轴箱的展开图。展开图是按照传动轴的传动顺序，通过其轴心线剖切，并展开在一个平面上的装配图。图 3-14 是图 3-15 所示 A—A 剖切面的展开图。

（1）主轴组件 CA6140 型卧式车床的主轴（图 3-14 中的Ⅵ轴）是一个空心的阶梯轴，主轴前端锥孔用于安装顶尖或心轴。主轴采用前后两支承结构。前支承为 P5 级精度的 NN3000K 型双列圆柱滚子轴承，用于承受径向力。该轴承内圈与主轴的配合面带有 1:12 的锥度，拧动螺母 22 通过套筒 21 推动轴承 20 的内圈在主轴锥形表面上自左向右移动，使轴承内圈在径向膨胀，可使轴承径向间隙减小。轴承间隙调整好后须将螺母 22 锁紧。主轴的后支承由一个推力球轴承和一个角接触球轴承组成。推力球轴承承受自右向左作用的轴向力，角接触球轴承承受自左向右作用的轴向力，还同时承受径向力。这两个轴承的间隙和预紧程度由主轴后端的螺母 23 调整。调整好后，须将螺母 23 锁紧。

主轴前端采用短圆锥和法兰结构，用来安装卡盘或拨盘。图 3-16 是卡盘与主轴前端的联接图。安装卡盘时，先让卡盘座 4 在主轴 3 的短圆锥面上定位，将四个螺栓 5 通过主轴轴肩及锁紧盘 2 上的孔拧入卡盘座 4 的螺孔中，再将锁紧盘 2 沿顺时针方向相对主轴转动一个角度，使螺栓 5 进入锁紧盘 2 的窄槽内，然后拧紧螺钉 1，最后拧紧螺母 6，即可将卡盘牢靠地安装在主轴的前端。主轴转矩通过主轴法兰前端面上的圆形拨块（图 3-14 中件 19）传给卡盘。

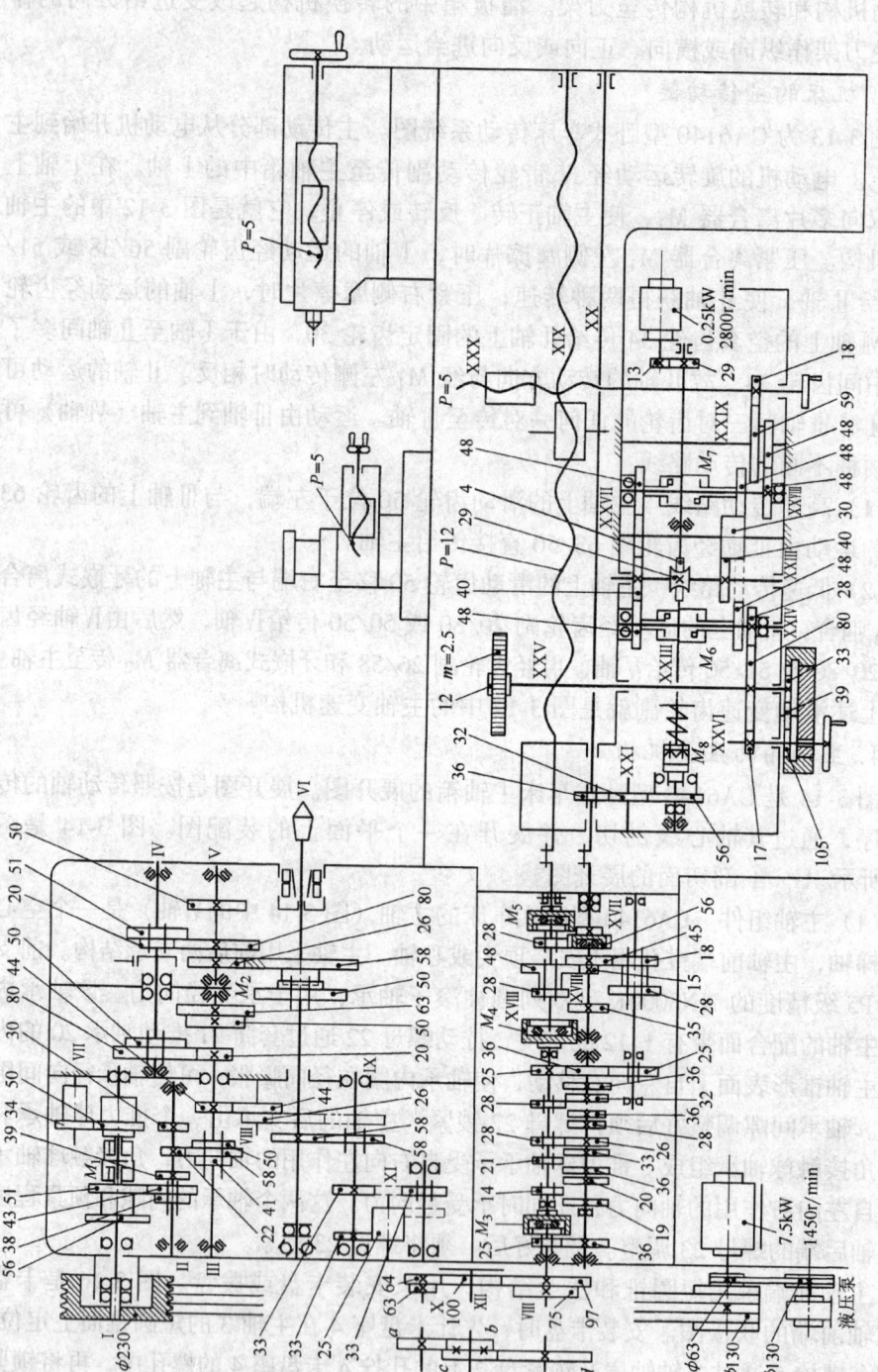

图3-13 CA6140型车床传动系统图

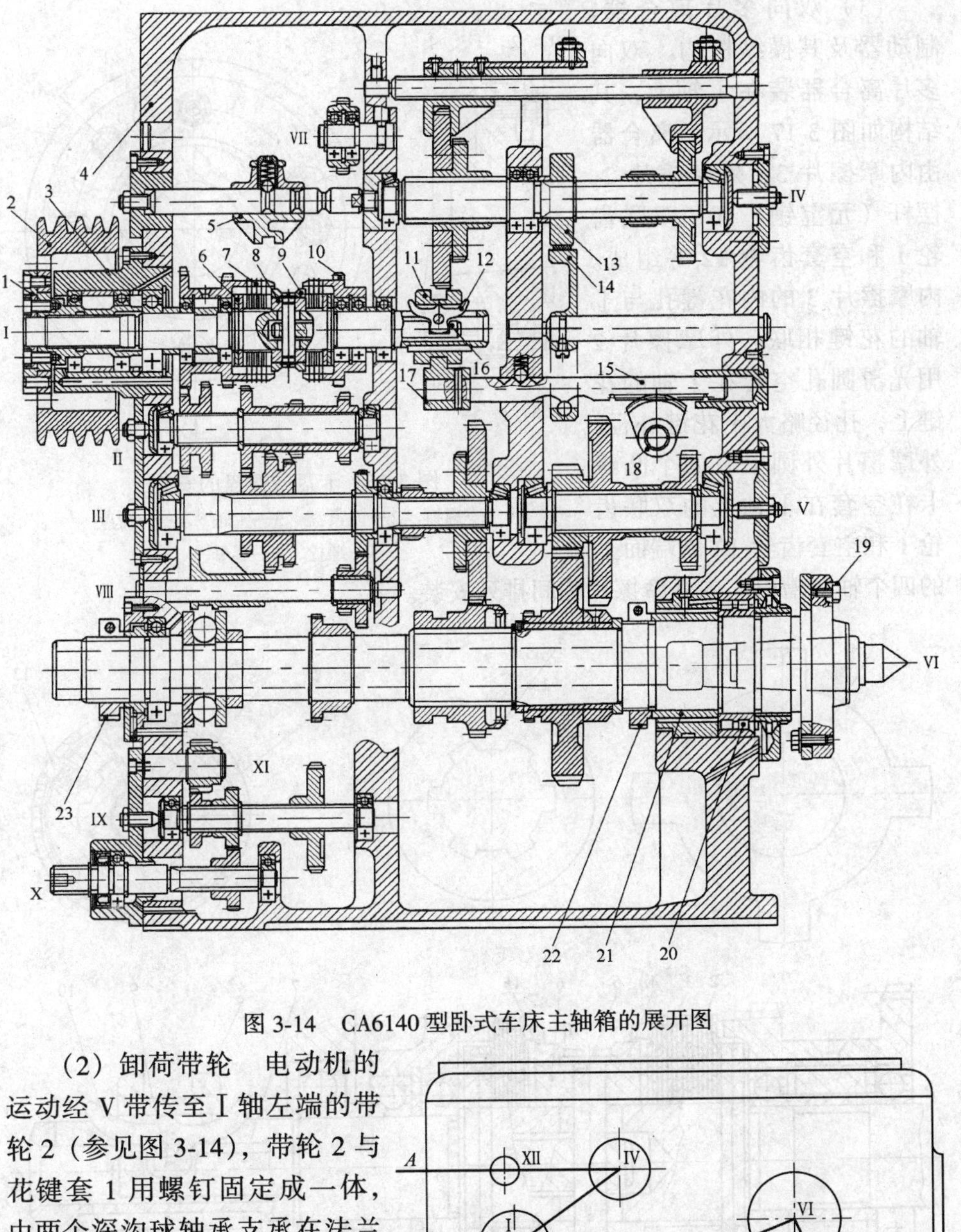

图 3-14 CA6140 型卧式车床主轴箱的展开图

（2）卸荷带轮　电动机的运动经V带传至Ⅰ轴左端的带轮2（参见图3-14），带轮2与花键套1用螺钉固定成一体，由两个深沟球轴承支承在法兰3的内孔中，法兰3固定在主轴箱箱体4上；带轮2通过花键套1带动Ⅰ轴旋转时，Ⅰ轴只传递转矩，V带拉力产生的径向载荷通过轴承和法兰3直接传给箱体4，Ⅰ轴不承受传动带拉力作用，带轮2把径向载荷卸给了箱体，故称带轮2为卸荷带轮。

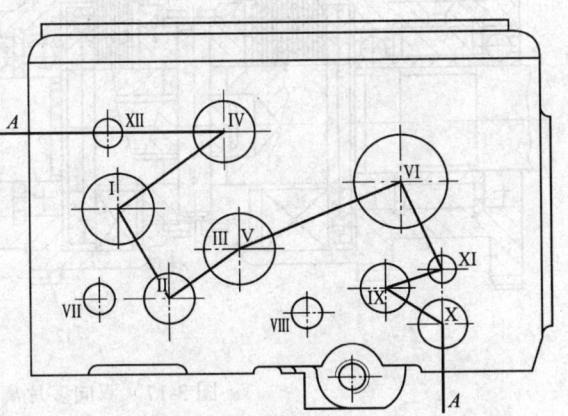

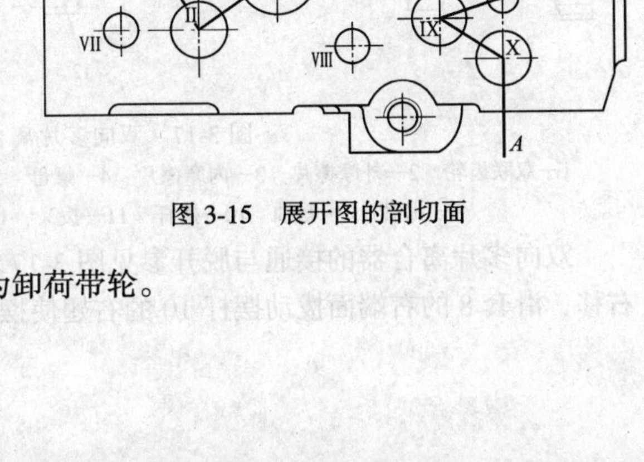

图 3-15　展开图的剖切面

（3）双向多片离合器、制动器及其操纵机构 双向多片离合器装在Ⅰ轴上，其结构如图3-17所示。离合器由内摩擦片3、外摩擦片2、摆杆（元宝销）10、双联齿轮1和空套齿轮12等组成。内摩擦片3的内花键孔与Ⅰ轴的花键相联。外摩擦片2用光滑圆孔空套在Ⅰ轴的花键上，孔径略大于花键外径；外摩擦片外圆上有四个凸缘卡在空套在Ⅰ轴上的双联齿轮1和空套齿轮12侧端面上的四个轴向槽内。内外摩擦片相间排列安装。

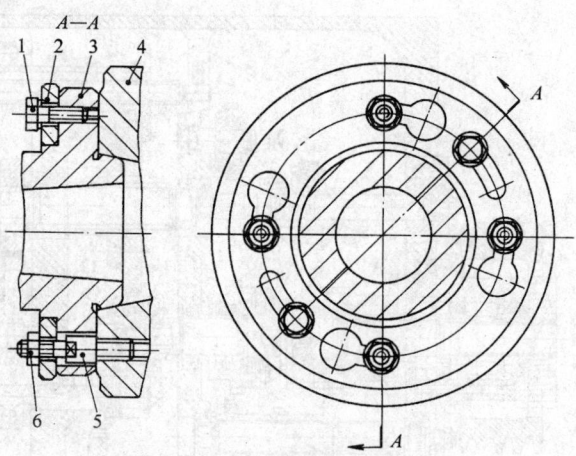

图3-16 卡盘或拨盘的安装
1—螺钉 2—锁紧盘 3—主轴 4—卡盘座
5—螺栓 6—螺母

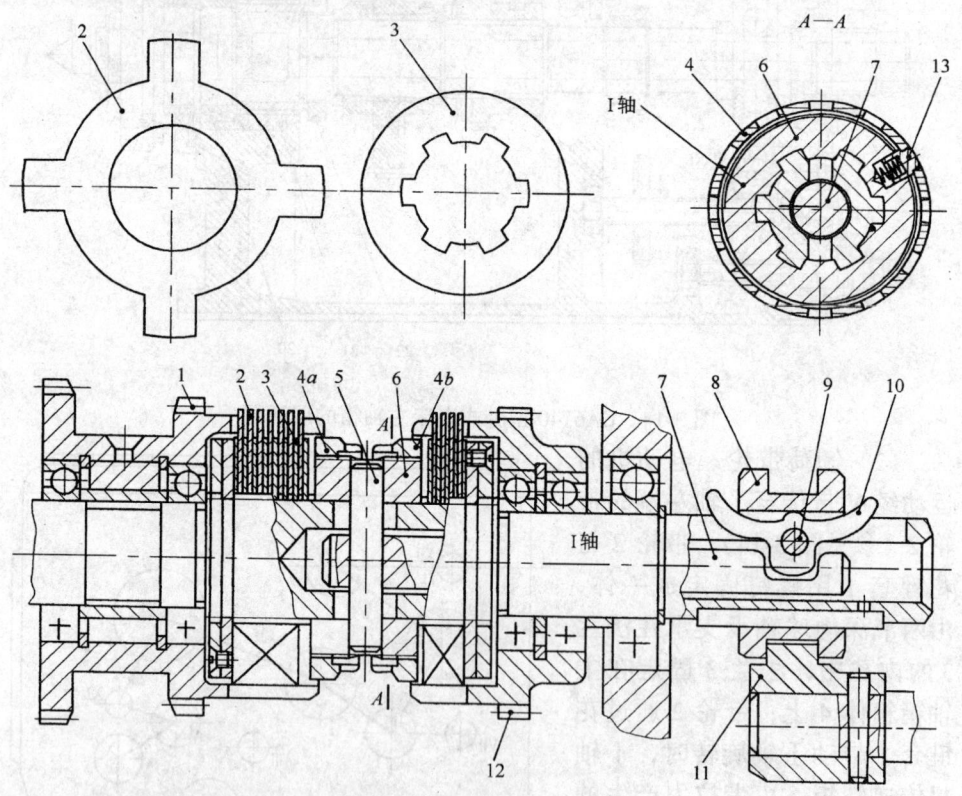

图3-17 双向多片离合器
1—双联齿轮 2—外摩擦片 3—内摩擦片 4—螺母 5—固定销 6—花键滑套 7—拉杆
8—滑套 9—销轴 10—摆杆 11—拨叉 12—空套齿轮 13—挡销

双向多片离合器的接通与脱开参见图3-17，向右移动拨叉11，带动滑套8右移，滑套8的右端面拨动摆杆10的右翅使摆杆10绕销轴9顺时针摆动，摆杆10下端的凸缘拨动装在Ⅰ轴内孔中的拉杆7向左移动，通过固定销5和花键滑套6由螺母4左端面压紧内、外摩擦片，左离合器接通，Ⅰ轴的运动通过左端的内、外摩擦片传给双联齿轮1，使主轴正转，用于切削加工。同理，向左移动拨叉11，右离合器接通，Ⅰ轴的运动通过右端的内、外摩擦片传给空套齿轮12，使主轴反转。当滑套8处于图3-17所示中间位置时，左、右离合器都脱开，主轴停止转动。当需要调整内、外摩擦片间的压紧力时，压下挡销13，转动螺母4，调整螺母4端面相对于摩擦片的距离，确定好螺母4的调整位置后，让螺母4端部的轴向槽对准挡销13，挡销13便在弹簧弹力的作用下自动向上抬起，重新卡入螺母4端部的轴向槽中，以固定螺母4的轴向位置。摩擦片间的压紧力是根据离合器应传递的额定转矩调整的，主轴超载时，内、外摩擦片间打滑，起过载保护作用。

制动器（图3-18）安装在Ⅳ轴上（参见图3-14），在离合器脱开时，它能使主轴迅速停止转动，以缩短停机时间，并保证操作安全。制动轮9（图3-14中件13）是一个钢制的圆盘，它与Ⅳ轴用花键联接。制动带8是一条钢带，内侧有一层酚醛石棉以增加摩擦；制动带的一端与杠杆7（图3-14中件14）联接，另一端通过调节螺钉6等与箱体相连。离合器M_1（参见图3-13）接通使主轴转动时，制动轮9（参见图3-18）随Ⅳ轴（参见图3-14）转动；离合器脱开时，齿条轴15（图3-14中件15）的凸起部分使杠杆7摆动，制动带8被拉紧，Ⅳ轴迅速停止转动，主轴也就随之迅速停止转动。

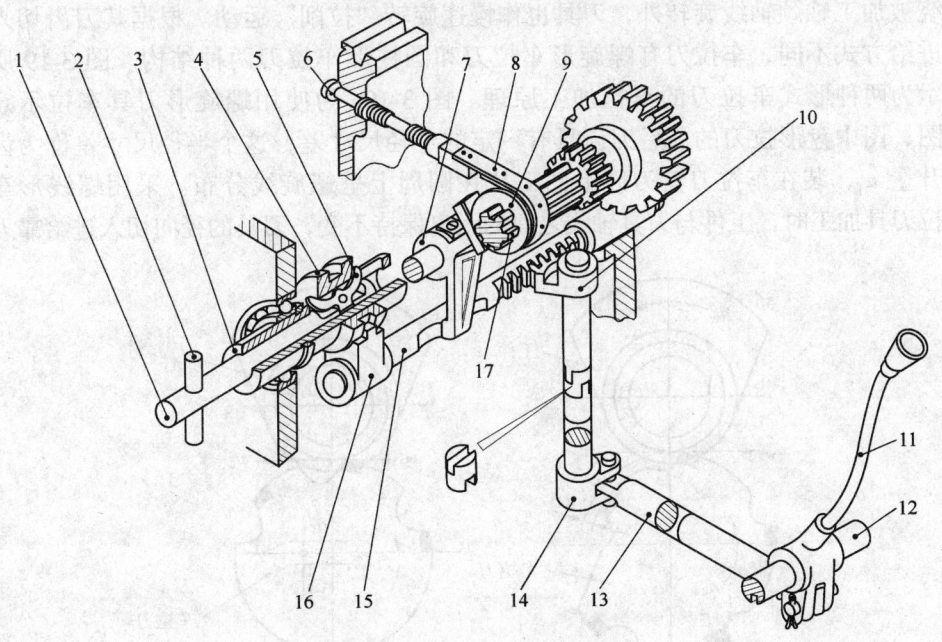

图3-18 制动及其操纵机构
1—拉杆 2—销 3—Ⅰ轴 4—滑套 5—摆杆 6—调节螺钉 7—杠杆
8—制动带 9—制动轮 10—扇齿轮 11—手柄 12—轴 13—杆 14—曲柄
15—齿条轴 16—拨叉 17—Ⅳ轴

当左或右离合器接通时，要求制动带8松开；左、右离合器都脱开时，要求制动带8拉紧。为操纵方便并避免出错，制动器和摩擦离合器共用一套操纵机构，由手柄11联合操纵（参见图3-18）。向上扳动手柄11，通过杆13、曲柄14、扇齿轮10（图3-14中件18）使齿条轴15右移；齿条轴15左端有拨叉16（图3-14中件17），它卡在滑套4（图3-14中件11）的环槽内，齿条轴15右移，滑套4也随之右移；滑套4内孔的两端为锥孔，滑套4右移，摆杆5绕销轴顺时针摆动，摆杆下端凸缘推动拉杆1（图3-14中件16，图3-17中件7）左移，压紧左摩擦片，主轴正转。此时齿条轴15左面的凹槽正对杠杆7，使制动带8放松。同理，向下扳动手柄11，齿条轴15左移，压紧右摩擦片，同时齿条轴15左面的凹槽正对杠杆7，制动带8松开，主轴反转。手柄11处于中间位置时，离合器脱开的同时齿条轴15上的凸起移至杠杆7处，使制动带8拉紧，主轴迅速停止转动。

二、外圆表面的车拉加工

（一）加工方法

车拉加工方法是将传统的车削与拉削两种机械加工方法结合在一起而形成的组合加工方法。车拉用于外圆表面加工时，加工精度较高，可省去精车、粗磨工序。

在车拉加工中，除了工件如同车削加工时那样，以高速（300~800r/min）绕被加工轴颈轴线旋转外，刀具也作慢速旋转"拉削"运动。根据其刀齿切入进给方式不同，车拉刀有螺旋形车拉刀和圆柱形车拉刀两种结构。图3-19所示为两种形式车拉刀的车拉加工原理。图3-19a为使用螺旋形刀具车拉示意图，图中盘形拉刀的前后刀齿具有一定的半径尺寸差，这个半径尺寸差称为齿升量 a_f，装在车拉刀盘刀鼓上的刀片在圆周上呈螺旋线分布。采用螺线形车拉刀具加工时，工件与刀具轴线之间的距离保持不变，刀具的径向切入进给靠刀

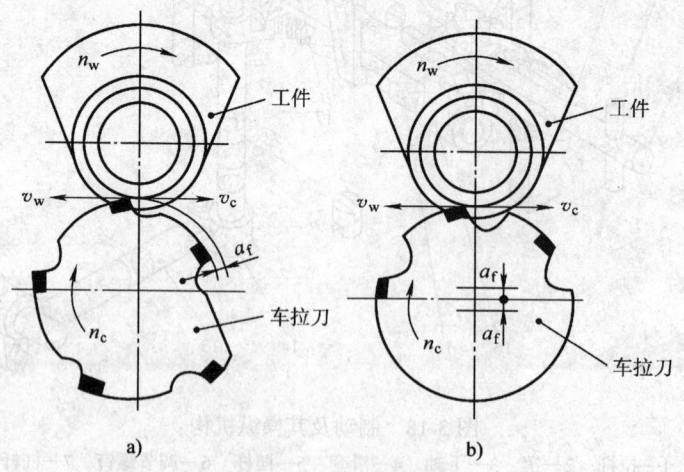

图3-19 车拉加工原理
a) 使用螺旋形车拉刀　b) 使用圆柱形车拉刀

齿齿升量实现。图 3-19b 所示为圆柱形刀具车拉示意图，圆柱形车拉刀具的刀齿没有半径尺寸差，加工时，刀具一边慢速旋转，一边由数控装置控制刀盘沿径向作切入进给。

车—车拉加工方法是车拉加工方法的延伸和发展，它将车削（切削刀具固定）加工与车拉（切削刀具旋转）加工结合在一起，使加工的柔性更大，对大余量切除的适应性更好。在汽车发动机曲轴的加工中，车—车拉加工分两步进行：首先对平衡重颊板面、轴颈直径、轴颈宽度及沉割圆角进行车削加工；然后松一下夹爪，释放工件的应力，最后再对轴颈进行车拉加工。

（二）工艺特点与应用范围

车拉加工时，每一时刻车拉刀只有一个刀齿与工件接触，切削力比较小，工件变形小，加工精度较高，轴颈直径尺寸误差 $\leq 0.1mm$，轴颈径向跳动 $\leq 0.05mm$，表面粗糙度可达 $Ra0.3 \sim 0.8mm$。

车拉加工中刀齿轮流与工件接触，刀齿的散热条件较好，刀具寿命长。

车拉加工生产率高，若加工发动机曲轴，每小时可加工 50~80 件。

车拉加工具有很好的的柔性，只需对数控加工程序作适当修改或更换不同的车拉刀盘等，即可在较短时间内转换加工不同品种、不同规格的零件。

车拉加工的刀具比较复杂，刀片数目多，制造难度大。

车拉加工不适合作大余量加工，对毛坯制造精度要求较高。

车拉削加工适于在大批大量生产中加工结构复杂、精度要求较高的零件，例如汽车发动机曲轴。

三、外圆表面的磨削加工

（一）加工方法

1. 工件有中心支承的外圆磨削

（1）纵向进给磨削 图 3-20 是它的加工示意图。图中，砂轮旋转 n_c 是主运动，工件除了旋转（圆周进给运动 n_w）外，还和工作台一起作纵向往复运动（纵向进给运动 f_a），工件每往复一次（或每单行程），砂轮向工件作横向进给运动 f_r，磨削余量在多次往复行程中磨去。在磨削的最后阶段，要作几次无横向进给的光磨行程，以消除由于径向磨削力的作用在机床加工系统中产生的弹性变形，直到磨削火花消失为止。

纵向进给磨削外圆时，因磨削深度小，磨削力小、散热条件好，磨削精度较高，表面粗糙度较小；但由于工作行程次数多，生产率较低。它适于在单件小批生产中磨削较长的外圆表面。

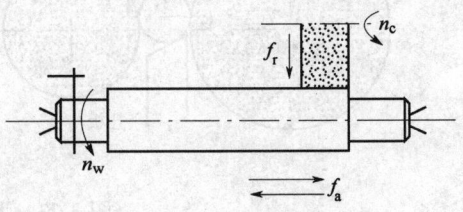

图 3-20 纵向进给磨削外圆

（2）横向进给磨削（切入磨削）

图 3-21 是它的加工示意图。砂轮旋转 n_c 是主运动，工件作圆周进给运动

n_w,砂轮相对工件作连续或断续的横向进给运动 f_r,直到磨去全部余量。横向进给磨削的生产效率高,但加工精度低,表面粗糙度较大。这是因为横向进给磨削时工件与砂轮接触面积大,磨削力大,发热量多,磨削温度高,工件易发生变形和烧伤。它适于在大批大量生产中加工刚性较好的外圆表面,如将砂轮修整成一定形状,还可以磨削成形表面。

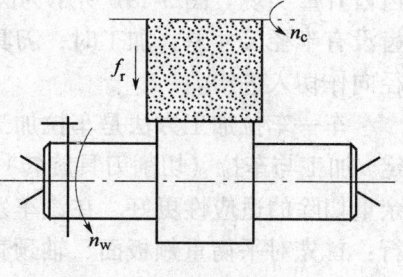

图 3-21 横向进给磨削外圆

在图 3-22 所示的端面外圆磨床上,倾斜安装的砂轮作斜向进给运动 f,在一次安装中可将工件的端面和外圆同时磨出,生产效率高。此种磨削方法适于在大批大量生产中磨削轴颈对相邻轴肩有垂直度要求的轴、套类工件。

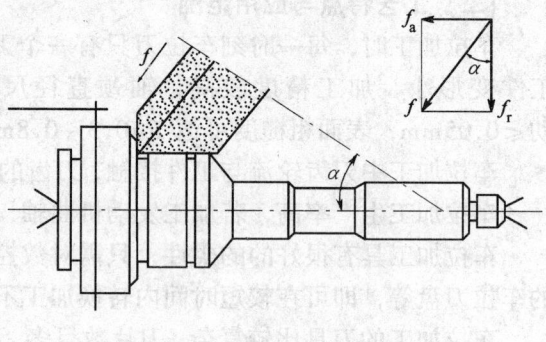

图 3-22 同时磨削外圆和端面

2. 工件无中心支承的外圆磨削(无心磨削)

图 3-23 是它的加工原理示意图。磨削时,工件放在砂轮与导轮之间的托板上,不用中心孔支承,故称为无心磨削。导轮是用摩擦因数较大的橡胶结合剂制作的磨粒较粗的砂轮,其圆周速度一般为砂轮的 1/80 ~ 1/70(15 ~ 50m/min),靠摩擦力带动工件旋转。无心磨削时,砂轮和工件的轴线总是水平放置的,而导轮的轴线通常要在垂直平面内倾斜一个角度 α($\alpha = 1° \sim 6°$),其目的是使工件获得一定的轴向进给速度 v_f。图中 $v_t = v_w + v_f$,v_t 是导轮与被磨工件接触点的线速度,v_w 是导轮带动工件旋转的分速度,v_f 是导轮带动工件沿磨削砂轮轴线作进给运动的分速度。

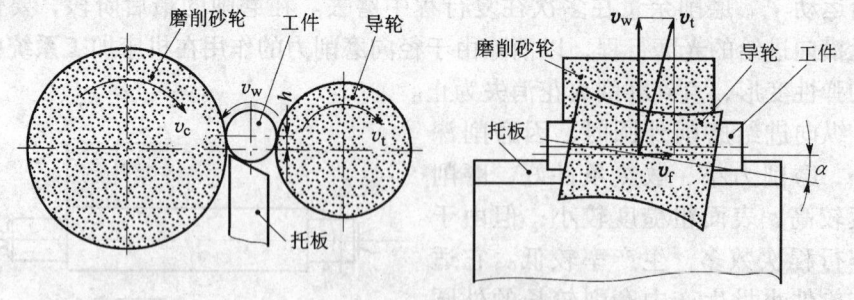

图 3-23 无心外圆磨削

无心磨削的生产效率高,容易实现工艺过程的自动化;但所能加工的零件具有一定的局限性,不能磨削带长键槽和平面的圆柱表面,也不能用于磨削同轴度要求较高的阶梯轴外圆表面。

3. 快速点磨

用快速点磨法磨削外圆时，砂轮轴线与工件轴线之间有一个微小倾斜角 α（±0.5°），砂轮与工件以点接触进行磨削，砂轮对工件的磨削加工类似于一个微小的刀尖对工件进行加工。用传统磨削方法磨削外圆时，砂轮与工件为线接触。两种磨削方法的比较如图 3-24 所示。

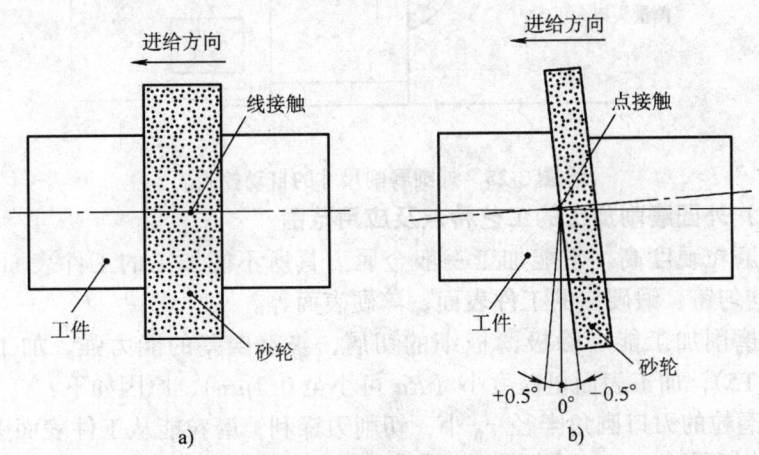

图 3-24　快速点磨法与传统磨削方法的比较
a）传统磨削方法　b）快速点磨法

为便于控制快速点磨的加工精度，砂轮端面与工件外圆的接触点须与工件轴线等高，砂轮在数控装置的控制下进行精确进给。

快速点磨法采用 CBN（立方氮化硼）或金刚石砂轮进行高速磨削，磨削速度高达 100~160m/s。

快速点磨法与传统的磨削方法相比较，砂轮与工件接触面积小，磨削速度高，磨削过程中产生的磨削力小，磨削热少，加工质量好，生产效率高，砂轮寿命长。在汽车制造业中，发动机中的曲轴和凸轮轴、变速器中的齿轮轴和传动轴等均可采用快速点磨工艺进行磨削加工。

（二）外圆磨削的尺寸控制

磨削的主要特点之一是砂轮具有自锐作用，当磨粒的锋刃磨钝后，作用在磨粒上的力增大，使磨粒被压碎，形成新的锋刃，或者整颗磨粒脱落露出新的磨粒锋刃来工作。砂轮的自锐作用可以使磨粒始终保持锋利状态，但它会使砂轮的径向磨损速度加剧，使磨削外圆一般不能用预先确定砂轮径向进给量的方法来保证工件的直径尺寸。为保证外圆磨削的尺寸精度，需要根据工件在磨削过程中的实际尺寸变化来控制砂轮的径向进给量。在大批大量生产中，通常采用在磨削过程中对工件进行主动测量的方法来控制工件尺寸。图 3-25 是一种通过主动测量来保证磨削加工尺寸的自动控制装置。磨削时测量头架移向工件，电感式测量头在加工过程中对工件的尺寸进行实时测量，测量结果以电信号的形式输出至控制装置，控制装置根据接收到的测量电信号及预先设定的程序，控制砂轮架横向进给量，实现粗磨—精磨—光磨循环。

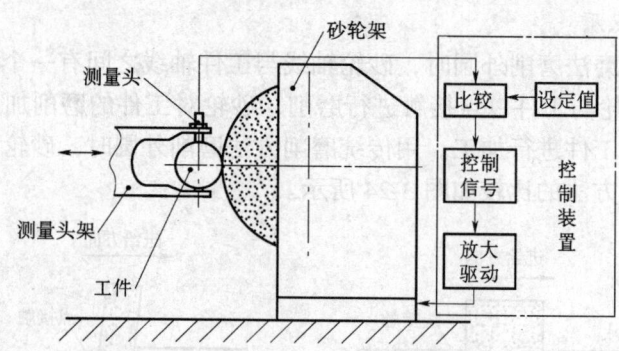

图 3-25 外圆磨削尺寸的自动控制

(三) 外圆磨削加工的工艺特点及应用范围

1) 磨粒硬度高,它能加工一般金属刀具所不能加工的工件表面,例如,带有不均匀铸、锻硬皮的工件表面、淬硬表面等。

2) 磨削加工能切除极薄极细的切屑,修整误差的能力强,加工精度高(IT6~IT5),加工表面粗糙度小(Ra可小至 $0.1\mu m$),原因如下:

① 磨粒的刃口圆角半径 r_n 小,切削刃锋利,磨粒能从工件表面上切除极细极薄的切屑。表 3-4 列出了不同粒度磨粒的刃口平均圆角半径值 r_{ncp}。

表 3-4 磨粒刃口平均圆角半径

粒度	F46	F60	F80	F240	F360
$r_{ncp}/\mu m$	28	19	13	3.05	2.7

② 磨粒在砂轮表面上的分布是随机的,同时参加磨削的磨粒数相当多,磨痕轨迹纵横交错,容易磨出表面粗糙度小的光洁表面。

3) 由于磨粒切除金属材料系大负前角切削,再加上磨削速度高(30~90m/s),故磨削区的瞬时温度极高,有时甚至高达能使表面金属熔化的程度。

4) 由于大负前角磨粒在切除金属过程中消耗的摩擦功大,再加上磨屑细薄,切除单位体积金属所消耗的能量,磨削要比车削大得多。

综上分析可知,磨削加工更适于做精加工工作,可用于加工淬火钢、工具钢以及硬质合金等硬度很高的材料,也可用砂轮磨削带有不均匀铸、锻硬皮的工件。但它不适宜加工塑性较大的有色金属材料(例如铜、铝及其合金),因为这类材料在磨削过程中容易堵塞砂轮,使其失去切削作用。磨削加工既广泛用于单件小批生产,也广泛用于大批大量生产。

随着磨削技术的发展,近年来出现了高效磨削工艺,例如,高速磨削($v>50m/s$)、宽砂轮磨削、多砂轮磨削、深切缓进给磨削(磨削深度 10mm 左右,最高可达 30mm,进给速度相当于普通磨削的 1/10~1/100)和利用沾满磨粒的环形布(砂带)作为切削工具的砂带磨削等。

高精度磨削和高光洁表面磨削是近年来在生产中发展起来的先进制造技术,其要点为:精细修整砂轮,提高磨粒的微刃性和微刃的等高性;砂轮主轴的回转误差应小于 $1\mu m$,磨床带有砂轮微量进给机构;冷却润滑液须经精细过滤。如上述加工条件控制得好,可以获得表面粗糙度很小($Ra<0.16\mu m$)的

光洁表面，同时还可以获得几何精度很高的精确表面（圆度误差 < 0.5μm）。

四、外圆表面的光整加工

光整加工是精加工后，从工件表面上不切除或切除极薄金属层，用以提高加工表面的尺寸和形状精度、降低表面粗糙度的加工方法。对于加工精度要求很高（IT6以上）、表面粗糙度要求很小（Ra 为 0.2μm 以下）的外圆表面，需经光整加工。光整加工的主要任务是减小表面粗糙度，有的光整加工方法还有提高尺寸精度和形状精度的作用，但一般都没有提高位置精度的作用。外圆表面的光整加工方法主要有研磨、超精加工、滚压、抛光等。

1. 研磨

研磨是在研具与工件之间加入研磨剂对工件表面进行光整加工的方法。研磨时，工件和研具之间的相对运动较复杂，研磨剂中的每一颗磨粒一般都不会在工件表面上重复自己的运动轨迹，具有较强的误差修正能力，能提高加工表面的尺寸精度、形状精度和减小表面粗糙度。

研具材料比工件材料软，部分磨粒能嵌入研具的表层，对工件表面进行微量切削。为使研具磨损均匀和保持形状准确，研具材料的组织应细密、耐磨。最常用的研具材料是硬度为 120~160HBW 的铸铁，它适用于加工各种工件材料，而且制造容易，成本低。也有用铜、巴氏合金等材料制造研具的。

研磨剂由磨料、研磨液和表面活性物质等混合而成。磨料主要起切削作用，应具有较高的硬度。常用磨料有刚玉、碳化硅、碳化硼等。研磨液有煤油、汽油、全损耗系统用油、工业甘油等，主要起冷却润滑作用。表面活性物质附着在工件表面，使其生成一层极薄的软化膜，易于切除。常用的表面活性物质有油酸、硬脂酸等。

研磨分手工研磨和机械研磨两种。手工研磨是手持研具进行研磨。研磨外圆时，可将工件装夹在车床卡盘上或顶尖上作低速旋转运动，研具套在工件被加工表面上，用手推动研具作往复运动。机械研磨在研磨机上进行，图 3-26 为在研磨机上研磨外圆的装置简图。在图 3-26a 中，上、下两个研磨盘 1 和 2 之间有一隔离盘 3，工件放在隔离盘的槽中。研磨时上研磨盘固定不动，下研磨盘转动。隔离盘 3 由偏心轴带动与下研磨盘 2 同向转动。研磨时，工件一面滚动，一面在隔离盘槽中轴向移动，磨粒在工件表面上刻划出复杂的磨削痕迹。上研磨盘的位置可轴向调节，使工件获得所要求的研磨压力。工件轴线与隔离盘半径方向偏斜一角度 γ（$\gamma = 6° \sim 15°$），如图 3-26b 所示，使工件产生轴向移动。

研磨属光整加工，研磨前加工面要进行良好的精加工。研磨余量在直径上一般取为 0.1~0.03mm。粗研时研磨速度为 40~50m/min，精研时为 10~15m/min。

研磨的工艺特点是设备比较简单，成本低，加工质量容易保证，可加工钢、铸铁、硬质合金、光学玻璃、陶瓷等多种材料。如果加工条件控制得好，研磨外圆可获得很高的尺寸精度（IT6~IT4）、极小的表面粗糙度（Ra 为

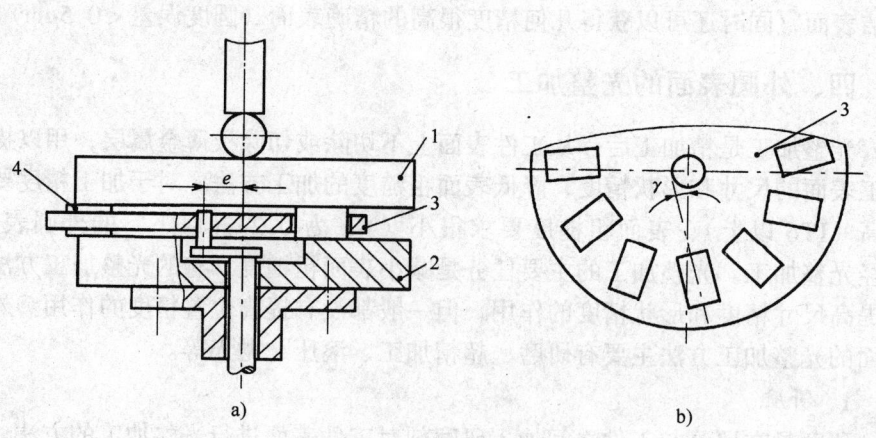

图 3-26 机械研磨外圆
1、2—研磨盘　3—工件隔离盘　4—工件

$0.1 \sim 0.008 \mu m$)和较高的形状精度（圆度误差为 $0.003 \sim 0.001 mm$）。但研磨不能提高位置精度，生产效率较低。

2. 超精加工

超精加工是用细粒度的磨条或砂带进行微量磨削的一种光整加工方法，其加工原理如图 3-27 所示。加工时，工件作低速旋转（$0.03 \sim 0.33 m/s$），磨具以恒定压力（$0.05 \sim 0.3 MPa$）压向工件表面，在磨具相对工件轴向进给的同时，磨具作轴向低频振动（振动频率为 $8 \sim 30 Hz$、振幅为 $1 \sim 6 mm$），对工件表面进行加工。超精加工是在加注大量冷却润滑液条件下进行的。磨具与工件表面接触时，最初仅仅碰到前工序留下的凸峰，这时单位压力大，切削能力强，凸峰很快被磨掉。冷却润滑液的作用主要是冲洗切屑和脱落的磨粒，使切削能正常进行。当被加工表面逐渐呈光滑状态时，磨具与工件表面之间的接触面不断增大，压强不断下降，切削作用减弱。最后，冷却润滑液在工件表面与磨具间形成连续的油膜，切削作用自动停止。超精加工的加工余量很小（一般为 $5 \sim 8 \mu m$），常用于加工发动机曲轴、轧辊、滚动轴承套圈等。

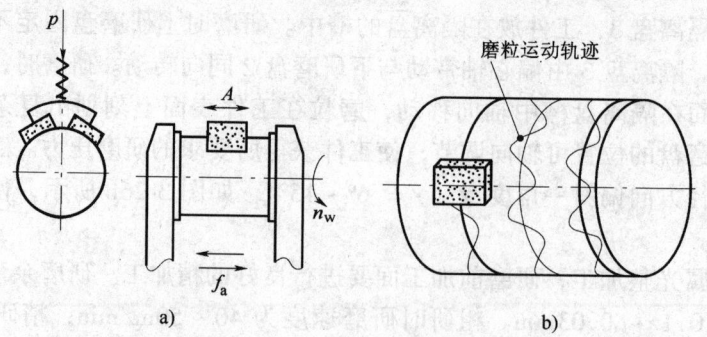

图 3-27 外圆的超精加工
a) 超精加工示意图　b) 超精加工磨粒运动轨迹

超精加工的工艺特点是设备简单，自动化程度较高，操作简便，生产效率

高。超精加工能减小工件的表面粗糙度（Ra 可达 $0.1 \sim 0.012\mu m$），但不能提高尺寸精度和形状位置精度。工件精度由前面工序来保证。

第三节 孔 加 工

与外圆表面加工相比，孔加工的条件要差得多，加工孔要比加工外圆困难。这是因为：①孔加工所用刀具的尺寸受被加工孔尺寸的限制，刚性差，容易产生弯曲变形和振动；②用定尺寸刀具加工孔时，孔加工的尺寸往往直接取决于刀具的相应尺寸，刀具的制造误差和磨损将直接影响孔的加工精度；③加工孔时，切削区在工件内部，排屑及散热条件差，加工精度和表面质量都不容易控制。

一、钻孔与扩孔

1. 钻孔

钻孔是在实心材料上加工孔的第一道工序，钻孔直径一般小于 80mm。钻孔加工有两种方式（图 3-28）：一种是钻头旋转，例如在钻床、镗床上钻孔；另一种是工件旋转，例如在车床上钻孔。上述两种钻孔方式产生的误差是不相同的。在钻头旋转的钻孔方式中，由于切削刃不对称和钻头刚性不足而使钻头引偏时，被加工孔的中心线会发生偏斜或不直，但孔径基本不变；而在工件旋转的钻孔方式中则相反，钻头引偏会引起孔径变化，而孔中心线仍然是直的。

常用的钻孔刀具有：麻花钻、中心钻、深孔钻等。其中最常用的是麻花钻，其直径规格为 $\phi 0.1 \sim \phi 80 mm$。标准麻花钻的结构如图 3-29 所示，柄部是钻头的夹持部分，并用来传递转矩；钻头柄部有直柄与锥柄两种。前者用于小直径钻头，后者用于大直径钻头。颈部供制造时磨削柄部退砂轮用，也是钻头打标记的地方。为制造方便，直柄麻花钻一般不设颈部。工作部分包括切削部分和导向部分。切削部分担负着主要切削工作，钻头有两条主切削刃，两条副切削刃和一条横刃，如图 3-30 所示。螺旋槽表面为钻头的前刀面，切削部分顶

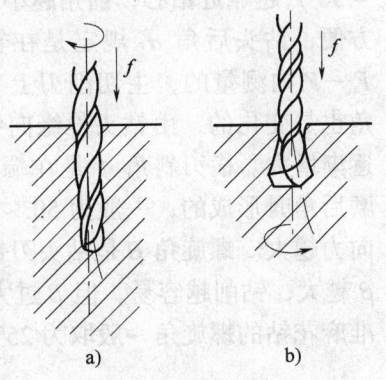

图 3-28 两种钻孔方式
a) 钻头旋转 b) 工件旋转

端的螺旋面为后刀面。刃带为副后刀面。横刃是两主后刀面的交线。呈对称分布的两主切削刃和两副切削刃可视为一正一反安装的两把外圆车刀，如图中虚线所示。导向部分有两条对称的螺旋槽和刃带。螺旋槽用来形成切削刃和前角，并起排屑和输送切削液的作用。刃带起导向和修光孔壁的作用。刃带有很小的倒锥。由切削部分到柄部每 100mm 长度上直径减小 $0.03 \sim 0.12mm$，以减小钻头与孔壁的摩擦。

麻花钻的主要几何角度有顶角 2ϕ、前角 γ_o、后角 α_f、横刃斜角 ψ 和螺旋角 β，如图 3-31 所示。顶角 2ϕ 是两条主切削刃在与其平行的平面 $M—M$ 上投

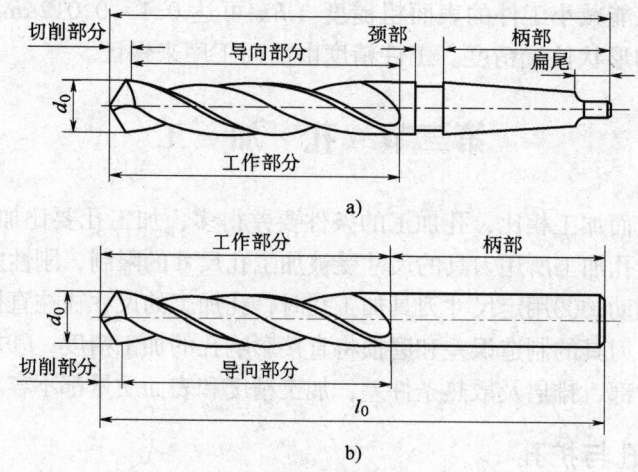

图 3-29 标准麻花钻的结构
a) 锥柄 b) 直柄

影的夹角。加工钢料和铸铁的钻头顶角取为 118°±2°。前角 γ_o 是在 O—O 断面（正交断面 P_o）内测量的。由于前刀面是螺旋面，因此沿主切削刃上任一点的前角大小是变化的（由 +30°～-30°），越靠近钻心，前角越小。为测量方便，钻头后角 α_f 规定是在轴向断面 F—F 内测量的，主切削刃上各点的后角也是变化的，由钻头外缘向钻心后角

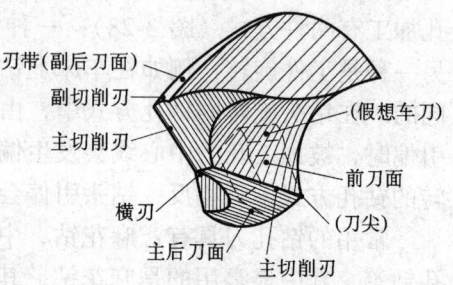

图 3-30 麻花钻的切削部分

逐渐增大。横刃斜角 ψ 是在端面投影中横刃与主切削刃之间的夹角，它是刃磨后角时形成的，一般为 50°～55°。后角越大，ψ 越小，横刃越长，钻削时轴向力越大。螺旋角 β 是钻头刃带棱边螺旋线展开成直线后与钻头轴线的夹角，β 越大，钻削越容易，但 β 过大，会削弱切削刃的强度，使散热条件变差。标准麻花钻的螺旋角一般取为 25°～32°。

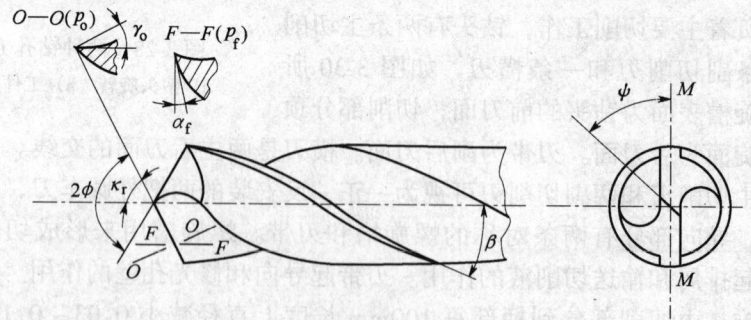

图 3-31 标准麻花钻的几何角度

由于构造上的限制，钻头的弯曲刚度和扭转刚度均较低，加之定心性不

好,钻孔加工的精度较低,一般只能达到 IT13~IT11;表面粗糙度也较大,Ra 一般为 50~12.5μm。但钻孔的金属切除率大,切削效率高。钻孔主要用于加工质量要求不高的孔,例如螺栓孔、螺纹底孔、油孔等。对于加工精度和表面质量要求较高的孔,则应在后续加工中通过扩孔、铰孔、镗孔或磨孔来达到。

2. 扩孔

扩孔是用扩孔钻对已经钻出、铸出或锻出的孔作进一步加工(图 3-32),以扩大孔径并提高孔的加工质量。扩孔加工既可以作为精加工孔前的预加工,也可以作为要求不高的孔的最终加工。扩孔钻与麻花钻相似,但刀齿数较多,没有横刃,图 3-33 为整体式扩孔钻的结构。

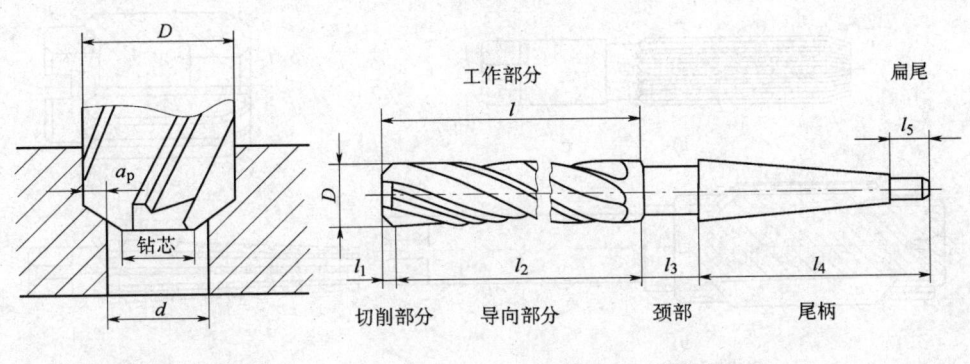

图 3-32 扩孔　　　　图 3-33 扩孔钻

与钻孔相比,扩孔具有下列特点:
1) 扩孔钻齿数多(3~8 个齿),导向性好,切削比较稳定;
2) 扩孔钻没有横刃,切削条件好;
3) 加工余量较小,容屑槽可以做得浅些,钻芯可以做得粗些,刀体强度和刚性较好。扩孔加工的精度一般为 IT11~IT10 级,表面粗糙度 Ra 为 12.5~6.3μm。扩孔常用于加工直径小于 ϕ100mm 的孔。在钻直径较大的孔时($D \geq 30$mm),常先用小钻头(直径为孔径的 0.5~0.7 倍)预钻孔,然后再用相应尺寸的扩孔钻扩孔,这样可以提高孔的加工质量和生产效率。

扩孔除了可以加工圆柱孔之外,还可以用各种特殊形状的扩孔钻(亦称锪钻)来加工各种沉头座孔和锪平端面,如图 3-34 所示。锪钻的前端常带有导向柱,用已加工孔导向。

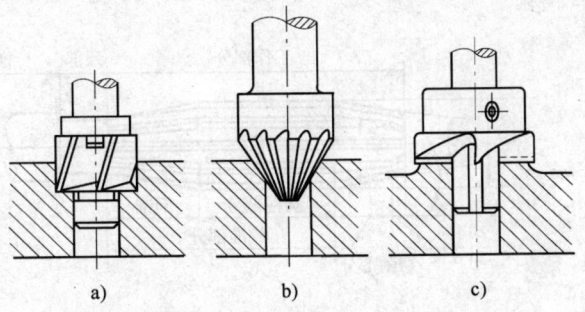

图 3-34 锪钻
a) 加工沉头座孔 b) 加工锥面 c) 锪平端面

二、铰孔

铰孔是孔的精加工方法之一，在生产中应用很广。对于直径较小的孔，相对于内圆磨削及精镗而言，铰孔是一种较为经济实用的加工方法。

1. 铰刀

铰刀一般分为手用铰刀及机用铰刀两种。手用铰刀柄部为直柄，工作部分较长，导向作用较好。手用铰刀有整体式（图 3-35a）和外径可调整式（图 3-35b）两种。机用铰刀有带柄的（图 3-35c，$\phi1 \sim \phi20$mm 为直柄，$\phi10 \sim \phi32$mm 为锥柄）和套式的（图 3-35d）两种。铰刀不仅可加工圆形孔，也可用锥度铰刀加工锥孔（图 3-35e）。

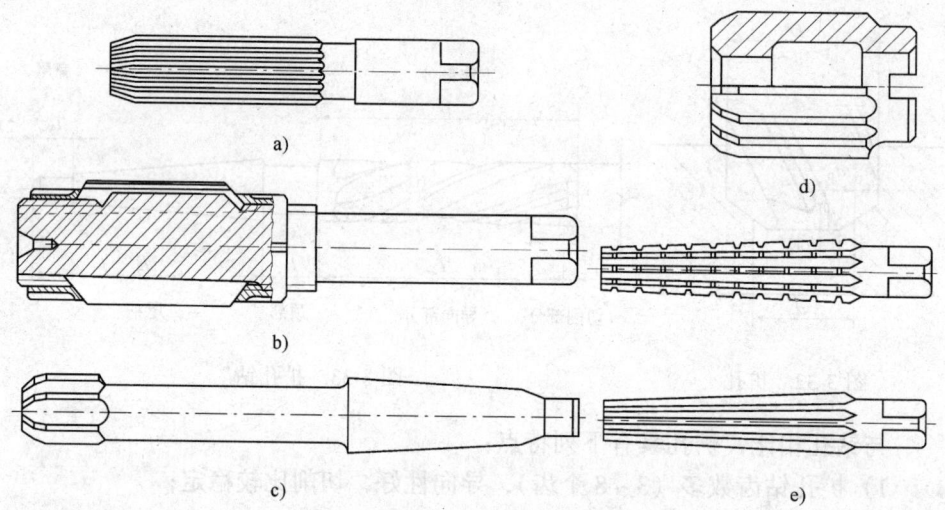

图 3-35 铰刀

铰刀由工作部分、颈部及柄部组成。工作部分又分为切削部分与校准（修光）部分，如图 3-36 所示。

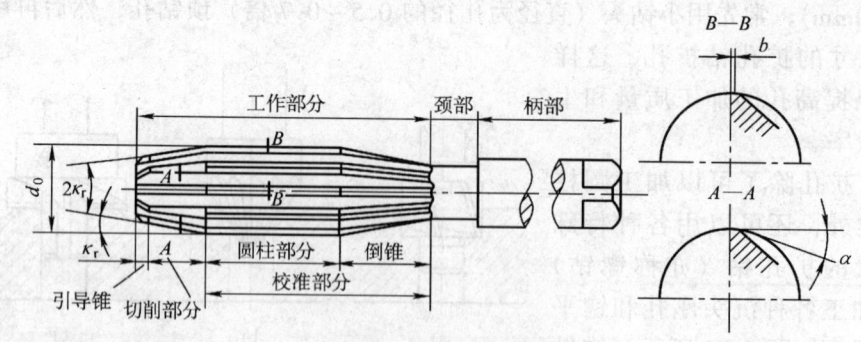

图 3-36 铰刀的结构

铰刀切削部分的主偏角 κ_r 对孔的加工精度、表面粗糙度和铰削时轴向力的大小影响很大。κ_r 值过大，切削部分短，铰刀的定心精度低，还会增大轴向力；κ_r 值过小，切削宽度增宽，不利于排屑。手用铰刀 κ_r 值一般取为 $0.5°$ ~ $1.5°$，机用铰刀 κ_r 值取为 $5°$ ~ $15°$。校准部分起校准孔径、修光孔壁及导向作用，增加校准部分长度，可提高铰削时的导向作用，但这会使摩擦增大，排屑困难。对于手用铰刀，为增加导向作用，校准部分应做得长些；对于机用铰刀，为减少摩擦，校准部分应做得短些。校准部分包括圆柱部分和倒锥部分。被加工孔的加工精度和表面粗糙度取决于圆柱部分的尺寸精度和形位精度；倒锥部分的作用是减少铰刀与孔壁的摩擦。

2. 铰孔工艺及其应用

铰孔余量对铰孔质量的影响很大，余量太大，铰刀的负荷大，切削刃很快被磨钝，不易获得光洁的加工表面，尺寸公差也不易保证；余量太小，不能去掉上道工序留下的刀痕，自然也就没有改善孔加工质量的作用。一般粗铰余量取为 0.15 ~ 0.35 mm，精铰取为 0.05 ~ 0.15 mm。

为避免产生积屑瘤，铰孔通常采用较低的切削速度（高速钢铰刀加工钢和铸铁时，$v < 8$ m/min）进行加工。进给量的取值与被加工孔径有关，孔径越大，进给量取值越大。高速钢铰刀加工钢和铸铁时，进给量常取为 0.3 ~ 1 mm/r。

铰孔时必须用适当的切削液进行冷却、润滑和清洗，以防止产生积屑瘤并及时清除切屑。

与磨孔和镗孔相比，铰孔生产率高，容易保证孔的精度；但铰孔不能校正孔轴线的位置误差，孔的位置精度应由前面工序保证。铰孔不宜加工阶梯孔和不通孔。

铰孔尺寸精度一般为 IT9 ~ IT7 级，表面粗糙度 Ra 一般为 3.2 ~ $0.8\mu m$。对于中等尺寸、精度要求较高的孔（例如 IT7 级精度孔），钻—扩—铰工艺是生产中常用的典型加工方案。

三、镗孔

镗孔是在预制孔上用切削刀具使之扩大的一种加工方法。镗孔工作既可以在镗床上进行，也可以在车床上进行。

1. 镗孔方式

镗孔有三种不同的加工方式。

(1) 工件旋转，刀具作进给运动　在车床上镗孔大都属于这种镗孔方式（见图 3-37）。它的工艺特点是：加工后孔的轴心线与工件的回转轴线一致，孔的圆度主要取决于机床主轴的回转精度，孔的轴向几何形状误差主要取决于刀具进给方向相对于工件回转轴线的位置精度。这种镗孔方式适于加工与外圆表面有同轴度要求的孔。

(2) 刀具旋转，工件作进给运动　图 3-38a 所示为在镗床上镗孔的情况，镗床主轴带动镗刀旋转，工作台带动工件作进给运动。这种镗孔方式镗杆的悬伸长度 L 一定，镗杆变形对孔的轴向形状精度无影响。但工作台进给方向的偏斜会使孔中心线产生位置误差。镗深孔或离主轴端面较远的孔时，为提高镗

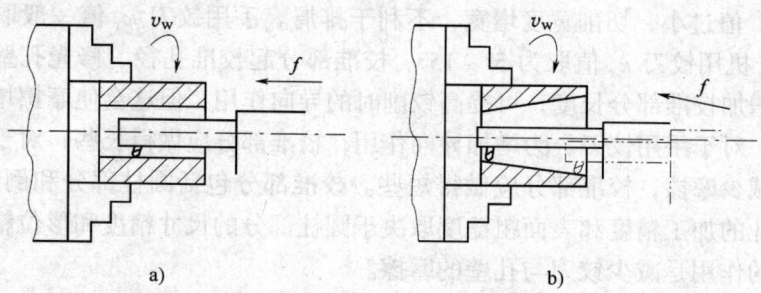

图 3-37 工件旋转、刀具进给的镗孔方式
a) 刀具进给方向与工件回转轴线平行 b) 刀具进给方向与工件回转轴线不平行

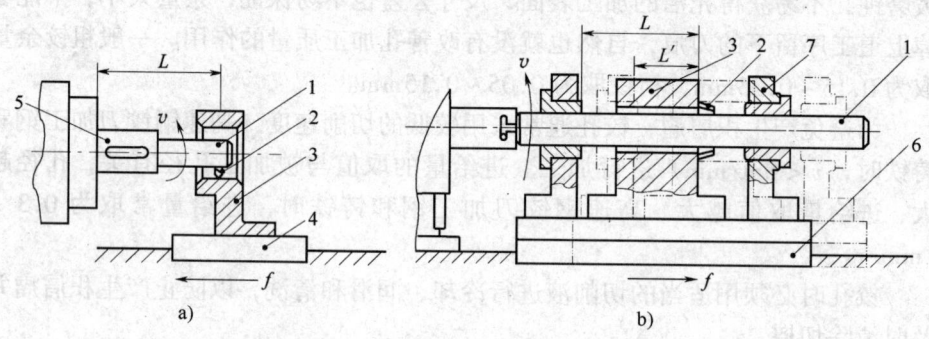

图 3-38 刀具旋转、工件进给的镗孔方式
1—镗杆 2—镗刀 3—工件 4—工作台 5—主轴 6—拖板 7—镗模

杆刚度和镗孔质量,镗杆由主轴前端锥孔和镗床后立柱上的尾架孔支承。

图 3-38b 为用专用镗模镗孔的情形,镗杆与机床主轴采用浮动连接,镗杆支承在镗模的两个导向套中,刚性较好。当工件随同镗模一起向右进给时,镗刀离左支承套的距离由 L 变为 L';如果用普通镗刀来镗孔,则镗杆的变形会使工件孔产生纵向形状误差;若改用双刃浮动镗刀(参见图 3-41)镗孔,因两切削刃的背向力可以相互抵消,可以避免产生上述纵向形状误差。在这种镗孔方式中,进给方向相对主轴轴线的平行度误差对所加工孔的位置精度无影响,此项精度由镗模精度直接保证。

(3) 刀具既旋转又进给 采用这种镗孔方式(见图 3-39)镗孔,镗杆的悬伸长度是变化的,镗杆的受力变形也是变化的,靠近主轴箱处的孔径大,远离主轴箱处的孔径小,形成锥孔。此外,镗杆悬伸长度增大,主轴因自重引起的弯曲变形也增大,被加工孔轴线将产生相应的弯曲。这种镗孔方式只适于加工较短的孔。

2. 金刚镗

与一般镗孔相比,金刚镗的特点是背

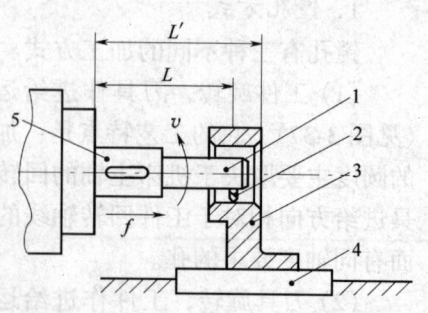

图 3-39 刀具既旋转又进给的镗孔方式
1—镗杆 2—镗刀 3—工件
4—工作台 5—主轴

吃刀量小，进给量小，切削速度高，它可以获得很高的加工精度（IT7～IT6）和很光洁的表面（Ra 为 0.4～0.05μm）。金刚镗最初用金刚石镗刀加工，现在普遍采用硬质合金、CBN 和人造金刚石刀具加工。金钢镗主要用于加工有色金属工件，也可用于加工铸铁件和钢件。

金刚镗常用的切削用量为：背吃刀量：预镗为 0.2～0.6mm，终镗为 0.1mm；进给量为 0.01～0.14mm/r；切削速度：加工铸铁时为 100～250m/min，加工钢时为 150～300m/min，加工有色金属时为 300～2000m/min。

为了保证金刚镗能达到较高的加工精度和表面质量，所用机床（金刚镗床）须具有较高的几何精度和刚度，机床主轴支承常用精密的角接触球轴承或静压滑动轴承，高速旋转零件须经精确平衡。此外，进给机构的运动必须十分平稳，保证工作台能作平稳低速进给运动。

金刚镗的加工质量好，生产效率高，在大批大量生产中被广泛用于精密孔的最终加工，如发动机气缸孔、活塞销孔、机床主轴箱上的主轴孔等。但须注意的是，用金刚镗加工钢铁材料制品时，只能使用硬质合金和 CBN 制作的镗刀，不能使用金刚石制作的镗刀，因金刚石中的碳原子与铁族元素的亲和力大，易使刀具寿命降低。

3. 镗刀

镗刀可分为单刃镗刀和双刃镗刀。单刃镗刀（图 3-40）的结构与车刀类似，只有一个主切削刃。用单刃镗刀镗孔时，孔的尺寸是由操作者调整镗刀头位置来保证的。双刃镗刀有两个对称的切削刃，相当于两把对称安装的车刀同时参加切削；孔的尺寸精度靠镗刀本身的尺寸保证。图 3-41 所示的浮动镗刀是双刃镗刀的一种，加工时镗刀片插在镗杆的矩形槽中，依靠作用在两个切削刃上的背向力自动平衡其位置，可消除因镗刀安装误差或镗杆偏摆引起的误差。但它与铰孔相似，只能保证尺寸精度，不能校正镗孔前孔轴线的位置误差。

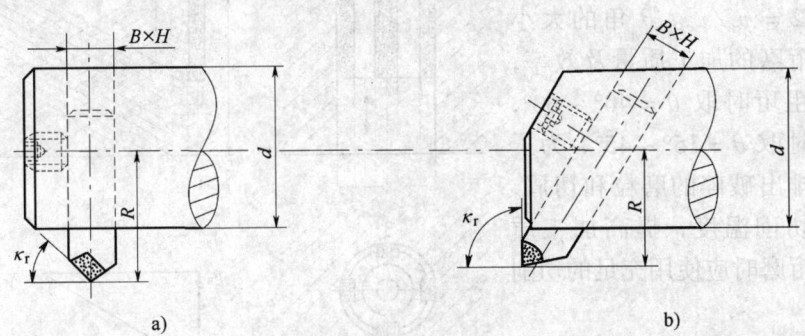

图 3-40 单刃镗刀
a) 通孔单刃镗刀 b) 不通孔单刃镗刀

4. 镗孔的工艺特点及应用范围

镗孔和钻—扩—铰工艺相比，孔径尺寸不受刀具尺寸的限制，且镗孔具有较强的误差修正能力，可通过多次走刀来修正原孔轴线偏斜误差，而且能使所镗孔与定位表面保持较高的位置精度。

镗孔和车外圆相比，由于刀杆系统的刚性差、变形大，散热排屑条件不好，工件和刀具的热变形比较大，因此，镗孔的加工质量和生产效率都不如车外圆高。

综上分析可知，镗孔的加工范围广，可加工各种不同尺寸和不同精度等级的孔。对于孔径较大、尺寸和位置精度要求较高的孔和孔系，镗孔几乎是唯一的加工方法。镗孔的加工精度为IT9~IT7级，表面粗糙度 Ra 为 3.2~0.8μm。镗孔可以在镗床、车床、铣床等机床上进行，具有机动灵活的优点，生产中应用十分广泛。在大批大量生产中，为提高镗孔效率，常使用镗模。

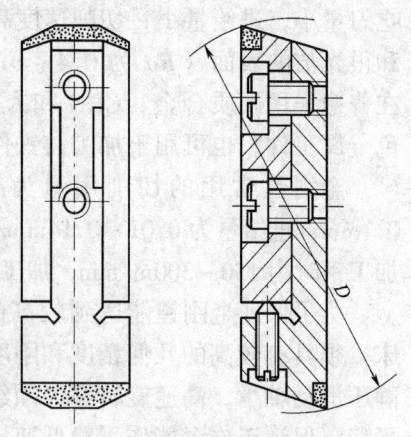

图 3-41 浮动镗刀

四、珩磨孔

1. 珩磨原理及珩磨头

珩磨是利用带有磨条（油石）的珩磨头对孔进行光整加工的方法。珩磨时，工件固定不动，珩磨头由机床主轴带动旋转并作往复直线运动。珩磨加工中，磨条以一定压力作用于工件表面，从工件表面上切除一层极薄的材料，其切削轨迹是交叉的网纹（见图3-42）。为使砂条磨粒的运动轨迹不重复，珩磨头回转运动的每分钟转数与珩磨头每分钟往复行程数应互成质数。

珩磨轨迹的交叉角 θ 与珩磨头的往复速度 v_a 及圆周速度 v_c 有关，由图3-42知，$\tan\theta/2 = v_a/v_c$。θ 角的大小影响珩磨的加工质量及效率，一般粗珩时取 $\theta = 40° \sim 60°$，精珩时取 $\theta = 15° \sim 45°$。为了便于排出破碎的磨粒和切屑，降低切削温度，提高加工质量，珩磨时应使用充足的切削液。

为使被加工孔壁都能得到均匀的加工，砂条的行程在孔的两端都要超出一段越程量（图3-42中的 Δ_1 和 Δ_2），越程量过小，会造成两端孔径比

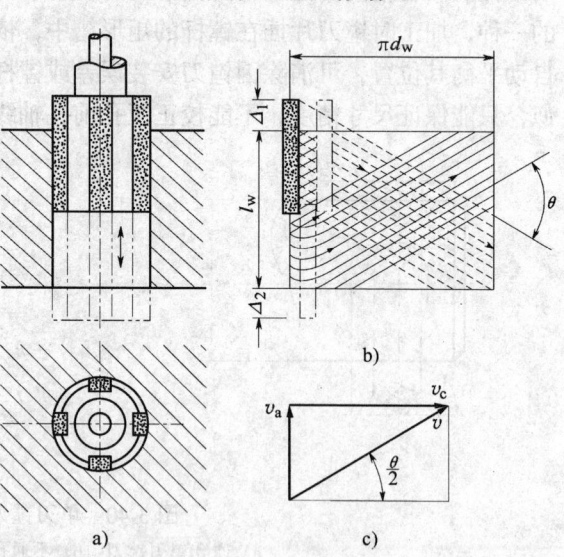

图 3-42 珩磨原理
a) 成形运动 b) 砂条磨削轨迹展开图 c) 合成速度

中间偏小；越程量过大，则使两端孔径偏大；越程量一般取为磨条长度的30%~50%。为保证珩磨余量均匀，减少机床主轴回转误差对加工精度的影

响，珩磨头和机床主轴之间大都采用浮动联接。

珩磨头磨条的径向伸缩调整有手动、气动和液压等多种结构形式。图3-43为手动调整结构，磨条4用结合剂与砂条座6固结在一起，装在本体5的槽中，砂条座的两端用弹簧卡箍8箍住。向下旋转螺母1时，推动调整锥3下移，调整锥3上的锥面推动顶销7使砂条胀开，以调整珩磨头的工作尺寸及磨条对工件孔壁的工作压力。珩磨过程中，由于孔径扩大、砂条磨损等原因，砂条对孔壁的工作压力将逐渐减小，需随时调整。手动调整工作压力不但操作费时，生产效率低，而且还不容易将工作压力调整得合适，因此只适用于单件小批生产。在大批大量生产中则广泛采用气动或液动珩磨头。

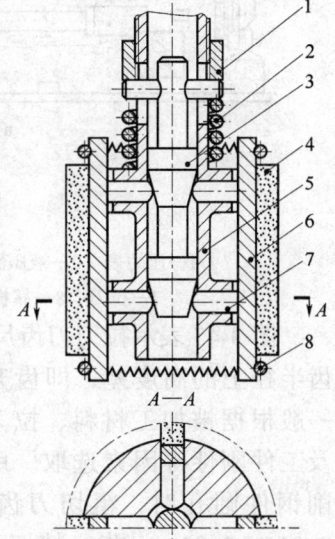

图3-43 珩磨头
1—螺母 2—弹簧 3—调整锥
4—磨条 5—本体 6—砂条座
7—顶销 8—弹簧卡箍

2．珩磨的工艺特点及应用范围

1）珩磨能获得较高的尺寸精度和形状精度，加工精度为IT7～IT6级，孔的圆度和圆柱度误差可控制在3～5μm的范围之内，但珩磨不能提高被加工孔的位置精度。

2）珩磨能获得较高的表面质量，表面粗糙度Ra为0.2～0.025μm，表层金属的变质缺陷层深度极微（2.5～25μm）。

3）与磨削速度相比，珩磨头的圆周速度虽不高（v_c = 16～60m/min），但由于砂条与工件的接触面积大，往复速度相对较高（v_a = 8～20m/min），所以珩磨仍有较高的生产率。

珩磨在大批大量生产中广泛用于发动机缸孔及各种液压装置中精密孔的加工，孔径范围一般为$\phi15$～$\phi500$mm或更大，并可加工长径比大于10的深孔。但珩磨不适于加工塑性较大的有色金属工件上的孔，也不能加工带键槽的孔、花键孔等。

五、拉孔

1．拉削与拉刀

拉孔是一种高生产率的精加工方法，它是用特制的拉刀在拉床上进行的。拉床分卧式拉床和立式拉床两种，以卧式拉床最为常见。图3-44是在卧式拉床上拉削圆孔的加工示意图。拉孔时，先将拉刀7的头部插入工件9待加工孔中，并把工件的端面贴紧在拉床的球面支承垫圈11上（参见图3-44b），然后由机床主轴上的夹头5将拉刀7的头部夹住，并强制使拉刀从工件孔中通过，让拉刀上尺寸逐齿增大的刀齿顺序通过工件孔，从孔壁上一层一层地切除余量，最后加工出满足一定要求的孔。拉削时拉刀只作低速直线运动（主运动）。

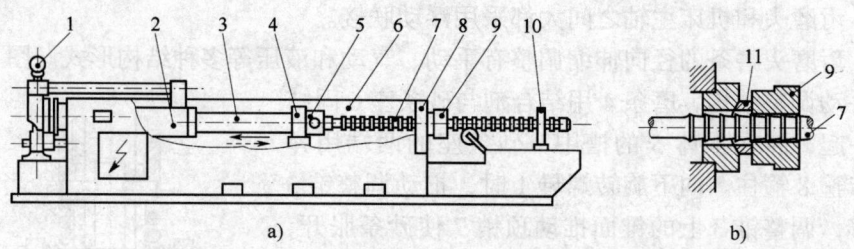

图 3-44　在卧式拉床上拉孔
a) 卧式拉床　b) 圆孔拉削
1—压力表　2—液压缸　3—活塞拉杆　4—随动支架　5—夹头　6—床身
7—拉刀　8—靠板　9—工件　10—滑动托架　11—球面支承垫圈

图 3-45 表示拉刀刀齿尺寸逐齿增大切下金属的过程。图中 a_f 是相邻两刀齿半径上的高度差，即齿升量。齿升量一般根据被加工材料、拉刀类型、拉刀及工件刚性等因素选取。用普通拉刀拉削钢件圆孔时，粗切刀齿的齿升量为 0.015~0.03mm/齿，精切刀齿的齿升量为 0.005~0.015mm/齿。刀齿切下的切屑落在两刀齿间的空间内，此空间称为容屑槽。拉刀同时工作的齿数一般应不少于 3 个，否则拉刀工作不平稳，容易在工件表面产生环状波纹。为了避免产

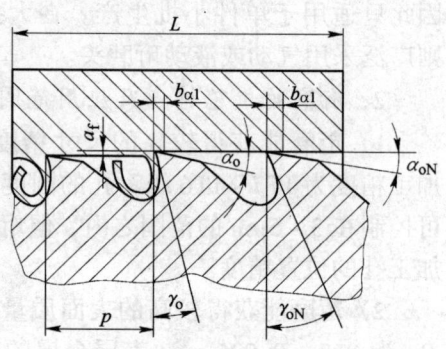

图 3-45　拉刀的切削部分

生过大的拉削力而使拉刀断裂，拉刀工作时，同时工作刀齿数一般不应超过 6~8 个。

拉孔有三种不同的拉削方式，分述如下：

(1) 分层式拉削　这种拉削方式的特点是拉刀将工件加工余量一层一层顺序地切除。图 3-46 所示为分层式圆孔拉刀的拉削图形、切削部分齿形及切屑形状。为了便于断屑，刀齿上磨有相互交错的分屑槽。按分层式拉削方式设计的拉刀称为普通拉刀。

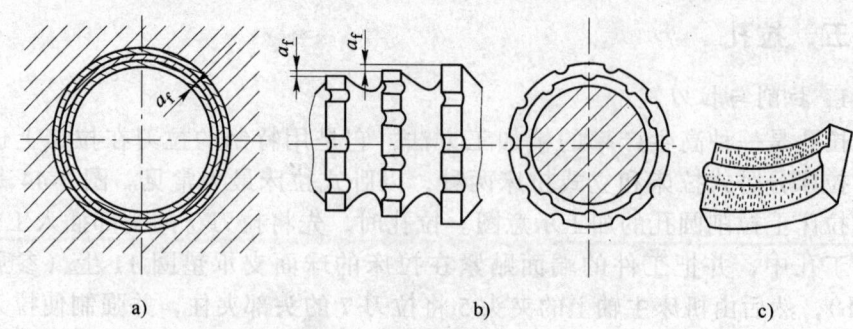

图 3-46　分层式拉削
a) 拉削图形　b) 切削部分齿形　c) 切屑形状

(2) 分块式拉削 这种拉削方式的特点是加工表面的每一层金属是由一组尺寸基本相同但刀齿切削位置相互交错的刀齿（通常每组由 2~3 个刀齿组成）切除的。每个刀齿仅切去一层金属的一部分。图 3-47 为 3 个刀齿一组的圆孔拉刀切削部分齿形及其拉削图形。第一齿与第二齿的截形相同，但切削位置互相错开，各切除圆周上的几段金属，剩下的未切除部分则由一组中的第三个刀齿切除。第三个齿不开分屑槽，为使第三齿不切整圈材料，其外径应较同组其他刀齿直径小 0.02~0.05mm。按分块拉削方式设计的拉刀称为轮切式拉刀。

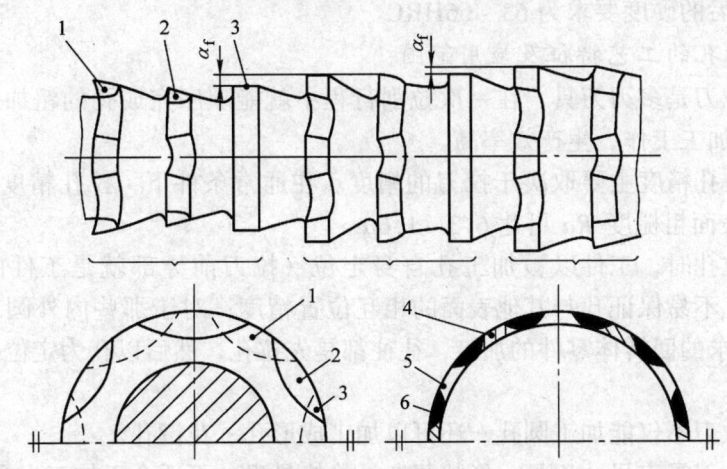

图 3-47 分块式拉削
1—第一齿 2—第二齿 3—第三齿 4—被第一齿切除的金属层
5—被第二齿切除的金属层 6—被第三齿切除的金属层

(3) 综合式拉削 这种方式集中了分层及分块式拉削的优点，粗切齿部分采用分块式拉削，精切齿部分采用分层式拉削。这样既可缩短拉刀长度，提高生产率，又能获得较好的工件表面质量。按综合拉削方式设计的拉刀称为综合式拉刀。

圆孔拉刀的结构如图 3-48 所示，它由下列几个部分组成：
① 头部——夹持刀具、传递动力的部分；
② 颈部——连接头部与其后各部分，也是打标记的部位；
③ 过渡锥部——使拉刀前导部易于进入工件孔中，起对准中心作用；
④ 前导部——工件以前导部定位进入切削部位；
⑤ 切削部——担负切削工作，包括粗切齿、过渡齿与精切齿三部分；
⑥ 校准部——校准和刮光已加工表面；
⑦ 后导部——在拉刀工作即将结束时，由后导部继续支承工件，防止因工件下垂而损坏刀齿和碰伤已加工表面；
⑧ 支承部——当拉刀又长又重时，为防止拉刀因自重下垂，增设支承部，由它将拉刀支承在滑动托架上，托架与拉刀一起移动。

拉刀切削部分的几何参数有：齿升量 a_f、齿距 p、刃带宽度 b_{a1}、前角 γ_o、后角 α_o（参见图 3-45）。拉刀常用牌号为 W18Cr4V 的高速钢制造。切削

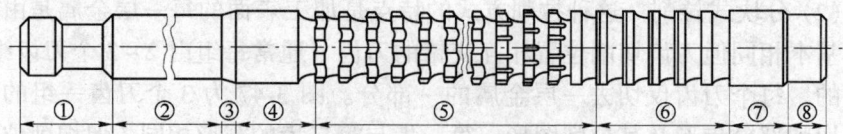

图 3-48 圆孔拉刀的结构
①—头部 ②—颈部 ③—过渡锥部 ④—前导部
⑤—切削部 ⑥—校准部 ⑦—后导部 ⑧—支承部

部热处理后的硬度要求为 63~66HRC。

2．拉孔的工艺特征及应用范围

1）拉刀是多刃刀具，在一次拉削行程中就能顺序完成孔的粗加工、精加工和光整加工工作，生产效率高。

2）拉孔精度主要取决于拉刀的精度。在通常条件下，拉孔精度可达 IT9~IT7，表面粗糙度 Ra 可达 $6.3~1.6\mu m$。

3）拉孔时，工件以被加工孔自身定位（拉刀前导部就是工件的定位元件），拉孔不易保证孔与其他表面的相互位置精度；对于那些内外圆表面具有同轴度要求的回转体零件的加工，往往都是先拉孔，然后以孔为定位基准加工其他表面。

4）拉刀不仅能加工圆孔，还可以加工成形孔、花键孔。

5）拉刀是定尺寸刀具，形状复杂，价格昂贵，不适合于加工大孔。

拉孔常用在大批大量生产中加工孔径为 $\phi10~\phi80mm$、孔深不超过孔径 5 倍的中小零件上的通孔。

第四节 平面及复杂表面加工

一、概述

平面是箱体类零件、盘类零件的主要表面之一。平面加工的技术要求包括：平面本身的精度（例如直线度、平面度），表面粗糙度，平面相对于其他表面的尺寸精度、位置精度（例如平行度、垂直度等）。

加工平面的方法很多，常用的有铣、刨、车、拉、磨削等方法。铣平面是平面加工最常用的方法。

刨平面所用机床、工具结构简单，调整方便，通用性好。经粗刨—精刨后，两平面间的尺寸精度可达 IT9~IT7 级，表面粗糙度可达 $Ra6.3~1.6\mu m$，直线度可达 $0.04~0.08mm/m$。如果再经过宽刃细刨，刨削质量还可相应提高。但刨削为单行程切削，往复运动换向时有较大的惯性冲击，刨削速度比其他切削方式低得多（一般都小于 $60m/min$），再加上刨平面还有空行程损失，故刨平面的生产效率较低。刨平面只适于在单件小批量生产中应用，尤其适于加工狭长平面，例如床身导轨等。

平面加工中的车、拉、磨削等加工方法，其工艺特点与前面在外圆表面及孔加工中的论述基本相同。车平面主要用于加工轴、套、盘等回转体零件的端面。端面直径较大时，一般在立式车床上加工。在车床上加工端面容易保证端面与轴线的垂直度要求。拉平面是一种加工精度高、生产效率高的先进加工方法，适于在大批大量生产中加工质量要求较高、但面积不大的平面。磨平面更适合于做精加工工作，它能加工淬硬工件。

二、铣平面

铣削时，铣刀的旋转运动是主运动。图 3-49a 是在卧式铣床上铣平面的加工示意图，图 3-49b、c 是在立式铣床上铣平面的加工示意图。图中 a_p 为背吃刀量（铣削深度），是指平行于铣刀轴线方向测量的切削层尺寸；a_e 是侧吃刀量（铣削宽度），是指垂直于铣刀轴线方向测量的切削层尺寸；v_f 为进给速度，是单位时间内工件与铣刀沿进给方向的相对位移量。

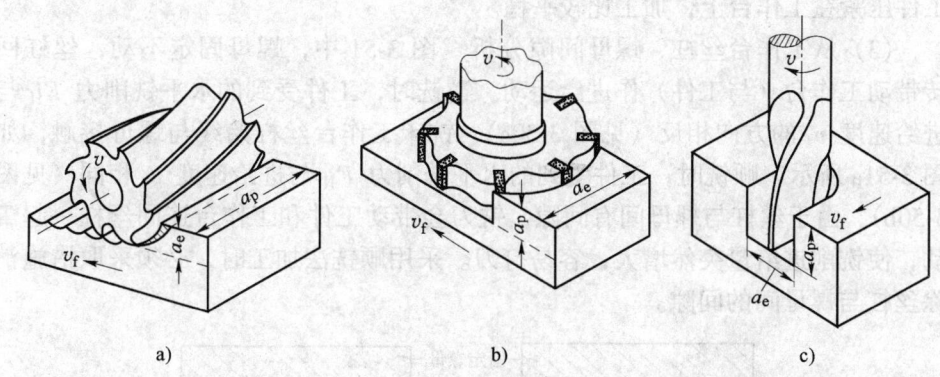

图 3-49　铣平面

1. 铣削方式

铣平面有端铣和周铣两种方式。端铣是指用分布在铣刀端面上的刀齿进行铣削的方法；周铣是指用分布在铣刀圆柱面上的刀齿进行铣削的方法。由于端铣的加工质量和生产效率比周铣高，在大批量生产中端铣比周铣用得多。周铣可使用多种形式的铣刀，能铣槽、铣成形表面，并可在同一刀杆上安装几把刀具同时加工几个表面，适用性好，在生产中用得也比较多。

按照铣平面时主运动方向与进给运动方向的相对关系，周铣有顺铣和逆铣之分。工件进给方向与铣刀的旋转方向相反称为逆铣（图 3-50a）；工件进给方向与铣刀的旋转方向相同称为顺铣（图 3-50b）。

顺铣和逆铣各有特点，应根据加工的具体条件合理选择。

（1）从切屑截面形状分析　逆铣时，刀齿的切削厚度由零逐渐增加，刀齿切入工件时切削厚度为零，由于切削刃钝圆半径的影响，刀齿在已加工表面上滑擦一段距离后才能真正切入工件，因而刀齿磨损快，加工表面质量较差。顺铣时则无此现象。实践证明，顺铣时铣刀寿命比逆铣高 2~3 倍，加工表面质量也比较好，但顺铣不宜铣带硬皮的工件。

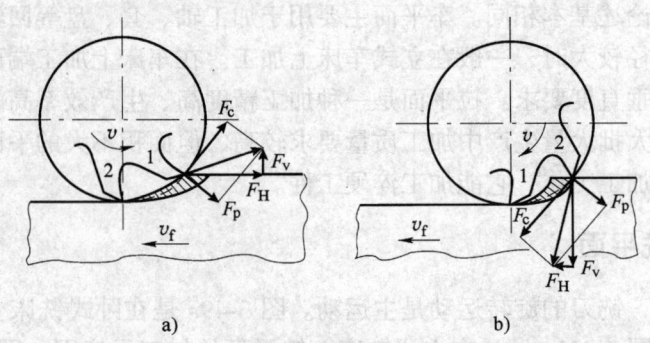

图 3-50 顺铣与逆铣
a)逆铣 b)顺铣

(2) 从工件装夹可靠性分析 逆铣时,刀齿对工件的垂直作用力 F_v 向上,容易使工件的装夹松动;顺铣时,刀齿对工件的垂直作用力 F_v 向下,使工件压紧在工作台上,加工比较平稳。

(3) 从工作台丝杠、螺母间隙分析 图 3-51 中,螺母固定不动,丝杠回转带动工作台(与工件)作进给运动。逆铣时,工件受到的水平铣削力 F_H 与进给速度 v_f 的方向相反(见图 3-50a),铣床工作台丝杠始终与螺母接触,如图 3-51a 所示。顺铣时,工件受到的水平铣削力 F_H 与进给速度 v_f 相同(见图 3-50b),由于丝杠与螺母间有间隙,铣刀会带动工件和工作台连同丝杠一起窜动,使铣削进给量突然增大,容易打刀。采用顺铣法加工时,必须采取措施消除丝杠与螺母间的间隙。

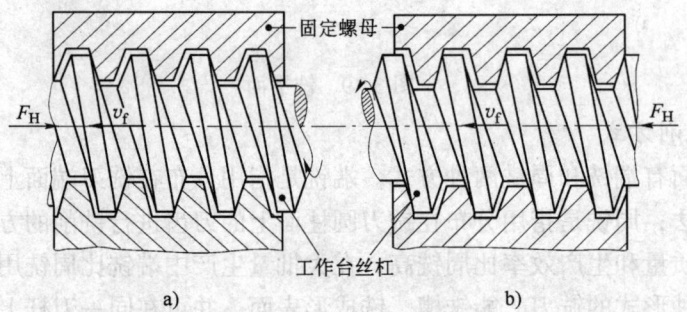

图 3-51 铣削时丝杠和螺母的间隙
a)逆铣 b)顺铣

端铣时,铣刀刀齿切入切出工件阶段会受到很大的冲击。在刀齿切入阶段,刀齿完全切入工件的过渡时间越短,刀齿受到的冲击越大。刀齿完全切入工件时间的长短与刀具的切入角 β(见图 3-52)有关,切入角 β 越小,刀齿全部切入工件的过渡时间越短,刀齿受到的冲击就越大,β 趋于 0 时是最不利的情况。由图 3-52 可知,从减小刀齿切入工件时受到的冲击考虑,图 3-52b 所示的不对称铣比图 3-52a 所示的对称铣较为有利。

2. 铣刀及其几何角度

铣刀的种类很多,按用途可分为圆柱形铣刀、面铣刀、三面刃铣刀、立铣

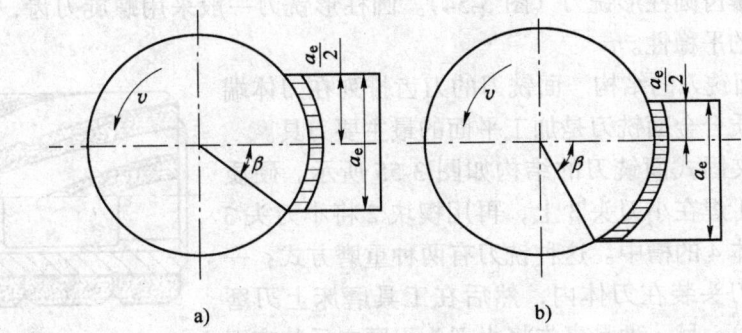

图 3-52 对称铣和不对称铣
a）对称铣　b）不对称铣

刀、键槽铣刀、角度铣刀、成形铣刀等，如图 3-53 所示。这里主要介绍圆柱铣刀和面铣刀的结构和几何角度。

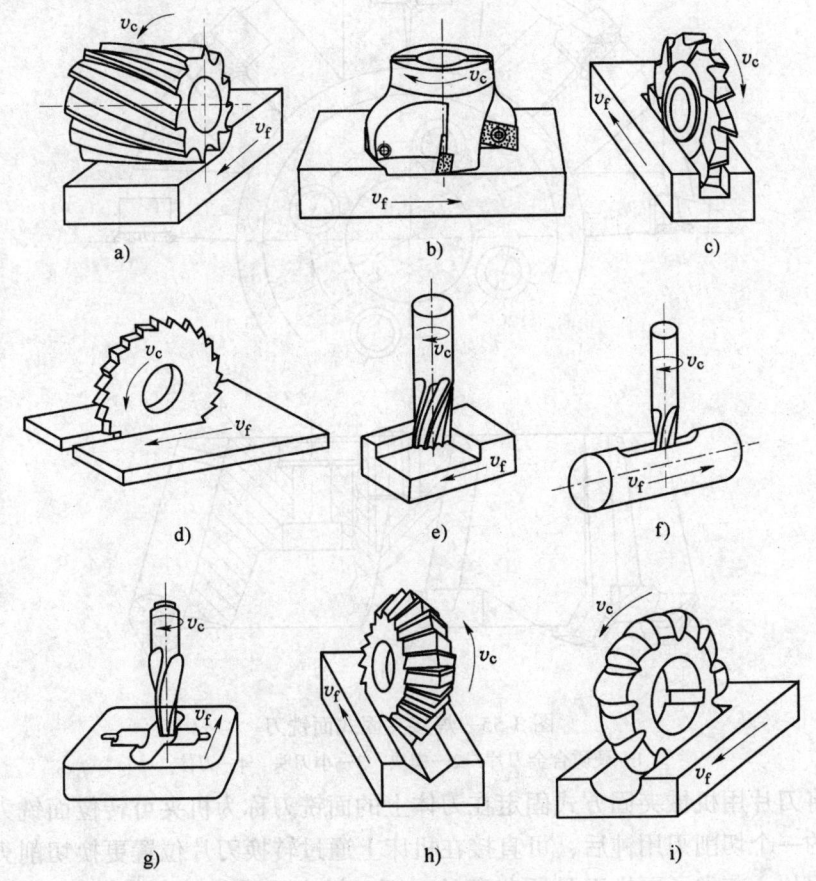

图 3-53 铣刀的类型
a）圆柱形铣刀　b）面铣刀　c）三面刃铣刀　d）锯片铣刀
e）立铣刀　f）键槽铣刀　g）模具铣刀　h）角度铣刀　i）成形铣刀

（1）圆柱形铣刀的结构　刀齿排列在刀体圆周上的铣刀称为圆柱形铣刀。它的结构形式分为由高速钢制造的整体圆柱形铣刀（图 3-53a）和镶焊硬质合金刀片的镶齿圆柱形铣刀（图 3-54）。圆柱形铣刀一般采用螺旋刀齿，以提高切削工作的平稳性。

（2）面铣刀的结构　面铣刀的刀齿排列在刀体端面上。硬质合金面铣刀是加工平面的最主要刀具。

焊接夹固式面铣刀的结构如图 3-55 所示。硬质合金刀片 1 焊在小刀头 3 上，再用楔块 2 将小刀头 3 固定在刀体 4 的槽中。这种铣刀有两种重磨方式：一种是将小刀头装在刀体内，然后在工具磨床上刃磨（体内刃磨）；另一种是事先将小刀头刃磨之后装在刀体上，然后用对刀装置调整各刀齿尺寸使之一致（体外刃磨）。

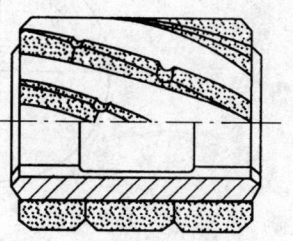

图 3-54　镶齿圆柱形铣刀

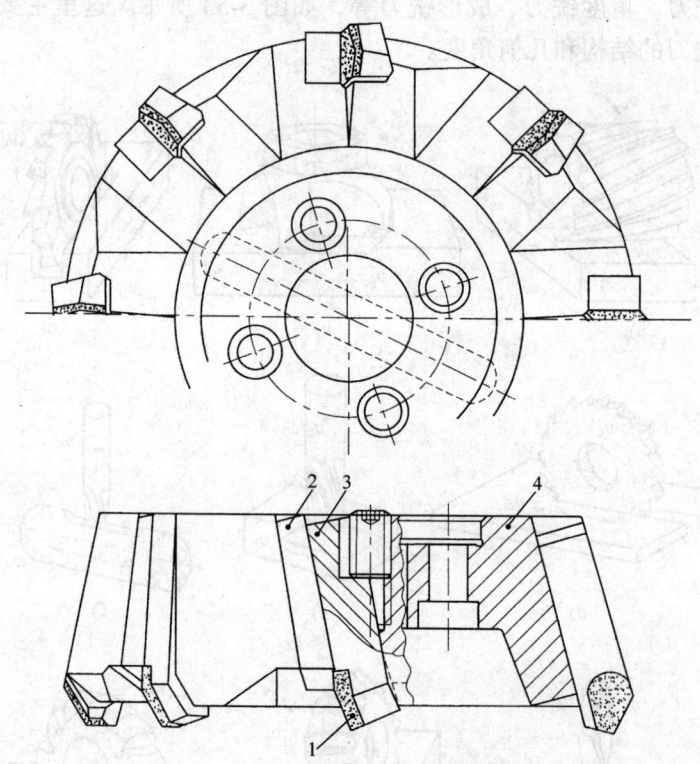

图 3-55　焊接夹固式面铣刀
1—硬质合金刀片　2—楔块　3—小刀头　4—刀体

将刀片用机械夹固方式固定在刀体上的面铣刀称为机夹可转位面铣刀。当刀片的一个切削刃用钝后，可直接在机床上通过转换刀片位置更换切削刃或更换新刀片，节省了更换刀具所花费的时间。机夹可转位铣刀的结构形式很多，图 3-56 所示是小直径（$\phi 90mm$ 以下）的锥柄机夹可转位面铣刀。

（3）铣刀的几何角度　圆柱铣刀和面铣刀是铣刀的基本形式，图 3-57 给出了这两种刀具的几何角度。

1）前角 γ_o 及 γ_n。铣刀前角 γ_o 在正交平面 p_o 中测量。为了便于铣刀的

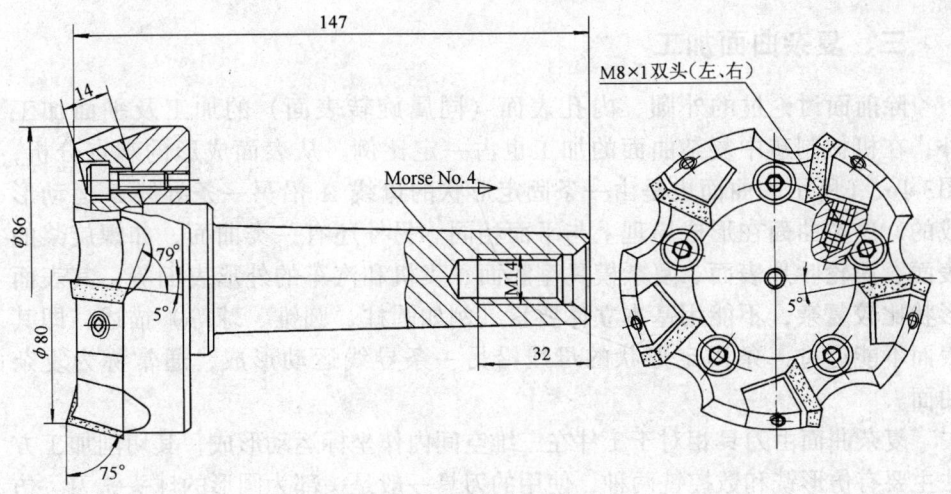

图 3-56 锥柄机夹可转位面铣刀

制造和测量，圆柱形铣刀还要标注法平面 p_n 内的法前角 γ_n。

2) 后角 α_o。铣刀后角在正交平面 p_o 中测量。

3) 刃倾角 λ_s。铣刀的刃倾角是主切削刃和基面之间的夹角，在切削平面 p_s 中测量。圆柱形铣刀的刃倾角就是刀齿的螺旋角 β。

3. 铣削的工艺特点及应用范围

由于铣刀是多刃刀具，刀齿能连续地依次进行切削，没有空程损失，且主运动为回转运动，可实现高速切削，故铣平面的生产效率一般都比刨平面高。其加工质量与刨平面相当，经粗铣—精铣后，尺寸精度可达 IT9～IT7 级，表面粗糙度 Ra 可达 $6.3～1.6\mu m$。

由于铣平面的生产率高，在大批大量生产中铣平面已逐渐取代了刨平面。在成批生产中，中小件加工大多采用铣削，大件加工则铣刨兼用，一般都是粗铣、精刨。而在单件小批生产中，特别是在一些重型机器制造厂中，刨平面仍被广泛采用。因为刨平面不能获得足够的切削速度，有色金属材料的平面加工几乎全部都用铣削。

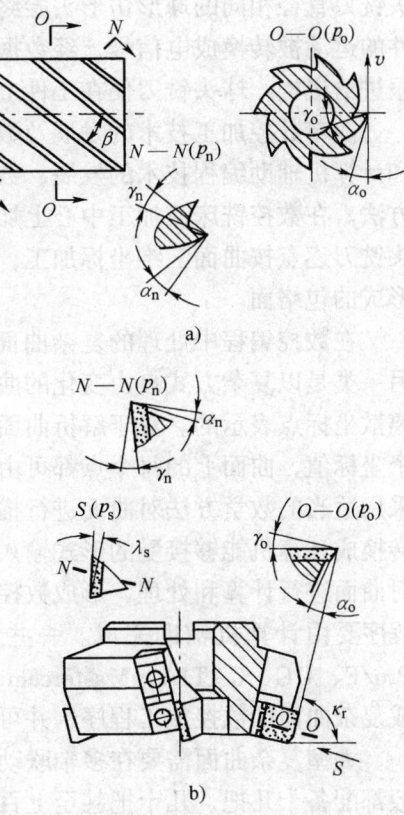

图 3-57 铣刀的几何角度
a) 圆柱形铣刀 b) 面铣刀

三、复杂曲面加工

除前面讨论过的外圆、内孔表面（同属旋转表面）的加工及平面加工外，在机械制造中复杂曲面的加工也占一定比例。从表面成形的观点分析，图3-1e、f所示的曲面也是由一条固定形状的母线 A 沿另一条导线 B 运动形成的，这类曲面在形成原理上与平面相同。另外还有一类曲面，如螺旋桨的表面、涡轮叶片表面、复杂模具型腔面、飞机和汽车的外形表面等，其表面形状比较复杂，不能用基本立体要素（例如圆柱、圆锥、球等）描述，即其表面不能通过一条固定形状的母线沿另一条导线运动形成，通常称为复杂曲面。

复杂曲面由刀具相对于工件在三维空间内作坐标运动形成，其切削加工方法主要有仿形铣和数控铣两种，使用的刀具一般是头部为圆形的球头铣刀。仿形铣必须预先制造出具有与被加工曲面相同形状的样件作为靠模。加工中与球头铣刀直径相同的球形仿形头始终以一定的压力紧靠样件表面，仿形头相对样件的运动被转换成电信号，经数据处理后用来控制仿形铣床各相应坐标轴的伺服进给机构，球头铣刀便在工件上加工出与样件具有相同形状的曲面。

随着数控加工技术的发展及数控加工设备的普及，特别是随着CAD/CAM和计算机辅助编程技术的发展，数控铣削现已成为复杂曲面切削加工最主要的方法。在数控铣床或加工中心上加工曲面时，由加工程序控制机床运动，使球头铣刀逐点按曲面三维坐标加工，被加工曲面是球头铣刀刃形在各点切削时所形成的包络面。

在数控编程中处理的复杂曲面有两类，一类是用方程式描述的解析曲面；另一类是以复杂方式自由变化的曲面，称为自由曲面，这类曲面通常是用三维离散坐标点表示的。对于解析曲面，只要给出任意两个坐标值就可以求出第三个坐标值，曲面上的每个点都可由曲面方程严格定义。对于自由曲面，首先应采用适当的数学方法对曲面进行描述，建立曲面的数学模型，然后将数学模型转换成计算机能够接受的形式输入计算机，编程时再由计算机按照输入的数据对曲面进行计算和处理，形成数控加工程序。一般情况下复杂曲面的数控加工程序要由计算机辅助完成。一些大型的商业化CAD/CAM集成软件包（如Pro/E、UG、CATIA、Mastercam等）可利用零件设计时提供的信息，自动生成复杂曲面的数控加工程序，并可进行加工过程的动态模拟。

大型复杂曲面需要在多轴联动加工中心上加工。加工中心上设有刀库，一般都配备十几把、几十把甚至上百把刀具用来完成不同曲率半径曲面的粗、精加工。

数控加工与仿形法加工相结合，产生了数控仿形技术。对于要根据实物模型来进行加工的零件，数控仿形加工系统可在利用数控机床本身的数控坐标测量系统对实物模型进行仿形测量的同时，完成物体几何形状的数字化转换，直接进行仿形加工。

数控仿形加工的另一种加工方式是利用机床本身的测量系统或三坐标测量

机先进行型面测量,对测量结果进行数字化建模处理后,再生成数控加工程序,然后按此程序加工出原实物模型的复制品,这种方式称为数字化仿形加工。数字化仿形加工的数字化模型可以是实物模型型面密集测量后的点集,按照它进行复制加工;也可在型面上有选择地测量少量特征点,通过这些点进行几何反求,建立 CAD 曲面模型后,再生成数控加工程序进行加工。后者称作反求工程。

第五节　数控机床与数控加工

一、数控机床的加工原理

1. 数控机床及其坐标系

用数字化信息进行控制的技术称为数字控制技术;装备了数控系统,能应用数字控制技术进行加工的机床称为数控机床。数控机床按用途分为普通数控机床和加工中心两大类。普通数控机床与传统的通用机床品种一样,有数控车床、数控铣床、数控钻床、数控磨床等。它们的工艺范围和普通机床相似,但更适合于加工形状复杂的工件。加工中心是带有刀库和自动换刀机械手,有些还配备托盘交换装置的数控机床。加工中心可在一次装夹后,完成工件的镗、铣、钻、扩、铰及攻螺纹等多种加工。

数控机床的加工原理如图 3-58 所示,首先把加工过程所需的几何信息和工艺信息用数字量表示出来,并用规定的代码和格式编制出数控加工程序,然后用适当的方式通过输入装置将加工程序输入到数控装置。数控装置对输入信息进行处理与运算后,将结果输入到机床的伺服系统,控制并驱动机床运动部件按预定的轨迹和速度运动。输入装置、数控装置、伺服系统及机床本体是数控机床的四个基本组成部分。

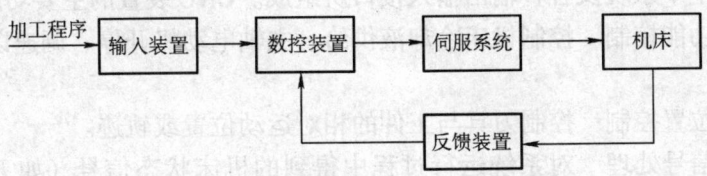

图 3-58　数控机床的加工原理框图

在数控机床中,机床直线运动的坐标轴按照 ISO 841 和我国的 JB/T 3051—1999 标准,规定为右手直角笛卡尔坐标系。X、Y、Z 的正方向是使工件尺寸增加的方向,即增大工件和刀具间距离的方向。通常以平行于主轴的坐标为 Z 轴,X 轴平行于工件的主要装夹面且与 Z 轴垂直,Y 轴按右手笛卡尔坐标系确定。三个回转运动的坐标轴 A、B、C 分别表示回转轴线平行于 X、Y、Z 的旋转或摆动运动。其正方向分别用右手螺旋法则判定,如图 3-59 所示。

上述 X、Y、Z 坐标的正向都是在工件不动、通过移动刀具进行加工的情况下规定的;如果刀具位置不动,通过移动工件进行加工,则以 X'、Y'、Z'

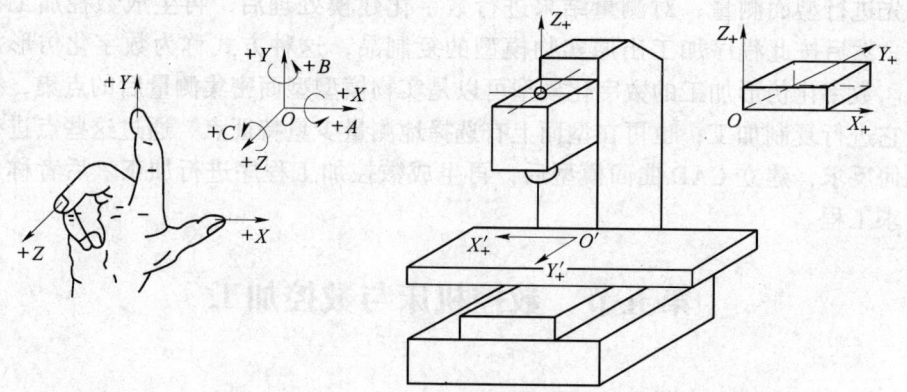

图 3-59 数控机床的坐标系

表示，其正向与 X、Y、Z 坐标的正向相反。

机床数控系统能够控制的运动数目通常称为坐标（轴）数。如一台数控铣床，其 X、Y、Z 三个方向的运动都能进行数字控制，则称为三坐标数控铣床。数控机床在加工过程中不同坐标轴之间可以联动。所谓联动是指机床有关坐标轴各自按一定的速度和轨迹同时运动，它们的合成运动速度及轨迹符合预先规定的加工要求。

2. 数控机床的数控装置

数控机床早期的数控装置使用专用计算机，称为（普通）数控（NC）。随着计算机技术的发展，目前数控装置采用的是通用计算机，称为计算机数控（CNC）。CNC 装置是数控机床的控制中心，由它接收和处理输入信息，并将处理结果通过接口输出，对机床进行控制。

数控机床数控系统的组成如图 3-60 所示，图中点画线框内的部分构成 CNC 装置。它由 CPU、存储器（EPROM、RAM）、定时器、中断控制器所构成的微机基本系统及各种输出输入接口所组成。CNC 装置的主要功能为：

（1）功能控制　控制机床冷却液供给、主轴电动机开停、调速以及换刀等功能。

（2）位置控制　控制刀具与工件的相对运动位置或轨迹。

（3）信号处理　对系统运行过程中得到的机床状态信号（如刀具到位信号、工作台超程信号等）进行分析处理，使系统作出相应的反应，如工作台超程保护器报警等。

将计算机应用于机床数控系统是数控机床发展史上一个重要里程碑。高性能的计算机数控系统可同时控制多个轴，并可对刀具磨损、破损和机床加工振动等进行实时监测和处理，还可对机床主轴转速、进给量等加工工艺参数进行实时优化控制。

3. 数控机床的进给伺服系统

数控机床的进给伺服系统由伺服驱动电路、伺服驱动装置、机械传动机构及执行部件组成。它的作用是接受数控装置发出的进给速度和位移指令信号，

第三章 机械制造中的加工方法及装备

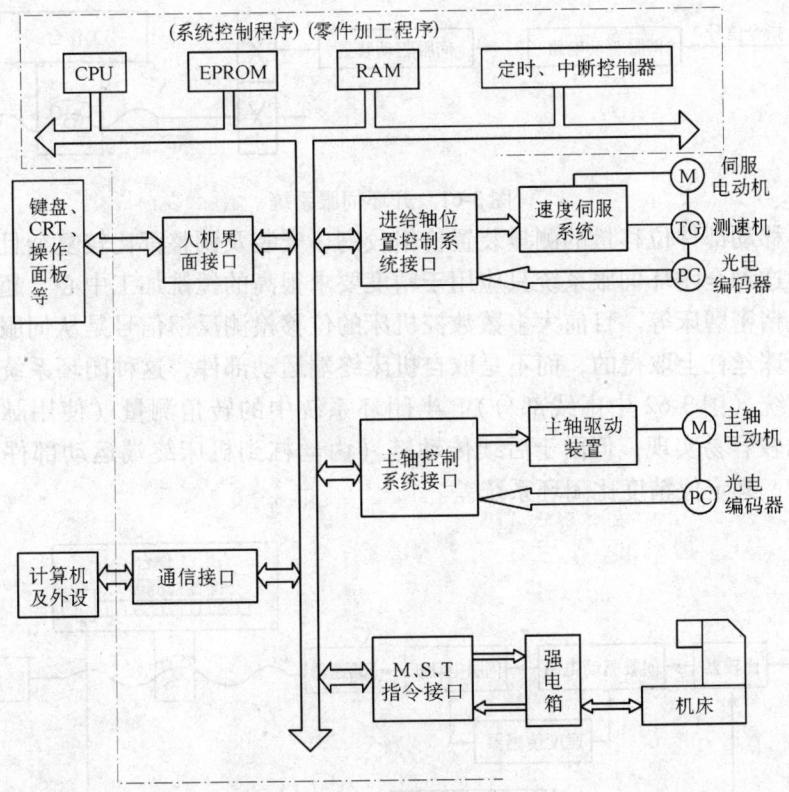

图 3-60 数控机床数控系统的组成

由伺服驱动电路作数模转换和功率放大后，经伺服驱动装置（例如伺服电动机、电液脉冲伺服马达等）和机械传动机构（例如滚珠丝杠等），驱动机床的执行机构（例如工作台、刀架、主轴箱等），以某一确定的速度、方向和位移量，沿机床坐标轴移动，实现加工过程的自动循环。

数控机床的进给伺服系统按位置检测和反馈方式的不同可分为以下两类：

(1) 开环伺服系统 开环伺服系统的结构如图 3-61 所示，该系统不带反馈检测装置，数控装置发出的指令信号是单向的。这种系统一般用功率步进电动机作伺服驱动装置。当需要在机床某个坐标轴方向运动一个基本长度单位时，数控装置向该轴伺服进给系统输出一个控制脉冲，经伺服驱动电路进行脉冲分配和功率放大后，驱动步进电动机转动一步，通过机械传动机构使机床工作台运动一个基本长度单位。该系统因无位置反馈，所以定位精度不高，一般只能达到 0.02mm。它的优点是：控制系统结构简单，工作稳定，调试维修方便，价格低廉。开环伺服系统主要用于精度要求不高的小型机床。

(2) 闭环伺服系统 图 3-62 为典型的闭环伺服系统，它由比较器、伺服驱动电路、伺服电动机、位置检测器等组成。该系统将检测到的实际位移反馈到比较器中进行比较，由比较后的差值控制移动部件，进行误差修正，直到位置误差消除为止。采用闭环伺服系统可以消除由于机械传动部件的运动误差给位移精度带来的影响，定位精度一般可达 0.01~0.001mm。由于直接测量工

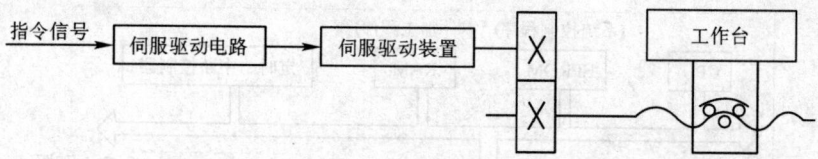

图 3-61 开环伺服系统

作台等移动部件位移量的测量装置价格较高,安装及调整都比较复杂且不易保养,故这种全闭环伺服系统只应用于精度要求很高的镗铣加工中心、超精密车床、超精密磨床等。目前大多数数控机床的位移检测反馈信号是从伺服电动机轴或滚珠丝杠上取得的,而不是取自机床终端运动部件,这种闭环系统称为半闭环系统(图 3-62 中虚线部分)。半闭环系统中的转角测量(使用脉冲编码器)比较容易实现,但由于后续传动链(由丝杠到机床终端运动部件)误差的影响,其定位精度比闭环系统差。

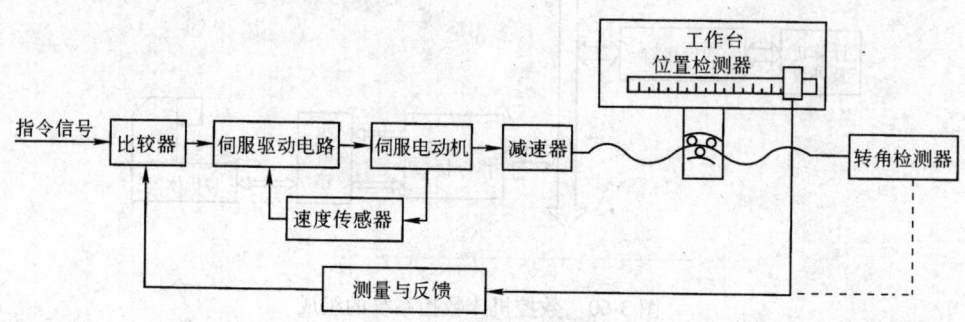

图 3-62 闭环伺服系统

二、数控铣床及加工中心的主运动及进给运动系统

1. 主运动系统

数控铣床的主运动系统应比普通铣床有更宽的调速范围,以保证加工时能选用合理的切削速度,能充分发挥机床性能。对于加工中心,为适应各种不同类型刀具和各种材料的切削要求,对主轴的调速范围要求更高,一般在每分钟十几转到几千转,甚至到几万转。

为保证数控机床能在最有利的切削速度下进行加工,数控机床的主轴转速在其调速范围内通常都是无级可调的。现代数控机床采用直流或交流调速电动机作为主运动的动力源,应用最广泛的是笼形交流电动机配置变频调速装置的主轴驱动系统,这是因为笼形交流电动机不像直流电动机那样有电枢电流需换向带来的麻烦,而且体积小、重量轻、成本低。在数控机床中,由于机床主轴的变速功能主要是通过主轴电动机的无级调速来实现的,故其主运动系统的结构相对比较简单。

数控机床和加工中心的主传动系统有以下三种不同形式:

(1)电动机直接带动主轴旋转(图 3-63a) 其优点是结构紧凑,缺点是主轴的转速—转矩输出特性和电动机输出特性相同,使用上受到一定限制。这类传动形式中，若把主轴电动机与电动机转子合为一体（即"电主轴"），可使主轴部件结构紧凑、重量轻、惯量小、响应特性好，但电动机运转产生的热量容易使主轴产生变形，必须进行有效的温度控制和冷却。

（2）电动机经 V 带或同步齿形带传动主轴（图 3-63b） 其优点是结构简单，安装调试方便，机床主轴的转速—转矩输出特性可以得到改善。这种传动方式主要用于转速较高、变速范围不大、转矩特性要求不高的主轴传动。

（3）电动机经 1~4 对变速齿轮传动主轴 其优点是机床主轴的转速—转矩输出特性好，缺点是结构复杂。图 3-63c 所示带有变速齿轮的主传动是大型数控机床经常采用的传动形式。采用齿轮变速与电动机无级调速相结合的传动方式，既可通过降速扩大输出转矩，又可通过变速扩大调速范围，特别是恒功率输出区段的转速范围。

在带有变速齿轮主传动的主轴箱中，齿轮变速大多采用液压拨叉或直接由液压缸带动齿轮来实现。液压拨叉是一种用一个或几个液压缸带动齿轮移动的变速机构。图 3-64 是三位液压拨叉的原理图。当液压缸 1 通入压力油而液压缸 5 卸油时，活塞杆 2 便带动拨叉 3 向左移至极限位置（图 3-63a）；当液压缸 5 通入压力油而液压缸 1 卸油时，活塞杆 2 带动拨叉 3 移至右极限位置（图 3-63b）；当左右液压缸同时通压力油时，由于活塞杆 2 两端直径不同，使其向左移动，因套筒 4 的截面直径大于活塞杆 2 的截面直径，套筒 4 向右的推力大于活塞杆 2 向左的推力，活塞杆 2 向左的推力不能使套筒 4 退离液压缸 5 的右端面，活塞杆 2 的左端轴肩则紧靠套筒 4 的右端面，拨叉处于中间位置（图 3-63c）。

2. 刀具自动夹紧装置和主轴周向定向装置

加工中心为了实现刀具在主轴上的自动装卸，要求配置刀具自动夹紧装置，其作用是自动地将刀具夹紧或松开，以便机械手能在主轴上安放或取走刀具。

由于在刀具切削时，切削转矩不能完全靠主轴与刀杆锥面配合产生的摩擦

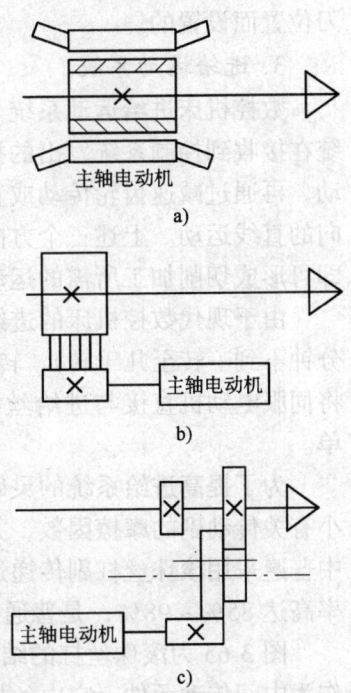

图 3-63 数控机床主传动系统的三种形式

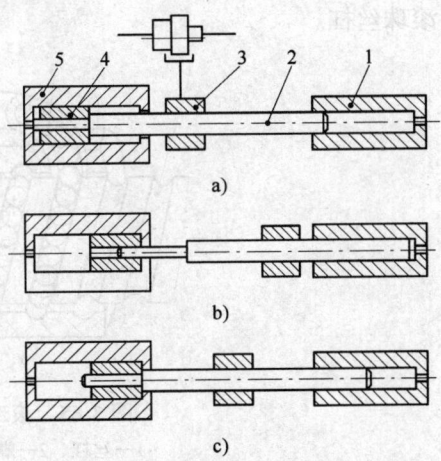

图 3-64 三位液压拨叉的工作原理
1、5—液压缸 2—活塞杆 3—拨叉 4—套筒

力来传递，因此通常在主轴前端设置两个端面键来传递转矩。换刀时，刀柄上的键槽必须对准端面键。为此，主轴在停止转动时，要求主轴必须准确地停在某一指定的周向位置上，主轴定向装置就是为保证换刀时主轴能准确停止在换刀位置而设置的。

3. 进给运动系统

数控机床进给运动系统与普通机床不同。以三坐标数控铣床为例，伺服系统在接收到控制系统发出的指令信号后，驱动伺服电动机产生相应的角位移运动，再通过减速齿轮传动或直接带动丝杠螺母副运动转换成纵向、横向或垂直向的直线运动。上述三个方向（有时仅为一个方向或两个方向）运动的合成，即可形成切削加工所需的运动轨迹。

由于现代数控机床的进给伺服电动机及其控制系统的调速范围很宽（从每分钟不到一转至几千转），转矩可达数十 N·m，甚至 100N·m 以上，因此，可将伺服电动机直接与进给丝杠相联，使进给系统的机械传动机构变得十分简单。

为了提高进给系统的灵敏度、定位精度和低速运动的稳定性，必须设法减小有关传动副的摩擦因数，并减小静、动摩擦因数的差值。数控机床进给系统中普遍采用滚珠丝杠副传递运动，其优点是摩擦因数小，传动精度高，传动效率高达 85%~98%，是普通滑动丝杠副的 2~4 倍。

图 3-65 为滚珠丝杠的结构示意图。滚珠丝杠在丝杠和螺母之间填充滚珠作为中间传动元件，它由丝杠 1、螺母 2 和滚珠 3 及滚珠循环返回装置插管 4 等组成。当丝杠和螺母相对运动时，滚珠沿着丝杠螺旋滚道面滚动，滚动数圈后离开丝杠滚道面，通过插管 4 返回其入口处继续循环。滚珠丝杠按回珠方式分为内循环和外循环两大类。图 3-65 所示为数控机床上常用的插管式外循环滚珠丝杠。

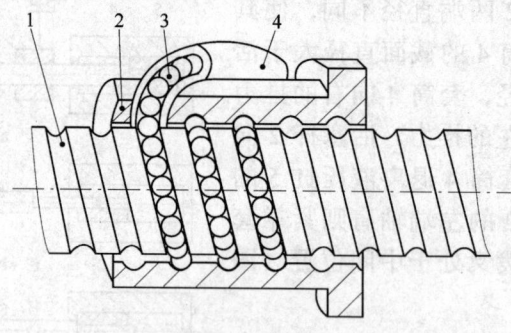

图 3-65 滚珠丝杠的结构示意图
1—丝杠 2—螺母 3—滚珠 4—插管

为了提高滚珠丝杠的轴向刚度，滚珠丝杠常用推力轴承来支承。滚珠丝杠的轴向负载不大时，也可用接触角为 60°的角接触轴承来支承。滚珠丝杠常用的支承方式如图 3-66 所示。图 3-66a 为一端轴向固定、一端自由的形式，由于其轴向刚度低，只用于短丝杠和竖直安装的丝杠；图 3-66b 为一端固定、一端游动的形式，其轴向刚度与前者相同，但其压杆稳定性和临界转速比较高，常用于较长的卧式安装丝杠；图 3-66c 为两端固定的形式，其轴向刚度为一端固定的 4 倍，并可采用预拉伸的办法来减少丝杠的自重下垂和补偿丝杠的热伸长变形，但其结构较为复杂，制造较困难，常用于长丝杠或回转速度较高并要求高精度、高刚度的场合。

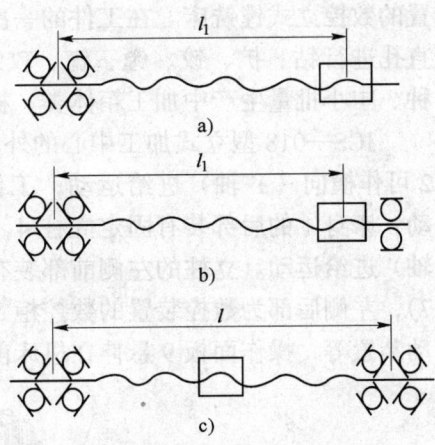

图 3-66 滚珠丝杠常用的支承方式

滚珠丝杠传动对其轴向间隙有严格要求，这不仅是由于它会造成反向冲击，更主要的是它会引起反向"死区"，即当工作台换向时，由于丝杠与螺母之间存在间隙，丝杠在反向转动一定角度后，才能带动工作台反向移动。这在开环或半闭环伺服系统中将影响定位精度。为了提高传动的稳定性及进给系统的刚度，滚珠丝杠在过盈条件下工作比较有利。消除丝杠螺母间隙和对丝杠螺母预加载荷的方法有多种，数控机床上比较常用的是双螺母加垫片的方法。在图 3-67a 所示结构中，垫片厚度比零间隙时两螺母端面间的距离 b 加厚 δ，使左、右螺母向两边撑开进行预紧。在图 3-67b 所示结构中，垫片厚度比 b 减薄 δ，靠螺钉拧紧左、右两螺母来预紧。滚珠丝杠的预加载荷一般应不低于丝杠最大轴向载荷的 1/3。预紧后滚珠丝杠的轴向刚度是不作预紧的两倍。

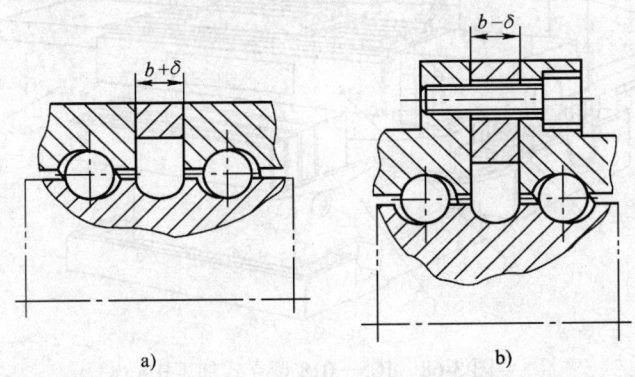

图 3-67 丝杠螺母的预紧

三、JCS—018 型立式加工中心

加工中心是一种带有刀库并能自动更换刀具，对工件能进行多种加工操作的数控机床。下面以 JCS—018 型立式加工中心为主，介绍加工中心的主要结构。

1．机床布局

JCS—018 型立式加工中心是北京机床研究所研制的一种具有自动换刀装

置的数控立式镗铣床。在工件的一次装夹中，机床可对上平面进行铣削和对垂直孔进行钻、扩、铰、镗、锪、攻螺纹等多种加工操作。该机床适于在多品种、中小批量生产中加工箱体类、板类、盘类、模具等工件。

JCS—018型立式加工中心的外形及布局如图3-68所示。床身1上的滑座2可作横向（Y轴）进给运动；工作台3在滑座2上作纵向（X轴）进给运动；床身1的后部装有固定立柱4，主轴箱8可在立柱导轨上作垂直方向（Z轴）进给运动。立柱的左侧前部装有自动换刀装置（包括刀库6和换刀机械手7），左侧后部为数控装置的数控柜5，右侧是驱动电柜10，内有电源、伺服驱动装置等，操作面板9悬伸在机床前方。

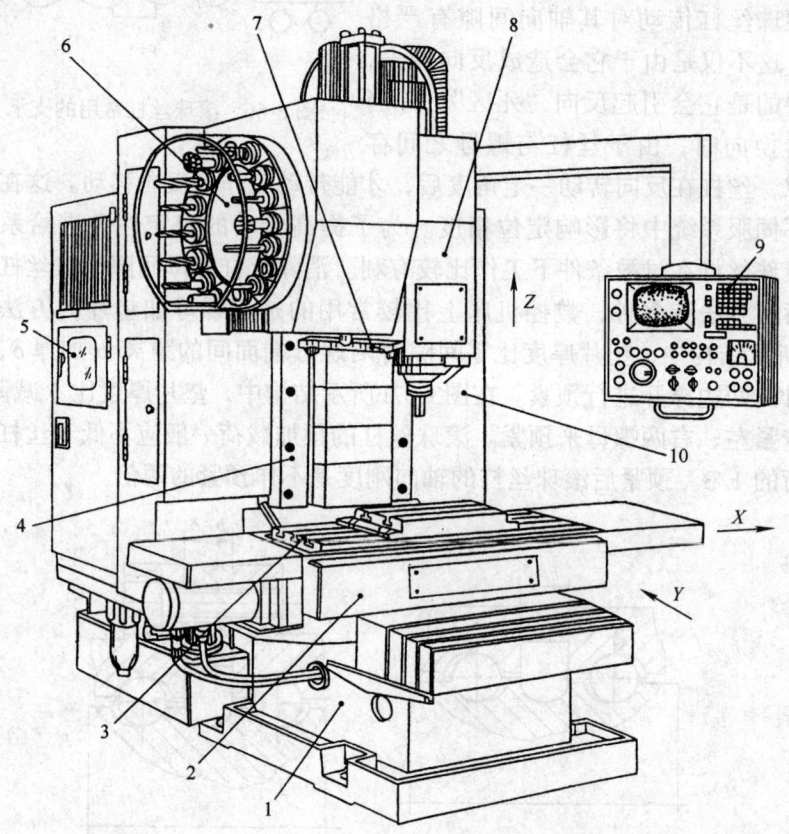

图 3-68 JCS—018型立式加工中心
1—床身 2—滑座 3—工作台 4—立柱 5—数控柜 6—刀库
7—机械手 8—主轴箱 9—操作面板 10—驱动电柜

JCS—018型立式加工中心的外形是开放式的，刀库、换刀机械手及工件加工区域都是敞开的。近年来，加工中心的外形基本上都是封闭式的，刀库、换刀机械手和工件加工区等都是封闭的，可提高加工环境的安全性。

2. 传动系统

图3-69是JCS—018型立式加工中心的传动系统简图。其主电动机是交流变频调速电动机，它靠改变电源频率无级调速，额定转速为1500r/min，机床主轴最高转速为4500r/min。为满足机床调速范围和转距特性的要求，电动机

经两级多楔带轮驱动主轴。经直径为 φ183.6mm/φ183.6mm 带轮副传动时，主轴转速为 45~4500r/min；经直径为 φ119mm/φ239mm 带轮副传动时，主轴转速为 22.5~2250r/min。传动带采用一次成形三联 V 型带，可消除因 V 型带长度不一致而产生的受力不均匀现象。

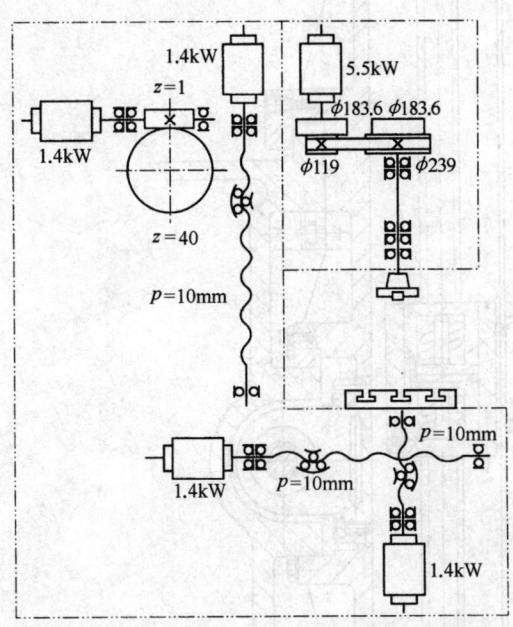

图 3-69　JCS—018 型立式加工中心传动系统简图

该机床 X、Y、Z 三轴各有一套基本相同的进给传动系统，进给丝杠由宽调速直流伺服电动机直接带动。

3. 伺服进给装置

图 3-70 为 JCS—018 型立式加工中心工作台纵向（X 轴）伺服进给装置。直流伺服电动机 1 经锥环无键联轴器 2、十字滑块联轴器 3（由于十字滑块联轴器存在间隙，现已普遍使用膜片弹性联轴器或波纹管联轴器）将运动传给丝杠 4，使工作台作纵向进给运动。锥环无键联轴器的结构如图 3-70 所示的局部放大图，图中 a 和 b 是相互配合的内、外锥环，通过拧紧端盖上的螺钉压紧内、外锥环，使内环 a 的内孔缩小，外环 b 的外圆胀大，靠摩擦力联接电动机轴和十字滑块联轴器的左联接件。十字滑块联轴器的右联接件用键与滚珠丝杠相联。锥环的对数可根据所传递的转矩选择，图 3-70 中用了两对。

滚珠丝杠的支承方式为图 3-66b 所示的一端固定、一端游动的形式。左支承为成对的角接触轴承，可承受径向和轴向双向载荷。右支承为一深沟球轴承，仅承受径向载荷，轴向位置不限。螺母 5、8 固定在工作台底部，两个螺母用联接键 7 定位，以固定它们之间的角向位置。螺母 5 固定在螺母座 9 中，螺母 8 可轴向调整位置。在两个螺母间安装两个适当厚度的半圆垫圈 6，以消除丝杠螺母间的间隙，并作适当预紧，以提高进给系统的刚度。

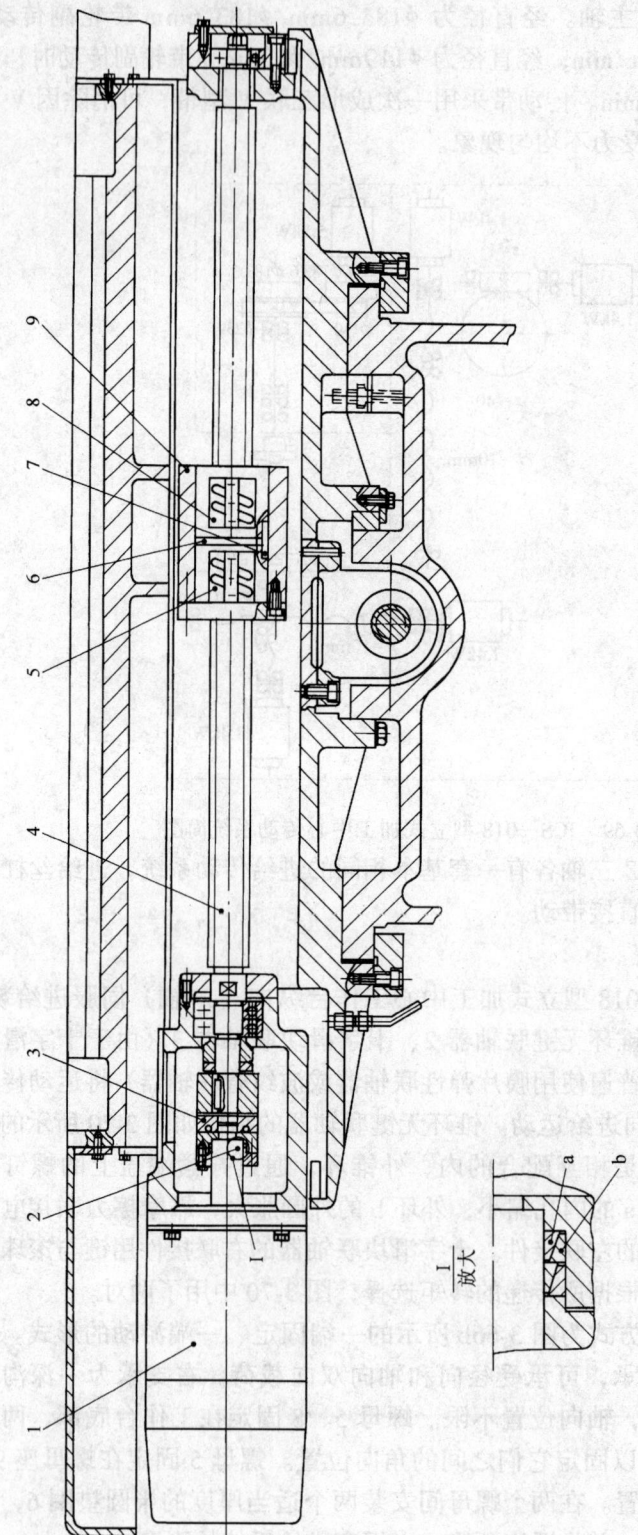

图 3-70 工作台纵向伺服进给装置
1—电动机 2—锥环无键联轴器 3—十字滑块联轴器 4—丝杠
5、8—螺母 6—垫圈 7—键接键 9—螺母座

近年来，随着高速、超高速加工技术的发展，滚珠丝杠机构已不能满足快速进给和快速换速、换向的要求，直线电动机开始应用于数控机床的伺服进给系统。直线电动机是可以直接产生直线运动的电动机，它可以看作是一台旋转电动机沿其径向剖开，然后拉平演变而成。和传统的"旋转电动机+滚珠丝杠"的传动方式相比，它取消了减速器和滚动丝杠副等中间环节，由电动机对机床执行部件（工作台、溜板等）实行直接驱动，可免除起动、变速和换向时因中间环节的弹性变形、间隙、磨损等因素造成的运动滞后现象，传动刚度高，反应速度快，动态响应快，最大进给速度可达 150~200m/min，加（减）速度最大可达 $10g$，且有较高的定位精度和重复定位精度（和闭环控制系统相配合，位移精度可达 0.001mm）。直线电动机驱动当前存在的主要问题是：由于直线电动机的磁场是敞开的，磁力线易外泄，须妥善解决隔磁防磁问题；此外，直线电动机安装在机床工作台与床身导轨之间，处于机床的"腹部"，散热条件极差，须采取相应的强制冷却措施。它适于在进给速度高、进给速度和进给方向频繁变化、加（减）速度特别大的数控机床伺服进给系统中应用，例如高速与超高速加工中心。

4．主要部件结构

（1）主轴部件 图3-71为JCS—018型立式加工中心的主轴结构图，刀具自动夹紧装置装在主轴内孔中。该装置由拉杆6和头部的四个钢球4、碟形弹簧5、活塞8和螺旋弹簧7组成。图示位置为刀柄夹紧状态。当需要松开刀柄时，液压缸的上腔进油，活塞8向下移动压缩螺旋弹簧7，并

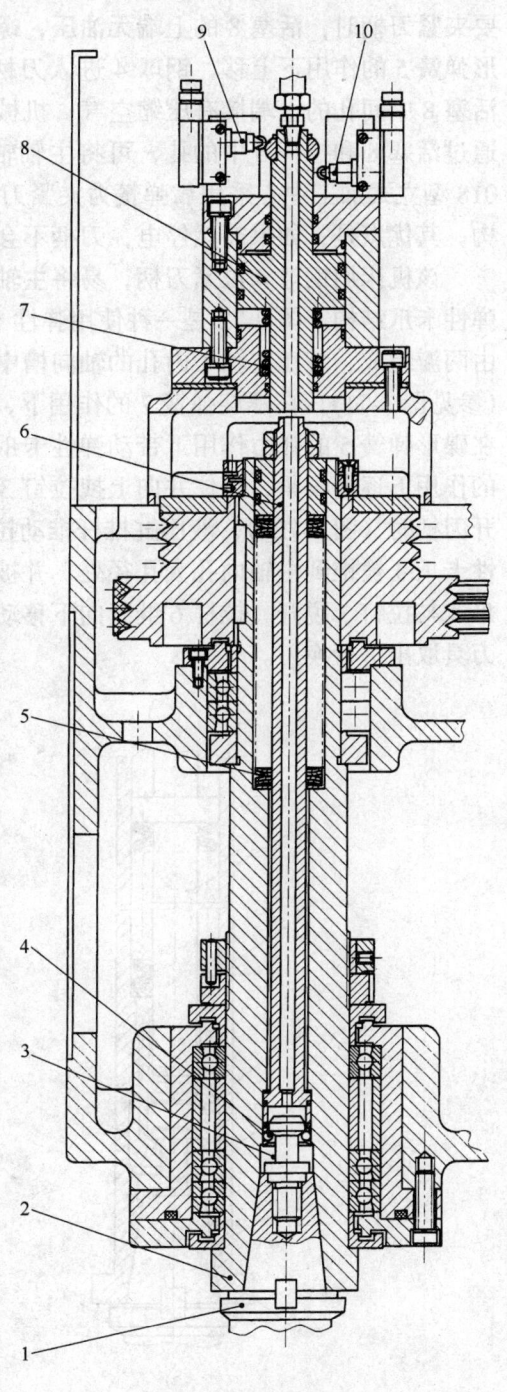

图 3-71 主轴结构
1—刀柄 2—主轴 3—拉钉 4—钢球 5—碟形弹簧
6—拉杆 7—螺旋弹簧 8—活塞 9、10—行程开关

推动拉杆6向下移动，碟形弹簧5被压缩，钢球4随拉杆一起向下移动至主轴孔径较大处时，便松开了刀柄1，机械手即可将刀具连同刀柄一起拔出。当需要夹紧刀柄时，活塞8的上端无油压，螺旋弹簧7使活塞8上移，拉杆6在碟形弹簧5的作用下上移，钢球4进入刀柄尾部拉钉3的环形槽内将刀柄拉紧。活塞8中间孔的上端接有压缩空气，机械手将刀具从主轴中拔出后，压缩空气通过活塞8和拉杆6中的孔，可将主轴轴端装刀柄的定位锥孔吹干净。JCS—018型立式加工中心采用靠弹簧力夹紧刀柄、靠液压力松开刀柄的刀柄夹紧机构，其优点是：如果突然停电，刀柄不会自行松脱。

该机床用钢球4拉紧刀柄，易将主轴孔和刀柄拉钉3压出坑痕，现已改用弹性卡爪结构。图3-72是一种使用弹性卡爪的刀具自动夹紧机构。弹性卡爪4由两瓣组成，装在主轴1内孔的轴向槽中。夹紧刀柄时，液压缸无压力油作用（参见图3-71），在螺旋弹簧7的作用下，活塞8上移，图3-72a中的拉杆6便在碟形弹簧5的弹力作用下带动弹性卡爪4上移。弹性卡爪4在主轴内孔锥面的作用下逐渐收紧，卡住并向上拽拉钉3，刀柄2便被夹紧在主轴锥孔中。松开刀柄时（图3-72b），液压缸推杆推动拉杆6克服碟形弹簧5的弹力下移，弹性卡爪4被推到主轴内孔大孔径处，并被拉杆6下端槽部的锥面撑开，弹性卡爪4与拉钉3脱开，拉杆6继续向下移动将刀柄顶松，机械手便可将刀柄连同刀具取出进行换刀。

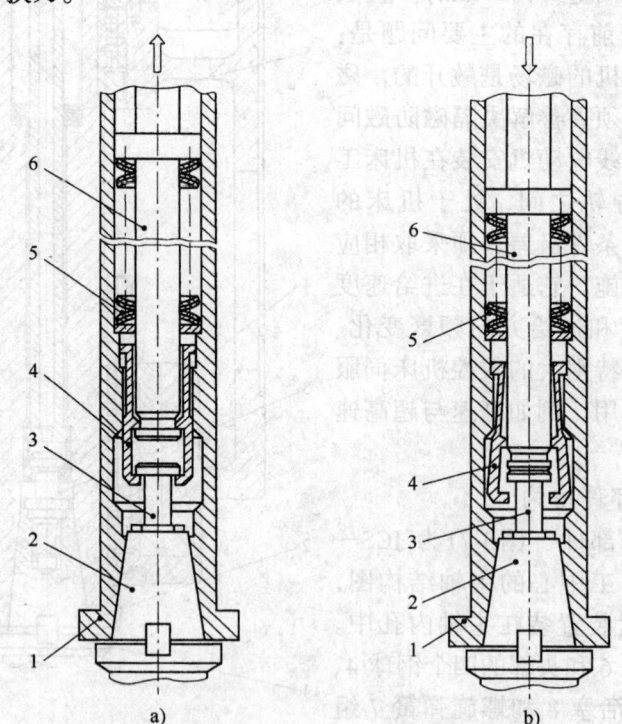

图3-72 使用弹性卡爪的刀具自动夹紧机构
1—主轴 2—刀柄 3—拉钉 4—弹性卡爪 5—碟形弹簧 6—拉杆

加工中心的主轴周向定向装置（主轴准停装置）有机械式和电气式两种。

JCS—018型立式加工中心使用的是电气式主轴周向定向装置，图3-73为其示意图。在主轴尾部塔轮1的上端面上装有厚垫片4，厚垫片4上安装一个体积很小的发磁体3，它与主轴一起旋转。磁感应器2固定在主轴准停位置处。数控系统发出主轴准停信号后，主轴立即减速至准停速度，当主轴通过塔轮1带动发磁体3转至与磁感应器2相对准的位置时，磁感应器2发出准停信号，此信号经放大后，由定向电路使电动机制动，主轴便准确地停在规定的周向位置上。

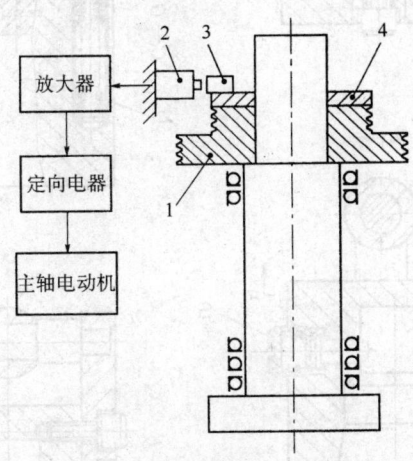

图3-73 主轴周向定向装置示意图
1—塔轮 2—磁感应器 3—发磁体 4—垫片

（2）自动换刀装置 JCS—018型立式加工中心设有刀库式自动换刀装置，它安装在立柱左侧上部，由刀库和机械手两部分组成，刀库可容纳16把刀具。图3-74列出了刀库及刀座的主要结构，圆盘式刀库（图3-74a）由直流伺服电动机驱动（参见图3-69），经联轴器、蜗杆9和蜗轮8，驱动刀库圆盘7和16个刀座4转动，刀座4转到最下方为换刀位置。在换刀位置上气缸推动活塞杆（图中未画出）带动拨叉1向上运动，通过刀座顶部滚子2，使刀座4连同刀具绕支承板3上的铰链轴逆时针方向旋转90°，使刀座4处于与主轴中心相平行的位置，等待机械手换刀。

刀座4以铰链形式与支承板3联接，刀座4上的滚子5在不旋转的固定导盘6的环槽中限位，在换刀位置环槽开有缺口。换刀前弹簧11将销12端部的滚子压在支承板3的凹槽中，使刀座定位在水平位置。刀座尾部的两个弹簧球头销10用来夹紧刀具，使刀座旋转90°后刀具不会因自重而下落。

除了上述圆盘式刀库以外，加工中心上用得最多的还有链式刀库。圆盘式刀库结构简单，但由于刀具采用环形排列，空间利用率低，一般用于刀具容量较小的刀库。链式刀库的结构紧凑，刀库容量较大，链式刀库的结构形式可以根据机床的布局配置。

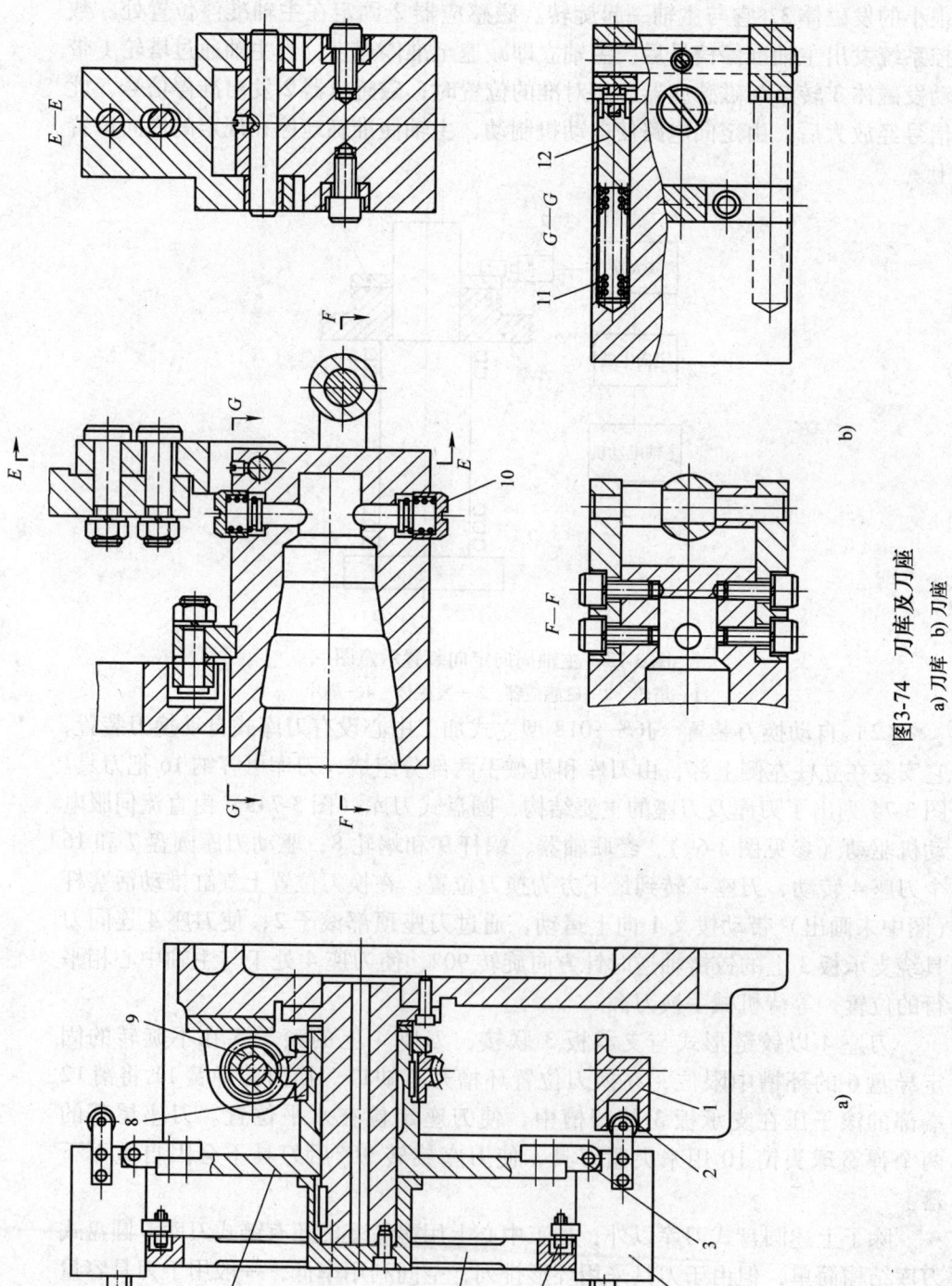

图3-74 刀库及刀座
a) 刀库 b) 刀座
1—拨叉 2—刀座顶部滚子 3—支承板 4—刀座 5—滚子 6—固定导盘 7—刀库圆盘
8—蜗轮 9—蜗杆 10—弹簧球头销 11—弹簧 12—销

JCS—018型加工中心上使用的换刀机械手为双臂回转式机械手（图3-75a），它是加工中心上最常用的一种形式。在换刀过程中，机械手要完成刀座准备（图3-75b）、抓刀（图3-75c）、拔刀（图3-75d）、交换主轴上和刀库上的刀具位置（图3-75e）、插刀（图3-75f）、机械手复位（图3-75g）和刀座复位（图3-75h）等动作。

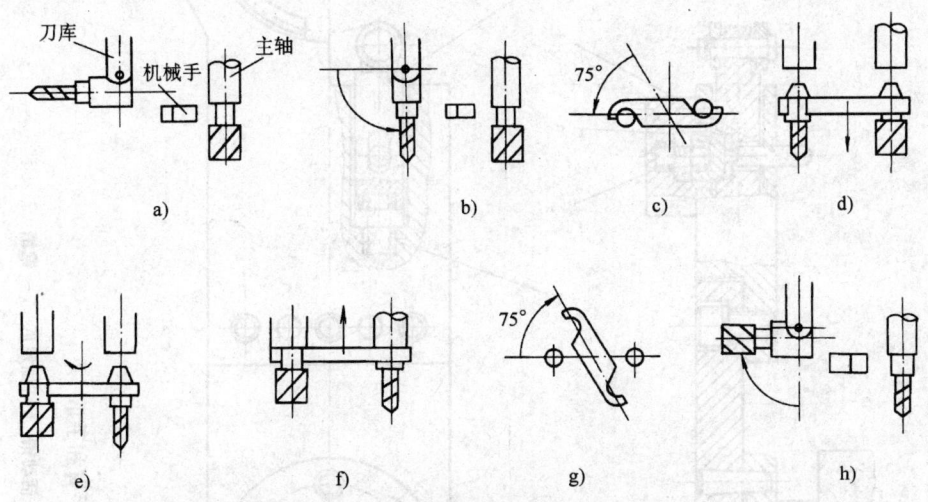

图3-75 换刀过程示意图

图3-76为机械手手臂和手爪结构图。手臂两端各有一个手爪。手爪上抓刀的圆弧部分有一锥销7，机械手抓刀时，锥销7插入刀柄键槽，活动销5在弹簧1作用下将刀柄顶靠在固定爪6中。机械手向下拔刀时，因销4上方无物阻挡，在弹簧2作用下，锁紧销3的锥面迅速进入活动销5底部锥孔，锁住活动销5，使之顶住刀具，保证机械手在回转180°的过程中刀具不会脱落。当机械手向上插刀时，销4被机床上的挡块压下，锁紧销3从活动销5中退出，活动销5可在销孔中自由运动。机械手反转复位时，活动销5从刀柄周边滑出，刀具则被留在主轴锥孔或刀座孔内。

四、数控加工程序编制

数控机床是按照预先编制好的数控加工程序对工件进行加工的。生成数控机床加工程序的过程称为数控加工程序编制。

1. **数控加工程序编制步骤**

(1) 分析零件图样和编制数控加工工艺　根据零件图样对工件的尺寸、形状、相互位置精度等技术要求和毛坯进行详细分析，制定加工方案，合理确定走刀路线，正确选用刀具、切削用量及工件的装夹方法等。

(2) 计算刀具运动轨迹　根据零件图样上的几何尺寸和已确定的走刀路线，计算刀具运动轨迹各关键点（例如被加工曲线的起点、终点、曲率中心等）的坐标值。当用直线段、圆弧段来逼近非圆曲线时，还应计算出逼近线段交点的坐标值，以获得刀具位置数据。

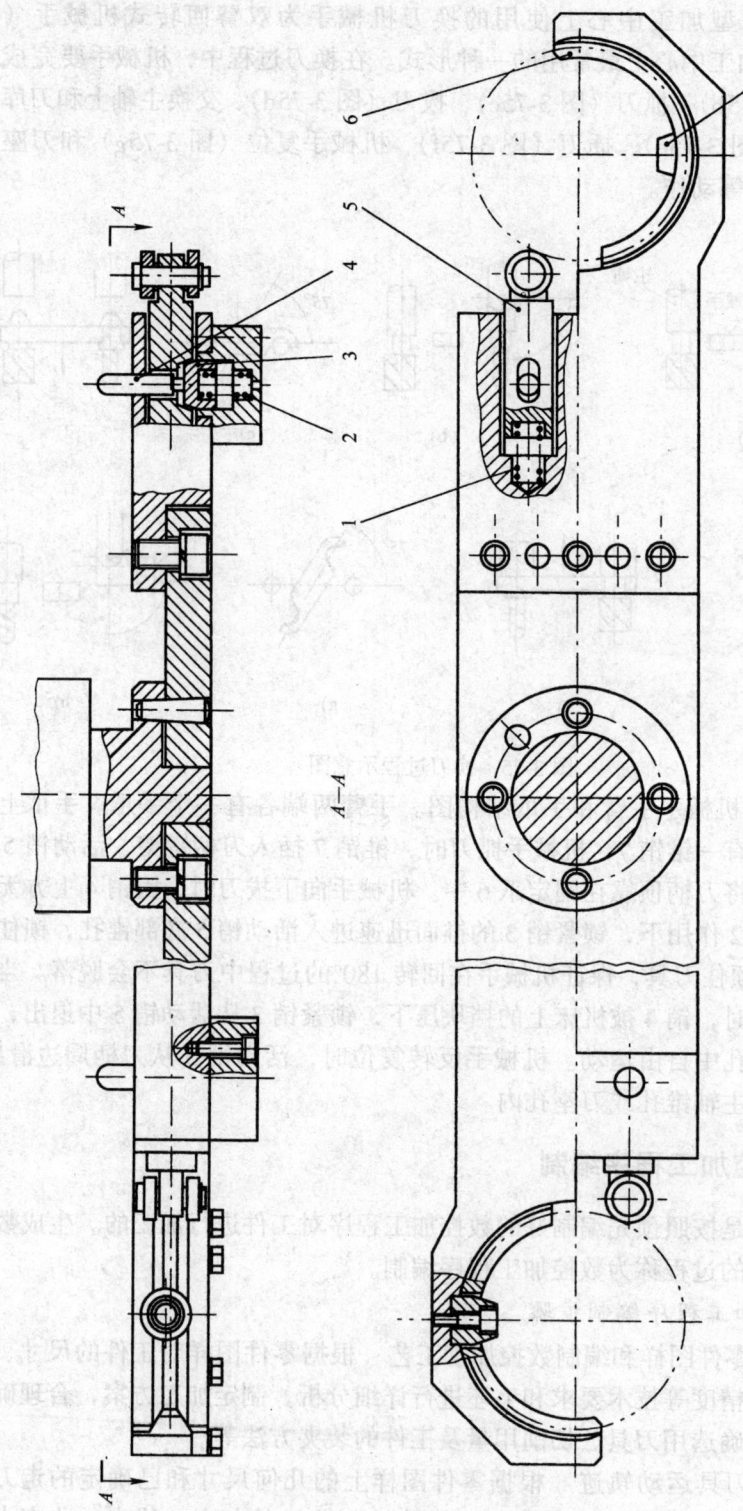

图 3-76 机械手臂和手爪

1、2—弹簧 3—锁紧销 4—销 5—活动销 6—固定爪 7—锥销

在进行刀具运动轨迹计算时，需要确定工件原点（也称编程原点），编程时是以该点为基准计算刀具轨迹各点坐标值的。工件原点是根据工件的特点人为设定的。设定的依据主要是便于编程，一般都选在工件的设计基准或工艺基准上。

（3）编写加工程序并进行程序校验　在完成上述步骤后，须将零件加工的工艺顺序、运动轨迹与方向、位移量、切削参数（主轴转速、进给量、背吃刀量）以及辅助动作（换刀、变速、冷却液开停等）按照动作顺序，用机床数控系统规定的代码和程序格式，逐段编写加工程序，并将加工程序输入数控系统。数控机床一般都具有图形显示功能，可先在机床上进行图形模拟加工，用以检查刀具轨迹是否正确。

对于加工程序不长、几何形状不太复杂的零件的数控加工程序，采用手工编程比较方便、快捷。对于几何形状复杂的零件，特别是空间复杂曲面零件，或者几何形状虽不复杂，但程序量很大的零件，需用计算机辅助完成，即计算机辅助数控编程。采用计算机辅助数控编程需有专用的数控编程软件，目前广泛应用的计算机辅助数控编程软件是以 CAD 软件为基础的交互式 CAD/CAM 集成数控编程系统。

2. 数控加工程序的结构与程序段格式

一个完整的数控加工程序由程序号和若干个程序段组成。程序号由地址码 O 与程序编号组成，例如 O0100。每个程序段表示数控机床的一个加工工步或动作。程序段由一个或若干个字组成，每个字由字母和数字组成，每个字表示数控机床的一种功能。

程序段的格式是指一个程序段中有关字的排列、书写方式和顺序的规定，格式不符合规定，数控系统便不能接受。目前各种机床数控系统广泛应用的是字地址程序段格式。下面这个程序段就是这种格式的一个实例：

N105 G01 X15.0Y32.0Z6.5F100M03S1500T0101；

上例中，N 为程序段号代码（或称作地址符），105 表示该程序的编号（现代数控系统很多都不要求列程序段号）；G 为准备功能代码，在 JB/T 3208—1999 中规定，准备功能由字母 G 和紧随其后的两位数字组成，从 G00 至 G99 共有 100 种，其作用是规定数控机床的运动方式，本例中 G01 表示直线插补；Y、X、Z 为沿相应坐标轴运动的终点坐标位置代码，其后的数字为相应坐标轴的终点坐标值；F 为进给速度代码，其后的数字表示进给速度为 100mm/min；M 为辅助功能代码，辅助功能由字母 M 及紧随其后的两位数字组成，用于规定数控机床加工时的开关功能，如主轴正、反转及开停、冷却液开关、工件夹紧及松开等，按我国 JB/T 3208—1999 的规定，辅助功能代码从 M00 至 M99 共 100 种，本例中 M03 表示主轴正转；S 为主轴转速功能代码，紧随其后的数字表示主轴转速为 1500r/min；T 为刀具功能代码，紧随其后的数字 0101 表示使用一号刀具和该刀具的一号补偿值；"；"为程序段结束符。

现代数控系统广泛使用可变程序段格式，其程序段的长短、字的顺序、字数和字长等都是可变的。在一个程序段内，不需要的字以及与前面程序段中相同的继续有效的字可以不写。

3．数控加工程序编制实例

例 3-1 在数控立式铣床上精铣图 3-77 所示零件的凸台轮廓，试为该工序编写数控加工程序。

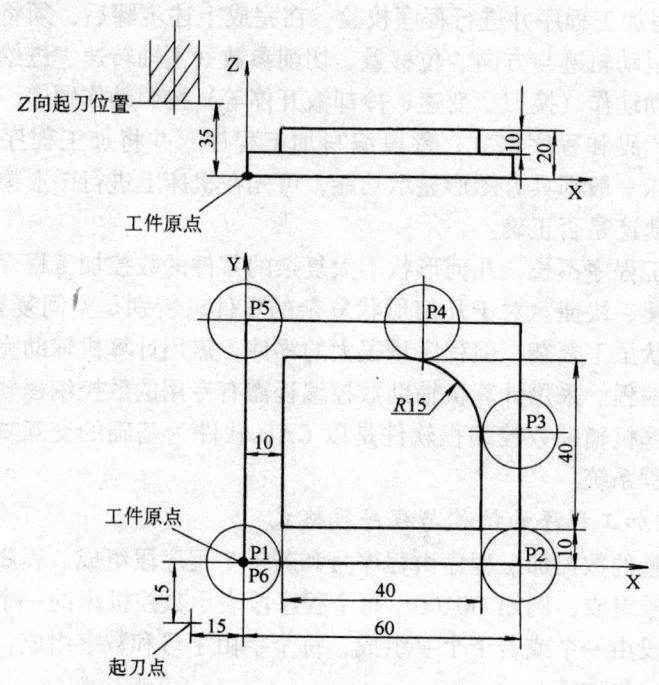

图 3-77 数控加工零件图

解 根据零件加工要求，本例选用直径为 $\phi 20mm$ 的立铣刀进行加工。切削用量取为：主轴转速 $n = 1000r/min$，垂直进给速度 $v_f = 30mm/min$，轮廓加工进给速度 $v_f = 50mm/min$。工件原点设定在工件的左下角，走刀路线为：P1→P2→P3→P4→P5→P6。

该工序的数控加工程序为（/* 后为对程序段的说明）：

O1234   /* 程序号
N01   G00X-15.0Y-15.0Z35.0;   /* 快速移至起刀点
N02   X0Y0Z22.5S1000M03;   /* 快速移至 P1，主轴正转
N03   G01Z10.0F30.0M08;   /* 以 30mm/min 的进给速度直线
                                                   插补至 Z = 10mm 处，开切削液
N04   X60.0F50;   /* 以 50mm/min 的进给速度直线
                                                   插补至 P2
N05   Y35.0;   /* 直线插补至 P3，进给速度不变
N06   G03X35.0Y60.0I-15.0J0; /* 逆时针圆弧插补至 P4，进给速
                                                   度不变，X、Y 为圆弧的终点坐
                                                   标，I、J 为圆心相对于圆弧起
                                                   点的坐标

N07	G01X0;	/*直线插补至 P5，进给速度不变
N08	Y0;	/*直线插补至 P6，进给速度不变
N09	Z22.5M09;	/*刀具退离工件，关切削液
N10	G00X – 15.0Y – 15.0Z35.0;	/*刀具快速回到起刀点
N11	M30;	/*程序结束并返回至程序起点

第六节 圆柱齿轮齿面加工

一、概述

1．齿轮的结构与分类

齿轮是现代机器和仪器中传递运动和转矩的重要零件。由于齿轮传动具有传动准确、传递转矩大、效率高、结构紧凑、可靠耐用等优点，因此其应用非常广泛。

齿轮可按其外形分为圆柱齿轮、锥齿轮、非圆齿轮、齿条、蜗杆蜗轮。本节只介绍圆柱齿轮的齿面加工。圆柱齿轮按其齿线形状分为直齿轮、斜齿轮、人字齿轮、曲线齿轮；按轮齿所在的表面分为外齿轮、内齿轮；按齿形分为渐开线齿轮、摆线齿轮和圆弧齿轮。

圆柱齿轮按照其结构特点可分为五类，如图 3-78 所示。

（1）单联齿轮（图 3-78a） 孔的长径比 $L/D > 1$。

（2）多联齿轮（图 3-78b） 孔的长径比 $L/D > 1$。

上述两种齿轮亦称为筒形齿轮，内孔为光孔、键槽孔或花键孔。

（3）盘形齿轮（图 3-78c） 具有轮毂，孔的长径比 $L/D < 1$。

（4）齿圈（图 3-78d） 没有轮毂，孔的长径比 $L/D < 1$。

上述这两种齿轮的内孔一般为光孔或键槽孔。

（5）轴齿轮（图 3-78e） 轴齿轮上具有一个或几个齿圈。

2．齿轮的主要技术要求

齿轮传动应满足以下四个方面的要求。

（1）传递运动的准确性 要求齿轮较准确地传递运动，传动比应恒

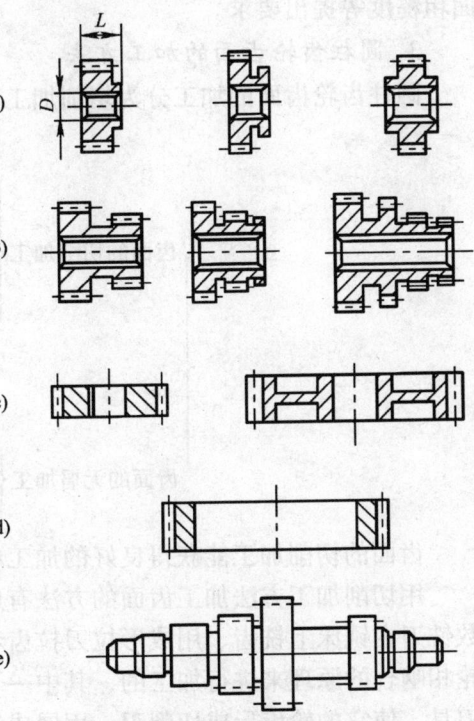

图 3-78 圆柱齿轮的结构类型
a) 单联齿轮 b) 多联齿轮
c) 盘形齿轮 d) 齿圈 e) 轴齿轮

定，即要求齿轮在一转中的转角误差不得超过一定限度。

(2) 传递运动的平稳性　要求齿轮传递运动平稳，以减小冲击、振动和噪声，要求限制齿轮转动时瞬时速比变化量。

(3) 载荷分布的均匀性　要求齿轮工作时，齿面接触要均匀，以使齿轮在传递动力时不致因载荷分布不匀而使接触应力过大，引起齿面过早磨损或破损。还要对接触面积和接触位置提出要求。

(4) 齿侧具有间隙　两个相互啮合齿轮的工作齿面接触时，要求相邻的两非工作齿面间应留有一定的间隙，以储存润滑油，补偿因温度、弹性变形所引起的尺寸变化，防止齿轮在工作中发生齿面卡死或烧蚀。

为了保证齿轮正常工作，齿轮制造应达到一定的精度标准，国家标准 GB/T 10095.1—2001《圆柱齿轮　精度制　第1部分：轮齿同侧齿面偏差的定义和允许值》规定了13个精度等级，用数字0~12由低到高的顺序排列，0级最高，12级最低。齿轮的制造精度和齿侧间隙主要根据传动用途、使用条件、传动功率、圆周速度等性能指标来确定。对于分度传动用的齿轮，对齿轮的运动精度要求高；对于高速动力传动用齿轮，为了减少冲击和噪声，对工作平稳性精度有较高要求；对于低速重载传动用齿轮，则要求齿面载荷分布均匀，保证齿轮的承载能力；对于换向和读数机构用的齿轮，则应严格控制齿侧间隙。

除了上述各项精度外，还应对齿轮装配基准面的尺寸公差、形位公差和表面粗糙度等提出要求。

3. 圆柱齿轮齿面的加工方法

圆柱齿轮齿面的加工分为切削加工和无屑加工两大类。

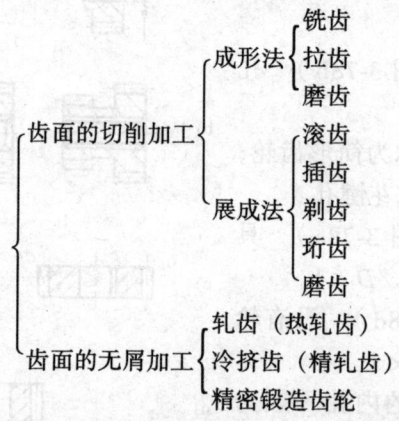

齿面的切削加工能获得良好的加工精度，是目前齿面加工的主要方法。

用切削加工方法加工齿面的方法有成形法和展成法两大类。前者包括用模数铣刀在铣床上铣齿、用成形拉刀拉齿和成形砂轮磨齿。展成法是应用一对齿轮相啮合的原理来进行加工的，其中一个齿轮是被加工工件，另一个齿轮做成刀具，使它的轮齿形成切削刃。用展成法加工出来的齿形轮廓是刀具切削刃运动轨迹的包络线。加工齿数不同的齿轮，只要模数和齿形角相同，都可以用同一把刀具来加工。展成法加工的加工精度和生产率都较高，刀具的通用性好，在生产中应用十分广泛。

限于篇幅，本节只介绍展成切削加工方法中的滚齿、插齿、剃齿和磨齿加工工艺。

二、滚齿与插齿

1. 滚齿加工原理

滚齿是应用一对交错轴斜齿圆柱齿轮副啮合原理，使用齿轮滚刀进行切齿的一种加工方法。在图 3-79a 中，齿轮滚刀 1 相当于一个齿数 z_c 很少（$z_c =$ 1~4，z_c 通常取为 1）、螺旋角很大、齿宽很宽的斜齿圆柱齿轮，呈蜗杆状。为了使这个蜗杆能起切削作用，可在蜗杆上开槽，形成前刀面及顶刃、侧刃和容屑槽，如图 3-79b 所示；还要用铲齿的方法使刀齿具有一定的后角。

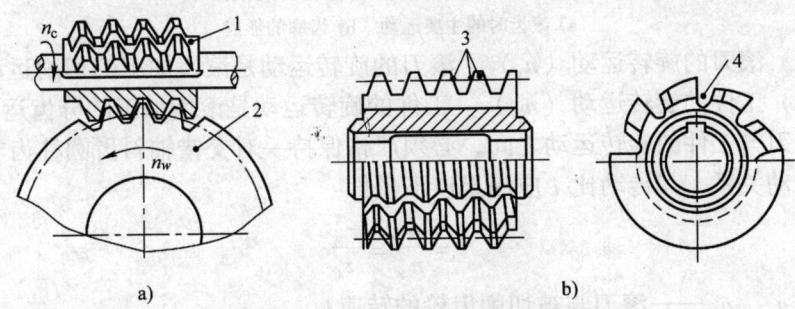

图 3-79 滚齿示意图和齿轮滚刀
a) 滚齿示意图 b) 齿轮滚刀
1—齿轮滚刀 2—被切削齿轮 3—切削刃 4—容屑槽

滚齿时，滚刀的螺旋线方向应与被切削齿轮齿槽方向一致，如图 3-80 所示。滚刀轴线与被切削齿轮端面间夹角（滚刀安装角）

$$\psi = \beta_w \pm \gamma_{oz}$$

式中　β_w——被切削齿轮螺旋角；
　　　γ_{oz}——滚刀导程角。

齿轮滚刀和被加工齿轮旋向相同时，上式取"−"号，旋向相反时，上式取"+"号。

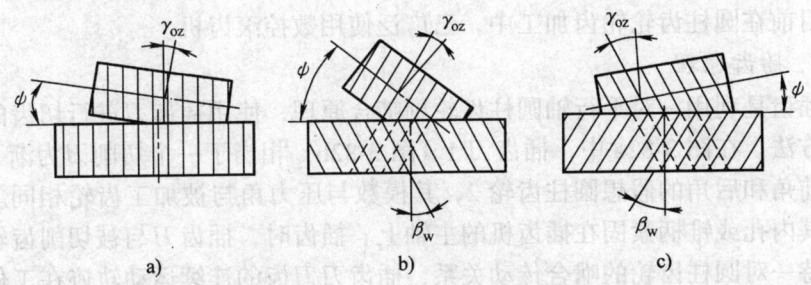

图 3-80 滚齿时滚刀的安装角
a) 切削直齿轮 b) 切削左旋斜齿齿轮 c) 切削右旋斜齿齿轮

2. 滚齿机运动

根据滚齿加工原理，滚齿必须具有以下三种基本运动（图 3-81a）：

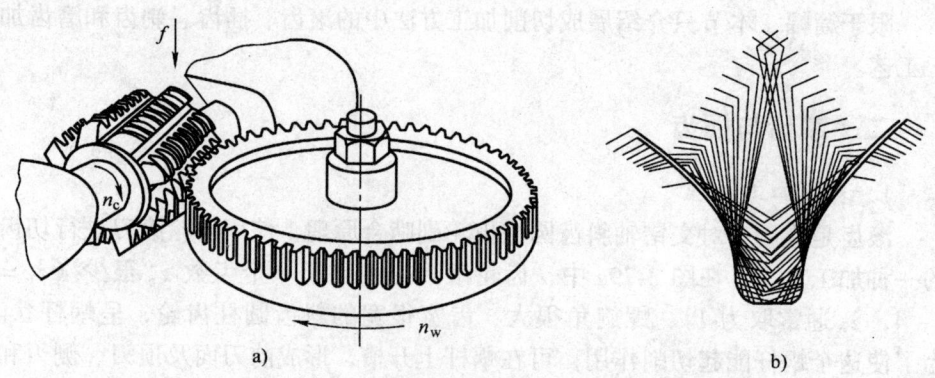

图 3-81 滚齿时的主要运动和齿廓的形成
a) 滚齿时的主要运动　b) 齿廓的形成

(1) 滚刀的旋转运动（n_c）　滚刀的旋转运动是滚齿加工的切削运动。

(2) 工件的旋转运动（n_w）　工件的旋转运动是滚齿加工的分齿运动。

滚刀与工件的旋转运动之间，必须严格保持一对交错轴斜齿圆柱齿轮副的啮合传动关系，其传动比 i 应满足以下条件

$$i = \frac{n_c}{n_w} = \frac{z_w}{z_c}$$

式中　n_c、n_w——滚刀与被切削齿轮的转速；
　　　z_w——被切削齿轮的齿数；
　　　z_c——滚刀齿（头）数。

上述两种旋转运动构成滚齿加工的展成运动，形成齿面的母线（渐开线）。

当滚刀与被加工齿轮作展成运动时，滚刀切削刃连续运动轨迹的包络线便在工件上形成了轮齿齿廓，如图 3-81b 所示。由图知，滚齿加工形成的轮齿齿廓是由有限个切削刃的包络折线构成的，并不是光滑的渐开线，存在着原理误差。

(3) 轴向进给运动（f）　为了在全齿宽上切削出渐开线齿面，滚刀应沿被切削齿轮轴线方向进行轴向进给，轴向进给运动形成齿面的导线。

滚切斜齿齿轮时，被切削齿轮在实现上述运动的同时，还应该有一个附加的旋转运动 Δn_w。

目前在圆柱齿轮轮齿加工中，已广泛使用数控滚齿机。

3．插齿原理

插齿是利用一对平行轴圆柱齿轮副啮合原理，使用插齿刀进行切齿的一种加工方法。在图 3-82a 中，插齿刀 1（图 3-82b）相当于一个切削刃为渐开线并磨出前角和后角的假想圆柱齿轮 2，其模数与压力角与被加工齿轮相同。插齿刀以其内孔或锥柄紧固在插齿机的主轴上。插齿时，插齿刀与被切削齿轮间严格保持一对圆柱齿轮的啮合传动关系，插齿刀刀齿的连续运动轨迹在工件上包络出轮齿齿廓（图 3-82c）。由图可知，插齿所形成的齿廓也是由很多条包络线形成的，也不是光滑的渐开线，也存在着原理误差。

4．插齿机运动

插削直齿圆柱齿轮时，插齿机必须具有以下几种基本运动：

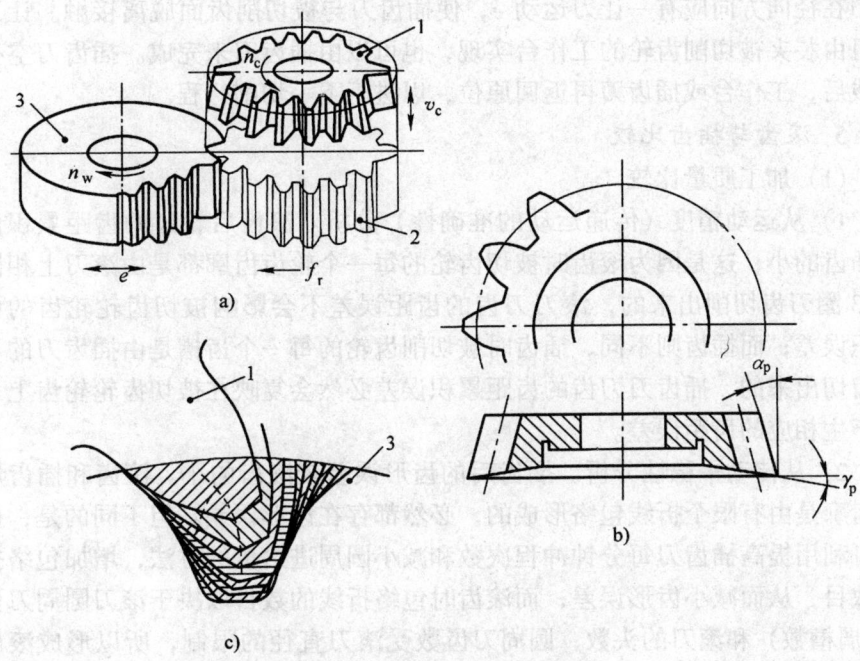

图 3-82 插齿原理和齿廓的形成
a) 插齿工作原理 b) 插齿刀 c) 插齿时齿廓的形成
1—插齿刀 2—假想圆柱齿轮 3—被切削齿轮

(1) 切削运动　插齿刀沿其轴线方向的快速直线往复运动是插齿的切削运动，以插齿刀每分钟往复运动的冲程次数表示（str/min）。提高插齿刀往复运动速度，可增加齿廓的包络线数目，使齿廓曲线更加光滑，齿形误差减小。

(2) 展成运动　插齿刀与工件的旋转运动构成插齿加工的展成运动。插齿刀与工件的旋转运动之间，必须严格保持一对圆柱齿轮副的啮合传动关系，其传动比 i 应满足以下条件

$$i = \frac{n_c}{n_w} = \frac{z_w}{z_c}$$

式中　n_c、n_w——插齿刀和被切削齿轮的转速；
　　　z_c、z_w——插齿刀和被切削齿轮的齿数。

(3) 圆周进给运动　插齿刀的旋转运动是插齿的圆周进给运动，以插齿刀每往复一次在其节圆上转过的弧长表示（mm/str）。圆周进给量的大小影响插齿的切削负荷和生产效率。

(4) 径向进给运动　开始插齿时，如果插齿刀立即切入至全齿深，将会因切削负荷过大而损坏刀具和机床。为了避免发生这种情况，工件应该逐渐地相对于插齿刀作径向进给运动，以插齿刀每往复一次工件径向移动量 f_r（mm/str）来表示。当径向进给至齿廓全深后，径向进给自动停止，再让工件与插齿刀作展成运动回转一周，便可在工件上插出完整的全深齿廓。

(5) 让刀运动　插齿刀往复运动时，向下运动为切削行程，向上运动为空行程退刀。为避免插齿刀在空行程中擦伤已切削齿面和减少插齿刀的磨损，插

齿刀在径向方向应有一让刀运动 e，使插齿刀与被切削齿面脱离接触。让刀运动可由装夹被切削齿轮的工作台实现，也可以由插齿刀来完成。插齿刀空行程完成后，工作台或插齿刀再返回原位，以进行下一切削行程。

5. 滚齿与插齿比较

（1）加工质量比较

1）从运动精度（传递运动的准确性）分析。滚齿后轮齿的齿距累积误差比插齿的小，这是因为滚齿时被切齿轮的每一个轮齿齿廓都是由滚刀上相同的 2～3 圈刀齿切削出来的，滚刀刀齿的齿距误差不会影响被切齿轮轮齿的齿距累积误差；而插齿则不同，插齿时被切削齿轮的每一个齿槽是由插齿刀的不同刀齿切出来的，插齿刀刀齿的齿距累积误差必然会复映在被切齿轮轮齿上，从而产生相应的齿距误差。

2）从传动平稳性分析。插齿后的齿形误差较滚齿的小。滚齿和插齿形成的齿廓是由有限个折线包络形成的，必然都存在齿形误差。但不同的是，插齿时可利用提高插齿刀每分钟冲程次数和减小圆周进给量的方法，增加包络折线的数目，从而减小齿形误差；而滚齿时包络折线的数目取决于滚刀圆周刀齿数（容屑槽数）和滚刀的头数，圆周刀齿数受滚刀直径的限制，所以形成滚齿齿廓的包络折线数少，齿形误差就较大。

3）从齿面粗糙度分析。滚齿时滚刀在齿向上的切削是断续的，在被加工轮齿齿面上留下的是鱼鳞状刀痕，如图 3-83a 所示；插齿时插齿刀在齿向上的切削是连续的，轮齿齿面上留下的刀痕是直线（见图 3-83b），插齿的齿面粗糙度比滚齿小。

综上分析可知，滚齿与插齿比较，滚齿的齿轮运动精度较高，但齿形误差和齿面粗糙度比插齿大。

（2）生产效率比较　插齿的生产效率一般没有滚齿高，这是因为插齿的切削运动是往复运动，提高插齿速度要受到插齿机主轴往复运动惯性的限制；此外，插齿

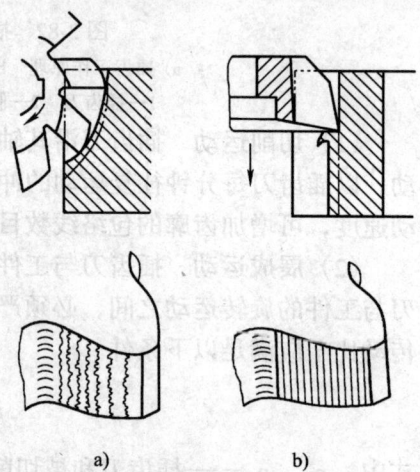

图 3-83　滚齿和插齿齿面粗糙度比较
a) 滚齿齿面　b) 插齿齿面

有空行程损失，实际进行切削的行程长度只有插齿刀往复总行程长度的 1/3 左右。

（3）生产应用比较　滚齿和插齿都是高精度齿轮的预加工方法，也是精度要求不高的齿轮的最终加工方法。滚齿的效率高，齿距累积误差小，运动精度高，它虽有齿形误差和齿面粗糙度较大的缺点，但可通过后续精加工得到修正，因此高精度圆柱齿轮齿面的预加工一般都采用滚齿。插齿主要用于不便于采用滚齿或不能采用滚齿的场合。插齿可以加工内齿、齿条、扇形齿等，还可以加工齿圈相距很近的双联、多联齿轮中的小齿轮。插齿的灵活性比滚齿好。

三、剃齿

1. 加工原理

剃齿是利用一对交错轴斜齿轮啮合时沿齿向存在相对滑动而创建的一种齿轮精加工方法。图 3-84b 所示是用一把左旋剃齿刀加工右旋齿轮的情况,在啮合点 P 剃齿刀的圆周速度为 v_c,工件的圆周速度为 v_w,v_c 与 v_w 都可以分解为齿面的法向分量(v_{cn} 与 v_{wn})和切向分量(v_{ct} 与 v_{wt})。由于啮合点的两个法向分量必须相等,即 $v_{cn}=v_{wn}$,而 v_{ct} 与 v_{wt} 不相等,故剃齿刀与被剃削齿轮啮合时在齿向上就有相对滑动发生。由于剃齿刀的齿面上开有许多切削刃(图 3-84c),剃齿刀便在被切齿面上剃下一层又薄又细的切屑(图 3-84d)。

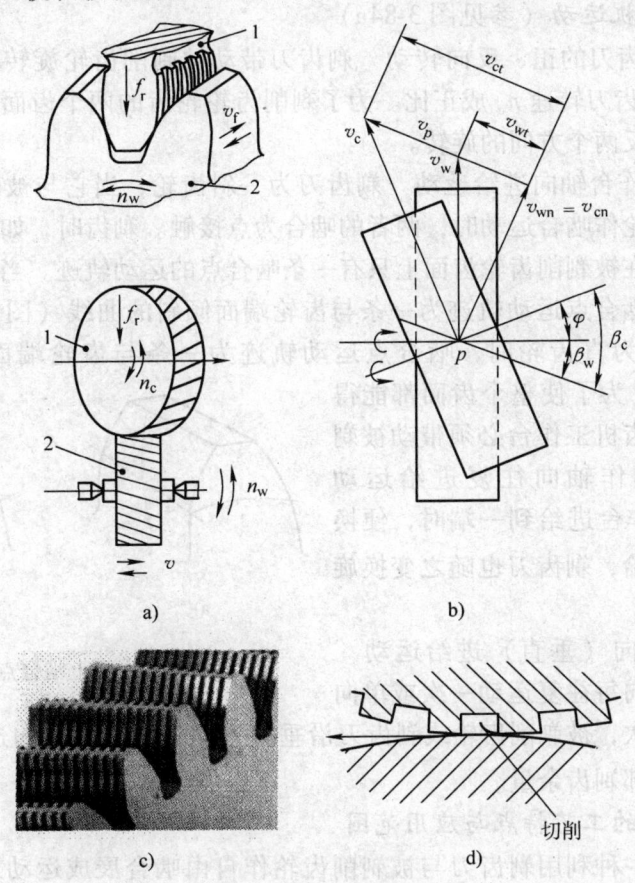

图 3-84 剃齿原理
1—剃齿刀 2—被剃削齿轮

剃齿刀相对于被剃削齿轮在齿向上的滑动速度就是剃齿切削速度 v_p。由图 3-84b 知

$$v_p = v_{ct} - v_{wt} = v_c \sin\beta_c - v_w \sin\beta_w$$

因为 $v_{cn}=v_{wn}$,即

$$v_c \cos\beta_c = v_w \cos\beta_w$$

所以
$$v_w = \frac{v_c \cos\beta_c}{\cos\beta_w}$$

将 v_w 代入上式，经整理得

$$v_p = v_c \frac{\sin(\beta_c - \beta_w)}{\cos\beta_w} = \frac{v_c}{\cos\beta_w}\sin\varphi = \frac{\pi d_o n_c}{1000\cos\beta_w}\sin\varphi$$

式中　φ——剃齿刀和工件轴线的夹角，$\varphi = \beta_c \pm \beta_w$，$\beta_w$ 与 β_c 分别为被剃削齿轮和剃齿刀的螺旋角，式中两螺旋方向相同时取"+"号，相反时取"-"号；

d_o——剃齿刀节圆直径（mm）；

n_c——剃齿刀转速（r/min）。

2. 剃齿机运动（参见图3-84a）

（1）剃齿刀的正、反向转动　剃齿刀带动被剃削齿轮旋转时，剃齿切削速度 v_p 与剃齿刀转速 n_c 成正比。为了剃削齿轮轮齿的两个齿面，剃齿刀须交替地作正、反两个方向的旋转。

（2）工作台轴向进给运动　剃齿刀为一斜齿轮，当它与被剃削的直齿或斜齿圆柱齿轮作啮合运动时，两者的啮合为点接触。剃齿时，如果不作轴向进给运动，则在被剃削齿轮齿面上只有一条啮合点的运动轨迹。当被剃削齿轮为斜齿轮时，啮合点运动轨迹为一条与齿轮端面倾斜的曲线（图3-85a）；如果被剃削齿轮为直齿轮时，啮合点运动轨迹为一条与齿轮端面平行的曲线（图3-85b）。为了使整个齿面都能得到加工，剃齿机工作台必须带动被剃削齿轮一起作轴向往复进给运动（v_f）。当工作台进给到一端时，便换向作反向进给，剃齿刀也随之变换旋转方向。

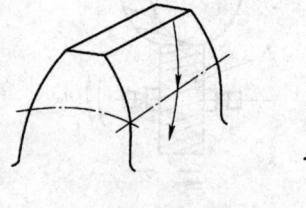
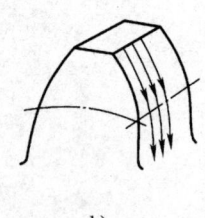

图3-85　齿面上啮合点的轨迹

（3）径向（垂直）进给运动　工作台在轴向每往复运动一次或单向轴向运动一次，被剃削齿轮或剃齿刀沿垂直方向进行一次径向进给（f_r），以逐步切除全部剃齿余量。

3. 剃齿的工艺特点与应用范围

剃齿是一种利用剃齿刀与被剃削齿轮作自由啮合展成运动进行加工的方法，机床结构简单，造价相对较低。剃齿可修正轮齿的径向误差、齿形误差和减小齿面粗糙度，但它对轮齿的齿距累积误差等切向误差的修正能力差。从保证加工精度考虑，剃前预加工一般应采用滚齿而不采用插齿，因为剃齿与滚齿的优缺点可以互补，剃齿与插齿的优缺点不能互补。

剃齿加工精度主要取决于刀具，使用A、B等级的剃齿刀，可加工7~6级精度的齿轮，齿面粗糙度可达 $Ra0.40~1.25\mu m$。采用剃齿加工，可将经滚齿或插齿等预加工过的齿轮精度提高1~2级。

剃齿是一种高生产率的齿面加工方法，几分钟时间就可完成一个齿轮的加工。剃齿还是一种加工成本较低的齿轮精加工方法（平均比磨齿低90%）。

在大批大量生产中加工中等模数、7~6级精度、未经淬硬的齿轮，剃齿是最常用的齿轮精加工方法。

四、磨齿

1. 磨齿方法分类及特点

按齿廓形成方法不同，磨齿可分为成形法磨齿和展成法磨齿两大类。

（1）成形法磨齿 成形法磨齿（图3-86a）是将砂轮修整成与被加工齿轮齿槽相对应的形状，对被加工齿轮齿槽逐个进行磨削。磨削时，砂轮一面旋转（n_c），一面沿齿宽方向作往复运动（A_1），磨完一个齿后，通过分度，再磨下一个齿。使用成形法磨齿时，机床运动简单，生产效率高。但成形法磨齿的砂轮修整复杂，磨齿过程中砂轮各点磨损不均匀，加工精度不高，故生产中用得不多。近年来，采用立方氮化硼（CBN）制作成形砂轮，砂轮形状的保持性明显改善，这种磨齿方法在生产中的应用逐渐增加。

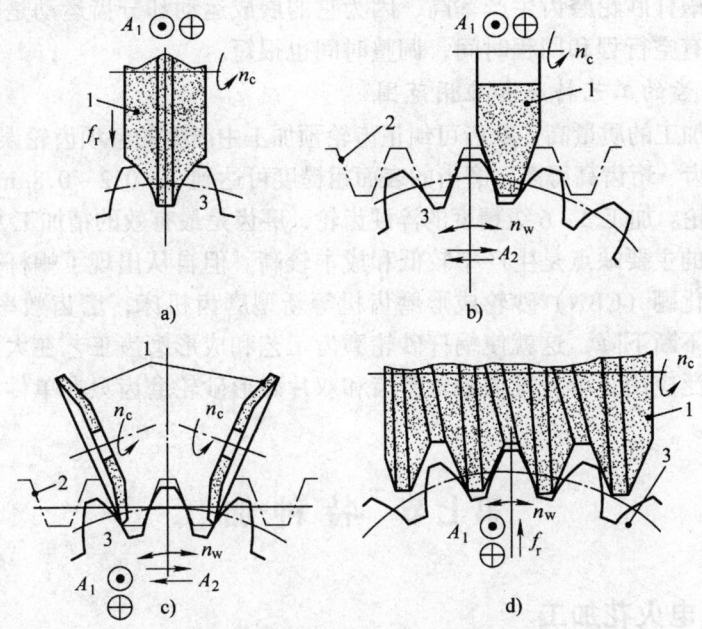

图3-86 不同磨齿方法的磨齿原理图
a) 成形砂轮磨齿 b) 锥形砂轮磨齿 c) 碟形砂轮磨齿 d) 蜗杆砂轮磨齿
1—砂轮 2—假想齿条 3—被磨齿轮

（2）展成法磨齿

1）单片锥形砂轮磨齿（图3-86b）。砂轮的截面形状相当于假想齿条的一个齿。磨齿时，砂轮一面旋转（n_c），一面沿齿宽方向作往复运动（A_1），这就构成了假想齿条上的一个齿。被磨齿轮位于与假想齿条相啮合的位置，一面转动（n_w），一面作往复移动（A_2），实现展成运动。在工件的一个往复移动过程中，可先后磨出齿槽的两个侧面。磨完一个齿槽后，被磨齿轮快速退离砂轮，经分齿后再进入下一个齿槽的磨齿循环，直至磨完全部齿槽为止。用单片锥形砂轮磨齿，砂轮的刚性好，可采用较大的切削用量，其生产效率比双片碟形砂轮磨齿高。

2）双片碟形砂轮磨齿（图3-86c）。两片碟形砂轮倾斜安装后，构成假想齿条的两个齿面。磨齿时，砂轮只在原位旋转（n_c），同时对两个齿面进行磨削；被加工齿轮一面转动（n_w），一面移动（A_2），实现展成运动。为了磨出全齿宽，被加工齿轮通过工作台实现轴向进给运动（A_1）。当两个齿面同时磨完之后，被加工齿轮快速退离砂轮，经分齿后，再进入下两个齿面的磨削。此种磨齿方法的生产效率最低，因为它是用蝶形砂轮的一圈棱边磨削，砂轮的刚性差，不能采用较大的磨削用量。

3）蜗杆砂轮磨齿（图3-86d）。用蜗杆砂轮磨齿时，蜗杆砂轮与被磨齿轮相当于一对交错轴斜齿副啮合传动。蜗杆砂轮就是一个头数（齿数）很少（一般为单头或一个齿）、齿宽较宽的斜齿齿轮。蜗杆砂轮磨齿的成形原理和机床运动与滚齿相同。

使用蜗杆砂轮磨齿生产率高，因为它的展成运动和分齿运动是同时连续进行的，没有空行程和回程时间，调整时间也很短。

2．磨齿的工艺特点和应用范围

磨齿加工的质量高，磨齿可纠正齿轮预加工中产生的各项齿轮误差，其加工精度比剃齿、珩齿高得多，磨齿的表面粗糙度可达到 $Ra\ 0.2 \sim 0.8\mu m$，而且能加工淬硬齿轮。加工3~6级精度的淬硬齿轮，磨齿是最有效的精加工方法。

磨齿的主要缺点是生产率较低和成本较高。但自从出现了蜗杆砂轮磨齿机和立方碳化硼（CBN）砂轮成形磨齿机等新型磨齿机床，磨齿效率成倍提高，加工成本不断下降，这就使蜗杆砂轮磨齿工艺和成形磨齿工艺在大量生产中逐渐得到广泛应用。单片锥形砂轮磨齿和双片碟形砂轮磨齿只在单件和小批量生产中应用。

第七节　特种加工

一、电火花加工

1．加工原理

电火花加工是利用工具电极和工件电极间脉冲性电火花放电产生的高温去除工件上多余的材料，使工件获得预定的尺寸和表面粗糙度要求。

在图3-87中，工件1与工具4分别与直流脉冲电源2（电压为100 V左右，放电持续时间为 $10^{-7} \sim 10^{-3}s$）的两极相连接，自动进给调节装置3使工具和工件之间始终保持一个很小的放电间隙。当工具在进给机构的驱动下在工作液中靠近工件时，极间电压击穿间隙，产生电火花放电。电火花放电产生的瞬时局部高温使工件和工具表面各自电蚀成一个小坑，如图3-88所示，其中图3-88a表示单个脉冲放电后工件和工具上的电蚀坑，图3-88b表示多次脉冲放电后工件和工具上的电蚀坑。放电结束后，工作液恢复绝缘，下一个脉冲又在工具和工件表面之间重复上述过程。随着工具电极不断地向工件进给，就可将工具的形状复制在工件上，加工出所需要的尺寸和形状。工具电极虽然也会被电蚀，但其速度远小于工件被电蚀的速度，这种现象称作"极效应"。

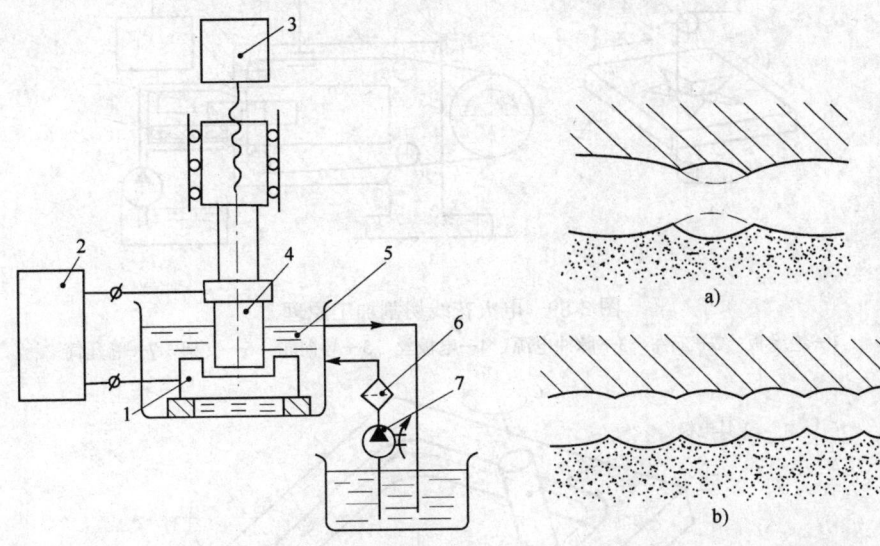

图 3-87 电火花加工原理示意图
1—工件 2—脉冲电源 3—自动进给调节装置
4—工具 5—工作液 6—过滤器 7—工作液泵

图 3-88 电火花加工表面局部放大图

生产中应用最广的电火花加工方法有两类，一类是用具有一定形状的电极工具（常用的电极工具材料是石墨、铜或是它们的合金）进行加工的电火花穿孔或电火花成形加工；另一类是用细丝（一般为钼丝、钨丝或铜丝）电极加工二维轮廓形状的电火花线切割加工。电火花线切割加工还可按电极丝的走丝速度分为快速走丝和慢速走丝两类。

图 3-89 为快速走丝电火花线切割加工原理图，图中，卷丝筒 7 作正反向交替转动，使电极丝 4 相对工件 2 上下交替移动；脉冲电源 3 的两极分别接在工件 2 和电极丝 4 上，使电极丝 4 与工件 2 之间发生脉冲放电，对工件进行切割；装夹工件的数控工作台可在 x、y 轴两坐标方向各自移动，将工件切割成所需的形状；走丝速度为 10m/s 左右，电极丝可反复使用，损耗到一定程度时须更换新丝。

慢速走丝电火花线切割加工为单向慢速（2～8m/min）连续走丝，用过的、已发生损耗的电极丝不断被新的电极丝替换，且走丝平稳，无振动，故慢速走丝电火花线切割的加工质量比快速走丝电火花线切割好，但生产率相对较低。

电火花穿孔或成形加工时，需要根据被加工孔和型腔的形状制造形状复杂的工具电极，这是一件技术难度较大的工作。在数控四坐标电火花加工机床上（工具电极的转动为第四轴—C 轴），通过工具半径补偿，用简单工具电极加工二维型孔的技术目前已在生产中广泛应用（参见图3-90），可以大量节省电极制造费用。利用简单工具电极加工三维曲面型腔的数控电火花加工技术正在开发研究中。

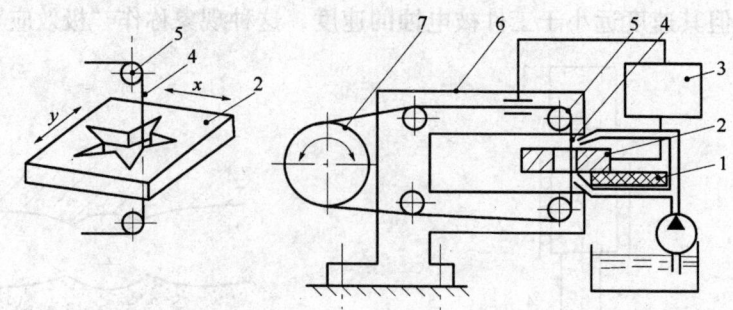

图 3-89　电火花线切割加工原理
1—绝缘板　2—工件　3—脉冲电源　4—电极丝　5—导向轮　6—支架　7—卷丝筒

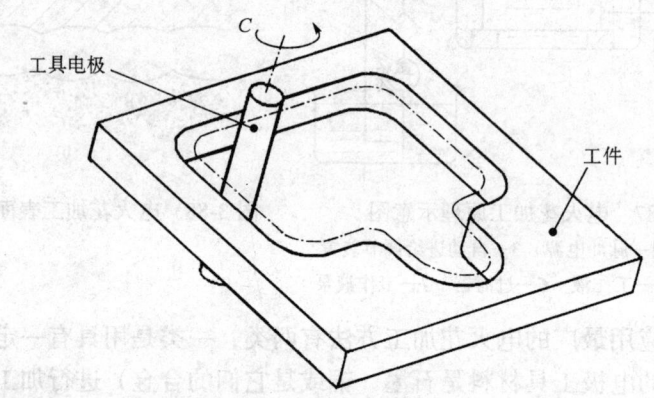

图 3-90　用简单工具电极加工二维型孔

2. 工艺特点及应用范围

电火花加工工具不和工件直接接触，没有切削力作用，对机床加工系统的刚度要求不高；电火花加工可加工任何导电材料的工件，不受工件材料强度、硬度、脆性和韧性的影响，为耐热钢、淬火钢、硬质合金等难加工材料的加工提供了有效的加工手段。电火花加工的应用范围很广，可加工各种型孔、曲线孔、微小孔及各种曲面型腔，还可用于切割、刻字和表面强化等。

二、电解加工

1. 加工原理

电解加工是利用金属在电解液中受到电化学阳极溶解将工件加工成形的。图 3-91 给出了电解加工的加工原理示意图。图中，工件 3 接直流电源（10～20V）正极，工具 2 接负极，加工时，两极之间保持一定的间隙（0.1～1mm），电解液（NaCl 或 $NaNO_3$ 溶液）以一定压力（0.5～2.5MPa）从两极间的间隙中高速（5～50m/s）流过，在电场作用下，阳极工件表面金属产生阳极溶解，溶解产物被电解液带走，工件表面便逐渐形成与阴极工具表面相似的形状。图3-92a是刚开始加工的情况，阴极工具与阳极工件之间的间隙是不均匀的；图3-92b是加工终了时的情况，工件表面被电解成与阴极工具相同的形状，阴极工具与阳极工件间的间隙是均匀的。

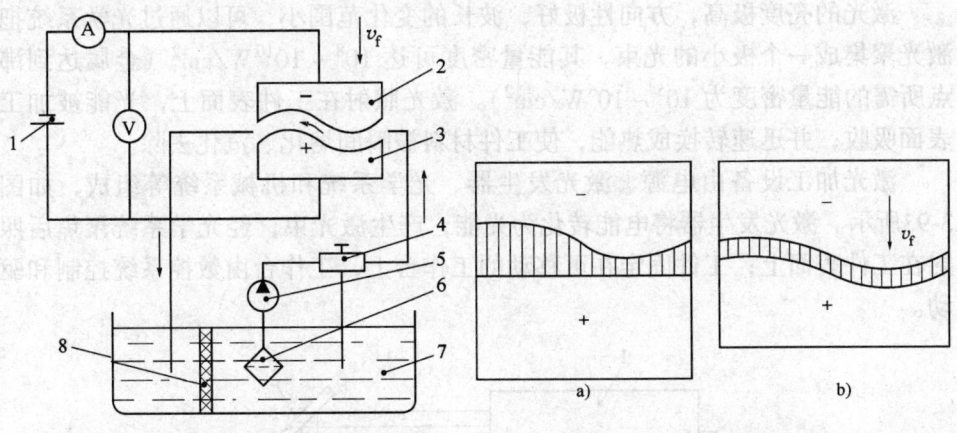

图 3-91 电解加工原理示意图
1—直流电源 2—工具阴极 3—工件阳极
4—调压阀 5—电解液泵 6—过滤器
7—电解液 8—过滤网

图 3-92 电解加工成形原理
a) 加工开始状态
b) 加工结束状态

下面以 NaCl 水溶液作电解液加工铁质工件为例说明阳极溶解的过程。在电场作用下，阳极工件表面上铁原子失去电子成为铁的正离子 Fe^{2+} 后进入电解液，它与电解液中的 Na^+、Cl^-、H^+、OH^- 离子发生下列化学反应

$$Fe^{2+} + 2OH^- \rightarrow Fe(OH)_2 \downarrow$$

$$Fe^{2+} + 2Cl^- \rightleftharpoons FeCl_2$$

氢氧化亚铁在水溶液中溶解度极小，将在电解液中沉淀下来；$FeCl_2$ 能溶于水，又电离分解为铁和氯离子。经电解，阳极工件表面上的材料不断被溶解蚀除，最终被加工成具有规定尺寸和形状的零件。

2．工艺特点及应用范围

电解加工的生产效率极高，约为电火花加工的 5~10 倍；电解加工可以加工形状复杂的型面（例如汽轮机叶片）或型腔（例如模具）；电解加工中工具不和工件直接接触，加工中无切削力作用，加工表面无冷作硬化，无残余应力，加工表面周边无毛刺，能获得较高的加工精度和表面质量，表面粗糙度 Ra 可达 $0.2~1.25\mu m$，工件的尺寸误差可控制在 $\pm 0.1mm$ 范围内；电解加工中工具电极无损耗，可长期使用。

电解加工存在的主要问题是：

1）电解液过滤、循环装置庞大，占地面积大。

2）电解液具有腐蚀性，须对机床设备采取周密的防腐措施。

电解加工广泛应用于加工型孔、型面、型腔、炮筒膛线等，并常用于倒角和去毛刺。另外，电解加工与切削加工相结合（例如电解磨削、电解珩磨、电解研磨等），往往可以取得很好的加工效果。

三、激光加工

1. 加工原理

激光的亮度极高，方向性极好，波长的变化范围小，可以通过光学系统把激光聚集成一个极小的光束，其能量密度可达 $10^8 \sim 10^{10} \text{W/cm}^2$（金属达到沸点所需的能量密度为 $10^5 \sim 10^6 \text{W/cm}^2$）。激光照射在工件表面上，光能被加工表面吸收，并迅速转换成热能，使工件材料被瞬间熔化、汽化去除。

激光加工设备由电源、激光发生器、光学系统和机械系统等组成，如图 3-93 所示。激光发生器将电能转化为光能，产生激光束，经光学系统聚焦后照射在工件表面上；工件固定在可移动的工作台上，工作台由数控系统控制和驱动。

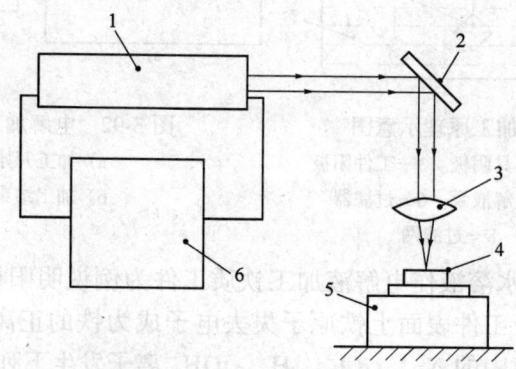

图 3-93 激光加工原理示意图
1—激光发生器 2—反射镜 3—聚焦镜 4—工件 5—工作台 6—电源

2. 工艺特点及应用范围

激光加工是利用高能激光束进行加工的，不存在工具的磨损问题，工件也无受力变形。激光束能量密度高，可加工各种金属材料和非金属材料，例如硬质合金、陶瓷、石英、金刚石等。激光适于在硬质材料上打小孔，常用于打金刚石拉丝模、宝石轴承、发动机喷油嘴、航空发动机叶片上的小孔；除打孔外，激光还广泛用于切割、焊接和热处理。

四、超声波加工

1. 加工原理

超声波加工是利用工具端面的超声频振动（振动频率为 19000 ~ 25000Hz），驱动工作液中的悬浮磨料撞击加工表面的加工方法，其加工原理如图 3-94 所示。加工时，液体（通常为水或煤油）和微细磨料混合的悬浮液被送入工件与工具之间。超声波发生器将工频交流电转变为具有一定功率输出的超声频电振荡能源，并由换能器转换成超声纵向机械振动，其振幅经变幅杆放大（约为 0.05 ~ 0.1mm）后驱动工具端面迫使悬浮液中的磨料以很大的速度撞击被加工表面，将加工区域的材料撞击成很细的微粒，由悬浮液带走；随着工具的不断进给，工具的形状便被复印在工件上。工具材料可用较软的材料制造，例如黄铜、20 钢、45 钢等。悬浮液中的磨料为氧化铝、碳化硅、碳化硼等。粗加工选用粒度为 F180～F400 的磨粒，精加工选用粒度为 F600～F1000 的磨粒。

2. 工艺特点及应用范围

超声波加工既能加工导电材料，也能加工不导电体和半导体材料，例如玻璃、陶瓷、石英、锗、硅、玛瑙、宝石、金刚石等。超声波加工机床的结构相对简单，操作维修方便。超声波加工存在的主要问题是生产效率相对较低。

超声波加工适于加工脆硬材料，尤其适于加工不导电的非金属硬脆材料，例如玻璃、陶瓷等。

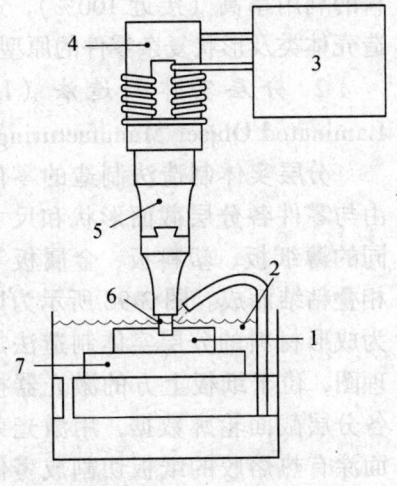

图 3-94　超声波加工原理示意图
1—工件　2—悬浮液　3—超声波发生器
4—换能器　5—变幅杆　6—工具
7—工作台

为提高生产效率，降低工具损耗，在加工难切削材料时，常将超声振动和其他加工方法相结合进行复合加工，例如超声波切削、超声波电解加工、超声波线切割等。

五、快速原型与制造技术（RP&M—Rapid Prototyping and Manufacturing technologies）

快速原型与制造技术（快速成型）是利用计算机辅助设计建立的数据库中的信息来生成零件的分层截面轮廓数据，然后在计算机控制下，按分层截面轮廓将材料逐层累加成形。快速原型与制造技术可以快速制取任意复杂形状的零件，而且无需刀具、夹具。目前，由于材料和经济性等原因，这种工艺方法主要用来快速制造零件原型，供设计评估和样件展示，也可用来快速制造电火花加工模具型面用的工具电极。直接用工程材料快速制造机器零件的快速制造方法正在研究开发中。快速原型与制造技术主要有以下几种不同的成形方法：

1. 立体光刻法（SL—Stereolithography）

立体光刻法又称为光固化法，它是首先投入商业应用的 RP&M 技术。图 3-95 为立体光刻法的加工原理图，所用成形原料为光敏树脂（如丙烯酸树脂），在计算机控制下，扫描镜将紫外激光按预定的零件分层截面轮廓对树脂槽中的表层液态光敏树脂进行逐点扫描，在激光作用下，被扫描的树脂薄层小分子（单体）聚合成大分子，固化成零件的一个薄层截面（厚度为 0.1～0.75mm）。当一层树脂固化后，工作台下降一个预定的距离，刮板 8 在原先固化好的树脂表面上再铺上一层新的液态树脂，以便进行下一层扫描固化。如此重复，直到整个零件原型制造完毕。

这种加工方法的特点是精度高（误差约为相应造型尺寸的 0.1%），原材料的利用率高（接近100%），适合制造壳体类及形状复杂零件的原型。

2．分层实体制造法（LOM—Laminated Object Manufacturing）

分层实体制造法制造的零件原型由与零件各分层截面形状和尺寸都相同的薄纸板、塑料板、金属板等箔材相叠粘结而成。图3-96所示为以纸板为成形材料的分层实体制造法加工原理图，位于纸板上方的激光器按零件各分层截面轮廓数据，用激光束将单面涂有热熔胶的纸板切割成零件相应截面的内、外轮廓，然后通过加热辊8加热，将该截面纸板粘结在前一层纸板上，直到整个零件原型制作完成。该方法适于制造实心零件原型，叠层

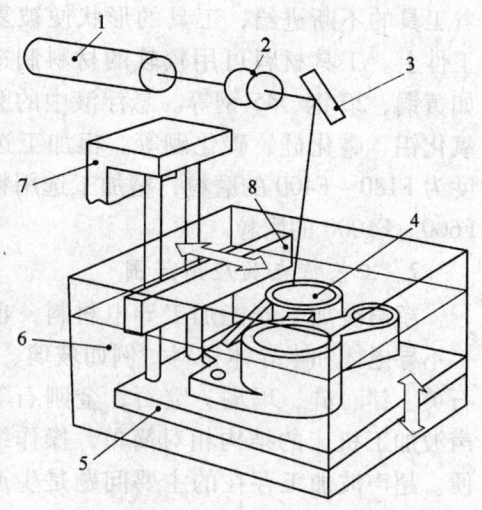

图3-95 立体光刻法
1—激光器 2—透镜 3—反射镜 4—工件原型
5—工作台 6—液态树脂
7—工作台升降机构 8—刮板

厚度一般为0.05~0.5mm，制件的尺寸误差可控制在0.25mm范围内。

3．激光选区烧结法（SLS—Selective Laser Sintering）

激光选区烧结法用CO_2激光器一层一层地烧结粉末材料成型，如图3-97所示。滚轮8将一层粉末均匀地铺在支承台7上，激光束在计算机的控制下，按零件分层轮廓进行扫描烧结；一层截面烧结后支承台7下降一个层厚距离，滚轮在已烧结的表面上再铺上一层粉末，进行下一层烧结，直到全部零件原型烧结完成。未烧结的粉末仍留在原处，待零件原型制造完成后统一清除。激光选区烧结法的叠层厚度为0.05~0.5mm，制件尺寸误差可控制在0.25~0.8mm范围内。

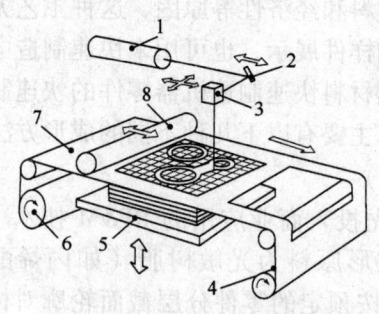

图3-96 分层实体制造法
1—激光器 2—反射镜 3—光学系统
4—收纸辊 5—工作台 6—送纸辊
7—纸板 8—加热辊

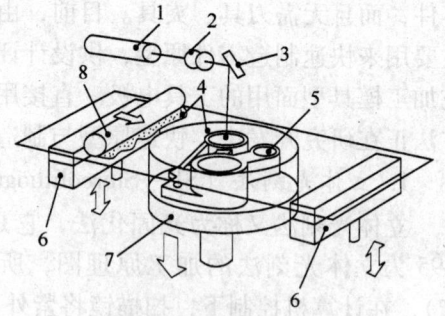

图3-97 激光选区烧结法
1—激光器 2—透镜 3—反射镜
4—未烧结的粉末材料 5—工件原型
6—粉末输送/回收装置 7—支承台 8—滚轮

激光选区烧结法使用的材料很广泛，常用的为塑料粉、尼龙粉及蜡粉。用金属粉或陶瓷粉直接烧结真实零件的工艺正在研究开发中。

4. 熔积法（FDM—Fused Deposition Modelling）

图 3-98 为熔积法的加工原理图，热塑性塑料细丝送入加热喷头，细丝在喷头内被加热到超过细丝熔点 1℃ 左右处于半流动状态时被挤出，喷头的运动轨迹由计算机根据零件分层截面轮廓数据控制，被挤出的熔融状态的成型材料便凝固成相应截面形状的薄层。熔融状态的成型材料逐层堆积、固化，最后便形成整个零件原型。常用的成型材料有精制石蜡、ABS 和专用尼龙蜡等丝材。

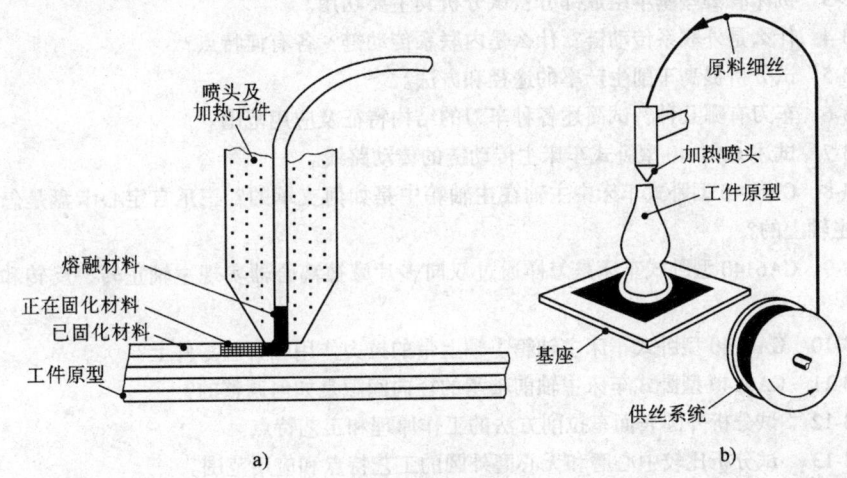

图 3-98 熔积法
a）熔积法原理 b）熔积法简图

熔积法的叠层厚度为 0.025～1.25mm，零件原型壁厚为 0.25～6.5mm，制件的尺寸误差可控制在 0.4mm 范围内。

学习本章内容的基本要求

1) 了解材料去除加工、材料成型加工、材料累积加工的特点和应用范围。

2) 了解零件表面的成形原理、机床的基本结构与运动以及机床型号的表示方法。

3) 掌握外圆表面车削、车拉削、磨削、研磨、超精加工的加工原理、工艺特征及应用范围。

4) 了解 CA6140 型卧式车床主传动系统主要部件的结构及运动联系。

5) 掌握钻孔与扩孔、铰孔、镗孔、珩磨孔、拉孔的加工原理、工艺特征及应用范围。

6) 了解平面及曲面加工的主要加工方法，掌握铣平面的铣削方式、工艺特征及应用范围。

7) 了解车刀、钻头、拉刀、铣刀等常用金属切削刀具的种类、结构及用途。

8) 了解数控机床的组成、加工原理及主要机械部件结构；了解数控加工程序编制的方法步骤。

9) 掌握滚齿、插齿、剃齿和磨齿的加工原理、工艺特点及应用范围。

10) 了解电火花加工、电解加工、激光加工、超声波加工及快速成型的加工原理、工艺特征及应用范围。

思考题与习题

3-1 表面发生线的形成方法有几种？

3-2 试以外圆磨床为例分析机床的哪些运动是主运动？哪些运动是进给运动？

3-3 机床有哪些基本组成部分？试分析其主要功用。

3-4 什么是外联系传动链？什么是内联系传动链？各有何特点？

3-5 试分析提高车削生产率的途径和方法。

3-6 车刀有哪几种？试简述各种车刀的结构特征及应用范围。

3-7 试述 CA6140 型卧式车床主传动链的传动路线。

3-8 CA6140 型卧式车床中主轴在主轴箱中是如何支承的？三爪自定心卡盘是怎样装夹到主轴上的？

3-9 CA6140 型卧式车床是怎样通过双向多片摩擦离合器实现主轴正转、反转和制动的？

3-10 CA6140 型卧式车床主轴箱Ⅰ轴上带的拉力作用在哪些零件上？

3-11 CA6140 型卧式车床主轴前轴承的径向间隙是如何调整的？

3-12 试分析外圆表面车拉削方法的工作原理和工艺特点。

3-13 试分析比较中心磨和无心磨外圆的工艺特点和应用范围。

3-14 试分析快速点磨法的工作原理和工艺特点。

3-15 试分析比较光整加工外圆表面各种加工方法的工艺特点和应用范围。

3-16 试分析比较钻头、扩孔钻和铰刀的结构特点和几何角度。

3-17 用钻头钻孔，为什么钻出来的孔径一般都比钻头的直径大？

3-18 镗孔有哪几种方式？各有何特点？

3-19 珩磨加工为什么能获得较高的尺寸精度、形状精度和较小的表面粗糙度？

3-20 拉削速度并不高，但拉削却是一种高生产率的加工方法，原因何在？

3-21 对于相同直径、相同精度等级的轴和孔，为什么孔的公差值总比轴的公差值规定得大？

3-22 什么是逆铣？什么是顺铣？试分析逆铣和顺铣、对称铣和不对称铣的工艺特征。

3-23 试分析比较铣平面、刨平面、车平面的工艺特征和应用范围。

3-24 数控机床有哪几个基本组成部分？各有何功用？

3-25 数控机床和加工中心的主传动系统与普通机床相比有何特点？

3-26 试述 JCS—018 型加工中心主轴组件的构造及其功能。

3-27 试分析 JCS—018 型加工中心自动换刀装置的优缺点。

3-28 滚切直齿圆柱齿轮时需要哪些基本运动？

3-29 插削直齿圆柱齿轮时需要哪些基本运动？

3-30 插齿时为什么需要插齿刀（或被切齿轮）作让刀运动？

3-31 试分析比较滚齿、插齿的工艺特点和应用范围。

3-32 为什么剃齿前齿轮预加工方法采用滚齿加工比采用插齿加工更合理？

3-33 试述剃齿的加工原理、工艺特点和应用范围。

3-34 磨齿有哪些方法？各有何特点？各应用在什么场合？

3-35 试述电火花加工、电解加工、激光加工和超声波加工的加工原理、工艺特征和应用范围。

3-36 试简述快速原形与制造技术的基本原理及适用场合。

3-37 试分述快速原型与制造技术中立体光刻法、分层实体制造法、激光选区烧结法、熔积法的加工原理、工艺特点和应用范围。

3-38 大批量生产某轴，材料为20CrMnTi，轴全长为234mm，最大直径为ϕ74mm，试为该轴ϕ45k6段外圆表面选择加工方案。该段外圆表面的加工长度为34mm，表面硬度为58~64HRC，表面粗糙度Ra为0.8μm，轴心线与相邻ϕ74mm外圆表面端面的垂直度公差为0.02mm。

3-39 成批生产某箱体，材料为HT300，箱体的外形尺寸（长×宽×高）为：690mm×520mm×355mm，试为该箱体前壁ϕ160K6通孔选择加工方案。该孔长度为95mm，表面粗糙度Ra为0.4μm，圆度公差为0.006mm。

第四章
机械加工质量及其控制

保证机械产品质量是机械制造人员的首要任务。产品的制造质量包括零件的制造质量和产品的装配质量两个方面。零件的制造质量将直接影响产品的性能、效率、寿命及可靠性等质量指标,它是保证产品制造质量的基础。零件的制造方法很多,本章只限于讨论零件的机械加工质量,它包括加工精度和加工表面质量两个方面。产品的装配质量将在第五章讨论。

第一节 机械加工精度概述

一、加工精度与加工误差

加工精度是指零件加工后的实际几何参数(尺寸、形状和相互位置)与理想几何参数的接近程度。实际值越接近理想值,加工精度就越高。零件的加工精度包含尺寸精度、形状精度和位置精度三方面的内容,分述如下:

(1) 尺寸精度 尺寸精度是指机械加工后零件的直径、长度和表面间距离等尺寸的实际值与理想值的接近程度。在机械加工中,获得尺寸精度的方法有试切法、调整法、定尺寸刀具法和自动控制法等。

1) 试切法。通过对工件进行多次重复试切、测量及调整,使加工尺寸达到规定要求的方法称为试切法。试切法生产率低,对操作者的技术水平要求高,主要适用于单件、小批量生产。

2) 调整法。利用对刀块或样件预先调整好刀具和工件在机床上的相对位置而使加工尺寸达到规定要求的方法称为调整法。调整法生产率较高,加工精度稳定可靠,适于在成批、大量生产中应用。

3) 定尺寸刀具法。利用刀具尺寸来保证工件被加工部位尺寸精度的方法称为定尺寸刀具法。定尺寸刀具法生产率较高,但刀具结构较复杂,工件的加工尺寸主要取决于刀具的制造质量和刃磨质量,常用于孔、螺纹和成形表面的加工。

4) 自动控制法。在自动机床、半自动机床和数控机床上,利用测量装置、进给机构和控制系统自动获得规定加工尺寸的方法称为自动控制法。自动控制法生产率高,加工精度高,但装备较复杂,适于在成批、大量生产中应用。

(2) 形状精度 形状精度是指机械加工后零件几何要素的实际形状与理想

形状的接近程度。实际形状越接近理想形状，形状精度就越高。国家标准规定用直线度、平面度、圆度、圆柱度、线轮廓度和面轮廓度等项目来评定形状精度。

在机械加工中，获得形状精度的方法有轨迹法、成形法、相切法和展成法，详见第三章第一节。

（3）位置精度　位置精度是指机械加工后零件几何要素的实际位置与理想位置的接近程度。实际位置越接近理想位置，位置精度就越高。国家标准规定用平行度、垂直度、同轴度、对称度、位置度、圆跳动和全跳动等项目来评定位置精度。

在机械加工中，获得位置精度的方法有直接找正法、划线找正法和夹具装夹法，详见第一章第五节。

加工过程中有很多因素影响加工精度，实际加工不可能把零件做得与理想零件完全一致。零件加工后的实际几何参数（尺寸、形状和相互位置）对理想几何参数的偏离量称为加工误差。从保证产品的使用性能考虑，确实也无需把每个零件都加工得绝对精确，而只要求它在某一规定的范围内变动。零件尺寸、形状和表面间相互位置允许的变动范围，称为公差。机械制造人员的任务就是要使加工误差小于图样上规定的公差。保证和提高加工精度的问题，实际上就是控制和减少加工误差的问题。

零件表面的尺寸公差、形状公差和位置公差值在数值上有一定的对应关系。零件表面的位置公差和形状公差一般应小于尺寸公差，例如圆柱表面的圆度、圆柱度等形状公差，应小于其尺寸公差；零件上两表面之间的平行度公差应小于两表面间尺寸公差；位置公差和形状公差值一般应为相应尺寸公差值的 1/2～1/3；在同一几何要素上给出的形状公差值应小于位置公差值。通常，尺寸精度要求高时，相应的位置精度和形状精度也要求高。但生产中也有形状精度、位置精度要求极高而尺寸精度要求不很高的零件表面，例如机床床身导轨表面。

二、加工经济精度

加工过程中有很多因素影响零件的加工精度，即使是同一种加工方法，只要工作条件稍有变化，它们所能达到的加工精度也不相同。例如，采用较高精度的设备，适当选用切削用量、精心完成加工过程中的每一个操作，就能得到较高的加工精度，但这会降低生产率，增加加工成本。

对于同一种加工方法，加工误差 δ 和加工成本 S 有图 4-1 所示的关系。加工精度越高，成本越高。但上述关系只是在一定范围内（AB 段）才比较明显。在 A 点左侧段，即使成本提高了很多，加工误差却减少不多；在 B 点右侧段，即使工件精度降低很多，加工成本却并不因此降低很多，也必须

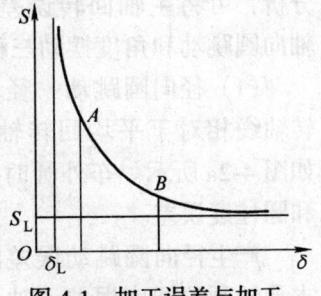

图 4-1　加工误差与加工成本之间的关系

耗费一定的最低成本。加工经济精度是指在正常生产条件下（采用符合质量标准的设备、工艺装备和标准技术等级的工人，不延长加工时间）所能保证的加工精度。表 5-1、表 5-2、表 5-3 分别列出了外圆、孔、平面加工中各种加工方法所能达到的加工经济精度等级，表中所列加工经济精度等级不是固定不变的，它将随着工艺技术的发展，设备及工艺装备的改进和生产管理水平的不断提高而逐渐提高。

第二节 影响机械加工精度的因素

机械加工系统（简称工艺系统）由机床、夹具、刀具和工件组成。影响加工精度的原始误差主要包括以下几方面：
1) 工艺系统的几何误差，包括机床、夹具和刀具等的制造误差及其磨损。
2) 工件装夹误差。
3) 工艺系统受力变形引起的加工误差。
4) 工艺系统受热变形引起的加工误差。
5) 工件内应力重新分布引起的变形。
6) 其他误差，包括原理误差、测量误差、调整误差等。

一、工艺系统的几何误差

（一）机床的几何误差

加工中，刀具相对于工件的成形运动，通常都是通过机床来完成的。工件的加工精度在很大程度上取决于机床的精度。机床制造误差中对工件加工精度影响较大的误差有：主轴回转误差、导轨误差和传动误差。

1. 主轴回转误差

机床主轴是用来装夹工件（或刀具），并将运动和动力传给工件（或刀具）的重要零件。主轴回转误差将直接影响被加工工件的形状精度和位置精度。主轴回转误差是指主轴实际回转轴线相对其平均回转轴线的变动量。为便于分析，可将主轴回转误差分解为径向圆跳动、轴向圆跳动和角度摆动三种基本形式的误差。

（1）径向圆跳动 径向圆跳动是指主轴回转轴线相对于平均回转轴线在径向的变动量，如图 4-2a 所示。车外圆时它使加工面产生圆度和圆柱度误差。

产生径向圆跳动误差的主要原因有：主轴支承轴颈的圆度误差、轴承工作表面的圆度误差等。若机床主轴采用滑动轴承结构，在车床

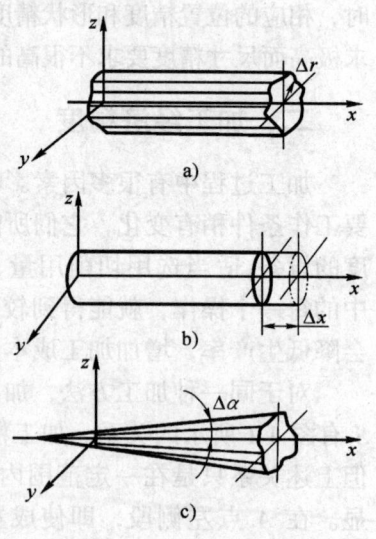

图 4-2 主轴回转误差的三种基本形式

上车削外圆时切削力 F 的作用方向可认为是基本不变的（见图 4-3a），在切削力的作用下，主轴颈以不同的部位与轴承内径的某一固定部位相接触，此时主轴支承轴颈的圆度误差将直接反映为主轴径向圆跳动 δ_d，而轴承内径的圆度误差对主轴径向圆跳动的影响不大；在镗床上镗孔时，由于切削力 F 的作用方向随主轴的回转而回转（见图 4-3b），在切削力 F 的作用下，主轴总是以其支承轴颈某一固定部位与轴承内表面的不同部位接触，此时，轴承内表面的圆度误差将直接反映为主轴径向圆跳动 δ_d，而主轴支承轴颈的圆度误差对主轴径向圆跳动影响不大。若机床主轴采用滚动轴承结构（见图 4-4），在车床上车外圆时，滚动轴承内环外滚道的圆度误差对主轴径向圆跳动影响较大；在镗床上镗孔时，轴承外环内滚道的圆度误差对主轴径向圆跳动影响较大。滚动体的尺寸误差将直接影响主轴径向圆跳动误差的大小。由于滚动轴承的内、外环均是薄壁零件，容易产生变形，主轴支承轴颈的圆度误差和箱体轴承孔的圆度误差，也是产生径向圆跳动误差的原因。另外，滚动轴承间隙的调整质量也是一个不可忽视的影响因素。

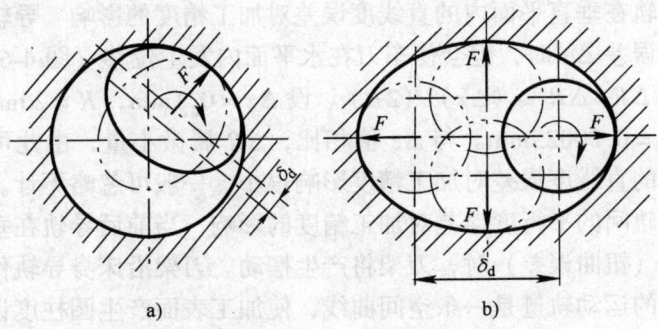

图 4-3 采用滑动轴承时主轴的径向圆跳动 δ_d

（2）轴向圆跳动 轴向圆跳动是指主轴回转轴沿平均回转轴线方向的变动量，如图 4-2b 所示。车端面时它使工件端面产生垂直度、平面度误差。主轴产生轴向圆跳动的原因是主轴轴肩端面和推力轴承承载端面对主轴回转轴线的垂直度误差。

（3）角度摆动 角度摆动是指主轴回转轴线相对平均回转轴线产生倾斜引起的主轴回转误差，如图 4-2c 所示。车削时，它使加工表面产生圆柱度误差和端面形状误差。主轴回转轴线产生角度摆动的原因是：箱体主轴孔各轴承孔的同轴度误差、主轴各段支承轴颈的同轴度误差、轴承间隙超差等。

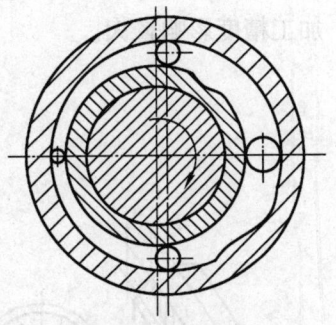

图 4-4 采用滚动轴承时内外环和滚动体对主轴径向圆跳动的影响

提高主轴及箱体轴承孔的制造精度，选用高精度的轴承，提高主轴部件的装配精度，对主轴部件进行平衡，对滚动轴承进行预紧等，均可提高机床主轴的回转精度。

2. 导轨误差

导轨是确定机床各主要部件相对位置关系的基准。下面以卧式车床导轨为例分析机床导轨误差对加工精度的影响。

（1）导轨在水平面内的直线度误差对加工精度的影响 导轨在水平面内的直线度误差直接反映在被加工工件表面的法线方向（误差敏感方向）上，它对加工精度的影响最大。导轨在水平面内如有直线度误差 Δy 时，则在导轨全长上刀具相对于工件的正确位置将产生 Δy 的偏移量，使工件半径产生 $\Delta R = \Delta y$ 的误差，如图 4-5 所示。

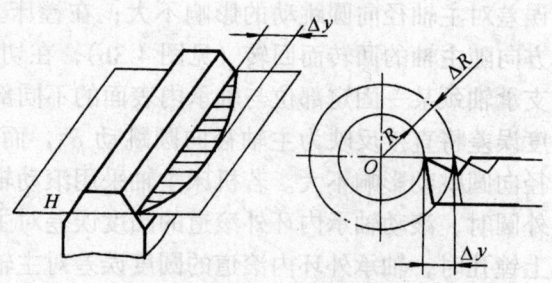

图 4-5　导轨水平面内的直线度误差对加工精度的影响

（2）导轨在垂直平面内的直线度误差对加工精度的影响 导轨在垂直平面内有直线度误差 Δz 时，也会使车刀在水平面内发生位移（图 4-6），使工件半径产生误差 ΔR，$\Delta R \approx (\Delta z)^2 / (2R)$。设 $\Delta z = 0.1 \mathrm{mm}$，$R = 20 \mathrm{mm}$，则 $\Delta R = 0.01/40 \mathrm{mm} = 0.00025 \mathrm{mm}$。与 Δz 值相比，ΔR 属微小量，由此可知，导轨在垂直平面内的直线度误差对加工精度影响很小，一般可忽略不计。

（3）导轨间的平行度误差对加工精度的影响 当前后导轨在垂直平面内有平行度误差（扭曲误差）时，刀架将产生摆动。刀架沿床身导轨作纵向进给运动时，刀尖的运动轨迹是一条空间曲线，使加工表面产生圆柱度误差。

导轨间在垂直方向有平行度误差 Δl_3 时（图 4-7），将使刀具在误差敏感方向产生 $\Delta y \approx (H/B) \times \Delta l_3$ 的偏移量，使工件半径产生 $\Delta R = \Delta y$ 的误差，对加工精度影响较大。

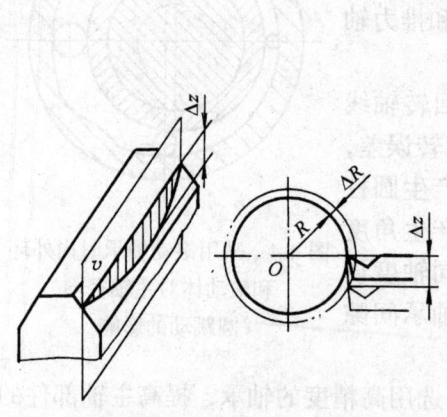

图 4-6　导轨垂直平面内的直线度误差对加工精度的影响

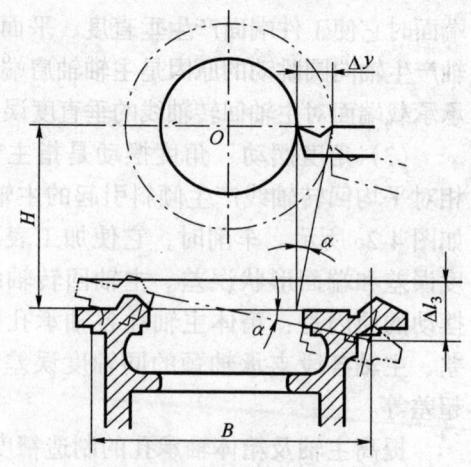

图 4-7　导轨间的平行度误差对加工精度的影响

除了导轨本身的制造误差之外,导轨磨损是造成机床精度下降的主要原因。选用合理的导轨形状和导轨组合形式,采用耐磨合金铸铁导轨、镶钢导轨、贴塑导轨、滚动导轨以及对导轨进行表面淬火处理等措施均可提高导轨的耐磨性。

3. 传动误差

传动误差是指传动链始末两端传动元件间相对运动的误差,一般用传动链末端元件的转角误差来衡量。有些加工方法(如车螺纹、滚齿、插齿等),要求刀具与工件之间必须具有严格的传动比关系。机床传动误差是影响这类表面加工精度的主要原因之一。

图 4-8 所示为滚齿机传动系统图,被切齿轮装夹在工作台上,与蜗轮同轴回转。由于传动链中各传动件制造与安装都会存在一定的误差,每个传动件的误差都将通过传动链影响被切齿轮的加工精度。由于各传动件在传动链中所处的位置不同,它们对工件加工精度的影响程度亦不相同。设滚刀轴均匀旋转,若齿轮 z_1 有转角误差 $\Delta\varphi_1$,而其他各传动件假设无误差,则由 $\Delta\varphi_1$ 产生的工件转角误差

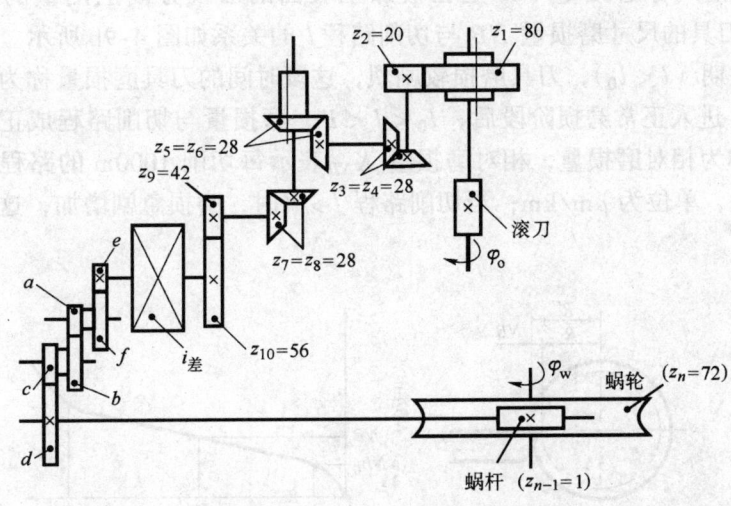

图 4-8 滚齿机传动系统图

$$\Delta\varphi_{1n} = \Delta\varphi_1 \times \frac{80}{20} \times \frac{28}{28} \times \frac{28}{28} \times \frac{28}{28} \times \frac{42}{56} \times i_{差} \times \frac{e}{f} \times \frac{a}{b} \times \frac{c}{d} \times \frac{1}{72} = K_1\Delta\varphi_1$$

式中　　$i_{差}$——差动机构的传动比;

$\frac{e}{f}$、$\frac{a}{b}$、$\frac{c}{d}$——分齿挂轮传动比;

K_1——齿轮 z_1 到工作台的传动比,K_1 值大小反映了齿轮 z_1 的转角误差对终端工作台传动精度的影响程度,称为误差传递系数。同理,若第 j 个传动元件有转角误差 $\Delta\varphi_j$,则该转角误差通过相应的传动链传递到被切齿轮的转角误差为

$$\Delta\varphi_{jn} = K_j \Delta\varphi_j$$

K_j——第 j 个传动件的误差传递系数。

由于所有传动件都可能存在误差,因此,被切齿轮转角误差的总和 $\Delta\varphi_\Sigma$ 为

$$\Delta\varphi_\Sigma = \sum_{j=1}^{n} \Delta\varphi_{jn} = \sum_{j=1}^{n} K_j \Delta\varphi_j \tag{4-1}$$

分析上式可知,提高传动元件的制造精度和装配精度,减少传动件数,均可减小传动误差。

(二)刀具的几何误差

刀具误差对加工精度的影响随刀具种类的不同而不同。采用定尺寸刀具(例如钻头、铰刀、键槽铣刀、圆拉刀等)加工时,刀具的尺寸误差和磨损将直接影响工件的尺寸精度。采用成形刀具(例如成形车刀、成形铣刀、成形砂轮等)加工时,刀具的形状误差和磨损将直接影响工件的形状精度。对于一般刀具(例如车刀、镗刀、铣刀等)而言,其制造误差对工件加工精度无直接影响。

刀具的尺寸磨损量 NB 是在被加工表面的法线方向上测量的(参见图 4-9a)。刀具的尺寸磨损量 NB 与切削路程 l 的关系如图 4-9b 所示。新刃磨刀具切削初期($l < l_0$),刀具磨损较剧烈,这段时间的刀具磨损量称为初期磨损量 NB_0;进入正常磨损阶段后,$l_0 < l < l'$,磨损量与切削路程成正比,其斜率 K_{NB} 称为相对磨损量,相对磨损量 K_{NB} 表示每切削 1000m 的路程刀具的尺寸磨损量,单位为 $\mu m/km$;当切削路程 $l > l'$ 时,磨损急剧增加,这时应停止切削。

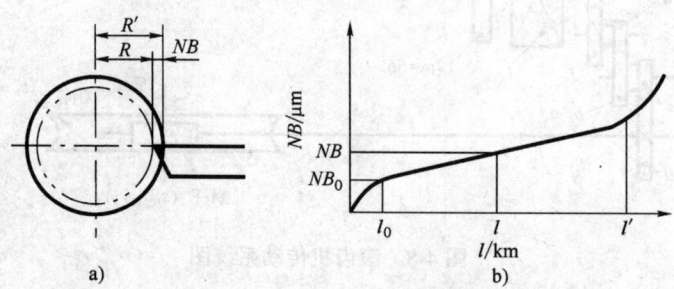

图 4-9 刀具的尺寸磨损量与切削路程的关系

刀具的尺寸磨损量可用下式计算

$$NB = NB_0 + \frac{K_{NB}(l - l_0)}{1000} \approx NB_0 + \frac{K_{NB}l}{1000} \tag{4-2}$$

表 4-1 列出了精车时刀具的初期磨损量 NB_0 和相对磨损量 K_{NB}。

选用新型耐磨刀具材料,合理选用刀具几何参数和切削用量,正确刃磨刀具,正确采用切削液等,均可减少刀具的尺寸磨损。必要时还可采用补偿装置对刀具尺寸磨损进行自动补偿。

表 4-1　精车时刀具的初始磨损量 NB_0 和相对磨损量 K_{NB}

工件材料	刀具材料		切削用量			初始磨损量 $NB_0/\mu m$	相对磨损量 $K_{NB}/(\mu m/km)$
			背吃刀量 a_p/mm	进给量 $f/mm \cdot r^{-1}$	切削速度 $v/m \cdot s^{-1}$		
45 钢	YT60，YT30	P 类	0.3	0.1	7.75~8.08	3~4	2.5~2.8
	YT15		<2	<0.3	<1.67~3.33	4~12	8
灰铸铁 (187HBW)	YG4	K 类	0.5	0.2	1.5	3	8.5
						5	13
	YG6					5	19
					1.67	4	13
	YG8			0.1	2	5	18
					2.33	6	35
合金钢 $\sigma_b = 920MPa$	YT60，YT30	P 类	0.5	0.21	2.25	2	2.0~3.5
	YT15					4	8.5
	YG3	K 类				5	9.5
	YG4					6	30

（三）夹具的几何误差

夹具的作用是使工件相对于刀具和机床占有正确的位置。夹具的几何误差对工件的加工精度（特别是位置精度）有很大影响。在图 4-10 所示钻床夹具中，影响工件孔轴心线 a 与底面 B 间尺寸 L 和平行度的因素有：钻套轴心线 f 与夹具定位元件支承平面 c 间的距离和平行度误差；夹具定位元件支承平面 c 与夹具体底面 d 的垂直度误差；钻套孔的直径误差等。在设计夹具时，为减少夹具几何误差对加工精度的影响，夹具上所有直接影响工件加工精度的有关尺寸的制造公差均取为加工件相应尺寸公差的 1/2~1/5。

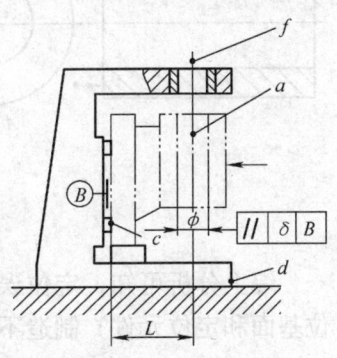

图 4-10　夹具几何误差分析示例

二、装夹误差

装夹误差包括定位误差和夹紧误差两个部分。

（一）定位误差

1. 定位误差的概念

因定位不准确而引起的误差称为定位误差。下面用一个加工实例来说明产生定位误差的原因。

图 4-11a 是一个铣平面工序的工序简图。已知：工件内孔直径为 $\phi D^{+T_D}_0$，外圆直径为 $\phi d^{0}_{-T_d}$，由图可知，外圆下母线 A 是工序尺寸 $H^{0}_{-T_H}$ 的工序基准，内孔中心线是定位基准。加工时，工件以内孔为定位基面在水平放置的心轴

（心轴直径尺寸为 $\phi d_{轴}{}_{-T_{轴}}^{0}$）上定位，由于工件重力的作用，工件内孔与心轴在上母线 p 接触（参见图4-11c）；铣刀位置则是根据心轴中心线调整的。在加工一批工件过程中，铣刀位置始终保持不变，但工件内孔与外圆的直径却是变化的，工序基准 A 相对于铣刀的位置将随工件内孔、外圆和心轴直径尺寸的变化而变化，其变化量在工序尺寸 H 方向上的投影值即为该工序因定位不准确而引起的定位误差，用符号 Δ_{dw} 表示。图4-11b是在不考虑内孔直径和心轴直径变化的条件下（此时定位孔径和心轴直径完全相同），工序基准 A 的位置随工件外圆直径变化而变化给加工带来的误差，此误差是由定位基准与工序基准不重合引起的，称作定位基准不重合误差 Δ_{jb}；图4-11c是在不考虑外圆直径变化的条件下，工序基准 A 的位置随定位孔直径、心轴直径以及定位孔与心轴外圆间配合间隙变化而变化给加工带来的误差，此误差是由定位副（含工件定位基面和定位元件）制造不准确与定位副间配合间隙引起的，称作定位基准位移误差 Δ_{jw}。

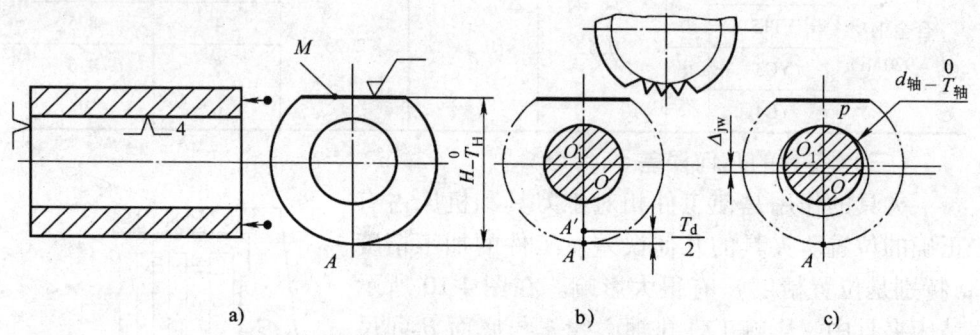

图4-11　定位误差计算示例

综上分析可知，定位误差 Δ_{dw} 由基准不重合误差 Δ_{jb} 和定位副（含工件定位基面和定位元件）制造不准确与定位副间配合间隙引起的定位基准位移误差 Δ_{jw} 两部分组成，定位误差 Δ_{dw} 值为上述两项误差的代数和，即

$$\Delta_{dw} = \Delta_{jb} \pm \Delta_{jw} \tag{4-3}$$

对于图4-11所示工况，因定位基面（定位孔）和定位元件（心轴）直径制造不准确，以及定位副配合间隙而引起的定位基准位移在工序尺寸 H 方向上的投影值为

$$\Delta_{jw} = T_D/2 + T_{轴}/2 + \Delta_S/2$$

式中　Δ_S——定位孔和心轴外圆间最小配合间隙，$\Delta_S = D_{\min} - d_{轴\max}$。

在不考虑定位基准位移误差的条件下，由于工序基准（外圆下母线 A）与定位基准（内孔中心线）不重合引起的工序基准 A 相对于定位基准的变动量在工序尺寸 H 方向上的投影值为

$$\Delta_{jb} = T_d/2$$

图4-11a所示铣平面工序的定位误差

$$\Delta_{dw} = \Delta_{jb} + \Delta_{jw} = T_d/2 + T_D/2 + T_{轴}/2 + \Delta_S/2$$

2. 定位误差的分析计算

在分析定位误差时，应根据工序简图规定的定位方式分别计算基准不重合误差 Δ_{jb} 和定位基准位移误差 Δ_{jw}，再利用公式（4-3）进行计算。

(1) 工件以平面定位时定位误差的分析计算

图 4-12a 所示工件，在图中 M 面与 G 面已加工至规定尺寸 $A \pm T_A/2$ 的条件下，N 面可采用以下两种不同定位方案加工：

1) 工件以 G 面定位，如图 4-12b 所示。因 N 面所标尺寸 B 的工序基准也是 G 面，定位基准与工序基准重合，基准不重合误差 $\Delta_{jb} = 0$。定位基准位移误差为定位面 G 和定位元件平面的平面度误差在工序尺寸 B 方向上的投影值的代数和 δ_1，故 $\Delta_{jw} = \delta_1$。图 4-12b 所示定位方案的定位误差 $\Delta_{dw} = \Delta_{jb} + \Delta_{jw} = \delta_1$。

2) 工件以 M 面定位，如图 4-12c 所示。因 N 面所标工序尺寸 B 的工序基准是 G 面，工序基准与定位基准不重合，基准不重合误差为工序基准 G 相对于定位基准 M 的变动量在工序尺寸 B 方向上的投影值，$\Delta_{jb} = T_A$。定位基准位移误差为定位基准 M 面和定位元件平面的平面度误差在工序尺寸 B 方向上的投影值的代数和 δ_2，故 $\Delta_{jw} = \delta_2$。图 4-12c 所示定位方案的定位误差为 $\Delta_{dw} = \Delta_{jb} + \Delta_{jw} = T_A + \delta_2$。

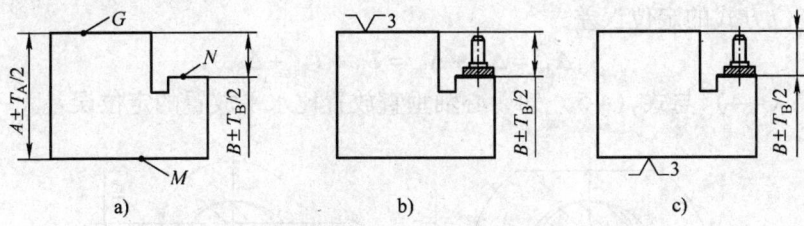

图 4-12 工件以平面定位时定位误差计算示例

(2) 工件以内孔表面定位时定位误差的分析计算

1) 定位基准与工序基准重合的情况。图 4-13a 是以内孔定位铣平面的工序简图，要求保证工序尺寸 $A \pm T_A$。该工序的定位基准与工序基准重合，无基准不重合误差，故 $\Delta_{jb} = 0$，但存在定位副（定位销和定位孔）制造不准确和配合间隙引起的定位基准位移误差 Δ_{jw}。下面按定位销（心轴）水平放置和垂直放置两种方式分别进行分析：

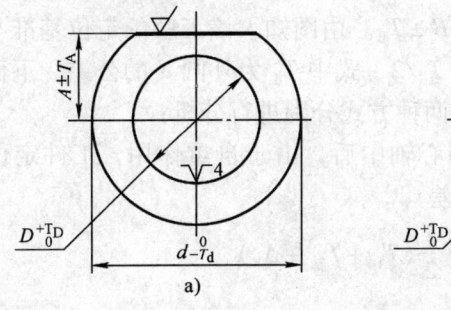
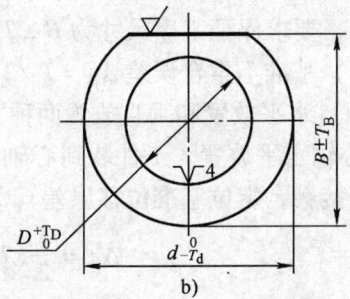

图 4-13 铣平面工序简图

① 心轴水平放置（图 4-14a）。工件装到心轴上后，由于自重作用，工件定位孔与心轴上母线接触，孔中心线 O 处于心轴中心线 O_1 的下方，由于定位副制造不准确和定位副间配合间隙引起的定位基准位移误差为

$$\Delta_{jw} = OO_1 = \frac{1}{2}(D_{max} - d_{轴min})$$

由于 $D_{max} = D_{min} + T_D$，$d_{轴min} = d_{轴max} - T_{轴}$

所以 $\quad \Delta_{jw} = \frac{1}{2}[D_{min} + T_D - (d_{轴max} - T_{轴})] = \frac{1}{2}(T_D + T_{轴} + \Delta_S)$ （4-4）

式中 D_{min}——定位孔的最小直径（mm）；

T_D——定位孔的公差（mm）；

$d_{轴max}$——心轴的最大直径（mm）；

$T_{轴}$——心轴的公差（mm）；

Δ_S——定位孔与心轴间最小配合间隙（mm），$\Delta_S = D_{min} - d_{轴max}$。

此种定位方式的定位误差

$$\Delta_{dw} = \Delta_{jw} + \Delta_{jb} = \frac{1}{2}(T_D + T_{轴} + \Delta_S)$$

② 心轴垂直放置（图 4-14b）。工件装到心轴上时，定位基准位移误差

$$\Delta_{jw} = OO' = 2OO_1 = T_D + T_{轴} + \Delta_S \quad (4-5)$$

此种定位方式的定位误差

$$\Delta_{dw} = \Delta_{jb} + \Delta_{jw} = T_D + T_{轴} + \Delta_S$$

比较式（4-4）与式（4-5）知，心轴垂直放置比水平放置的定位误差大一倍。

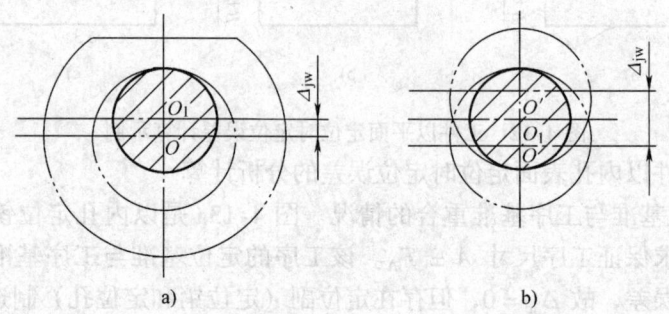

图 4-14 工件以内孔定位定位误差的计算

2) 定位基准与工序基准不重合的情况。图 4-13b 是以内孔定位铣平面的工序简图，要求保证工序尺寸为 $B \pm T_B$。由图知，该工序的定位基准与工序基准不重合，基准不重合误差 $\Delta_{jb} = T_d/2$，式中 T_d 为外圆 d 的公差。下面按定位销（心轴）水平放置和垂直放置两种方式分别进行分析：

① 心轴水平放置。工件装到心轴中后，由于自重作用，工件定位孔与心轴上母线接触，定位基准位移误差

$$\Delta_{jw} = \frac{1}{2}(T_D + T_{轴} + \Delta_S)$$

此种定位方式的定位误差

$$\Delta_{\mathrm{dw}} = \Delta_{\mathrm{jb}} + \Delta_{\mathrm{jw}} = \frac{T_\mathrm{d}}{2} + \frac{1}{2}(T_\mathrm{D} + T_{轴} + \Delta_\mathrm{S})$$

② 心轴垂直放置。定位基准位移误差

$$\Delta_{\mathrm{jw}} = (T_\mathrm{D} + T_{轴} + \Delta_\mathrm{S})$$

此种定位方式的定位误差

$$\Delta_{\mathrm{dw}} = \Delta_{\mathrm{jb}} + \Delta_{\mathrm{jw}} = \frac{T_\mathrm{d}}{2} + (T_\mathrm{D} + T_{轴} + \Delta_\mathrm{S})$$

（3）工件以外圆表面定位时定位误差的分析计算。工件以外圆定位时常采用 V 形块定位。图 4-15 所示为工件以直径为 $d_{-T_\mathrm{d}}^{0}$ 的外圆在 V 形块上定位铣键槽的情况。由于标注键槽深度的工序尺寸所选工序基准不同，它们的定位误差也不相同，下面分三种情况讨论：

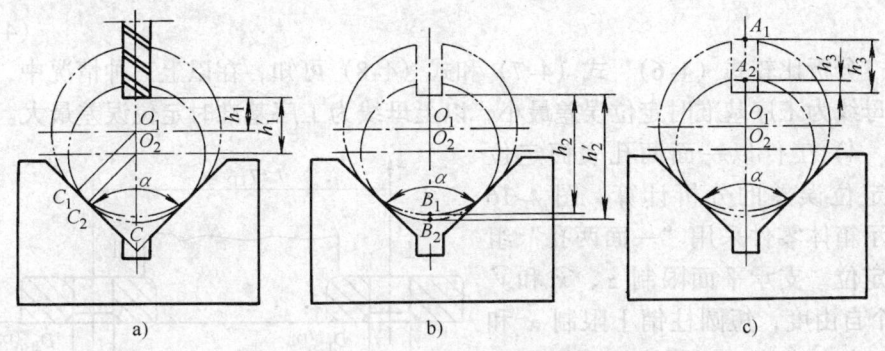

图 4-15　工件在 V 形块上定位

① 以工件外圆轴线为工序基准标注键槽深度尺寸 h_1（图 4-15a）。工序尺寸 h_1 的工序基准与工件的定位基准（外圆轴线）重合，无基准不重合误差，故 $\Delta_{\mathrm{jb}}(h_1) = 0$。因定位表面外圆和定位元件 V 形块有制造误差，其定位基准位移误差

$$\Delta_{\mathrm{jw}}(h_1) = O_1O_2 = O_1C - O_2C = \frac{O_1C_1}{\sin(\alpha/2)} - \frac{O_2C_2}{\sin(\alpha/2)}$$

$$= \frac{d}{2\sin(\alpha/2)} - \frac{d - T_\mathrm{d}}{2\sin(\alpha/2)} = \frac{T_\mathrm{d}}{2\sin(\alpha/2)}$$

该工序的定位误差

$$\Delta_{\mathrm{dw}}(h_1) = \Delta_{\mathrm{jw}}(h_1) + \Delta_{\mathrm{jb}}(h_1) = \frac{T_\mathrm{d}}{2\sin(\alpha/2)} \tag{4-6}$$

② 以工件外圆下母线为工序基准标注键槽深度尺寸 h_2（图 4-15b）。工序尺寸 h_2 的工序基准与定位基准（外圆轴线）不重合，存在基准不重合误差 $\Delta_{\mathrm{jb}}(h_2)$，其值为工序基准相对于定位基准（外圆轴线）在工序尺寸 h_2 方向上的最大变动量，即 $\Delta_{\mathrm{jb}}(h_2) = T_\mathrm{d}/2$。该铣键槽工序存在定位基准的位移误差，其值同前，$\Delta_{\mathrm{jw}}(h_2) = O_1O_2 = \dfrac{T_\mathrm{d}}{2\sin(\alpha/2)}$。由于 $\Delta_{\mathrm{jb}}(h_2)$ 与 $\Delta_{\mathrm{jw}}(h_2)$ 在工序尺寸 h_2 方向上的投影方向相反，故其定位误差

$$\Delta_{\mathrm{dw}}(h_2) = \Delta_{\mathrm{jw}}(h_2) - \Delta_{\mathrm{jb}}(h_2) = \frac{T_\mathrm{d}}{2\sin(\alpha/2)} - \frac{T_\mathrm{d}}{2} = \frac{T_\mathrm{d}}{2}\left[\frac{1}{\sin(\alpha/2)} - 1\right]$$
(4-7)

③ 以工件外圆上母线为工序基准标注键槽深度尺寸 h_3（图 4-15c）。工序尺寸 h_3 的工序基准与定位基准不重合，存在基准不重合误差 $\Delta_{\mathrm{jb}}(h_3)$，其值为工序基准相对于定位基准（外圆轴线）在工序尺寸 h_3 方向上的最大变动量，即 $\Delta_{\mathrm{jb}}(h_3) = T_\mathrm{d}/2$；此外，该铣键槽工序还存在定位基准的位移误差，其值同前，$\Delta_{\mathrm{jw}}(h_3) = O_1O_2 = \dfrac{T_\mathrm{d}}{2\sin(\alpha/2)}$。由于 $\Delta_{\mathrm{jb}}(h_3)$ 与 $\Delta_{\mathrm{jw}}(h_3)$ 在工序尺寸 h_3 方向上的投影方向相同，故其定位误差

$$\Delta_{\mathrm{dw}}(h_3) = \Delta_{\mathrm{jw}}(h_3) + \Delta_{\mathrm{jb}}(h_3) = \frac{T_\mathrm{d}}{2\sin(\alpha/2)} + \frac{T_\mathrm{d}}{2} = \frac{T_\mathrm{d}}{2}\left[\frac{1}{\sin(\alpha/2)} + 1\right]$$
(4-8)

分析比较式（4-6）、式（4-7）和式（4-8）可知，在以上三种情况中，以下母线为工序基准时定位误差最小，以上母线为工序基准时定位误差最大。

4）工件以一面两孔表面定位时定位误差的分析计算。图 4-16 所示箱体零件采用"一面两孔"组合定位，支承平面限制 $\vec{z}$、$\vec{x}$ 和 $\vec{y}$ 3 个自由度，短圆柱销 I 限制 $\vec{x}$ 和 $\vec{y}$ 两个自由度，短圆柱销 II 限制 $\vec{x}$ 和 $\vec{z}$ 两个自由度。两个短圆柱销同时限制 $\vec{x}$ 自由度，出现了过定位现象。为了防止出现过定位情况，可以采取以菱形销（削边销）来代替其中一个短圆柱销的办法解决，如图 4-17 所示。菱形销的削边部分必须位于两销连线方向上，保证菱形销不限制 $\vec{x}$ 自由度。

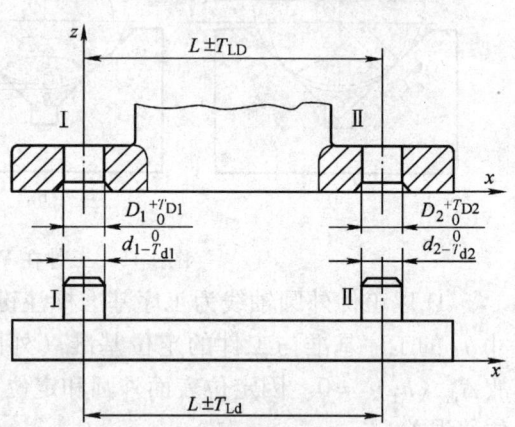

图 4-16 一面两孔定位方式

工件以一面两孔定位，有可能出现图 4-17 所示工件轴线偏斜的极限情况，即左边定位孔 I 与圆柱销在上边接触，而右面的定位孔 II 与菱形销在下边接触，工件轴线相对于两销轴线的偏转角

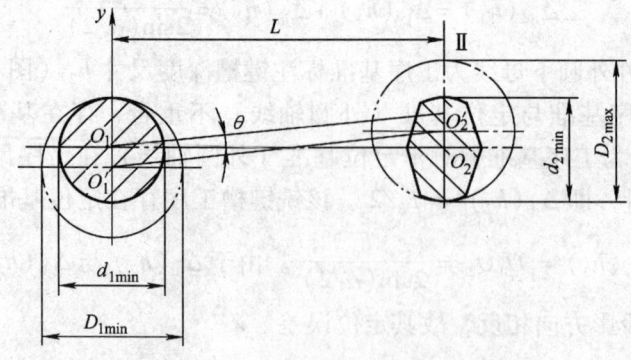

图 4-17 一面两孔组合定位转角误差

$$\theta = \arctan \frac{O_1 O'_1 + O_2 O'_2}{L}$$

式中，$O_1 O'_1 = \frac{1}{2}(T_{D1} + T_{d1} + \Delta_{S1})$，$O_2 O'_2 = \frac{1}{2}(T_{D2} + T_{d2} + \Delta_{S2})$，其中 Δ_{S1}、Δ_{S2} 分别为孔 I 与孔 II 的最小配合间隙，代入上式得

$$\theta = \arctan \frac{T_{D1} + T_{d1} + \Delta_{S1} + T_{D2} + T_{d2} + \Delta_{S2}}{2L}$$

下面以实例说明工件用一面两销（其中一个为菱形销）定位时定位误差的分析与计算。

例 4-1 工件以一面两孔为定位基面，在垂直放置的一面两销上定位铣 A 面，如图 4-18 所示，要求保证工序尺寸 $H = (60 \pm 0.15)\,\text{mm}$。已知：两定位基面孔直径 $D = \phi 12^{+0.025}_{0}\,\text{mm}$，两孔中心距 $L_2 = (200 \pm 0.05)\,\text{mm}$，$L_1 = 50\,\text{mm}$，$L_3 = 300\,\text{mm}$，两个定位销的直径尺寸分别为 $d_1 = \phi 12^{-0.007}_{-0.020}\,\text{mm}$，$d_2 = \phi 12^{-0.02}_{-0.04}\,\text{mm}$。试计算此工序的定位误差。

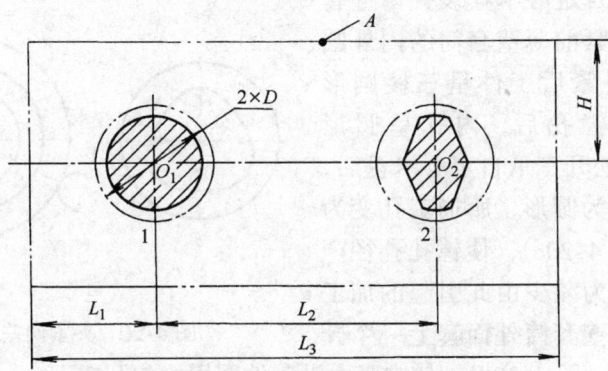

图 4-18 工件以一面两孔定位铣平面

解 工件在两定位销上定位时，相对于两定位销中心线 $O_1 O_2$，工件上的两定位孔轴线可以出现图 4-19 所示的两个极限位置 $O'_1 O'_2$ 和 $O''_1 O''_2$，使工序尺寸 H 的工序基准 $O_1 O_2$ 发生偏转，引起定位误差。

根据已知条件可求得 $\Delta_{S1} = D_{\min} - d_{1\max} = 0.007\,\text{mm}$，$\Delta_{S2} = D_{\min} - d_{2\max} = 0.02\,\text{mm}$。由图 4-19 知

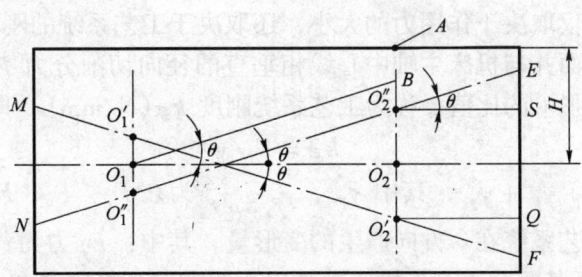

图 4-19 工序基准发生偏转引起的定位误差

$$O'_1 O''_1 = T_{D1} + T_{d1} + \Delta_{S1} = (0.025 + 0.013 + 0.007)\,\text{mm} = 0.045\,\text{mm}$$

$$O'_2O''_2 = T_{D2} + T_{d2} + \Delta_{S2} = (0.025 + 0.02 + 0.02)\text{mm} = 0.065\text{mm}$$

工序尺寸 H 的定位误差

$$\Delta_{dw}(H) = EF = O'_2O''_2 + ES + QF = O'_2O''_2 + 2(L_3 - L_2 - L_1)\tan\theta$$

而

$$\tan\theta = O_2B/O_1O_2 = (O'_2O''_2/2 + O'_1O''_1/2)/L_2$$
$$= (0.045/2 + 0.065/2)/200 = (0.045 + 0.065)/400$$

故 $\Delta_{dw}(H) = [0.065 + 2(300 - 200 - 50) \times (0.045 + 0.065)/400]\text{mm}$
$\approx 0.093\text{mm}$

计算结果表明，此工序的定位误差为 0.093mm。

（二）夹紧误差

工件或夹具刚度不足，夹紧力作用方向、作用点选择不当，都会使工件或夹具产生变形，造成加工误差。例如，用三爪自定心卡盘装夹薄壁套筒镗孔时，夹紧前薄壁套筒的内外圆都是圆的，夹紧后工件呈三棱圆形（图 4-20a）；镗孔后，内孔呈圆形（图 4-20b）；松开三爪自定心卡盘后，外圆弹性恢复为圆形，所加工孔变为三棱圆形（图 4-20c），使镗孔孔径产生加工误差。为减少由此引起的加工误差，可在薄壁套筒外面套上一个开口薄壁过渡环（图 4-20d），使夹紧力沿工件圆周均匀分布。

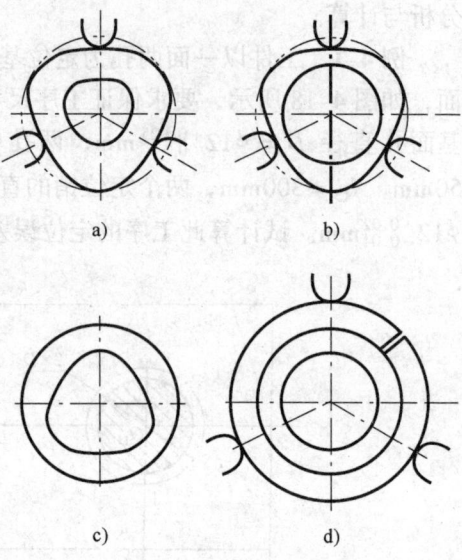

图 4-20 夹紧误差示例

三、工艺系统受力变形引起的加工误差

（一）工艺系统刚度

1. 工艺系统刚度

机械加工中，工艺系统在切削力、夹紧力、传动力、惯性力和重力等的作用下，将产生相应变形，使工件产生加工误差。工艺系统在外力作用下产生变形的大小，不仅取决于作用力的大小，还取决于工艺系统的刚度。

平行于基面并与机床主轴中心线相垂直的径向切削分力 F_y 对工艺系统在该方向上的变形 y 的比值，称为工艺系统刚度 $k_{系}(\text{N/mm})$，即

$$k_{系} = F_y/y \tag{4-9}$$

式中，$y = y_{F_y} + y_{F_c} + y_{F_x}$，其中 y_{F_y}、y_{F_c}、y_{F_x} 为在 F_y、F_c、F_x 各切削分力的分别作用下工艺系统在 y 方向产生的变形量，其中：F_y 力为背向力 F_p 和进给力 F_f 在平行于基面并垂直于机床主轴中心线方向上投影之和，F_x 为 F_p 和 F_f 在机床主轴中心线方向上投影之和。由于 y_{F_c}、y_{F_x} 有可能与 y_{F_y} 同向，也有可能与 y_{F_y} 反向，所以就有可能出现 $y > 0$、$y = 0$ 和 $y < 0$ 三种情况，与此相对

应，工艺系统刚度 $k_\text{系}$ 有可能出现 $k_\text{系}>0$、$k_\text{系}\to\infty$ 和 $k_\text{系}<0$ 三种情况。从物理概念分析，工艺系统刚度 $k_\text{系}$ 不可能出现负数或趋于无穷大的情况，这是由于式（4-9）所给出的工艺系统刚度的定义所造成的。如果将工艺系统刚度 $k_\text{系}$ 定义为 F_y/y_{F_y} 就不会出现 $k_\text{系}<0$ 或 $k_\text{系}\to\infty$ 的情况。由于单独测量 y_{F_y}、y_{F_c}、y_{F_x} 非常困难，而总变形 y 易于测量，故工艺系统刚度常以式（4-9）定义。但在应用该定义分析工艺问题时，应了解其不严格的一面，并对由此可能产生的一些异常情况有一个正确的认识。图 4-21 为计算结果会出现负刚度情况的实例，方刀架在 F_c 力作用下引起的 y 向变形 y_{F_c}（如图 4-21a 所示）与 F_y 力作用下引起的 y 向变形 y_{F_y}（如图 4-21b 所示）的方向相反，如果 $|y_{F_c}|>|y_{F_y}|$，就将出现 $y<0$ 的"负刚度"情况，此时车刀刀尖将扎入工件。

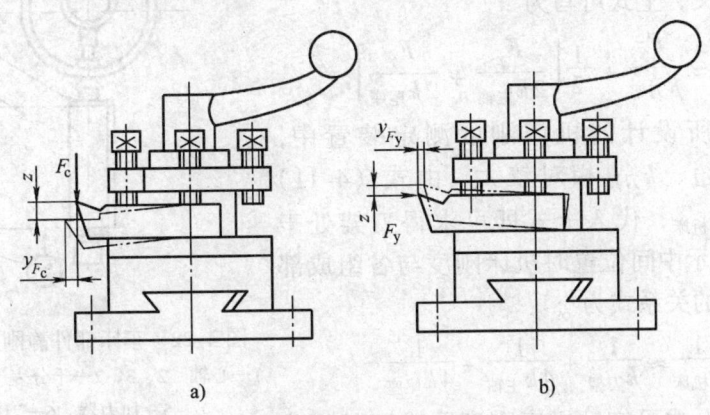

图 4-21 负刚度现象

工艺系统在某一位置受力作用产生的变形量 $y_\text{系}$ 应为工艺系统各组成环节在此位置受该力作用产生的变形量的代数和，即

$$y_\text{系}=y_\text{机床}+y_\text{刀具}+y_\text{夹具}+y_\text{工件} \tag{4-10}$$

根据刚度定义知 $k_\text{机床}=F_y/y_\text{机床}$，$k_\text{刀具}=F_y/y_\text{刀具}$，$k_\text{夹具}=F_y/y_\text{夹具}$，$k_\text{工件}=F_y/y_\text{工件}$ 将它们代入上式得

$$\frac{1}{k_\text{系}}=\frac{1}{k_\text{机床}}+\frac{1}{k_\text{刀具}}+\frac{1}{k_\text{夹具}}+\frac{1}{k_\text{工件}} \tag{4-11}$$

由式（4-11）知，工艺系统刚度的倒数等于系统各组成环节刚度的倒数之和。若已知各组成环节的刚度，即可由式（4-11）求得工艺系统刚度。分析式（4-11）知，工艺系统刚度主要取决于薄弱环节的刚度。

2. 机床刚度

机床结构较为复杂，它由许多零、部件组成，其刚度值迄今尚无合适的简易计算方法，目前主要还是用实验方法进行测定。图 4-22 给出了一个采用静测定法测定机床刚度的示意图，在卧式车床上，刚性心轴 1 装在前后顶尖上，螺旋加力器 5 装在刀架 6 上，测力环 4 放在加力器 5 与心轴 1 之间。让加力器

5位于心轴的中间位置，转动加力器的加力螺钉时，从测力环的指示表中即可显示出刀架与心轴之间作用力 F_y 的大小。该力一方面作用到刀架上，另一方面经过心轴和顶尖分别传到主轴箱和尾座上，它们各承受 $F_y/2$ 力的作用。主轴箱、尾座和刀架的变形量 $y_{主轴}$、$y_{尾座}$、$y_{刀架}$ 可分别由千分表2、3、7读出，由此可求得各部件刚度：$k_{主轴} = F_y/(2y_{主轴})$；$k_{尾座} = F_y/(2y_{尾座})$；$k_{刀架} = F_y/y_{刀架}$。

测得机床部件刚度 $k_{主轴}$、$k_{尾座}$、$k_{刀架}$ 之后，就可以通过计算求得机床刚度。当刀架处于图4-22所示位置时，工艺系统的变形量

$$y_{系} = y_{刀架} + \frac{1}{2}(y_{主轴} + y_{尾座})$$

由刚度定义，上式可写为

$$\frac{F_y}{k_{系}} = \frac{F_y}{k_{刀架}} + \frac{1}{2}\left[\frac{F_y}{2k_{主轴}} + \frac{F_y}{2k_{尾座}}\right]$$

因在所设计的机床刚度测定装置中，$k_{工件}$、$k_{夹具}$、$k_{刀具}$ 相对较大，由式（4-11）知 $k_{系} \approx k_{机床}$，代入上式即可求得刀架处于图4-22所示中间位置时机床刚度与各组成部件的刚度的关系式为

$$\frac{1}{k_{机床}} \approx \frac{1}{k_{刀架}} + \frac{1}{4k_{主轴}} + \frac{1}{4k_{尾座}}$$

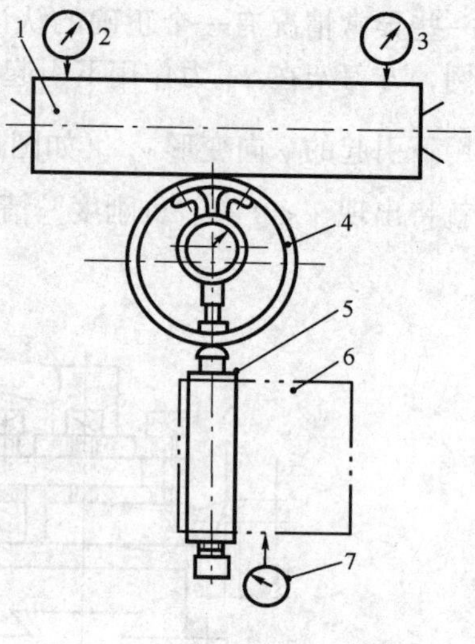

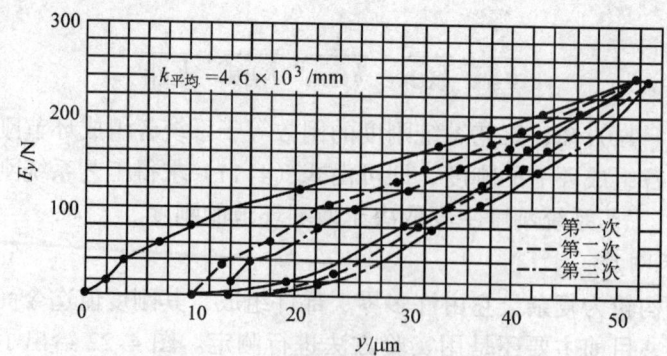

图4-22　车床部件静刚度的测定
1—心轴　2、3、7—千分表　4—测力环
5—加力器　6—刀架

分析上式可知，机床刚度取决于其组成部件的刚度，并主要取决于薄弱部件的刚度，提高机床刚度要从提高最薄弱刚度部件的刚度入手。

3. 机床部件刚度

图4-23是一台车床刀架部件的实测刚度曲线图，曲线列出了三次加载、卸载过程中刀架部件的变形情况。分析图4-23所示刀架刚度试验曲线可知，机床部件刚度具有以下特点：

图4-23　车床刀架部件的刚度曲线

1)变形与载荷不成线性关系,曲线上各点的刚度(各点斜率)是不相同的,这说明机床部件的变形不纯粹是弹性变形。

2)加载曲线和卸载曲线不重合,且卸载曲线滞后于加载曲线,两曲线所包容的面积代表加载和卸载循环中消耗的能量,它消耗于克服部件内零件间摩擦力和接触塑性变形所做的功。

3)第一次卸载后,刀架恢复不到第一次加载的起点,这说明有残余变形存在;经多次加载和卸载后,加载曲线起点才和卸载曲线终点重合。

4)部件实测刚度远比按实体结构估算值小。图4-23中第一次加载时刀架的平均刚度值约为 $4.6 \times 10^3 \text{N/mm}$,这只相当于一个截面积为 30mm×30mm、悬伸长度为200mm的铸铁悬臂梁的刚度,而刀架的实体结构尺寸要比此尺寸大得多。

4. 影响机床部件刚度的主要因素

(1) 连接表面间的接触变形 由于零件表面存在宏观几何形状误差和微观几何形状误差,结合面的实际接触面积只是名义接触面积的一小部分。在外力的作用下,接触面上承受的应力很大,产生接触变形。

(2) 摩擦力的影响 机床部件在经过多次加载和卸载之后,卸载曲线才回到加载曲线的起点,残留变形不再产生,但此时加载曲线与卸载曲线仍不重合,如图4-24所示。其原因是机床部件受力变形过程中有摩擦力的作用,加载时摩擦力阻止变形的增加,卸载时摩擦力阻止变形的减小。

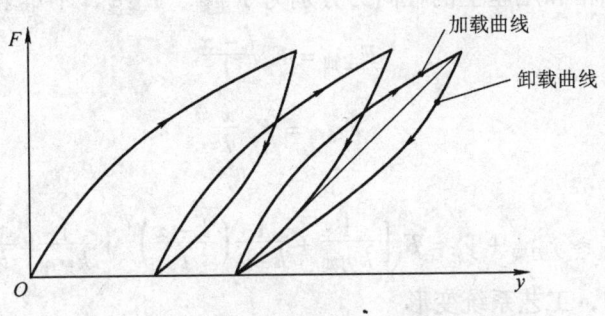

图4-24 摩擦力对机床部件刚度的影响

(3) 薄弱零件本身的变形 机床部件中,个别薄弱零件会使机床部件产生较大的变形。图4-25所示为机床刀架部件中常见的楔铁。由于楔铁结构细长,刚性极差,且不易制作得平直,在外力作用下楔铁极易产生变形,使刀架刚度显著降低。

(4) 间隙的影响 如果在正反两个方向对刚装配好的一台机床部件加载,即可得到图4-26所示的曲线,图中 z 值就是机床部件的间隙,z_1 表示原始间隙的大小,z_2 表示正向加载时部件的残留变形,z_3 表示反向加载时部件的残留变形。机床加工过程中,如果机床部件是单向受载,它始终靠在一个面上,此时间隙对加工精度的影响不大;但如果机床部件的受力方向经常改变(例如在镗床上镗孔时镗床主轴的受力情况),间隙对加工精度的影响就不可小视。

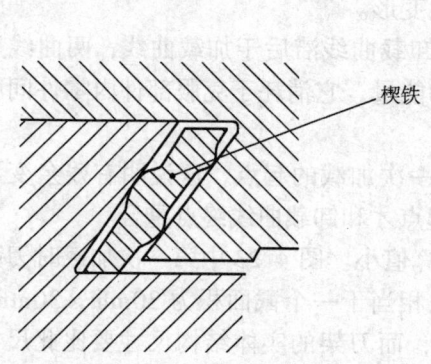
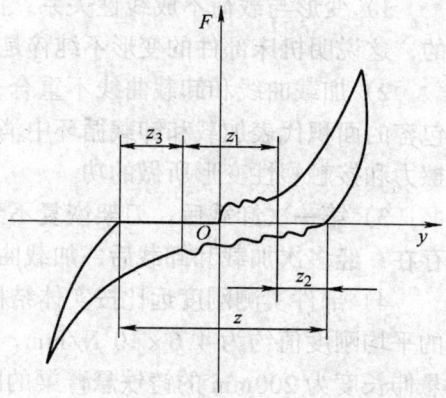

图 4-25 机床部件刚度的薄弱环节　　图 4-26 间隙对机床部件刚度的影响

(二) 工艺系统刚度对加工精度的影响

1. 加工过程中由于工艺系统刚度发生变化引起的加工误差

现以在车床前后顶尖上车削光轴工件为例说明。假设工件和刀具的刚度相对较大，其变形可忽略不计，工艺系统的变形主要取决于机床的变形，对于图 4-27 所示工况，则有

$$y_{系} \approx y_{刀架} + y_x = y_{刀架} + y_{主轴} + [y_{尾座} - y_{主轴}]\frac{x}{l}$$

设作用在主轴箱和尾座上的径向力分别为 $F_{主轴}$、$F_{尾座}$，不难求得

$$F_{主轴} = F_y \frac{l-x}{l}$$

$$F_{尾座} = F_y \frac{x}{l}$$

代入上式得

$$y_{系} \approx y_{刀架} + y_x = F_y \left[\frac{1}{k_{刀架}} + \frac{1}{k_{主轴}}\left(\frac{l-x}{l}\right)^2 + \frac{1}{k_{尾座}}\left(\frac{x}{l}\right)^2 \right] \qquad (4-12)$$

分析上式可知，工艺系统变形 $y_{系}$ 随刀架位置 x 变化而变化。在图 4-27 所示车削条件下，即使让切削力 F_y 保持恒定不变，在车刀自右向左进行车削过程中工艺系统变形 $y_{系}$ 也是处处不同的，这会使工件产生加工误差。

运用高等数学求极大值和极小值计算方法，由式(4-12)可求得工艺系统最小变形 $y_{系min}$ 和最大变形 $y_{系max}$ 分别为

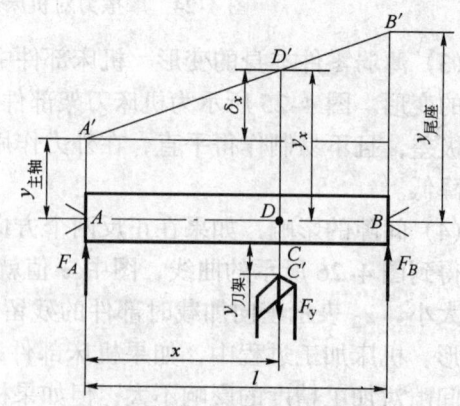

图 4-27 车削外圆时工艺系统受力变形

$$\begin{cases} y_{系\min} = \dfrac{F_y}{k_{刀架}} + \dfrac{F_y}{k_{主轴} + k_{尾座}} \\ y_{系\max} = \dfrac{F_y}{k_{刀架}} + \dfrac{F_y}{k_{尾座}} \end{cases} \quad (4\text{-}13)$$

在图 4-27 所示车削条件下，在车刀自右向左进给进行车削过程中，由于工艺系统刚度随刀架位置变化产生的加工误差为

$$\Delta_y = y_{系\max} - y_{系\min} = \frac{F_y}{k_{尾座}} - \frac{F_y}{k_{主轴} + k_{尾座}}$$

例 4-2 已知卧式车床的 $k_{主轴} = 300000\text{N/mm}$，$k_{尾座} = 56600\text{N/mm}$，$k_{刀架} = 30000\text{N/mm}$，径向切削分力 $F_y = 4000\text{N}$。假设工件刚度、刀具刚度、夹具刚度相对较大，试计算加工一长为 l 的光轴由于工艺系统刚度随刀架位置发生变化而引起的圆柱度误差。

解 由式（4-13）可求得

$$y_{系\min} = \frac{F_y}{k_{刀架}} + \frac{F_y}{k_{主轴} + k_{尾座}}$$
$$= 4000 \times \left(\frac{1}{30000} + \frac{1}{300000 + 56600}\right) \text{mm}$$
$$= 0.144\text{mm}$$

$$y_{系\max} = F_y\left(\frac{1}{k_{刀架}} + \frac{1}{k_{尾座}}\right) = 4000 \times \left(\frac{1}{30000} + \frac{1}{56600}\right) \text{mm} = 0.204\text{mm}$$

由于工艺系统刚度变化引起的工件圆柱度误差

$$\Delta_y = y_{系\max} - y_{系\min} = (0.204 - 0.144)\text{mm} = 0.06\text{mm}$$

根据工艺系统刚度定义，式（4-12）可改写为

$$k_{系} = \frac{F_y}{y_{系}} \approx \frac{1}{\dfrac{1}{k_{刀架}} + \dfrac{1}{k_{主轴}}\left(\dfrac{l-x}{l}\right)^2 + \dfrac{1}{k_{尾座}}\left(\dfrac{x}{l}\right)^2} \quad (4\text{-}14)$$

分析上式可知，工艺系统的刚度 $k_{系}$ 在不同的加工位置上是各不相同的。工艺系统刚度在工件全长上的差别越大，则工件在轴截面内的几何形状误差也越大。可以证明，当主轴箱刚度与尾架刚度相等时，工艺系统刚度在工件全长上的差别最小，工件在轴截面内几何形状误差最小。

需要注意的是，式（4-14）是在假设工件刚度、刀具刚度和夹具刚度都很大的情况下得到的。如果工件的刚度并不大或较小时，工件本身的变形在工艺系统的总变形中就不能忽略不计，此时，式（4-14）应改写为

$$k_{系} = \frac{F_y}{y_{系}} \approx \frac{1}{\dfrac{1}{k_{刀架}} + \dfrac{1}{k_{主轴}}\left(\dfrac{l-x}{l}\right)^2 + \dfrac{1}{k_{尾座}}\left(\dfrac{x}{l}\right)^2 + \dfrac{(l-x)^2 x^2}{3EIl}} \quad (4\text{-}15)$$

式中 E——工件材料的弹性模量（N/mm^2）；

I——工件截面的惯性矩（mm^4）。

2. 由切削力变动引起的加工误差

由于毛坯加工余量和工件材质不均等因素的综合作用，会引起切削力变化，工艺系统的变形将随之发生变化，从而产生加工误差。

车削一具有椭圆形状误差的毛坯件 A，将刀具预先调整到图 4-28 上双点画线的位置，毛坯椭圆长轴方向的背吃刀量为 a_{p1}，短轴方向的背吃刀量为 a_{p2}。由于背吃刀量不同，切削力不同，工艺系统的变形也不同，对应于 a_{p1} 产生的变形为 y_1，对应于 a_{p2} 产生的变形为 y_2。由于 $y_1 > y_2$，故加工后得到的工件表面仍旧是一个椭圆，如图 4-28 中 B 所示。以此类推，车削一

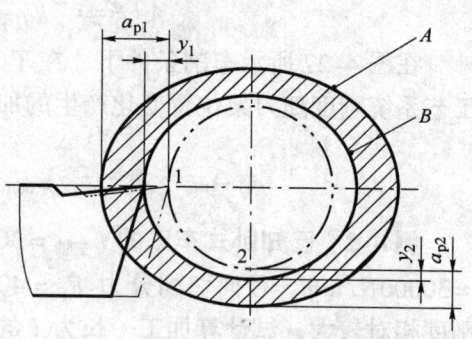

图 4-28 毛坯形状误差的复映

具有锥形误差的毛坯，加工表面上必然有锥形误差。待加工表面上有什么样的误差，加工表面上必然也出现同样性质的误差，这就是切削加工中的误差复映现象。加工前后误差之比值 ε 称为误差复映系数，它代表误差复映的程度。图 4-28 所示加工前后的形状误差比为

$$\varepsilon = \frac{\Delta_{\text{已加工面}}}{\Delta_{\text{待加工面}}} = \frac{y_1 - y_2}{a_{p1} - a_{p2}} = \frac{F_{y1} - F_{y2}}{k_{\text{系}}(a_{p1} - a_{p2})} \quad (4\text{-}16)$$

如进给运动方向与机床主轴平行，则 $F_y = F_p = C_{Fp} a_p^{x_{Fp}} f^{y_{Fp}} v_c^{n_{Fp}} K_{Fp}$，式中有关符号的物理意义参见式（2-20）有关说明。

在一次走刀中，工件材料的力学特性、进给量及其他切削条件基本不变，式（4-16）中除 a_p 外，其他参数均为常数。令 $C_{Fp} f^{y_{Fp}} v_c^{n_{Fp}} K_{Fp} = C$（为常数），式（4-16）可写为 $F_y = C a_p^{x_{Fp}}$。由于车削加工中，背吃刀量指数 $x_{Fp} \approx 1$，故有

$$F_y = C a_p$$

由此知
$$F_{y1} = C(a_{p1} - y_1), \quad F_{y2} = C(a_{p2} - y_2)$$

因 y_1、y_2 相对于 a_{p1}、a_{p2} 小很多，可忽略不计，则有

$$F_{y1} = C a_{p1}, \quad F_{y2} = C a_{p2}$$

代入式（4-16）得

$$\varepsilon = \frac{C(a_{p1} - a_{p2})}{k_{\text{系}}(a_{p1} - a_{p2})} = \frac{C}{k_{\text{系}}} \quad (4\text{-}17)$$

如进给运动方向与机床主轴不平行，则须根据式（4-16）计算误差复应系数，其中 $F_{y1} = (F_{p1}^2 + F_{f1}^2)^{1/2} \sin\theta$，$F_{y2} = (F_{p2}^2 + F_{f2}^2)^{1/2} \sin\theta$，$\theta$ 为背向力与进给力的合力同机床主轴轴线间的夹角。

分析式（4-17）可知，ε 与 $k_{\text{系}}$ 成反比，这表明工艺系统刚度越大，误差复映系数越小，加工后复映到工件上的误差值也就越小。

尺寸误差和形位误差都存在复映现象。如果我们知道某加工工序的复映系

数,就可以通过测量待加工表面的误差统计值来估算加工后工件的误差统计值。

工件表面加工精度要求较高时,应安排多次切削才能达到规定要求。第一次切削的复映系数 $\varepsilon_1 = \Delta_{加工表面1}/\Delta_{待加工表面}$,第二次切削的复映系数 $\varepsilon_2 = \Delta_{加工表面2}/\Delta_{加工表面1}$,第三次切削的复映系数 $\varepsilon_3 = \Delta_{加工表面3}/\Delta_{加工表面2}$,……,则该加工表面总的复映系数

$$\varepsilon_{总} = \varepsilon_1\varepsilon_2\varepsilon_3\cdots\varepsilon_n \tag{4-18}$$

由于每次切削的复映系数 $\varepsilon_i < 1$,故总复映系数 $\varepsilon_{总}$ 将是一个很小的数值。

例 4-3 在车床上用硬质合金刀具半精镗大直径短圆柱孔,加工前内孔的圆度误差为 0.5mm,要求加工后圆度误差小于 0.01mm。已知:主轴箱刚度 $k_{主轴}$ = 40000N/mm,刀架刚度 $k_{刀架}$ = 3000N/mm,进给量 f = 0.05mm/r,切削速度 v_c = 200m/min,工件材料硬度为 190HBW 的灰铸铁。如只考虑机床刚度对加工精度的影响,问此镗孔工序能否达到预定的加工要求?

解 镗大直径短孔时,工件刚度与镗杆刚度均相对较大,工艺系统的刚度

$$k_{系} \approx \frac{1}{1/k_{主轴} + 1/k_{刀架}} = \frac{k_{主轴} \times k_{刀架}}{k_{主轴} + k_{刀架}} = \frac{40000 \times 3000}{43000}\text{N/mm} = 2790\text{N/mm}$$

本例中刀具进给方向与机床主轴平行,由式 (4-17) 知

$$\varepsilon = \frac{C}{k_{系}} = \frac{C_{F_p}f^{y_{F_p}}v_c^{n_{F_p}}K_{F_p}}{k_{系}}$$

查表 2-3 知:C_{F_p} = 530,y_{F_p} = 0.75,n_{F_p} = 0;切削力修正系数 K_{F_p} 设为 1,代入上式得

$$\varepsilon = \frac{530 \times 0.05^{0.75}}{2790} = 0.02$$

由此知

$$\Delta_{加工面} = \Delta_{待加工面}\varepsilon = 0.5 \times 0.02\text{mm} = 0.01\text{mm}$$

计算结果表明,该镗孔工序能够达到预定的加工要求。

(三)减小工艺系统受力变形的途径

由工艺系统刚度表达式 (4-9) 知,提高工艺系统刚度和减小切削力及其变化,是减少工艺系统变形的有效途径。

1. 提高工艺系统刚度

为有效提高工艺系统刚度,应从提高其各组成部分薄弱环节的刚度入手。提高工艺系统刚度有以下几种主要途径:

(1) 设计机械制造装备时应切实保证关键零部件的刚度 在机械制造装备中应保证支承件(如床身、立柱、横梁、夹具体等)、主轴部件和传动件有足够的刚度。

(2) 提高接触刚度 提高接触刚度是提高工艺系统刚度的关键。减少组成件数,提高接触面的表面质量,均可减少接触变形,提高接触刚度。

(3) 消除配合间隙 对于相配合零件,可以通过适当预紧消除间隙。图 3-14 所示的 CA6140 型车床主轴组件中就设有轴承预紧装置。

(4) 采用合理的装夹方式和加工方法 提高工件的装夹刚度,应从定位和

夹紧两个方面采取措施。例如，在卧式铣床上铣一零件的端面，采用图4-29a所示装夹方式和铣削方式，工艺系统的刚度就低；如果将工件平放，改用面铣刀加工，如图4-29b所示，不但增大了定位基面的面积，还使夹紧点更靠近加工面，可以显著提高工艺系统刚度。

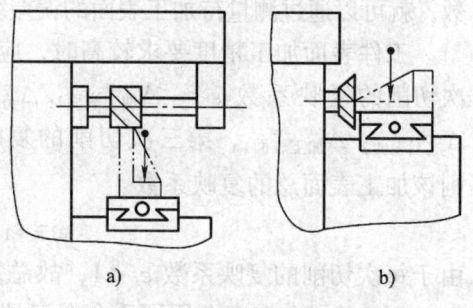

图4-29 零件的两种安装方法

2. 减小切削力及其变化

改善毛坯制造工艺，减小加工余量，适当增大刀具的前角和后角，改善工件材料的切削性能等均可减小切削力。为控制和减小切削力的变化幅度，应尽量使一批工件的材料性能和加工余量保持均匀。

四、工艺系统受热变形引起的加工误差

工艺系统在热源作用下产生的局部变形，会破坏刀具与工件的正确位置关系，使工件产生加工误差。热变形对加工精度影响较大，特别是在精密加工和大件加工中，热变形所引起的加工误差通常会占到工件加工总误差的40%～70%。

（一）工艺系统的热源

1. 切削热

切削加工过程中，消耗于切削层弹塑性变形及刀具与工件、切屑间摩擦的能量，绝大部分转化为切削热。切削热将传入工件、刀具、切屑和周围介质，它是使工艺系统中工件和刀具产生热变形的主要热源。在车削加工中，传给工件的热量约占总切削热的30%左右，切削速度越高，切屑带走的热量越多，传给工件的热量就越少；在铣削、刨削加工中，传给工件的热量占总切削热的比例小于30%；在钻削和镗削加工中，因为大量的切屑滞留在所加工孔中，传给工件的热量往往超过50%；磨削加工中传给工件的热量有时多达80%以上，磨削区温度可高达800～1000℃。

2. 摩擦热和动力装置能量损耗发出的热

机床运动部件（如轴承、齿轮、导轨等）为克服摩擦所做机械功转变的热量，机床动力装置（如电动机、液压马达等）工作时因能量损耗发出的热，它们是机床热变形的主要热源。

3. 外部热源

外部热源主要是指周围环境温度通过空气的对流以及日光、照明灯具、取暖设备等热源通过辐射传到工艺系统的热量。外部热源的热辐射及环境温度的变化对机床热变形的影响，有时也是不可忽视的。靠近窗口的机床受到日光照射的影响，上下午的机床温升和变形就不同，而且日照通常是单向的、局部的，受到照射的部分与未经照射的部分之间就有温差。

在工作状态下，工艺系统一方面经受各种热源的作用使温度逐渐升高，另

一方面同时通过各种传热方式向周围介质散发热量。当工件、刀具和机床的温度达到某一数值,单位时间内传出和传入的热量接近相等时,工艺系统就达到了热平衡状态。在热平衡状态下,工艺系统各部分的温度保持在某一相对固定的数值上,工艺系统的热变形将趋于相对稳定。

(二) 工艺系统热变形对加工精度的影响

1. 工件热变形对加工精度的影响

机械加工过程中,使工件产生热变形的热源主要是切削热。对于精密零件,环境温度变化和日光、取暖设备等外部热源对工艺系统的局部辐射等也不容忽视。

车削或磨削轴类工件外圆时,可近似看成是均匀受热的情况。工件均匀受热影响工件的尺寸精度,其变形量 $\Delta L(\text{mm})$ 可按下式估算

$$\Delta L = \alpha L \Delta \theta \tag{4-19}$$

式中 L——工件变形方向的长度(或直径)(mm);

α——工件材料的热膨胀系数(1/℃),钢的热膨胀系数为 1.17×10^{-5}/℃,铸铁为 1×10^{-5}/℃,黄铜为 1.7×10^{-5}/℃;

$\Delta \theta$——工件的平均温升(℃)。

对于精密加工,热变形是一个不容忽视的重要问题。例如,在磨削 400mm 长丝杠螺纹时,如被磨丝杠的温度比机床母丝杠高 1℃,则被磨丝杠将伸长 $\Delta L = \alpha L \Delta \theta = 1.17 \times 10^{-5} \times 400 \times 1\text{mm} = 0.0047\text{mm}$;5 级丝杠的螺距累积误差在 400mm 长度上,不允许超过 5μm。由此可见,热变形对精密加工件的影响是很大的。

磨削加工薄片类工件的平面,如图 4-30 所示,其属于不均匀受热情况,上、下表面间的温差将导致工件中部凸起,加工中凸起部分被切去,冷却后加工表面呈中凹形,产生形状误差。工件凸起量 Δf 可按图 4-30 所示图形进行计算,由于中心角 φ 值很小,故中性层的弦长可近似看作等于工件原长 L。由图 4-30 知,工件的凸起量

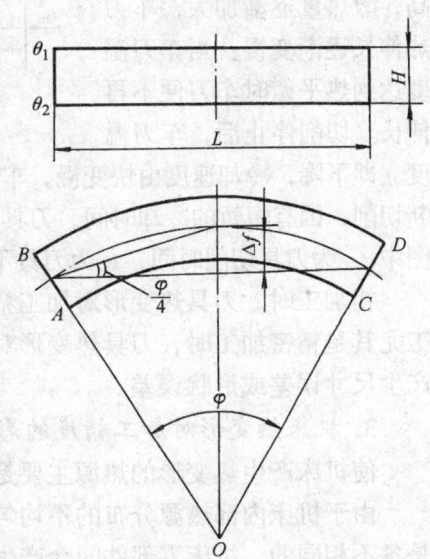

图 4-30 不均匀受热引起的热变形

$$\Delta f = \frac{L}{2} \tan \frac{\varphi}{4} \approx \frac{L}{8} \varphi$$

由于

$$\alpha L \Delta \theta = \widehat{BD} - \widehat{AC}$$
$$= (AO + AB)\varphi - AO \times \varphi$$
$$= AB \times \varphi = H\varphi$$

所以

$$\varphi = \frac{\alpha L \Delta \theta}{H}$$

将 φ 值代入前式得
$$\Delta f \approx \frac{\alpha L^2 \Delta\theta}{8H} \qquad (4\text{-}20)$$

由式（4-20）可知，工件凸起量与工件长度 L 的平方成正比，且工件越薄，工件的凸起量越大。

2. 刀具热变形对加工精度的影响

刀具产生热变形的热源主要来自于切削热。切削热传入刀具的比例虽然不大（车削时约为 5% 左右），但由于刀具体积小，热容量小，刀具切削部分的温升仍较高。车削时，高速钢车刀切削刃部位的温度可达 600℃，刀具的热伸长量可达 0.03～0.05mm；硬质合金刀具切削刃部位的温度可达 1000℃。图 4-31 为车刀的热变形曲线，刀具热变形量 y 在切削初期增加很快；随着车刀温度 t 的增高，散热量逐渐加大，车刀热伸长逐渐变慢；当车刀温度达到热平衡时车刀便不再伸长。切削停止后，车刀温度立即下降，冷却速度由快变慢，车刀逐渐收缩。在实际加工中，刀具往往作间断切削，因有短暂的冷却时间，刀具的实际热变形量相对较小，如图 4-31 所示，图中 t_m 为刀具切削时间，t_f 为刀具不参加切削时间。

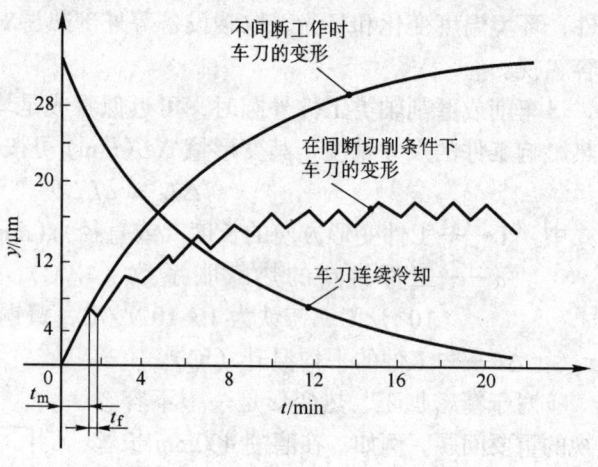

图 4-31　车刀的热变形曲线

粗加工时，刀具热变形对加工精度的影响不明显，一般可忽略不计；精加工尤其是精密加工时，刀具热变形对加工精度的影响较显著，它会使加工表面产生尺寸误差或形状误差。

3. 机床热变形对加工精度的影响

使机床产生热变形的热源主要是摩擦热、传动热和外界热源传入的热量。

由于机床内部热源分布的不均匀和机床结构的复杂性，机床各部件的温升是各不相同的，机床零部件间会产生不均匀的变形，这就破坏了机床各部件原有的相对位置关系。不同类型的机床，其主要热源各不相同，热变形对加工精度的影响也不相同。

车床、铣床和钻、镗类机床的主要热源来自主轴箱。车床主轴箱的温升将使主轴升高，由于主轴前轴承的发热量大于后轴承的发热量，故主轴前端比后端高；主轴箱的热量传给床身，还会使床身和导轨向上凸起，如图 4-32 所示。

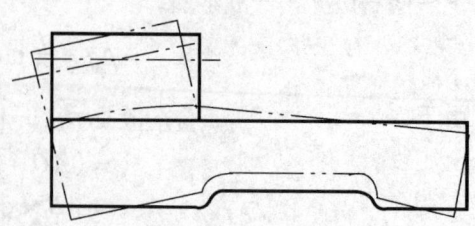

图 4-32　车床的热变形示意图

磨床通常都有液压传动装置和高速回转的磨头，并使用大量切削液，它们都是磨床的主要热源。图 4-33 中，外圆磨床砂轮架 5 升温，将使砂轮主轴升高，砂轮架还将以螺母 6 为支点向头架方向趋近；床身 1 内腔所储液压油发热，将使头架 3 轴线升高，并以导轨 2 为支点向远离砂轮 4 的方向移动。

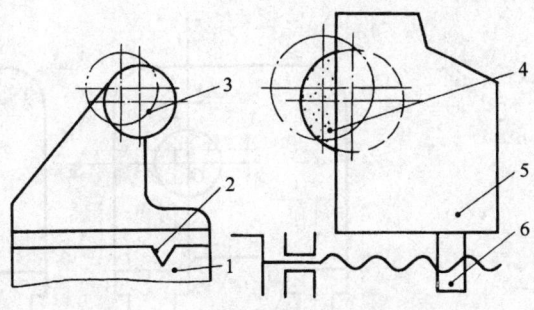

图 4-33 外圆磨床的热变形示意图
1—床身 2—导轨 3—头架
4—砂轮 5—砂轮架 6—螺母

(三) 减小工艺系统热变形的途径

1. 减少发热量

机床内部的热源是产生机床热变形的主要热源。凡是有可能从主机分离出去的热源部件，如电动机、液压系统和油箱等，应尽量放置在机床外部。

为了减小热源发热，在设计相关零部件的结构时应采取措施改善摩擦条件。例如，选用发热较少的静压轴承或空气轴承作主轴轴承，选用低粘度的润滑油、锂基油脂或油雾进行润滑等。

通过控制切削用量，选择合适的刀具角度，仔细刃磨刀具工作表面以减小摩擦因数等，均可减少切削热。

2. 改善散热条件

加工时采用切削液，可有效减少切削热对工艺系统热变形的影响。有些高性能加工中心采用冷冻机对切削液进行强制冷却，效果非常明显。

3. 均衡温度场

设计机床有关部件时，应注意考虑均衡温度场的问题。图 4-34 为某平面磨床所采用的均衡温度场措施的示意图。该机床床身较长，加工时工作台纵向进给速度较高，床身导轨的温度高于底部，为均衡温度场，在床身底部配置热补偿油沟 2，使带有余热的回油经床身底部的热补偿油沟送回油箱 1。采取此措施后，床身上下温差降至 1~2℃，床身导轨的中凸量由原来的 0.027mm 降至 0.005mm。图中泵 A 为静压导轨液压泵；泵 B 为回油强迫循环液压泵。

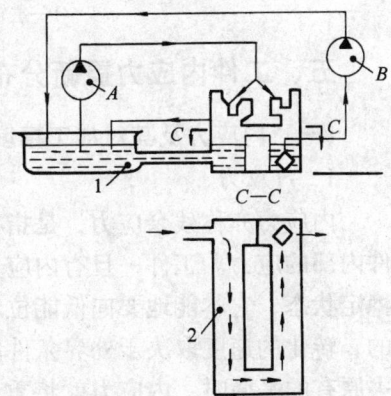

图 4-34 平面磨床床身底部用回油加温
1—油箱 2—油沟

4. 改进机床结构

将车床主轴箱在床身上的定位方式由图 4-35a 所示方式改为图 4-35b 所示方式，可以显著减小车床主轴中心在误差敏感方向（y 向）的位移量。

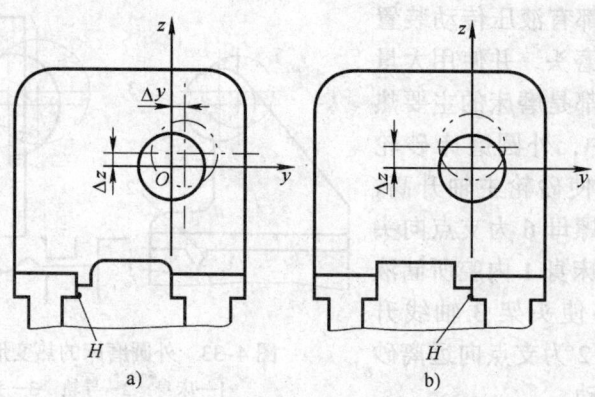

图 4-35 车床主轴箱定位面位置对热变形方向的影响

图 4-36 所示为双端面磨床改进后的主轴结构，主轴 1 因轴承发热而向左伸长时，套筒 3 向右伸长，它带动整个主轴向右移动，两个方向的热变形可以相互抵消，从而减小了因主轴伸长对所磨端面加工精度的影响。

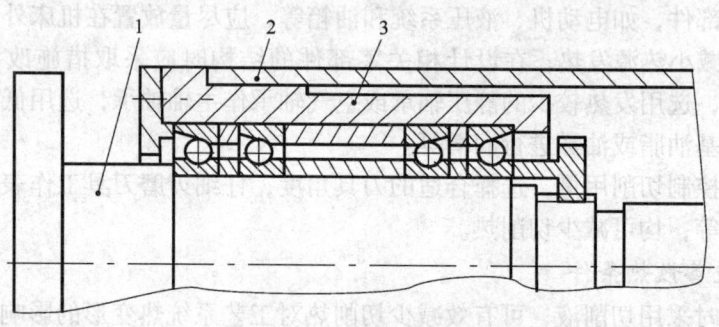

图 4-36 双端面磨床主轴结构
1—主轴 2—主轴箱 3—套筒

五、工件内应力重新分布引起的误差

(一) 内应力及其对加工精度的影响

1. 内应力

内应力亦称残余应力，是指在没有外力作用下或去除外力作用后残留在工件内部的应力。工件一旦有内应力产生，就会使工件材料处于一种高能位的不稳定状态，它本能地要向低能位转化，转化速度或快或慢，但迟早总是要转化的，转化的速度取决于外界条件。当带有内应力的工件受到力或热的作用而失去原有的平衡时，内应力就将重新分布以达到新的平衡，并伴随有变形发生，使工件产生加工误差。

2. 内应力产生的原因

(1) 热加工中产生的内应力 在铸造、锻压、焊接和热处理等加工中，由于工件壁厚不均、冷却不均或金相组织转变等原因，都会使工件产生内应力。下面以铸造如图 4-37a 所示的内外壁厚相差较大的铸件说明。铸件浇铸后，由

于壁 A 和壁 C 较薄，冷却速度较中部 B 处快，当壁 A、C 从塑性状态冷却到弹性状态时，B 处仍处于塑性状态，A、C 继续收缩，B 不起阻碍作用，此时不会产生内应力。当 B 亦冷却到弹性状态时，B 的收缩将受到 A、C 的阻碍，使 B 产生拉应力，相应地壁 A、C 内就产生与之相平衡的压应力。如果在 A 上开一缺口，壁 A 上的压应力消失，原先的平衡状态被破坏，工件将通过下凹变形（朝减少壁 C 压应力、减少壁 B 拉应力的方向变形，见图 4-37b）使内应力重新分布并达到新的平衡状态。

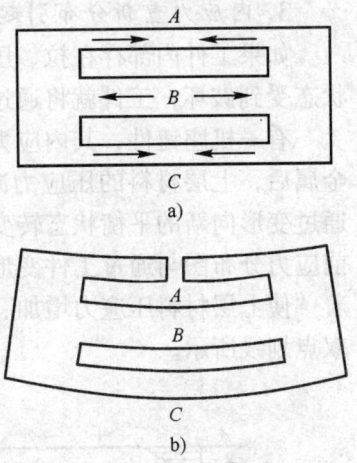

图 4-37 铸件内应力的形成及变形

(2) 冷校直产生的内应力　一些刚度较差容易变形的轴类零件，常采用冷校直方法使之变直。在室温状态下，将有弯曲变形的轴放在两个 V 形块上，使凸起部位朝上（如图 4-38a 所示）；然后对凸起部位施加外力 F，如果 F 力的大小仅能使工件产生弹性变形，那么在去除 F 力后工件仍将恢复原状，不会有校直效果；根据"矫往必须过正"的一般原理，外力 F 必须使工件产生反向弯曲并使轴件外层材料产生一定的塑性变形才能取得校直效果，如图 4-38b 所示。图 4-38d 是图 4-38b 受外力作用时的应力分布图，图中工件外层材料（CD、AB 区）的应力分别超过了各自的拉、压屈服强度并有塑性变形产生，塑性变形后，塑性变形层的应力自然就消失了；内层材料（OC、OB 区）的拉压应力均在弹性极限范围内，此时工件横截面内的应力分布如图 4-38e 所示。卸载后，OC、OB 区内的弹性应力力求使工件恢复原状，但 CD、AB 区塑性变

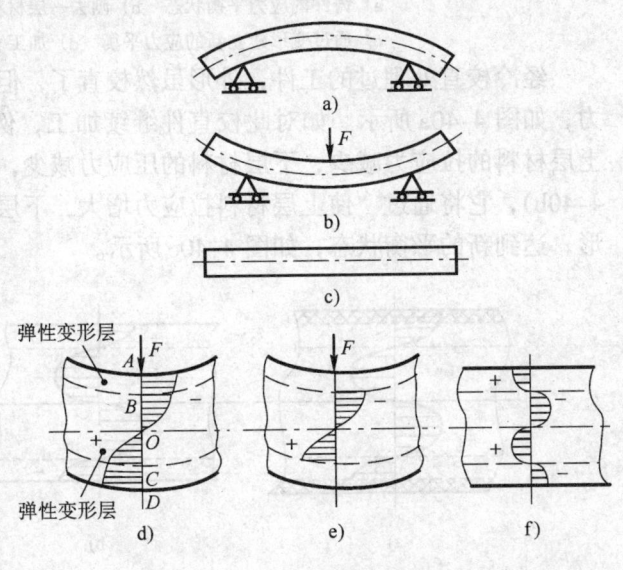

图 4-38 冷校直引起的内应力

形层阻止其恢复原状，于是就在工件中产生了如图 4-38f 所示的内应力分布。综上分析可知，一个外形弯曲但没有内应力的工件，经冷校直后外形是校直了（图 4-38c），但在工件内部却产生了附加内应力，如图 4-38f 所示。图 4-38f 所示应力平衡状态一旦被破坏之后（或由于在轴上切掉一层材料，或由于其他外界条件变化），工件还会朝原来的弯曲方向变回去（参见图 4-40c）。

3. 内应力重新分布引起的变形

如果工件内部存在拉、压平衡的内应力，经过加工后，原有的内应力平衡状态受到破坏，工件就将通过变形重新建立新的应力平衡。现举例说明如下：

有一机座铸件，其内应力分布如图 4-39a 所示。在机座的上平面刨去一层金属后，上层材料的压应力减少（图 4-39b），内应力处于不平衡状态，它将通过变形向新的平衡状态转变，如图 4-39c 所示。比较图 4-39b 所示工件变形前应力分布图与通过工件变形建立的应力平衡图（图 4-39c）可知，工件应朝着"使上层材料压应力增加、下层材料压应力减少"的方向变形，如图 4-39d 双点划线所示。

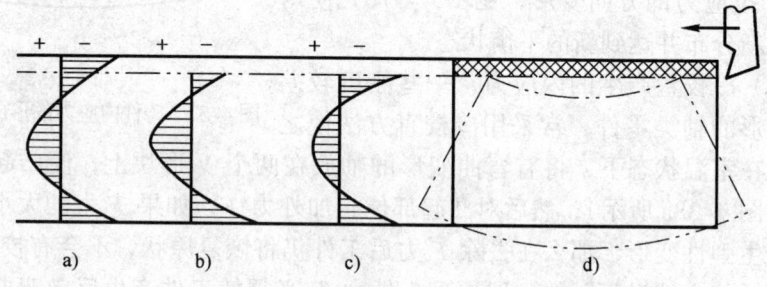

图 4-39 铸件加工由内应力重新分布引起的工件变形
a) 铸件内应力平衡状态 b) 刨去一层材料时应力状态
c) 通过变形建立新的应力平衡 d) 加工表面下凹变形

经冷校直处理过的工件，外形虽然校直了，但在工件内部产生了附加内应力，如图 4-40a 所示。如对此校直件继续加工，例如从外圆上车去一层材料，上层材料的拉应力减少，下层材料的压应力减少，内应力处于不平衡状态（图 4-40b），它将通过"使上层材料拉应力增大，下层材料压应力增大"的方向变形，达到新的平衡状态，如图 4-40c 所示。

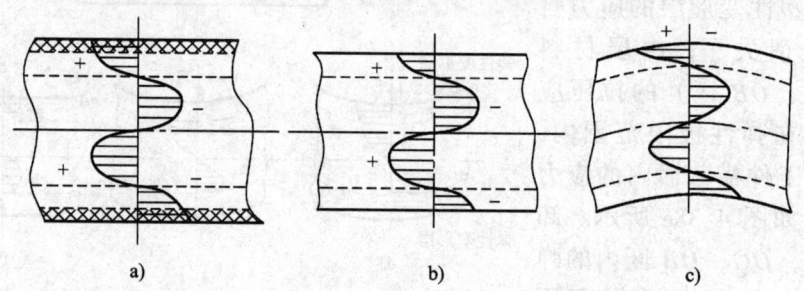

图 4-40 内应力重新分布引起的工件变形

（二）减小或消除内应力变形误差的途径

1. 合理设计零件结构

在设计零件结构时，应尽量做到壁厚均匀，结构对称，以减小内应力的产生。

2. 合理安排工艺过程

工件中如有内应力产生，必然会有变形发生，但迟变不如早变，应尽量使内应力重新分布引起的变形发生在机械加工之前或粗加工阶段,而不让内应力变形发生在精加工阶段或精加工之后。为此,铸件、锻件、焊接件在进入机械加工之前,应安排退火、回火等热处理工序;箱体、床身等重要零件在粗加工之后,需要适当安排时效工序;工件上一些重要表面的粗、精加工工序宜分阶段安排,使工件在粗加工之后能有更多的时间通过变形使内应力重新分布,待工件充分变形之后再进行精加工,以减小内应力变形对加工精度的影响。

六、其他误差

1. 原理误差

原理误差是指由于采用了近似的成形运动、近似的切削刃形状等原因而产生的加工误差。例如,用模数铣刀铣齿,理论上要求加工不同模数、齿数的齿轮,应该用相应模数、齿数的铣刀。但在生产中,为了减少模数铣刀的数量,每一种模数只设计制造有限几把(例如 8 把、15 把、26 把)模数铣刀,用以加工同一模数不同齿数的齿轮。当被加工齿轮的齿数与所选模数铣刀切削刃所对应的齿数不同时,就会产生齿形误差。此类误差属于原理误差。

机械加工中,采用近似的成形运动或近似的切削刃形状进行加工,虽然会由此产生一定的原理误差,但却可以简化机床结构和减少刀具种类和数量。只要能够将加工误差控制在允许的制造公差范围内,就可采用近似加工方法。

2. 调整误差

在机械加工过程中,有许多调整工作要做,例如,调整夹具在机床上的位置,调整刀具相对于工件的位置等。由于调整不准确产生的误差,称为调整误差。

工艺系统的调整有试切法调整和调整法调整两类基本方式,产生调整误差的原因各不相同,分述如下:

(1) 试切法中的调整误差　单件小批量生产中,通常采用试切法调整。试切中往往需要多次微量调整刀具的位置,由于机床进给系统中存在间隙,刀具调整的实际位移与刻度盘所显示的数值不一致,从而产生误差。此外,试切的最后一刀背吃刀量如需作微量吃刀,受切削刃刃口钝圆半径 r_n 值的限制,往往达不到预期要求,也会产生调整误差。

(2) 调整法中的调整误差　成批生产和大量生产采用调整法调整。用定程机构调整时,调整精度取决于行程挡块、靠模及凸轮等机构的精度和刚度,以及与之配合使用的离合器、控制阀等的灵敏度。用样件或样板调整时,调整精度主要取决于样件或样板的制造、安装和对刀精度。刀具相对于样件(或样板)的位置初步调整好之后,一般要先试切几个工件,并以其平均尺寸作为判断调整是否准确的依据。由于试切加工的工件数(称为抽样件数)不可能太多,不能完全反映整批工件加工中各种随机误差的作用,由此也会产生调整误差。

3. 测量误差

测量误差是工件的测量尺寸与实际尺寸的差值。加工一般精度的零件时,测量误差可占工序尺寸公差的 1/5～1/10；加工精密零件时，测量误差可占工序尺寸公差的 1/3 左右。

产生测量误差的原因主要有：量具量仪本身的制造误差及磨损，测量过程中环境温度的影响，测量者的读数误差，测量者施力不当引起量具量仪的变形等。

七、提高加工精度的途径

1. 减小和消除原始误差

减小和消除原始误差是提高加工精度的主要途径，有关内容在前面已详细介绍，此处不再重复。

2. 转移原始误差

采取措施将原始误差的方向由误差敏感方向转移到非敏感方向，从而减少或消除其对加工精度的影响。例如，选用立轴转塔车床车削工件外圆时（图 4-41a），由转塔刀架转位误差引起的刀具在误差敏感方向上的位移 $\Delta_{分度}$ 将使工件半径产生 $\Delta R_a = \Delta_{分度}$ 的误差。如果将转塔刀架的水平安装形式（车刀平行于水平面）改为图 4-41b 所示垂直安装形式（车刀垂直于水平面），刀架转位误差所引起的刀具位移 $\Delta_{分度}$ 将使工件半径产生 $\Delta R_b = (\Delta_{分度})^2/2R$ 的误差（式中 R 为工件半径），由于 $\Delta R_b \ll \Delta R_a$，故采用图 4-41b 所示刀架安装形式转移误差，可以显著降低转塔刀架的转位误差对加工精度的影响。

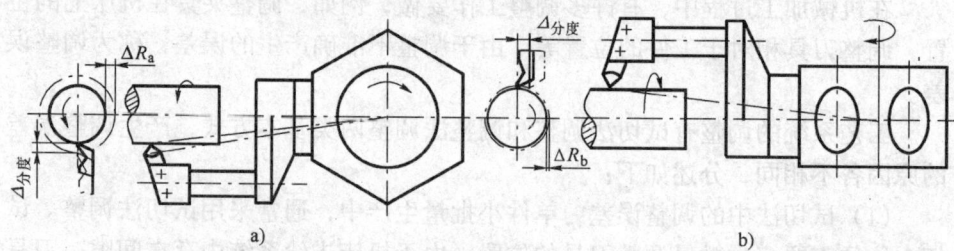

图 4-41　立轴转塔车床刀架转位误差的转移

3. 均分原始误差

当待加工表面的加工误差过大时，可将上工序加工的工件按其尺寸误差大小均分成 n 组，使每组工件的尺寸误差缩小为原来的 $1/n$，然后按组调整刀具与工件的相对位置，可以显著提高加工精度。例如，在精加工齿轮齿圈时，为保证加工后齿圈与内孔的同轴度要求，应尽量减小齿轮内孔与心轴的配合间隙。为此，可将齿轮内孔尺寸分为 n 组，然后配置相应的 n 根不同直径的心轴，一根心轴相应加工一组孔径的齿轮，这样做，可以显著提高齿圈与内孔的同轴度。

4. 采用误差补偿技术

误差补偿技术在机械制造中的应用十分广泛。图 4-42 是车精密丝杠时所用的一套螺距误差补偿装置。图中光电码盘用于测量主轴转速，车床主轴每转一转，光电码盘发出 1024 或 2048 个脉冲；光栅式位移传感器用于测量刀架纵向位移量。主轴回转量信号与刀架纵向位移量信号经 A/D 转换同步输入计算机后，经数据处理实时求取螺距误差数据，再由计算机发出螺距误差补偿控制信号，驱动压电陶瓷微位移刀架（它装在溜板刀架上）作螺距误差补偿运动。实测结果表明，采取误差补偿措施后，单个螺距误差可减少 89%，螺距累积误差可减少 99%，误差补偿效果显著。

采用误差补偿技术可以在不十分精密的机床上加工出较为精密的工件，是值得推广的一项先进实用技术。

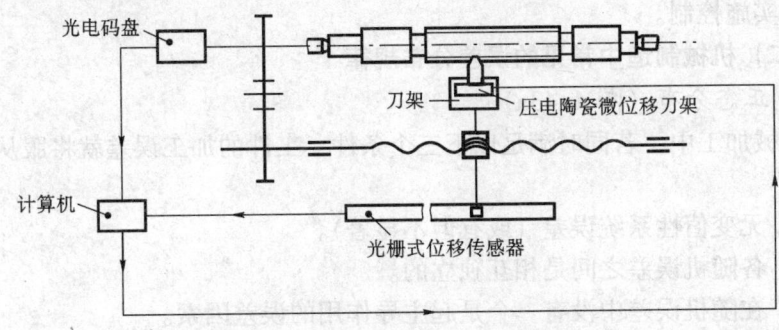

图 4-42 精密丝杠螺距误差补偿装置

第三节 加工误差的统计分析

一、概述

在第二节中，对影响加工精度的主要因素进行了分析研究，这对研究分析工艺过程产生误差的原因，提出控制加工精度的途径和方法，无疑是有指导意义的；但却不能仅凭上述单因素分析方法对工件的加工误差情况做出总体评价，这是因为在实际生产中，影响加工精度的因素很多，工件的加工误差是多因素综合作用的结果，且其中不少因素的作用往往带有随机性。对于一个受多个随机因素综合作用的工艺系统，只有用概率统计的方法分析加工误差，才能得到符合实际的结果。加工误差的统计分析方法，不仅可以客观评定工艺过程的加工精度，评定工序能力系数，而且还可以用来预测和控制加工精度。

（一）系统性误差与随机性误差

按照加工误差的性质，加工误差可分为系统性误差和随机性误差。

1. 系统性误差

系统性误差可分为常值性系统误差和变值性系统误差两种。在顺序加工一批工件时，加工误差的大小和方向皆不变，此误差称为常值性系统误差，例如原理误差、定尺寸刀具的制造误差等。在顺序加工一批工件时，按一定规律变化的加工误差，称为变值性系统误差，例如在刀具处于正常磨损阶段，由于刀具尺寸磨损所引起的误差。常值性系统误差与加工顺序无关，变值性系统误差与加工顺序有关。对于常值性系统误差，若能掌握其大小和方向，可以通过调整消除；对于变值性系统误差，若能掌握其大小和方向随时间变化的规律，也可通过采取自动补偿措施加以消除。

2. 随机性误差

在顺序加工一批工件时，加工误差的大小和方向都是随机变化的，这类误差称为随机性误差。例如，由于加工余量不均匀和材料硬度不均匀等原因引起的加工误差、工件的装夹误差、测量误差以及由于内应力重新分布引起的变形误差等均属随机性误差。工艺人员可以通过分析随机性误差的统计规律，对工艺过程实施控制。

(二) 机械制造中常见的误差分布规律

1. 正态分布（图4-43a）

机械加工中，若同时满足以下三个条件，工件的加工误差就将服从正态分布。

1) 无变值性系统误差（或有但不显著）。
2) 各随机误差之间是相互独立的。
3) 在随机误差中没有一个是起主导作用的误差因素。

2. 平顶分布（图4-43b）

在影响机械加工的诸多误差因素中，如果刀具尺寸磨损的影响显著，变值性系统误差占主导地位时，工件的尺寸误差就将呈现平顶分布。平顶分布曲线可以看成是随时间平移的众多正态分布曲线组合的结果。

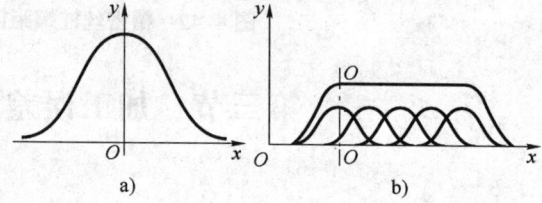

3. 双峰分布（图4-43c）

若将两台机床所加工的同一种工件混在一起，由于两台机床的调整尺寸不尽相同，两台机床的精度状态也有差异，工件的尺寸误差便呈双峰分布。

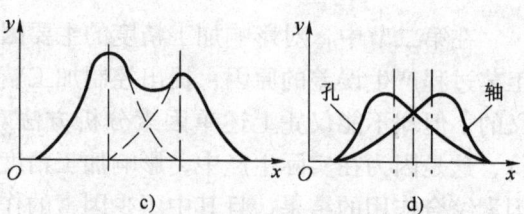

图4-43 机械制造中常见的误差分布规律
a) 正态分布 b) 平顶分布
c) 双峰分布 d) 偏态分布

4. 偏态分布（图4-43d）

采用试切法车削工件外圆或镗内孔时，为避免产生不可修复的废品，操作者主观上有使轴径加工得宁大勿小、使孔径加工得宁小勿大的意向，按照这种加工方式加工得到的一批零件的加工误差呈偏态分布。

(三) 正态分布

1. 正态分布规律

机械加工中，工件的尺寸误差是由很多相互独立的随机性误差综合作用的结果，如果其中没有一个随机性误差是起决定作用，则加工后工件的尺寸将呈正态分布，如图4-44所示，其概率密度

$$y(x) = \frac{1}{\sigma\sqrt{2\pi}} \exp\left[-\frac{(x-\overline{x})^2}{2\sigma^2}\right] \quad (4\text{-}21)$$

$$(-\infty < x < +\infty, \sigma > 0)$$

式中 $\overline{x}$——算术平均值；

σ——均方根偏差（标准差）

$$\overline{x} = \frac{1}{n}\sum_{i=1}^{n} x_i \quad (4\text{-}22)$$

$$\sigma = \sqrt{\frac{1}{n}\sum_{i=1}^{n}(x_i - \overline{x})^2} \quad (4\text{-}23)$$

式中 x_i——工件尺寸；

n——工件总数。

图 4-45 是根据式（4-21）画出的工件加工尺寸概率密度分布曲线，$\overline{x}$ 值取决于机床调整尺寸和常值性系统误差，$\overline{x}$ 只影响曲线的位置，不影响曲线的形状；σ 值取决于随机性误差和变值性系统误差，σ 只影响曲线的形状，不影响曲线的位置；σ 越小，尺寸分布范围就越小，加工精度就越高。图 4-45 形象地描

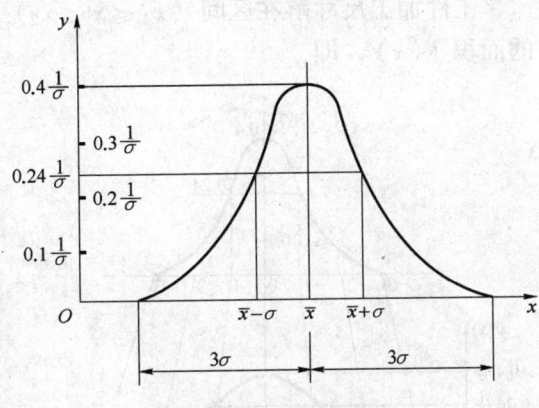

图 4-44 正态分布曲线

述了正态分布的两个特征参数 $\overline{x}$ 与 σ 对正态分布曲线的不同影响。

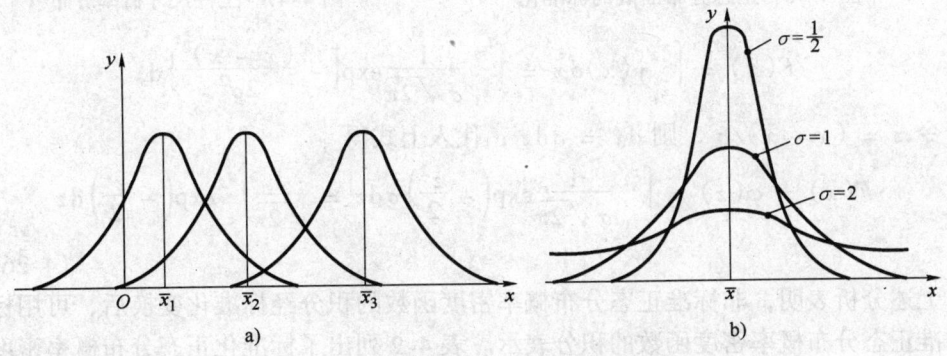

图 4-45 $\overline{x}$、σ 对分布曲线的影响
a) $\overline{x}$ 值 b) σ 值

2．标准正态分布

$\overline{x} = 0$、$\sigma = 1$ 的正态分布称为标准正态分布，其概率密度

$$y(x) = \frac{1}{\sqrt{2\pi}} \exp\left(-\frac{x^2}{2}\right) \quad (4\text{-}24)$$

为了利用标准正态分布函数数值表来分析加工过程，生产中常将非标准正

态分布通过标准化变量代换，转换为标准正态分布。令 $z = (x - \bar{x})/\sigma$，式 (4-21) 可改写为

$$y(x) = \frac{1}{\sigma\sqrt{2\pi}}\exp\left[-\frac{(x-\bar{x})^2}{2\sigma^2}\right] = \frac{1}{\sigma\sqrt{2\pi}}\exp\left(\frac{-z^2}{2}\right) = \frac{1}{\sigma}y(z)$$

(4-25)

式 (4-25) 就是非标准正态分布概率密度函数与标准正态分布概率密度函数的转换关系式。图 4-46 给出了非标准正态分布概率密度函数转换为标准正态分布概率密度函数的对应关系。

3. 工件尺寸落在某一尺寸区间内的概率

工件加工尺寸落在区间 ($x_1 \leq \bar{x} \leq x_2$) 内的概率为图 4-47 所示阴影部分的面积 $F(x)$，即

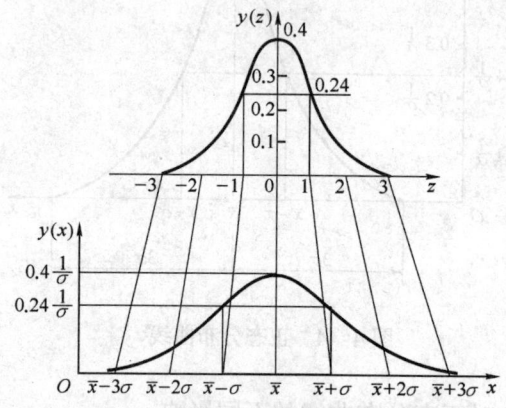

图 4-46 正态分布曲线的标准化

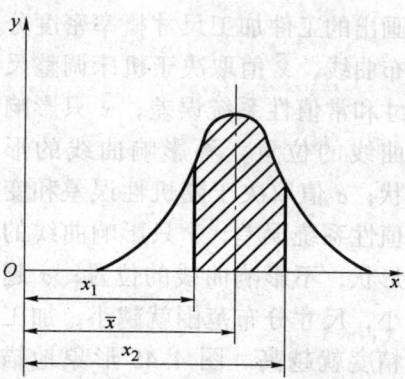

图 4-47 工件尺寸概率分布

$$F(x) = \int_{x_1}^{x_2} y(x)\mathrm{d}x = \int_{x_1}^{x_2}\frac{1}{\sigma\sqrt{2\pi}}\exp\left[-\frac{(x-\bar{x})^2}{2\sigma^2}\right]\mathrm{d}x$$

令 $z = (x - \bar{x})/\sigma$，则 $\mathrm{d}x = \sigma\mathrm{d}z$，代入上式得

$$F(x) = \varphi(z) = \int_{z_1}^{z_2}\frac{1}{\sigma\sqrt{2\pi}}\exp\left(-\frac{z^2}{2}\right)\sigma\mathrm{d}z = \frac{1}{\sqrt{2\pi}}\int_{z_1}^{z_2}\exp\left(-\frac{z^2}{2}\right)\mathrm{d}z$$

(4-26)

上述分析表明，非标准正态分布概率密度函数的积分经标准化变换后，可用标准正态分布概率密度函数的积分表示。表 4-2 列出了标准化正态分布概率密度函数积分值。由表 4-2 知

当 $z = (x - \bar{x})/\sigma = \pm 1$ 时，$2\varphi(1) = 2 \times 0.3413 = 68.26\%$；
当 $z = (x - \bar{x})/\sigma = \pm 2$ 时，$2\varphi(2) = 2 \times 0.4772 = 95.44\%$；
当 $z = (x - \bar{x})/\sigma = \pm 3$ 时，$2\varphi(3) = 2 \times 0.49865 = 99.73\%$。

计算结果表明，工件尺寸落在 ($\bar{x} \pm 3\sigma$) 范围内的概率为 99.73%，而落在该范围以外的概率只占 0.27%，概率极小，可以认为正态分布的分散范围为 ($\bar{x} \pm 3\sigma$)，这就是工程上经常用到的"$\pm 3\sigma$ 原则"，或称"6σ 原则"。

表 4-2 $\varphi(z) = \dfrac{1}{\sqrt{2\pi}} \int_0^z \exp\left(-\dfrac{z^2}{2}\right) dz$

z	$\varphi(z)$	z	$\varphi(z)$	z	$\varphi(z)$	z	$\varphi(z)$
0.01	0.0040	0.29	0.1141	0.64	0.2389	1.50	0.4332
0.02	0.0080	0.30	0.1179	0.66	0.2454	1.55	0.4394
0.03	0.0120	0.31	0.1217	0.68	0.2517	1.60	0.4452
0.04	0.0160	0.32	0.1255	0.70	0.2580	1.65	0.4502
0.05	0.0199	0.33	0.1293	0.72	0.2642	1.70	0.4554
0.06	0.0239	0.34	0.1331	0.74	0.2703	1.75	0.4599
0.07	0.0279	0.35	0.1368	0.76	0.2764	1.80	0.4641
0.08	0.0319	0.36	0.1406	0.78	0.2823	1.85	0.4678
0.09	0.0359	0.37	0.1443	0.80	0.2881	1.90	0.4713
0.10	0.0398	0.38	0.1480	0.82	0.2939	1.95	0.4744
0.11	0.0438	0.39	0.1517	0.84	0.2995	2.00	0.4772
0.12	0.0478	0.40	0.1554	0.86	0.3051	2.10	0.4821
0.13	0.0517	0.41	0.1591	0.88	0.3106	2.20	0.4861
0.14	0.0557	0.42	0.1628	0.90	0.3159	2.30	0.4893
0.15	0.0596	0.43	0.1641	0.92	0.3212	2.40	0.4918
0.16	0.0636	0.44	0.1700	0.94	0.3264	2.50	0.4938
0.17	0.0675	0.45	1.1736	0.96	0.3315	2.60	0.4953
0.18	0.0714	0.46	0.1772	0.98	0.3365	2.70	0.4965
0.19	0.0753	0.47	0.1808	1.00	0.3413	2.80	0.4974
0.20	0.0793	0.48	0.1844	1.05	0.3531	2.90	0.4981
0.21	0.0832	0.49	0.1879	1.10	0.3643	3.00	0.49865
0.22	0.0871	0.50	0.1915	1.15	0.3749	3.20	0.49931
0.23	0.0910	0.52	0.1985	1.20	0.3849	3.40	0.49966
0.24	0.0948	0.54	0.2054	1.25	0.3944	3.60	0.499841
0.25	0.0987	0.56	0.2123	1.30	0.4032	3.80	0.499928
0.26	0.1023	0.58	0.2190	1.35	0.4115	4.00	0.499968
0.27	0.1064	0.60	0.2257	1.40	0.4192	4.50	0.499997
0.28	0.1103	0.62	0.2324	1.45	0.4265	5.00	0.49999997

例 4-4 在卧式镗床上镗削一批箱体零件的内孔,孔径尺寸要求为 $\phi 70^{+0.2}_{0}$ mm,已知孔径尺寸按正态分布,$\overline{x}=70.08$ mm,$\sigma = 0.04$ mm,试计算这批加工件的合格品率和不合格品率。

解 作图 4-48,作标准化变换,令

$$z_{右}=(x_{\max}-\overline{x})/\sigma=(70.2-70.08)/0.04=3$$

$$z_{左}=(\overline{x}-x_{\min})/\sigma=(70.08-70.00)/0.04=2$$

查表 4-2 得,$\varphi(3)=0.49865$,$\varphi(2)=0.4772$。右侧合格品率 $H_{右}=\varphi(3)=49.865\%$;右侧不合格品率 $P_{右}=0.5-0.49865=0.00135=0.135\%$,这些不合格品不可修复。左侧合格品率 $H_{右}=\varphi(2)=47.72\%$;左侧不合格品率 $P_{左}=0.5-0.4772=0.0228=2.28\%$,这些不合格品可修复。

总合格品率 $H=49.865\%+47.72\%=97.585\%$。

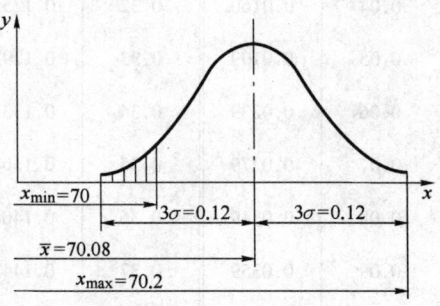

图 4-48 废品率计算图

总不合格品率 $B=0.135\%+2.28\%=2.415\%$。

二、加工误差的统计分析——工艺过程的分布图分析方法

(一) 工艺过程的稳定性

工艺过程的稳定性是指工艺过程在时间历程上保持工件均值 $\overline{x}$ 和标准差 σ 值稳定的性能。如果工艺过程中工件加工尺寸的瞬时分布中心(或工件尺寸均值 $\overline{x}$)和标准差 σ 基本保持不变或变化不大,就认为工艺过程是稳定的;如果工艺过程中工件加工尺寸的瞬时分布中心(或工件尺寸均值 $\overline{x}$)和标准差 σ 有显著变化,就认为工艺过程是不稳定的。图 4-49 中,瞬时分布中心由 O 变到 O_1 的过程,$\overline{x}$ 与 σ 值均无明显变化,所以该工艺过程是稳定的;瞬时分布中心由 O 变化至 O'_1 的过程,因 $\overline{x}$ 值发生显著变化,σ 值也有明显变化,所以该工艺过程是不稳定的。

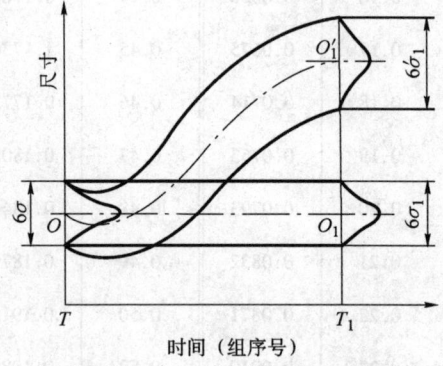

图 4-49 工艺过程稳定性分析图

(二) 工艺过程分布图分析方法

通过工艺过程分布图分析,可以确定工艺系统的加工能力系数、机床调整精度系数和加工工件的合格率,并能分析产生废品的原因。

下面以销轴加工为例,介绍工艺过程分布图分析的步骤及内容。

1. 画工件尺寸实际分布图

(1) 采集样本　在自动车床上加工一批销轴,要求保证工序尺寸 $\phi(8 \pm 0.09)$mm。在销轴加工中,按顺序连续抽取 50 个加工件作为样本(样本容量一般取为 50~200 件),逐一测量其轴颈尺寸,并将测量数据列于表 4-3 中。

表 4-3　测量数据表　　　　　　　　(单位:mm)

序号	尺寸	序号	尺寸	序号	尺寸	序号	尺寸	序号	尺寸
1	7.920	11	7.970	21	7.985	31	7.945	41	8.024
2	7.970	12	7.982	22	7.992	32	8.000	42	8.028
3	7.980	13	7.991	23	8.000	33	8.012	43	7.965
4	7.990	14	7.998	24	8.010	34	8.024	44	7.980
5	7.995	15	8.007	25	8.022	35	8.045	45	7.988
6	8.005	16	8.040	26	8.040	36	7.960	46	7.995
7	8.018	17	8.080	27	7.957	37	7.975	47	8.004
8	8.030	18	8.130	28	7.975	38	7.994	48	8.027
9	8.068	19	7.965	29	7.985	39	8.002	49	8.055
10	8.142	20	7.972	30	7.992	40	8.015	50	8.017

(2) 剔除异常数据　在测量数据中有时可能会有个别的异常数据,它们会影响数据的统计性质,在作统计分析之前应将它们从测量数据中剔除。异常数据都具偶然性,它们与测量数据均值之间的差值往往很大。如果出现

$$|x_i - \overline{x}| > 3\sigma \tag{4-27}$$

的情况,x_i 就被认为是异常数据。式中 $\overline{x}$ 为均值,σ 为总体的标准差,当样本数 n 较小时,可用它的无偏估计量 s 替代[42、43]

$$s = \sqrt{\frac{1}{n-1} \sum_{i=1}^{n} (x_i - \overline{x})^2}$$

针对表 4-3 所列测量数据,经计算,$\overline{x} \approx 8.0053$mm,$s \approx 0.0404$mm,按式 (4-27) 逐一校核知,$x_{10} = 8.142$mm 和 $x_{18} = 8.130$mm 为异常数据,应将其剔除。剔除异常数据后,分析样本数 $n = 48$,$\overline{x} = 7.9999$mm,$\sigma = 0.0309$mm。

(3) 确定尺寸分组数和组距　为了能较好地反映工件尺寸分布特征,尺寸分组数 k 应根据样本容量 n 的多少适当选择,参见表 4-4。

表 4-4　尺寸分组数 k 与样本容量 n 的关系

n	25~40	40~60	60~100	100	100~160	160~250	250~400	400~630	630~1000
k	6	7	8	10	11	12	13	14	15

由 $n = 48$,查表 4-4,取 $k = 7$,则组距

$$h = \frac{x_{\max} - x_{\min}}{k} = \frac{8.080 - 7.920}{7} \text{mm} = 0.023 \text{mm}$$

(4) 画工件尺寸实际分布图　根据分组数和组距,统计各组尺寸的频数,列出频数分布表,见表 4-5。根据表 4-5 所列数据即可画出频数分布图,如图 4-50 所示。

表 4-5 频数分布表

组号	尺寸间隔 Δx/mm	尺寸间隔中值 x_k/mm	频数 f_k
1	7.920~7.943	7.9315	1
2	7.943~7.966	7.9545	5
3	7.966~7.989	7.9775	11
4	7.989~8.012	8.0005	15
5	8.012~8.035	8.0235	10
6	8.035~8.058	8.0465	4
7	8.058~8.081	8.0695	2

2．工艺过程分析

（1）判断加工误差性质　如果样本工件服从正态分布，就可以认为工艺过程中变值性系统误差很小（或不显著），工件尺寸分散是由随机误差引起的，这表明工艺过程处于受控状态中。如果样本工件尺寸不服从正态分布，可根据工件尺寸实际分布图分析，判断是哪种变值性系统误差在显著地影响着工艺过程。如果工件尺寸的实际分布中心 $\bar{x}$ 与公差带中心有偏移 ε，这表明工艺过程中有常值性系统误差存在。

在图 4-50 所示工件尺寸频数分布图中，$\bar{x}$ 比公差带中心尺寸小

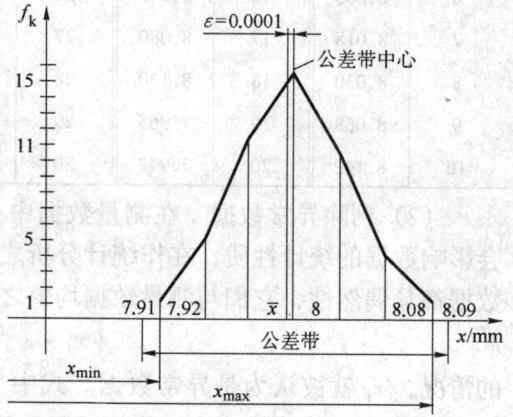

图 4-50 频数分布图

0.0001mm，这表明机床加工过程存在常值性系统误差，可能是由于刀具位置稍稍调得靠近机床主轴中心了。

（2）确定工序能力系数和工序能力　工序能力系数 C_p 按下式计算

$$C_p = \frac{T}{6\sigma} \tag{4-28}$$

式中　T——工件公差。

T 值一定时，σ 越小，C_p 值就越大。工序能力共分五级，其工序能力系数 C_p 值详见表 4-6。生产中工序能力等级应不低于二级。

表 4-6 工序能力等级

工序能力系数	工序能力等级	说　明
$C_p > 1.67$	特级	工艺能力过高，可以允许有异常波动
$1.67 \geq C_p > 1.33$	一级	工艺能力足够，可以允许有一定的异常波动
$1.33 \geq C_p > 1.00$	二级	工艺能力勉强，必须密切注意
$1.00 \geq C_p > 0.67$	三级	工艺能力不足，可能出少量不合格品，需采取措施改进
$0.67 \geq C_p$	四级	工艺能力很差，不可继续生产

本例中 $C_p = T/(6\sigma) = 0.18/(6 \times 0.0309) = 0.97$，属于工艺能力不足的情况，可能会出现不合格品。

(3) 确定机床调整精度系数 E　机床调整精度系数 E 按下式计算

$$E = \frac{\varepsilon}{T} \tag{4-29}$$

式中　ε——分布曲线中心与公差带中心的偏移量。

本例中 $E = \dfrac{\varepsilon}{T} = \dfrac{0.0001\text{mm}}{0.18\text{mm}} = 0.00056$。

欲使工艺过程不出或少出不合格品，尺寸分布中心相对于公差带中心的偏移量 ε 应尽量小，其允许值

$$\varepsilon_{允许} = \frac{1}{2}|(T - 6\sigma)| \tag{4-30}$$

本例中尺寸分布中心允许的最大偏移量

$$\varepsilon_{允许} = \frac{1}{2}|(T - 6\sigma)| = \frac{1}{2}|(0.18 - 6 \times 0.0309)|\text{mm} = 0.0027\text{mm}$$

计算结果表明，本例中尺寸分布中心相对于公差带中心的偏移量小于其允许值 $\varepsilon_{允许}$，机床调整精度符合要求。

(4) 确定合格品率及不合格品率　由图 4-50 所列数据求标准正态分布变量得：$z_右 = (x_{\max} - \bar{x})/\sigma = (8.08 - 7.9999)\text{mm}/0.0309\text{mm} = 2.592$；$z_左 = (\bar{x} - x_{\min})/\sigma = (7.9999 - 7.92)\text{mm}/0.0309\text{mm} = 2.585$。查表 4-2 知：$\varphi(2.592) = 0.49518$，$\varphi(2.585) = 0.49508$，由此求得本例加工的合格品率 $H = 0.49518 + 0.49508 = 99.02\%$；不合格品率 $B = 1 - H = 1 - 99.02\% = 0.98\%$。

本工序常值系统性误差 $\varepsilon = 0.0001\text{mm}$，其值很小，产生废品的主要原因是工艺系统内的随机性误差超量，使加工尺寸分散范围超过了规定的公差带范围。

工艺过程的分布图分析法能比较客观地反映工艺过程总体情况，且能把工艺过程中存在的常值性系统误差从误差中区分出来；但用分布图分析工艺过程要等一批工件加工结束并逐一测量其尺寸进行统计分析后，才能对工艺过程的运行状态作出分析，它不能在加工过程中及时提供控制精度的信息，它只适于在工艺过程较为稳定的场合应用。

三、加工误差的统计分析——工艺过程的点图分析方法

对于一个不稳定的工艺过程，需要在工艺过程进行中及时发现工件可能出现不合格品的趋向，以便及时调整工艺系统，使工艺过程能够继续进行。由于点图分析法能够反映质量指标随时间变化的情况，它既可以用于稳定的工艺过程，也可以用于不稳定的工艺过程。

(一) 点图的基本形式

点图分析法所采用的样本是顺序小样本，即每隔一定时间抽取样本容量 $n = 5 \sim 10$ 的小样本，并计算小样本的算术平均值 $\bar{x}$ 和极差 R

$$\begin{cases} \overline{x} = \dfrac{1}{n}\sum_{i=1}^{n} x_i \\ R = x_{\max} - x_{\min} \end{cases} \tag{4-31}$$

式中 $x_{\max}$、$x_{\min}$——样本中个体的最大值与最小值。

点图的种类很多,目前用得最多的是 $\overline{x}$—R 图,如图 4-51 所示。$\overline{x}$—R 图的横坐标是按时间先后采集的小样本的组序号,纵坐标各为小样本的均值 $\overline{x}$ 和极差 R。在 $\overline{x}$ 点图上有五根控制线,$\overline{\overline{x}}$ 是样本平均值的均值线,ES、EI 分别是加工工件公差带的上、下限,UCL、LCL 分别是样本均值 $\overline{x}$ 的上、下控制限;在 R 点图上有三根控制线,$\overline{R}$ 是样本极差 R 的均值线,UCL、LCL 分别是样本极差的上、下控制限。

一个稳定的工艺过程,必须同时具有均值变化不显著和标准差变化不显著两种特征。$\overline{x}$ 点图是控制分布中心变化的,R 点图是控制分散范围变化的,综观这两个点图的变化趋势,才能对工艺过程的稳定性作出评价。一旦发现工艺过程有向不稳定方面转化的趋势,就应及时采取措施,使不稳定的趋势得到控制。

(二)$\overline{x}$—R 图上、下控制限的确定

确定 $\overline{x}$—R 图上、下控制限,首先需要知道样本均值 $\overline{x}$ 和样本差 R 的分布规律。

由数理统计学的中心极限定理可以推论,即使总体不是正态分布,若总体均值为 λ,方差为 σ^2,则样本均值 $\overline{x}$ 也近似服从均值为 λ、方差为 σ^2/n 的正态分布,式中 n 为样本的个数,即有

$$\overline{x} \sim N(\lambda, \sigma^2/n)$$

样本均值 $\overline{x}$ 的分散范围为 $(\lambda \pm 3\sigma/\sqrt{n})$。

数理统计学已经证明[42],样本极差 R 也近似服从正态分布,即有

$$R \sim N(\overline{R}, \sigma_R^2)$$

样本极差 R 的分散范围为 $(\overline{R} \pm 3\sigma_R)$,$\sigma_R = d\hat{\sigma}$,式中 $\hat{\sigma}$ 为 σ 的估计值,d 为系数,其值参见表 4-7。

数理统计学已经证明,σ 的估计值 $\hat{\sigma} = a_n \overline{R}$,$\overline{R} = \dfrac{1}{q}\sum_{i=1}^{q} R_i$,式中 a_n 为系数,其值参见表 4-7;q 为抽取的样本组数。

表 4-7 系数 d、a_n、A_2 值

n	d	a_n	A_2
4	0.880	0.486	0.73
5	0.864	0.430	0.58
6	0.848	0.395	0.48

$\overline{x}$ 点图上、下控制限可按下式求取

$$\text{UCL} = \overline{\overline{x}} + 3\frac{\hat{\sigma}}{\sqrt{n}} = \overline{\overline{x}} + 3\frac{a_n \overline{R}}{\sqrt{n}} = \overline{\overline{x}} + A_2 \overline{R} \tag{4-32}$$

$$\text{LCL} = \overline{\overline{x}} - 3\frac{\hat{\sigma}}{\sqrt{n}} = \overline{\overline{x}} - 3\frac{a_n \overline{R}}{\sqrt{n}} = \overline{\overline{x}} - A_2 \overline{R} \tag{4-33}$$

式中系数 A_2 的取值参见表 4-7。

R 点图上、下控制限可按下式求取

$$\text{UCL} = \overline{R} + 3\sigma_R = \overline{R} + 3da_n \overline{R} = (1 + 3da_n)\overline{R} \tag{4-34}$$

$$\text{LCL} = \overline{R} - 3\sigma_R = \overline{R} - 3da_n \overline{R} = (1 - 3da_n)\overline{R} \tag{4-35}$$

例 4-5 磨削发动机气门挺杆轴颈外圆,直径尺寸要求为 $\phi25_{-0.025}^{-0.013}$ mm,试为该工件加工制订 $\overline{x}$—R 点图。

解 在磨削发动机气门挺杆轴颈外圆加工中,每隔一定时间抽取一个样本,样本容量为 5,共抽取 $q = 20$ 个样本,每个样本的 $\overline{x}$、R 值列于表 4-8 中。

计算样本均值

$$\overline{\overline{x}} = \frac{1}{q}\sum_{i=1}^{q} \overline{x}_i = \frac{499.62}{20}\text{mm} = 24.981\text{mm}$$

计算样本极差的均值

$$\overline{R} = \frac{1}{q}\sum_{i=1}^{q} R_i = \frac{0.140}{20}\text{mm} = 0.007\text{mm}$$

表 4-8 样本的 $\overline{x}$ 和 R 值数据表 （单位：mm）

序号	$\overline{x}$	R	序号	$\overline{x}$	R	序号	$\overline{x}$	R	序号	$\overline{x}$	R
1	24.9765	0.006	6	24.9795	0.008	11	24.9825	0.009	16	24.9795	0.008
2	24.9775	0.008	7	24.9825	0.008	12	24.9805	0.009	17	24.9810	0.009
3	24.9795	0.008	8	24.9805	0.005	13	24.9845	0.006	18	24.9850	0.005
4	24.9785	0.007	9	24.9785	0.007	14	24.9820	0.005	19	24.9845	0.005
5	24.9790	0.005	10	24.9815	0.007	15	24.9835	0.008	20	24.9825	0.007

$\overline{x}$ 图上的上、下控制限分别为

$$\text{UCL} = \overline{\overline{x}} + A_2 \overline{R} = (24.981 + 0.58 \times 0.007)\text{mm} = 24.985\text{mm}$$

$$\text{LCL} = \overline{\overline{x}} - A_2 \overline{R} = (24.981 - 0.58 \times 0.007)\text{mm} = 24.977\text{mm}$$

R 图上的上、下控制限分别为

$$\text{UCL} = (1 + 3da_n)\overline{R} = (2.11 \times 0.007)\text{mm} = 0.0148\text{mm}$$

$$\text{LCL} = (1 - 3da_n)\overline{R} = (-0.11 \times 0.007)\text{mm} = -0.00077\text{mm}$$

由于极差 R 值不可能出现负值,此处取下控制限 LCL = 0。

按上述计算结果作 $\overline{x}$—R 点图,如图 4-51 所示。

(三) 工艺过程的点图分析

顺序加工一批工件,获得的尺寸总是参差不齐的,点图上的点子总是有波

动的。若只有随机波动，表明工艺过程是稳定的，属于正常波动；若出现异常波动，表明工艺过程是不稳定的，就要及时寻找原因，采取措施。表 4-9 是根据数理统计学原理确定的正常波动与异常波动的标志。

将表 4-8 所列 $\bar{x}$、R 数值按顺序逐点标在图 4-51 中。按表 4-9 所给出的正常波动与异常波动的标志，分析图 4-51 所示磨削气门挺杆外圆过程 $\bar{x}$—R 点图可知，磨削过程尚处于稳定状态，但 $\bar{x}$ 点图上有连续六点出现在中线的上方一侧，且随后又有一点接近 $\bar{x}$ 的上控制限，需密切注意工艺过程发展动向。

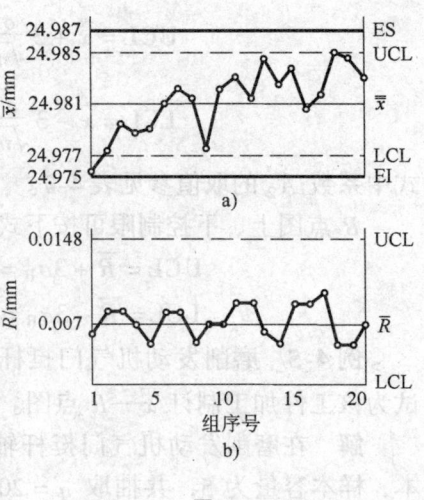

图 4-51 $\bar{x}$—R 点图

表 4-9 正常波动与异常波动的标志

正 常 波 动	异 常 波 动
1）没有点子超出控制线 2）大部分点子在中线上下波动，小部分在控制线附近 3）点子没有明显的规律性	1）有点子超出控制线 2）点子密集在控制线附近 3）点子密集在中线上下附近 4）连续 7 点以上出现在中线一侧 5）连续 11 点中有 10 点出现在中线一侧 6）连续 14 点中有 12 点以上出现在中线一侧 7）连续 17 点中有 14 点以上出现在中线一侧 8）连续 20 点中有 16 点以上出现在中线一侧 9）点子有上升或下降倾向 10）点子有周期性波动

用点图法分析工艺过程能对工艺过程的运行状态作出分析，在加工过程中能及时提供控制加工精度的信息，并能把变值性系统误差从误差中区分出来，常用它分析、控制工艺过程的加工精度。

第四节 机械加工表面质量

机器零件的破坏，一般都是从表面层开始的，这说明零件的表面质量至关重要，它对产品质量有很大影响。

研究表面质量的目的，就是要掌握机械加工中各种工艺因素对表面质量影响的规律，以便应用这些规律控制加工过程，最终达到提高表面质量、提高产品使用性能的目的。

一、加工表面质量的概念

加工表面质量包含以下两个方面的内容：

1. 加工表面的几何形貌

加工表面的几何形貌是由加工过程中的切削残留面积、切削塑性变形和振动等因素的综合作用在工件表面上形成的表面结构,图 4-52 所示为加工表面三维形貌图。

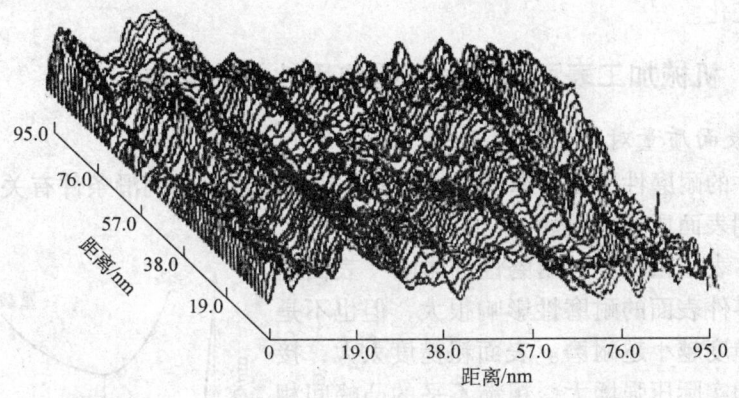

图 4-52 加工表面三维形貌图

加工表面的几何形貌（表面结构）包括表面粗糙度、表面波纹度、表面纹理方向和表面缺陷等四个方面内容,分述如下：

(1) 表面粗糙度 表面粗糙度是加工表面上波长 L 与波高 H 的比值 $L/H < 50$ 的微观几何轮廓（参见图 4-53）。

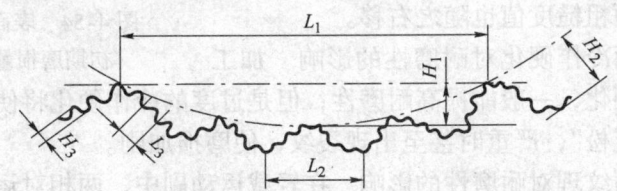

图 4-53 表面粗糙度、波纹度与宏观几何形状误差

(2) 表面波纹度 加工表面上波长 L 与波高 H 的比值 $L/H = 50 \sim 1000$ 的几何轮廓称为表面波纹度,它是由机械加工中的振动引起的。加工表面上波长 L 与波高 H 的比值 $L/H > 1000$ 的几何轮廓,称为宏观几何轮廓,它属于加工精度范畴,不在本节讨论之列。

(3) 表面纹理方向 表面纹理方向是指加工表面刀痕纹理的方向,它取决于表面形成过程中所采用的加工方法。

(4) 表面缺陷 加工表面上出现的砂眼、气孔、裂痕等缺陷。

2. 表面层材料的物理力学性能

表面层材料的物理力学性能,包括表面层的冷作硬化、残余应力和金相组织的变化。

(1) 表面层的冷作硬化 机械加工过程中表面层金属产生强烈的塑性变形,使晶格扭曲、畸变,晶粒间产生剪切滑移,晶粒被拉长,这些都会使表面层金属的硬度增加,塑性减小,统称为冷作硬化。

(2) 表面层残余应力　机械加工过程中由于切削变形和切削热等因素的作用在工件表面层材料中产生的内应力，称为表面层残余应力。

(3) 表面层金相组织变化　机械加工过程中，在工件的加工区域，温度会急剧升高，当温度升高到超过工件材料金相组织变化的临界点时，就会发生金相组织变化。

二、机械加工表面质量对机器使用性能的影响

1. 表面质量对耐磨性的影响

零件的耐磨性不仅与摩擦副的材料、热处理情况和润滑条件有关，而且还与摩擦副表面质量有关。

(1) 表面粗糙度对耐磨性的影响　表面粗糙度对零件表面的耐磨性影响很大，但也不是表面粗糙度越小越耐磨。表面粗糙度太大，接触表面的实际压强增大，粗糙不平的凸峰间相互咬合、挤裂，使磨损加剧；表面粗糙度太小，表面太光滑，因存不住润滑油使接触面间容易发生分子粘接，也会导致磨损加剧。表面粗糙度的最佳值与机器零件的工况有关，如图4-54所示，载荷加大时，磨损曲线向上向右位移，最佳表面粗糙度值也随之右移。

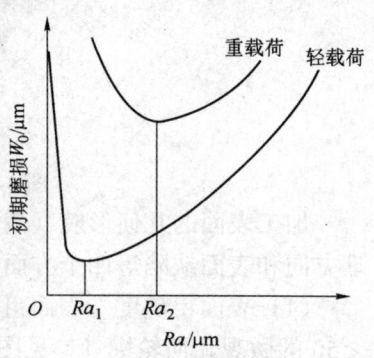

图4-54　表面粗糙度与初期磨损量的关系

(2) 表面冷作硬化对耐磨性的影响　加工表面的冷作硬化，一般能提高耐磨性；但是过度的冷作硬化将使加工表面金属组织变得"疏松"，严重时甚至出现裂纹，使磨损加剧。

(3) 表面纹理对耐磨性的影响　在轻载运动副中，两相对运动零件表面的刀纹方向均与运动方向相同时，耐磨性好；两者的刀纹方向均与运动方向垂直时，耐磨性差，这是因为两个摩擦面在相互运动中，切去了妨碍运动的加工痕迹。但在重载时，两相对运动零件表面的刀纹方向均与相对运动方向一致时容易发生咬合，磨损量反而大；两相对运动零件表面的刀纹方向相互垂直，且运动方向平行于下表面的刀纹方向，磨损量较小。

2. 表面质量对零件疲劳强度的影响

表面粗糙度对零件的疲劳强度影响很大。在交变载荷作用下，表面粗糙度的凹谷部位容易产生应力集中，出现疲劳裂纹，加速疲劳破坏。零件上容易产生应力集中的沟槽、圆角等处的表面粗糙度，对疲劳强度的影响更大。减小零件的表面粗糙度，可以提高零件的疲劳强度。零件表面存在一定的冷作硬化，可以阻碍表面疲劳裂纹的产生，缓和已有裂纹的扩展，有利于提高疲劳强度；但冷作硬化强度过高时，可能会产生较大的脆性裂纹反而降低疲劳强度。加工表面层如有一层残余压应力产生，可以提高疲劳强度。

3. 表面质量对抗腐蚀性能的影响

大气中所含的气体和液体与零件接触时会凝聚在零件表面上使表面腐蚀。

零件表面粗糙度越大，加工表面与气体、液体的接触面积越大，腐蚀作用就越强烈。加工表面的冷作硬化和残余应力，使表层材料处于高能位状态，有促进腐蚀的作用。减小表面粗糙度，控制表面的加工硬化和残余应力，可以提高零件的抗腐蚀性能。

4. 表面质量对零件配合性质的影响

对于间隙配合，零件表面越粗糙，磨损越大，使配合间隙增大，将降低配合精度；对于过盈配合，两零件粗糙表面相配时凸峰被挤平，使有效过盈量减小，将降低过盈配合的连接强度。

三、加工表面的表面粗糙度

切削加工的表面粗糙度值主要取决于切削残留面积的高度。对于刀尖圆弧半径 $r_\varepsilon = 0$ 的刀具，工件表面残留面积的高度（参见图 4-55a）

$$H = \frac{f}{\cot\kappa_r + \cot\kappa'_r} \tag{4-36}$$

式中 f——进给量（mm/r）；
κ_r——主偏角（$\kappa_r \neq 90°$）；
κ'_r——副偏角（$\kappa'_r \neq 90°$）。

对于刀尖圆弧半径 $r_\varepsilon \neq 0$ 的刀具，工件表面残留面积的高度（参见图 4-55b）

$$H = \frac{f}{2}\tan\frac{\alpha}{4} = \frac{f}{2}\sqrt{\frac{1-\cos(\alpha/2)}{1+\cos(\alpha/2)}}$$

而 $\cos(\alpha/2) = \frac{r_\varepsilon - H}{r_\varepsilon} = 1 - \frac{H}{r_\varepsilon}$，将它代入上式，略去二次微小量 H^2，经整理得

$$H \approx \frac{f^2}{8r_\varepsilon} \tag{4-37}$$

分析式（4-36）、式（4-37）可知，减小 f、κ_r、κ'_r 及增大 r_ε，均可减小残留面积的高度值。

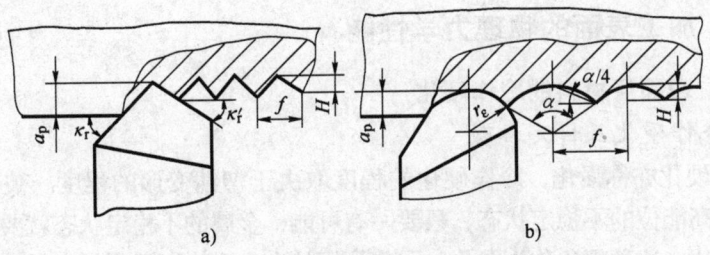

图 4-55 车削时工件表面的残留面积

切削加工表面粗糙度的实际轮廓形状，一般都与纯几何因素形成的理论轮廓有较大的差别，这是由于切削加工中有塑性变形发生的缘故，切削过程中的塑性变形对加工表面粗糙度有很大影响。加工塑性材料时，切削速度 v_c 对加工表面粗糙度的影响如图 4-56 所示，在图示某一切削速度范围内，容易生成

积屑瘤，使表面粗糙度增大。加工脆性材料时，切削速度对表面粗糙度的影响不大。

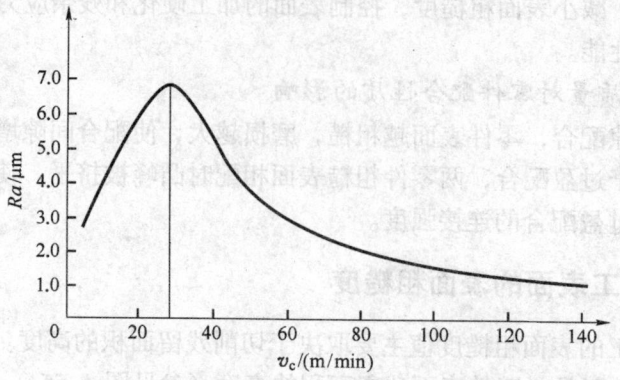

图 4-56　切削速度 v_c 对表面粗糙度的影响

加工相同材料的工件，晶粒越粗大，切削加工后的表面粗糙度值越大。为减小切削加工后的表面粗糙度值，常在加工前或精加工前对工件进行正火、调质等热处理，目的在于得到均匀细密的晶粒组织，并适当提高材料的硬度。

适当增大刀具的前角，可以降低被切削材料的塑性变形；降低刀具前刀面和后刀面的表面粗糙度可以抑制积屑瘤的生成；增大刀具后角，可以减少刀具和工件的摩擦；合理选择切削液，可以减少材料的变形和摩擦，降低切削区的温度；采取上述各项措施均有利于减小加工表面的表面粗糙度值。

磨削加工表面粗糙度的形成也与几何因素和表层材料的塑性变形有关。表面粗糙度的高度和形状是由起主要作用的某一类因素或是某一个别因素决定的。例如，当所选取的磨削用量不至于在加工表面上产生显著的热现象和塑性变形时，几何因素就可能占优势，对表面粗糙度高度起决定性影响的可能是砂轮的粒度和砂轮的修正用量；与此相反，磨削区的塑性变形十分显著时，砂轮粒度等几何因素就不起主要作用，磨削用量可能是影响磨削表面粗糙度的主要因素。

四、加工表面的物理力学性能

（一）表面层材料的冷作硬化

1. 冷作硬化及评定参数

冷作硬化亦称强化，冷作硬化的程度取决于塑性变形的程度。被冷作硬化的金属处于高能位的不稳定状态，只要一有可能，金属的不稳定状态就要向比较稳定的状态转化，这种现象称为弱化。弱化作用的大小取决于温度的高低、热作用时间的长短和表层金属的强化程度。由于在加工过程中表层金属同时受到变形和热的作用，加工后表层金属的最后性质取决于强化和弱化综合作用的结果。

冷作硬化用表层金属的显微硬度 HV、硬化层深度 h 和硬化程度 N 等三项指标进行评定，$N = [(HV - HV_0)/HV_0] \times 100\%$，式中 HV_0 为工件内部金属的显微硬度。

2. 影响冷作硬化的因素

(1) 刀具的影响　切削刃钝圆半径越大，已加工表面在形成过程中受挤压程度越大，加工硬化也越大；刀具后刀面的磨损量增大时，后刀面与已加工表面的摩擦随之增大，冷作硬化程度也增加；减小刀具的前角，加工表面层塑性变形增加，切削力增大，冷作硬化程度和深度都将增加。

(2) 切削用量的影响　切削速度增大时，刀具对工件的作用时间缩短，塑性变形不充分，冷作硬化程度将会减小。背吃刀量 a_p 和进给量 f 增大，塑性变形加剧，冷作硬化加强。

(3) 加工材料的影响　被加工工件材料的硬度越低、塑性越大时，冷硬现象越严重。有色金属的再结晶温度低，容易弱化，因此，切削有色合金工件时的冷硬倾向程度要比切削钢件时小。

(二) 表面层材料金相组织变化

加工表面温度超过相变温度时，表层金属的金相组织将会发生相变。切削加工时，切削热大部分被切屑带走，因此影响较小，多数情况下，表层金属的金相组织没有质的变化。磨削加工时，切除单位体积材料所需消耗的能量远大于切削加工，磨削加工所消耗的能量绝大部分要转化为热，磨削热传给工件，一旦加工表面温度超过相变温度，表层金属的金相组织就将发生变化。

磨削淬火钢时，会产生以下三种不同类型的烧伤：如果磨削区温度超过马氏体转变温度而未超过相变临界温度（碳钢的相变温度为 723℃），这时工件表层金属的金相组织，由原来的马氏体转变为硬度较低的回火组织（索氏体或托氏体），这种烧伤称为回火烧伤；如果磨削区温度超过了相变温度，在切削液急冷作用下，表层金属将发生二次淬火，硬度高于原来的回火马氏体，里层金属则由于冷却速度慢，出现了硬度比原先的回火马氏体低的回火组织，这种烧伤称为淬火烧伤；若工件表层温度超过相变温度，而磨削区又没有切削液进入，表层金属便产生退火组织，硬度急剧下降，称之为退火烧伤。

磨削烧伤严重影响零件的使用性能，必须采取措施加以控制。控制磨削烧伤有两个途径：一是尽可能减少磨削热的产生；二是改善冷却条件，尽量减少传入工件的热量。采用硬度稍软的砂轮，适当减小磨削背吃刀量和磨削速度，适当增加工件的回转速度和轴向进给量，采用高效冷却方式（如高压大流量冷却、喷雾冷却、内冷却）等措施，都可以降低磨削区温度，防止磨削烧伤。

图 4-57 是一个内冷却装置，经过过滤的切削液通过中空主轴法兰套引入砂轮的中心腔

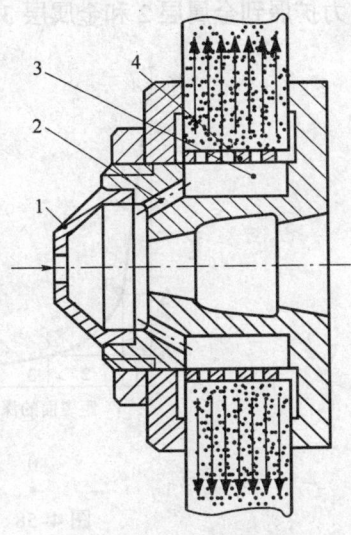

图 4-57　内冷却装置
1—锥形盖　2—通道孔
3—砂轮中心腔　4—带孔的薄膜壁套

3内,由于离心力的作用,切削液通过砂轮内部的孔隙甩出,直接进入磨削区进行冷却,解决了外部浇注切削液时切削液进不到磨削区的难题。

(三) 表面层残余应力

1. 加工表面产生残余应力的原因

(1) 表层材料比体积增大　切削过程中加工表面受到刀具的挤压与摩擦,产生塑性变形,由于晶粒碎化等原因,表层材料比体积增大。由于塑性变形只在表面层产生,表面层金属比体积增大,体积膨胀,不可避免地要受到与它相连的里层基体的阻碍,故表层材料产生残余压应力,里层材料则产生与之相平衡的残余拉应力。

(2) 切削热的影响　切削加工中,切削区会有大量的切削热产生,工件表面的温度往往很高。例如,在磨削外圆时,表层金属的平均温度高达300~400℃,瞬时磨削温度可高达800~1200℃。图4-58a为工件表面层温度分布示意图,t_p点相当于金属具有高塑性的温度,温度高于t_p时表层金属不会有残余应力产生;t_n为室温;t_m为熔化温度。切削时,表层金属1的温度超过t_p,处于完全塑性状态;金属层2的温度在t_n与t_p之间,这层金属受热作用要膨胀,金属层1因处于完全塑性状态,所以它对金属层2受热膨胀不起阻止作用,但金属层2的膨胀要受到处于室温状态的里层金属3的阻止,因此,金属层2产生瞬时压缩应力,而金属层3则产生瞬时拉伸应力,如图4-58b所示。切削过程结束之后,在金属层1冷却到低于t_p时,金属层1冷却要收缩,但下面的金属层2阻止它收缩,因此就在金属层1内产生拉伸应力,而在金属层2内的压缩应力还要进一步加大,金属层3拉伸应力有所减小。表层金属继续冷却,金属层1继续收缩,它受到里层金属的阻碍,金属层1的拉伸应力继续加大,金属层2的压缩应力扩展到金属层2和金属层3内,如图4-58c所示。

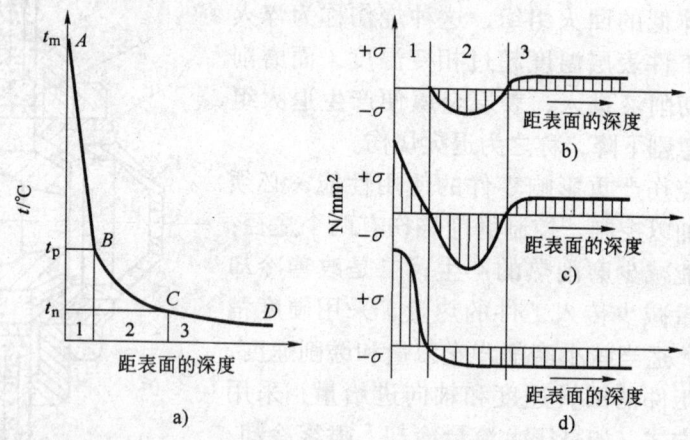

图4-58　表面层金属产生拉伸应力分析图

(3) 金相组织的变化　切削时的高温会使表面层的金相组织发生变化。不同的金相组织有不同的密度 ($\rho_{马氏体} = 7.75\text{g/cm}^3$,$\rho_{奥氏体} = 7.96\text{g/cm}^3$,$\rho_{铁素体} = 7.88\text{g/cm}^3$,$\rho_{珠光体} = 7.78\text{g/cm}^3$),即具有不同的比体积。表面层金属金相组织变化引起的体积变化，必然受到与之相连的基体金属的阻碍，因此就有残余应力产生。当表面层金属体积膨胀时，表层金属产生残余压应力，里层金属产生残余拉应力；当表面层金属体积缩小时，表层金属产生残余拉应力，里层金属产生残余压应力。例如，磨削淬火钢时，表面层产生回火烧伤，其金相组织由马氏体转化为索氏体或托氏体，表层金属密度由 7.75g/cm^3 增至 7.78g/cm^3，比体积减小，表面层将产生残余拉应力，里层将产生残余压应力。

表 4-10 列出了各种加工方法在工件表面上产生残余应力的情况。

表 4-10　各种加工方法在工件表面上产生的残余应力

加工方法	残余应力的符号	残余应力值 σ/MPa	残余应力层的深度 h/mm
车削	一般情况下，表面受拉，里层受压；$v_c > 500 \text{m/min}$ 时，表面受压，里层受拉	200~800，刀具磨损后可达 1000	一般情况下，$h = 0.05 \sim 0.1$，当用大负前角（$\gamma = -30°$）车刀，v_c 很大时，h 可达 0.65
磨削	一般情况下，表面受压，里层受拉	200~1000	0.05~0.30
铣削	同车削	600~1500	
碳钢淬硬	表面受压，里层受拉	400~750	
钢珠滚压钢件	表面受压，里层受拉	700~800	
喷丸强化钢件	表面受压，里层受拉	1000~1200	
渗碳淬火	表面受压，里层受拉	1000~1100	
镀铬	表面受压，里层受拉	400	
镀铜	表面受压，里层受拉	200	

2．零件主要工作表面最终加工工序加工方法的选择

工件加工最终工序加工方法的选择至关重要，因为最终工序在被加工工件表面上留下的残余应力将直接影响机器零件的使用性能。

工件加工最终工序加工方法的选择与机器零件的失效形式密切相关。机器零件失效主要有以下三种不同的形式：

（1）疲劳破坏　在交变载荷的作用下，机器零件表面开始出现微观裂纹，之后在拉应力的作用下使裂纹逐渐扩大，最终导致零件断裂。从提高零件抵抗疲劳破坏能力的角度考虑，最终工序应选择能在加工表面（尤其是应力集中区）产生压缩残余应力的加工方法。

（2）滑动磨损　两个零件作相对滑动，滑动面将逐渐磨损。滑动磨损的机理十分复杂，它既有滑动摩擦的机械作用，又有物理化学方面的综合作用（例如粘接磨损、扩散磨损、化学磨损）。滑动摩擦工作应力分布如图 4-59a 所示，当表面层的压缩工作应力超过材料的许用应力时，将使表层金属磨损。从提高零件抵抗滑动摩擦引起的磨损考虑，最终工序应选择能在加工表面上产生拉伸残余应力的加工方法。

（3）滚动磨损　两个零件作相对滚动，滚动面会渐渐磨损。滚动磨损主要来自滚动摩擦的机械作用，也有来自粘接、扩散等物理、化学方面的综合作用。滚动摩擦工作应力分布如图 4-59b 所示，引起滚动磨损的决定性因素是表面层下 h 深处的最大拉应力。从提高零件抵抗滚动摩擦引起的磨损考虑，最终工序应选择能在表面层下 h 深处产生压应力的加工方法。

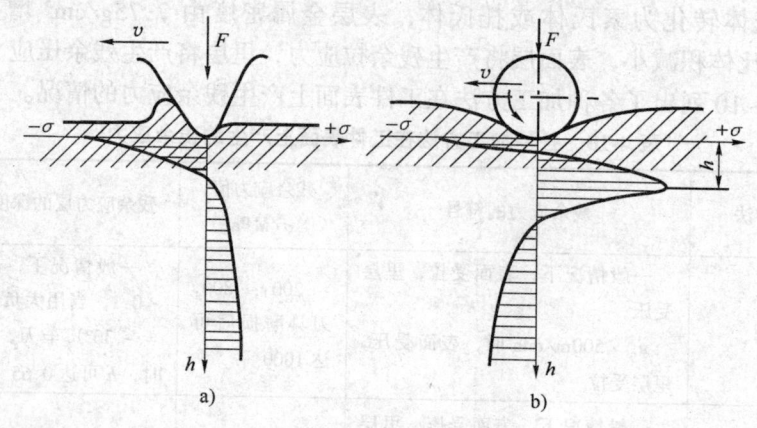

图 4-59 应力分布图
a) 滑动摩擦 b) 滚动摩擦

第五节 机械加工过程中的振动

机械加工过程中产生的振动，是一种十分有害的现象，这是因为：

1) 刀具相对于工件振动会使加工表面产生波纹，这将严重影响零件的使用性能。

2) 刀具相对于工件振动，切削截面、切削角度等将随之发生周期性变化，工艺系统将承受动态载荷的作用，刀具易于磨损（有时甚至崩刃），机床的连接特性会受到破坏，严重时甚至使切削加工无法进行。

3) 为了避免发生振动或减小振动，有时不得不降低切削用量，致使机床、刀具的工作性能得不到充分发挥，限制了生产效率的提高。

综上分析可知，机械加工中的振动对于加工质量和生产效率都有很大影响，须采取措施控制振动。

一、机械加工过程中的强迫振动

机械加工过程中的强迫振动是指在外界周期性干扰力的持续作用下，振动系统受迫产生的振动。机械加工过程中的强迫振动与一般机械振动中的强迫振动没有本质区别。机械加工过程中强迫振动的振动频率与干扰力的频率相同或是它的整数倍；当干扰力的频率接近或等于工艺系统某一薄弱环节固有频率时，系统将产生共振。

强迫振动的振源有来自机床内部的机内振源和来自机床外部的机外振源。机外振源甚多，但它们都是通过地基传给机床的，可以通过加设隔振地基来隔离外部振源，消除其影响。机内振源主要有：机床上的带轮、卡盘或砂轮等高速回转零件因旋转不平衡引起的振动；机床传动机构的缺陷引起的振动；液压传动系统压力脉动引起的振动；由于断续切削引起的振动等。

如果确认机械加工过程中发生的是强迫振动，就要设法查找振源，以便消除振源或减小振源对加工过程的影响。

二、机械加工过程中的自激振动（颤振）

1. 机械加工过程中的自激振动

与强迫振动相比，自激振动具有以下特征：

1) 机械加工中的自激振动是指在没有周期性外力（相对于切削过程而言）干扰下产生的振动运动。机床加工系统是一个由振动系统和调节系统组成的闭环系统，如图4-60所示。激励机床系统产生振动运动的交变力由切削过程产生，而切削过程同时又受到工艺系统振动运动的控制，机床振动系统的振动运动一旦停止，交变切削力便随之消失。

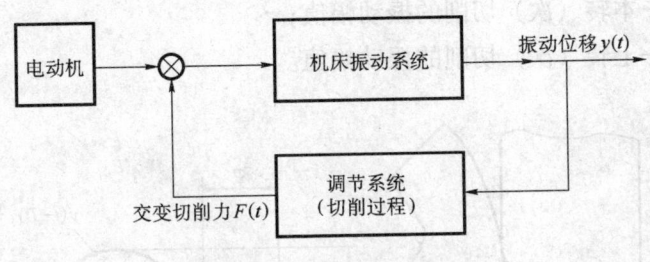

图4-60 自激振动闭环系统

2) 自激振动的振动频率接近于系统某一薄弱振型的固有频率。

2. 自激振动的激振原理

对于自激振动的激振原理，许多学者曾提出过多种学说，比较公认的有再生原理和振型耦合原理。

(1) 再生原理 图4-61较为形象地展示了再生型颤振的产生过程。在刀具进行切削的过程中，若受到一个瞬时的偶然扰动力 F_d 的作用（图4-61a），刀具与工件便会产生相对振动（此振动属自由振动），振动的幅值将因系统存在阻尼而逐渐衰减。该振动会在加工表面上留下一段振纹，如图4-61b所示。

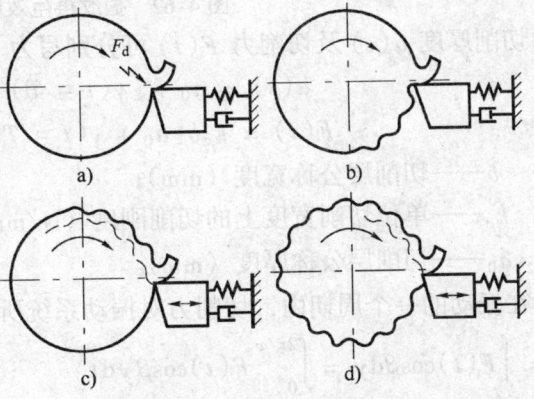

图4-61 再生型颤振的产生过程

工件转过一转后，刀具便会在留有振纹的表面上进行切削（参见图4-61c），切削厚度时大时小，这就有动态切削力产生。如果机床加工系统满足产生自激振动的条件，振动便会进一步发展到如图 4-61d 所示的持续的振动状态。我们将这种由于切削厚度变化效应（简称再生效应）而引起的自激振动称为再生型切削颤振。

切削过程一般都是部分地或完全地在有振纹（波纹）的表面上进行的，车削、铣削、刨削、钻削、磨削等均不例外，由振纹再生效应引发的再生型切削颤振是机床切削的主要形态。

产生再生型颤振的条件，可由图 4-62 所示振纹再生效应推导求得。本转（次）切削的振纹与前转（次）切削的振纹一般都不会完全同步，它们在相位上有一个差值 φ。设本转（次）切削的振动运动为

$$y(t) = A_n \cos\omega t$$

则上转（次）切削的振动运动为

$$y(t-T) = A_{n-1}\cos(\omega t + \varphi)$$

式中　T——工件转一转的时间；
　　　ω——振动角频率；
　　　A_n——本转（次）切削的振动幅值；
　　　A_{n-1}——上转（次）切削的振动幅值。

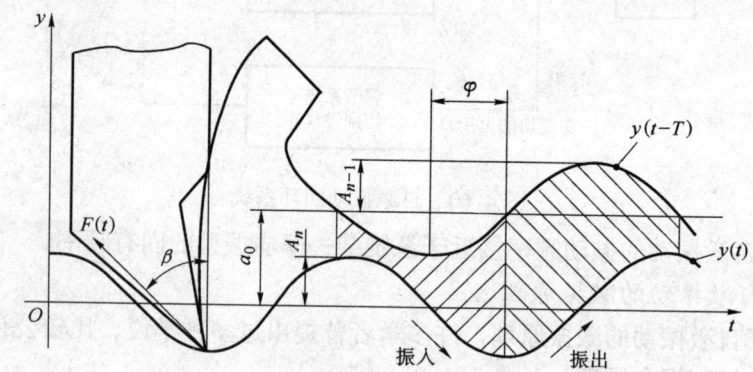

图 4-62　振纹再生效应

瞬时切削厚度 $a(t)$ 及切削力 $F(t)$ 可分别写为

$$a(t) = a_0 + [y(t-T) - y(t)] \tag{4-38}$$

$$F(t) = k_c b[a_0 + y(t-T) - y(t)] \tag{4-39}$$

式中　b——切削层公称宽度（mm）；
　　　k_c——单位切削宽度上的切削刚度（N/mm²）；
　　　a_0——切削层公称厚度（mm）。

在振动的一个周期内，切削力对振动系统所作的功

$$W = \int_{cyc} F(t)\cos\beta \mathrm{d}y = \int_0^{2\pi/\omega} F(t)\cos\beta \dot{y}\mathrm{d}t$$

$$= \int_0^{2\pi} k_c b[a_0 + A_{n-1}\cos(\omega t + \varphi) - A_n\cos\omega t]\cos\beta(-A_n\sin\omega t)\mathrm{d}(\omega t)$$

$$\begin{aligned}
&= -k_c b a_0 A_n \cos\beta \int_0^{2\pi} \sin\omega t \,\mathrm{d}(\omega t) - k_c b A_{n-1} A_n \cos\beta \int_0^{2\pi} \cos(\omega t + \varphi) \sin\omega t \,\mathrm{d}(\omega t) + \\
&\quad \frac{1}{4} k_c b A_n^2 \cos\beta \int_0^{2\pi} \sin 2\omega t \,\mathrm{d}(2\omega t) \\
&= 0 - k_c b A_{n-1} A_n \cos\beta \int_0^{2\pi} \frac{1}{2} [\sin(2\omega t + \varphi) - \sin\varphi] \mathrm{d}(\omega t) + 0 \\
&= \pi k_c b A_{n-1} A_n \cos\beta \sin\varphi
\end{aligned}$$

(4-40)

式中 β——切削力 $F(t)$ 与 y 轴的夹角，$0 < \beta < \pi/2$，$\cos\beta > 0$。

对于某一具体切削条件，k_c、b、A_{n-1}、A_n 等均为正值，故式（4-40）中 W 的符号仅取决于 φ 值的大小。当 $0 < \varphi < \pi$ 时，$W > 0$，这表示每振动一个周期，振动系统就能从外界得到一部分能量，满足产生振动的条件，系统就将有再生型颤振产生。

综上分析知，再生型切削颤振是由振纹再生效应引发的。在有振纹（波纹）的表面上进行切削，只要满足产生振动的上述条件，机床加工系统就将有再生型颤振产生。

（2）振型耦合原理　机床振动系统一般都是多自由度系统。为便于讨论，此处将振动系统简化为如图 4-63 所示的两自由度振动系统，设振动系统与刀架相连，切削在光滑表面上进行（即不考虑再生效应）。如果切削过程中因偶然干扰使刀架系统产生了角频率为 ω 的振动运动，则刀架将沿 x_1 和 x_2 两刚度主轴作耦合振动，刀尖的振动轨迹是一个椭圆形的封闭曲线，其运动方程可写为

$$\begin{cases} y = A_y \sin\omega t \\ z = A_z \sin(\omega t + \varphi) \end{cases}$$

式中 A_y——y 向振动的振幅；
A_z——z 向振动的振幅；
φ——z 向振动相对于 y 向振动的相位差，相位差 φ 取值不同，椭圆形振动轨迹的方位、旋向将随之发生变化。

对图 4-63 所示椭圆形振动轨迹作两条与切削力 $F(t)$ 相垂直的切线，其切点分别为 A 和 C，当刀尖相对于工件沿 ABC 方向运动时，切削力方向与运动方向相反，振动系统对外界作功，振动系统要消耗能量；当刀尖相对于工件沿 CDA 方向运动时，切削力方向与运动方向相同，外界对振动系统作功，振动系统吸收能量；由于刀尖相对于工件沿 ABC 方向运动时刀具的平均切削厚度小于刀尖相对于工件沿 CDA 方向运动时刀具的平均

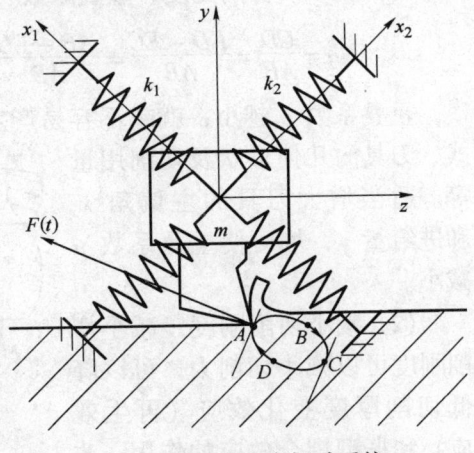

图 4-63　两自由度振动系统

切削厚度，故振动系统每振动一个周期都将有一部分能量输入，满足产生振动的条件，将有持续的振动产生。

耦合型切削颤振是由多自由度机床切削系统中各主振模态间耦合效应引发的。在多自由度机床切削系统中进行切削，只要满足产生振动的条件（振动系统每振动一个周期都有一部分能量输入），就将有耦合型颤振产生。

三、控制机械加工振动的途径

（一）消除或减弱产生振动的条件

1. 消除或减弱产生强迫振动的条件

（1）消除或减小内部振源　机床上的高速回转零件必须满足动平衡要求；提高传动元件及传动装置的制造精度和装配精度，保证传动平稳；使动力源与机床本体分离。

（2）调整振源的频率　通过改变传动比，使可能引起强迫振动的振源频率远离机床加工系统薄弱环节的固有频率，避免产生共振。一般应满足

$$\left|\frac{f_n - f_{激}}{f_{激}}\right| \geq 0.25 \sim 0.3$$

式中　f_n——机床加工系统薄弱环节的固有频率；
　　　$f_{激}$——激振力频率。

（3）采取隔振措施　使振源产生的部分振动被隔振装置所隔离或吸收。隔振方法有两种，一种是主动隔振，阻止机内振源通过地基外传；另一种是被动隔振，阻止机外干扰力通过地基传给机床。常用的隔振材料有橡皮、金属弹簧、空气弹簧、矿渣棉、木屑等。

2. 消除或减弱产生自激振动的条件

（1）减小重叠系数　再生型颤振是由于在有波纹的表面上进行切削引起的，如果本转（次）切削不与前转（次）切削振纹相重叠，就不会有再生型颤振发生。图 4-64 中的 ED 是上转（次）切削留下的带有振纹的切削宽度，AB 是本转（次）的切削宽度，重叠系数

$$\mu = \frac{CD}{AB} = \frac{ED - EC}{AB} = \frac{AB - EC}{AB} = 1 - \frac{EC}{AB} = 1 - \frac{\sin\kappa_r \sin\kappa'_r}{\sin(\kappa_r + \kappa'_r)} \times \frac{f}{a_p} \quad (4-41)$$

重叠系数 μ 越小，就越不容易产生再生型颤振。μ 值大小取决于加工方式、刀具的几何形状及切削用量等。适当增大刀具的主偏角 κ_r 和进给量 f，均可使重叠系数 μ 减小。

（2）减小切削刚度　减小切削刚度可以减小切削力，可以降低切削厚度变化效应（再生效应）和振型耦合效应的作用。改

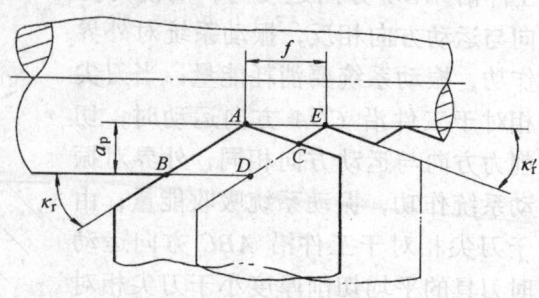

图 4-64　重叠系数 μ

善工件材料的可加工性、增大前角 γ_o、增大主偏角 κ_r 和适当提高进给量 f 等，均可使切削刚度下降。

(3) 合理布置振动系统小刚度主轴的位置　图 4-65a 所示为一削扁镗杆，x_1 为镗杆的小刚度主轴，x_2 为镗杆的大刚度主轴，镗刀头在刀杆圆周方向上的位置可以按需要调整。实验结果表明，振动系统小刚度主轴 x_1 相对于 y 坐标轴（与径向力 F_y 方向相同）的夹角 α（参见图 4-65b、c）对振动系统的稳定性具有重要影响[31]。当夹角 α 位于切削合力 F 与 y 坐标轴的夹角 β 内时（见图 4-65b）就会有耦合型颤振产生；当 α 位于 F 与 y 坐标轴的夹角 β 之外时（见图 4-65c），就不会有耦合型颤振产生。设计镗杆时一定要使振动系统的小刚度主轴位于切削合力 F 与径向 y 坐标轴的夹角 β 范围外。根据同样道理，设计机床主轴箱部件、刀架部件、工作台等部件也都要让各部件的小刚度主轴分别位于切削合力 F 与 y 坐标轴的夹角 β 范围外。

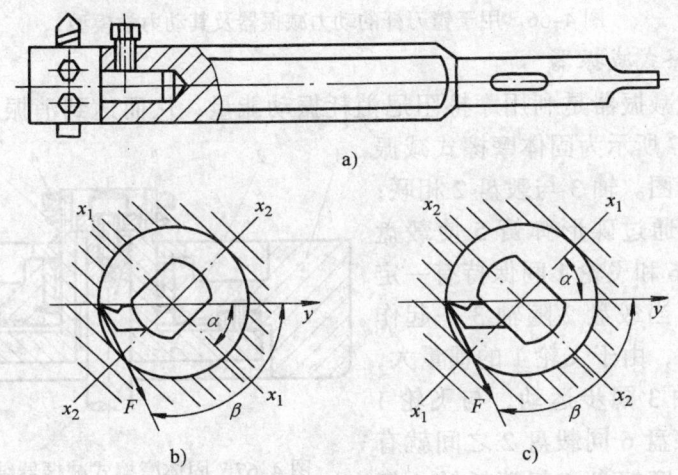

图 4-65　削扁镗杆

(二) 改善工艺系统的动态特性

1. 提高工艺系统刚度

提高工艺系统薄弱环节的刚度，可以有效地提高机床加工系统的稳定性。提高各结合面的接触刚度，对主轴支承施加预载荷，对刚性较差的工件增加辅助支承等都可以提高工艺系统的刚度。

2. 增大工艺系统的阻尼

增大工艺系统中的阻尼，可通过多种方法实现。例如，使用高内阻材料制造零件，增加运动件的相对摩擦，在床身、立柱的封闭内腔中充填型砂，在主振方向安装阻尼减振器等。

(三) 采用减振装置

常用的减振装置有动力式减振器、摩擦式减振器和冲击式减振器等三种类型。

1. 动力式减振器

动力式减振器是用弹性元件把一个附加质量块连接到振动系统中,利用附加质量 m_2 的动力作用,使附加质量 m_2 作用在系统上的力与系统的激振力 $Fe^{i\omega t}$ 大小相等、方向相反,从而达到消振、减振的作用。图 4-66 所示为用于消除镗刀杆振动的动力减振器及其动力学模型。

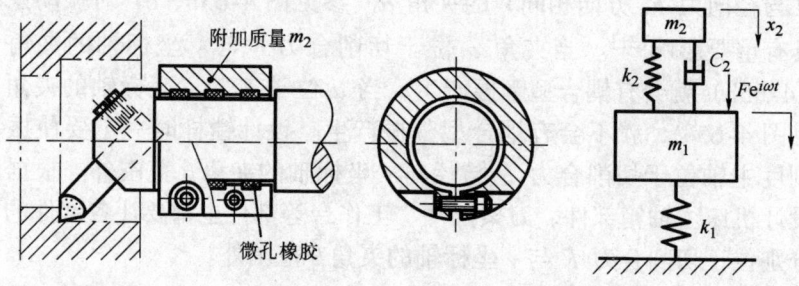

图 4-66 用于镗刀杆的动力减振器及其动力学模型

2. 摩擦式减振器

摩擦式减振器是利用摩擦阻尼消耗振动能量,从而达到消振、减振的作用。图 4-67 所示为固体摩擦式减振器的结构简图。轴 3 与毂盘 2 相联;拧螺母 4,通过碟形弹簧 5 使毂盘 2、摩擦盘 6 和飞轮 1 间保持有一定的压紧力。当毂盘 2 随轴 3 一起作扭振运动时,由于飞轮 1 的惯量大,它不能随轴 3 同步运动,与飞轮 1 相联的摩擦盘 6 同毂盘 2 之间就有相对转动,摩擦盘 6 起消耗轴 3 扭转振动的作用,达到消减轴 3 扭振的目的。

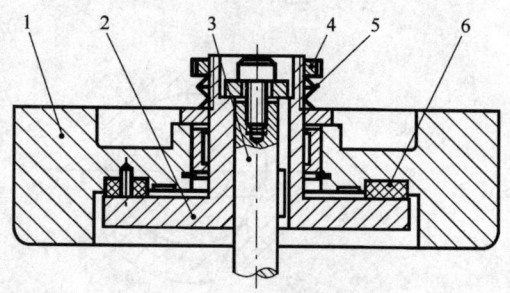

图 4-67 固体摩擦式减振器结构简图
1—飞轮 2—毂盘 3—扭转轴
4—螺母 5—弹簧 6—摩擦盘

3. 冲击式减振器

图 4-68a、b 分别是冲击式减振镗杆和冲击式减振镗刀的结构示意图,它们都是利用两物体相互碰撞要损失动能的原理,在振动体 M 上装上一个起冲击作用的自由质量 m。系统振动时,自由质量 m 反复冲击振动体 M,消耗振动体的能量,达到减振的目的。

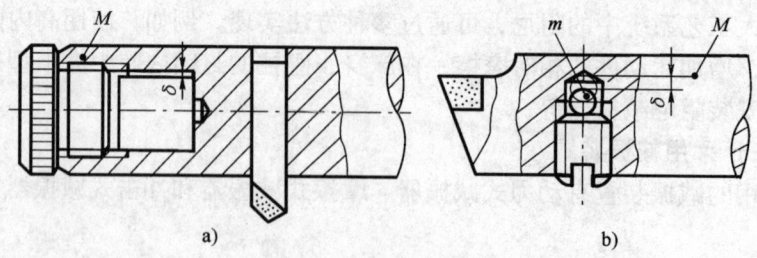

图 4-68 冲击式减振镗杆和镗刀

学习本章内容的基本要求

1) 深入理解加工误差、加工精度和加工经济精度的基本概念；了解获得尺寸精度、形状精度和位置精度的方法。

2) 深入理解原始误差的概念；熟悉了解主轴回转误差、导轨误差、刀具几何误差对加工精度的影响，了解传动链误差、夹具几何误差对加工精度的影响。

3) 深入理解定位误差的概念，熟练掌握定位误差的分析计算方法。

4) 深入理解工艺系统刚度的概念，熟悉了解工艺系统刚度与其各组成环节刚度之间的关系，熟悉了解机床刚度与其各组成部件之间的关系，学会运用工艺系统刚度理论计算由工艺系统受力变形引起的加工误差，深入理解误差复映规律，熟悉了解减小工艺系统受力变形的途径。

5) 熟悉了解工艺系统受热变形对加工精度的影响，熟悉了解减小工艺系统受热变形的途径。

6) 熟悉了解内应力的成因，能正确判别由于内应力重新分布所引起的工件变形方向。

7) 熟悉了解提高机械加工精度的途径。

8) 熟悉了解机械制造中常见误差的分布规律（正态分布规律是重点）；熟悉了解运用分布图分析方法和点图分析方法对工艺过程加工精度进行统计分析的原理和方法。

9) 熟悉了解加工表面质量的概念；熟悉了解机械加工表面质量对机器使用性能的影响；熟悉了解表面粗糙度、表面波纹度、表面冷作硬化、表面残余应力的成因及其影响因素。

10) 熟悉了解机械加工过程中强迫振动和自激振动的特征；深入了解机床加工系统产生自激振动的原理，熟悉了解控制机械加工振动的途径。

思考题与习题

4-1 什么是主轴回转精度？为什么外圆磨床头架中的顶尖不随工件一起回转，而车床主轴箱中的顶尖则是随工件一起回转的？

4-2 在镗床上镗孔时（刀具作旋转主运动，工件作进给运动），试分析加工表面产生椭圆形误差的原因。

4-3 为什么卧式车床床身导轨在水平面内的直线度要求高于在垂直面内的直线度要求？

4-4 某车床导轨在水平面内的直线度误差为 0.015mm/1000mm，在垂直面内的直线度误差为 0.025mm/1000mm，欲在此车床上车削直径为 ϕ60mm、长度为 150mm 的工件，试计算被加工工件由导轨几何误差引起的圆柱度误差。

4-5 在车床上精车一批直径为 ϕ60mm、长为 1200mm 的长轴外圆，已知：工件材料为 45 钢；切削用量为：v_c = 120m/min，a_p = 0.4mm，f = 0.2mm/r；刀具材料为 YT15。在刀具位置不重新调整的情况下连续加工 50 个工件后，试计算由刀具尺寸磨损引起的加工误差值。

4-6 成批生产图 4-69 所示零件，设 A、B 两尺寸已加工至规定尺寸，今以底面定位

镗 E 孔,试求此镗孔工序由于基准不重合引起的定位误差。

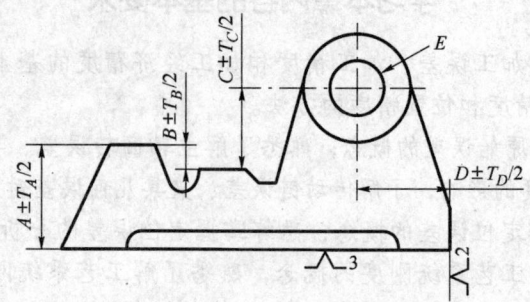

图 4-69 习题 4-6 图

4-7 按图 4-70 所示方式定位在立式铣床上铣槽,其主要技术要求为:
(1) 槽宽 $b = 12_{-0.043}^{0}$ mm。
(2) 槽距尺寸 $l = 20_{-0.21}^{0}$ mm。
(3) 槽底位置尺寸为 $h = 34.8_{-0.16}^{0}$ mm。
(4) 槽两侧面对外圆轴线的对称度公差 $e = 0.01$ mm。

已知:外圆尺寸 $\phi 40_{-0.016}^{0}$ mm 与内孔尺寸 $\phi 20_{0}^{+0.021}$ mm 均已加工至规定尺寸,内外圆的径向圆跳动公差值为 0.02 mm。试分析计算该工序的定位误差。

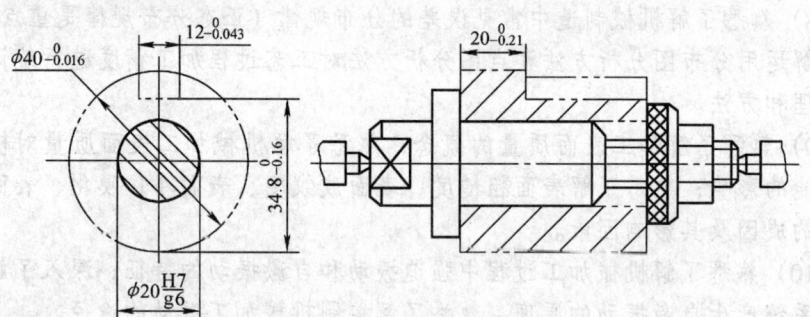

图 4-70 习题 4-7 图

4-8 图 4-71a 所示为铣键槽工序的加工要求,已知轴径尺寸 $\phi = 80_{-0.1}^{0}$ mm,试分别计算图 4-71b、c 两种定位方案的定位误差。

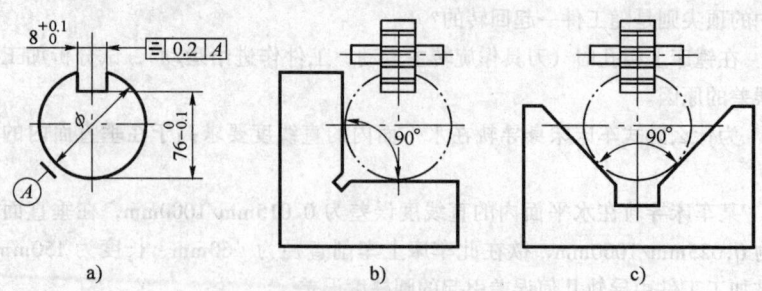

图 4-71 习题 4-8 图

4-9 图 4-72 所示齿坯在 V 形块上定位插键槽,要求保证工序尺寸 $H = 38.5_{0}^{+0.2}$ mm。已知: $d = \phi 80_{-0.1}^{0}$ mm,$D = \phi 35_{0}^{+0.025}$ mm。若不计内孔与外圆同轴度误差的影响,试求此工序的定位误差。

4-10 按图 4-73 所示定位方式加工孔 $\phi 20_{0}^{+0.045}$ mm,要求孔对外圆的同轴度公差为

$\phi 0.03$mm。已知:$d = \phi 60_{-0.14}^{0}$mm,$b = (30 \pm 0.07)$mm。试分析计算此定位方案的定位误差。

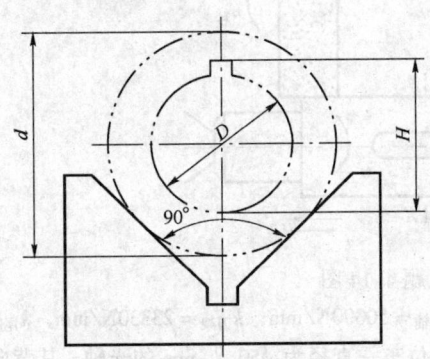

图 4-72 习题 4-9 图

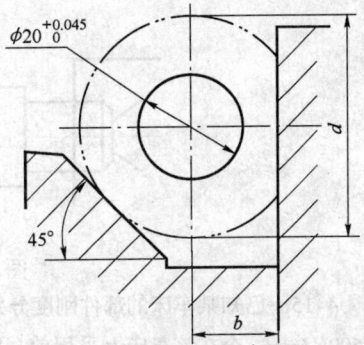

图 4-73 习题 4-10 图

4-11 图 4-74 所示工件以大外圆表面及端面 M 作为定位表面,在小外圆上铣键槽,要求保证尺寸 H、L。已知:$A = 55_{-0.15}^{0}$mm,$d_1 = \phi 40_{-0.12}^{0}$mm,$d_2 = \phi 60_{-0.16}^{0}$mm,大、小外圆的同轴度误差 $t = 0.05$mm,$\alpha = 90°$,试分析计算该工序的定位误差。

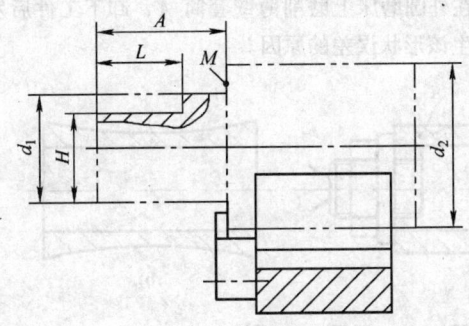

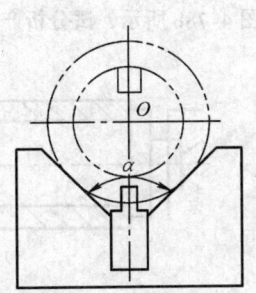

图 4-74 习题 4-11 图

4-12 图 4-75 所示工件采用 V 形块(夹角 $\alpha = 90°$)定位,加工两个直径为 $\phi 10$mm 的小孔。已知:外圆直径尺寸 $d = \phi 80_{-0.1}^{0}$mm,内孔直径尺寸 $D = \phi 50_{0}^{+0.2}$mm,内孔与外圆同轴度误差 $t = 0.05$mm,内孔中心线是工序尺寸 R 的工序基准,$\beta = 30°$。试分析计算加工 O_1 孔的定位误差。

4-13 在三台车床上分别加工三批工件的外圆表面,加工后经测量,三批工件分别产生了如图 4-76 所示的形状误差,试分析产生上述形状误差的主要原因。

4-14 在外圆磨床上磨削图 4-77 所示轴件的外圆 ϕ,若机床几何精度良好,试分析磨外圆后 A—A 截面的形状误差,要求画出 A—A 截面的形状,并提出减小上述误差的措施。

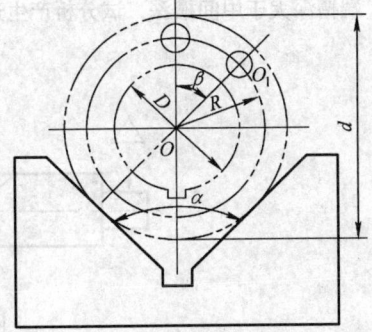

图 4-75 习题 4-12 图

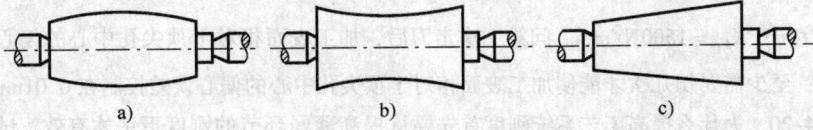

图 4-76 习题 4-13 图

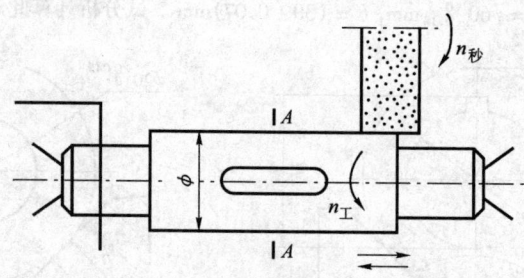

图 4-77 习题 4-14 图

4-15 已知某车床的部件刚度分别为：$k_{主轴}=50000\mathrm{N/mm}$；$k_{刀架}=23330\mathrm{N/mm}$，$k_{尾座}=34500\mathrm{N/mm}$。今在该车床上采用前、后顶尖定位车一直径为 $\phi50_{-0.2}^{\ 0}\mathrm{mm}$ 的光轴，其背向力 $F_{\mathrm{p}}=3000\mathrm{N}$，假设刀具和工件的刚度都很大，试求：1）车刀位于主轴箱端处工艺系统的变形量；2）车刀处在距主轴箱 1/4 工件长度处工艺系统的变形量；3）车刀处在工件中点处工艺系统的变形量；4）车刀处在距主轴箱 3/4 工件长度处工艺系统的变形量；5）车刀处在尾座处工艺系统的变形量。在完成上述计算后，再徒手画出该轴加工后纵向截面的形状。

4-16 按图 4-78a 的装夹方式在外圆磨床上磨削薄壁套筒 A，卸下工件后发现工件呈鞍形，如图 4-78b 所示，试分析产生该形状误差的原因。

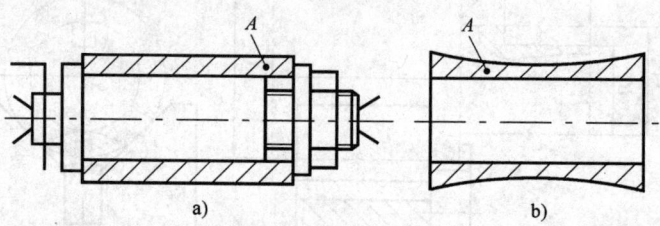

图 4-78 习题 4-16 图

4-17 在卧式铣床上按图 4-79 所示装夹方式用铣刀 A 铣键槽，经测量发现，工件右端槽深大于中间槽深，试分析产生这一现象的原因。

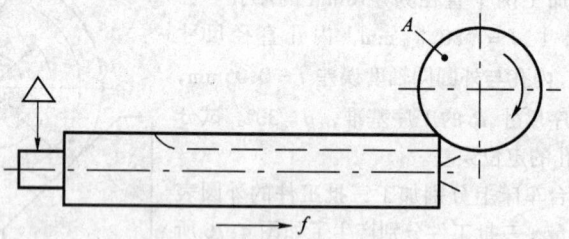

图 4-79 习题 4-17 图

4-18 何谓误差复映？误差复映系数的大小与哪些因素有关？

4-19 在车床上车一短粗轴圆柱表面。已知：工艺系统刚度 $k_{系统}=20000\mathrm{N/mm}$，毛坯待加工面相对于顶尖孔中心的偏心误差为 2mm，毛坯最小背吃刀量 $a_{\mathrm{p}_{\min}}=1\mathrm{mm}$，$C_{F_{\mathrm{p}}}f^{y_{F_{\mathrm{p}}}}v_{\mathrm{c}}^{n_{F_{\mathrm{p}}}}K_{F_{\mathrm{p}}}=1500\mathrm{N/mm}$。问第一次走刀后，加工表面相对于顶尖孔中心的偏心误差是多大？至少需要切几次才能使加工表面相对于顶尖孔中心的偏心误差控制在 0.01mm 以内？

4-20 为什么提高工艺系统刚度首先要从提高薄弱环节的刚度下手才有效？试举一实例说明。

4-21 如果卧式车床床身铸件顶部和底部残留有压应力，床身中间残留有拉应力，试用简图画出粗刨床身顶面后床身顶面的纵向截面形状，并分析其成因。

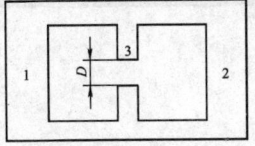

图 4-80 习题 4-22 图

4-22 图 4-80 所示板状框架铸件，壁 3 薄，壁 1 和壁 2 厚，用直径为 D 的立铣刀铣断壁 3 后，毛坯中的内应力要重新分布，问断口尺寸 D 将会变大还是变小？为什么？

4-23 在转塔车床上加工一批套筒的内孔和外圆，其内外圆同轴度误差服从什么分布？

4-24 用调整法车削一批小轴的外圆，如果车刀的热变形影响显著，试画出这批工件尺寸误差分布曲线的形状，并简述其理由。

4-25 车削加工一批外圆尺寸要求为 $\phi 20_{-0.1}^{\ 0}$ mm 的轴。已知：外圆尺寸按正态分布，均方根偏差 $\sigma = 0.025$ mm，分布曲线中心比公差带中心大 0.03 mm。试计算这批轴的合格品率及不合格品率。

4-26 在自动车床上加工一批外圆尺寸为 $\phi(20 \pm 0.1)$ mm 的轴，已知均方根偏差 $\sigma = 0.02$ mm，试求此机床的工序能力等级。

4-27 为什么机器零件一般都是从表面层开始破坏？

4-28 试以磨外圆为例，说明磨削用量对磨削表面粗糙度的影响。

4-29 加工后，零件表面层为什么会产生加工硬化和残余应力？

4-30 什么是回火烧伤？什么是淬火烧伤？什么是退火烧伤？为什么磨削表面容易产生烧伤？

4-31 在外圆磨床上磨削光轴外圆时，加工表面产生了明显的振痕，有人认为是因电动机转子不平衡引起的，有人认为是因砂轮不平衡引起的，怎样判别哪一种说法是正确的？

4-32 什么是再生型切削颤振？为什么说在金属切削过程中，除了极少数情况外，刀具总是部分地或完全地在带有振纹的表面上进行切削的？

4-33 从提高机床切削系统的稳定性和防振减振考虑，试分析比较图 4-81 所列两种不同车床尾座结构的优劣，为什么？图中 x_1 为小刚度主轴方位，x_2 为大刚度主轴方位。

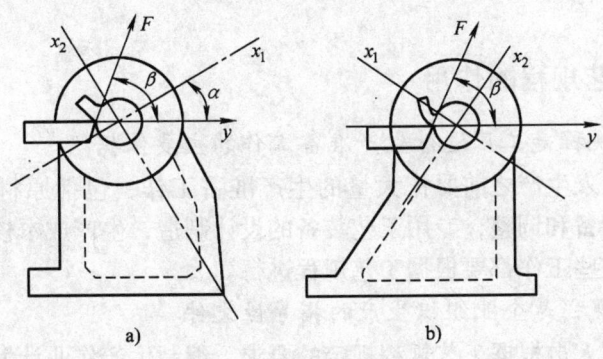

图 4-81 习题 4-33 图

第五章 工艺规程设计

一台相同结构相同要求的机器,一个相同要求的机器零件,可以采用几种不同的工艺过程完成,但其中总有一种工艺过程是在某一具体条件下最合理的,人们把合理工艺过程的有关内容写在工艺文件中,用以指导生产,这些工艺文件就是工艺规程。工艺规程是在总结工人及工程技术人员实践经验的基础上,依据科学理论和必要的工艺试验制订的。经审定批准的工艺规程是指导生产的工艺文件,企业有关人员须严格执行,不得各行其是。当然,工艺规程也不是一成不变的,随着科学技术的发展,一定会有新的更为合理的工艺规程来代替旧的相对不合理的工艺规程。但是,工艺规程的修订必须经过充分的试验论证,并须严格履行呈报审批手续。

本章论述的工艺规程设计包括机器零件机械加工工艺规程设计和机器装配工艺规程设计两大部分。

第一节 概　　述

一、工艺规程的作用

1. 工艺规程是工厂进行生产准备工作的主要依据

产品在投入生产之前要作大量的生产准备工作,包括原材料和毛坯的供应,机床的配备和调整,专用工艺装备的设计制造,生产成本核算以及人员配备等,所有这些工作都要根据工艺规程进行。

2. 工艺规程是企业组织生产的指导性文件

工厂管理人员根据工艺规程规定的要求,编制生产作业计划,组织工人进行生产,并按照工艺规程要求验收产品。

3. 工艺规程是新建和扩建机械制造厂(或车间)的重要技术文件

新建和扩建机械制造厂(或车间)须根据工艺规程确定机床和其他辅助设备的种类、型号规格和数量,厂房面积,设备布置,生产工人的工种、等级及数量等。

此外,先进的工艺规程还起着交流和推广先进制造技术的作用。典型工艺规程可以缩短工厂摸索和试制的过程。

二、工艺规程的设计原则

工艺规程设计必须遵循以下原则:

1) 所设计的工艺规程必须保证机器零件的加工质量和机器的装配质量,达到设计图样上规定的各项技术要求。
2) 工艺过程应具有较高的生产效率,使产品能尽快投放市场。
3) 尽量降低制造成本。
4) 注意减轻工人的劳动强度,保证生产安全。

三、工艺规程设计所需原始资料

设计工艺规程必须具备以下原始资料:

1) 产品装配图、零件图。
2) 产品验收质量标准。
3) 产品的年生产纲领。
4) 毛坯材料与毛坯生产条件。
5) 制造厂的生产条件,包括机床设备和工艺装备的规格、性能和当前的技术状态,工人的技术水平,工厂自制工艺装备的能力以及工厂供电、供气的能力等有关资料。
6) 工艺规程设计、工艺装备设计所用设计手册和有关标准。
7) 国内外有关制造技术资料等。

第二节 机械加工工艺规程设计

一、机械加工工艺规程设计的内容及步骤

1) 分析零件图和产品装配图。设计工艺规程时,首先应分析零件图和该零件所在部件或总成的装配图,了解该零件在部件或总成中的位置和功用以及部件或总成对该零件提出的技术要求,分析其主要技术关键和应相应采取的工艺措施。

2) 对零件图和装配图进行工艺审查。审查图样上的视图、尺寸公差和技术要求是否正确、统一、完整,对零件设计的结构工艺性进行评价(评价方法及要领参见本章第六节),如发现有不合理之处应及时提出,并同有关设计人员商讨图样修改方案,报主管领导审批。

3) 由产品的年生产纲领和产品自身特性研究确定零件生产类型(参见第一章第三节)。

4) 确定毛坯。提高毛坯制造质量,可以减少机械加工劳动量,降低机械加工成本,但同时可能会增加毛坯的制造成本,须根据零件生产类型和毛坯制造的生产条件确定毛坯制造方法。应当指出,我国机械制造工厂的材料利用率较低,只要有可能,应提倡采用精密铸造、精密锻造、冷轧、冷挤压、粉末冶

金等先进的毛坯制造方法。材料利用系数是衡量工艺规程设计是否合理的一个重要参数。

5) 拟订工艺路线。其主要内容包括：选择定位基准，确定各加工表面的加工方法，划分加工阶段，确定工序集中和分散程度，确定工序顺序等。在拟定工艺路线时，须同时提出几种可能的加工方案，然后通过技术和经济的对比分析，最后确定一种最为合理的工艺方案。

6) 确定各工序所用机床设备和工艺装备（含刀具、夹具、量具、辅具等），对需要改装或重新设计的专用工艺装备要提出设计任务书。

7) 确定各工序的加工余量，计算工序尺寸及公差。

8) 确定各工序的技术要求及检验方法。

9) 确定各工序的切削用量和工时定额。

10) 编制工艺文件。

二、工艺路线的拟订

拟订工艺路线是设计工艺规程最为关键的一步，需顺序完成以下几个方面的工作。

（一）选择定位基准

在工艺规程设计中，正确选择定位基准，对保证零件技术要求、确定加工先后顺序有着至关重要的影响。定位基准有精基准与粗基准之分。用毛坯上未经加工的表面作定位基准，这种定位基准称为粗基准；用加工过的表面作定位基准，这种定位基准称为精基准。在选择定位基准时一般都是先根据零件的加工要求选择精基准，然后再考虑用哪一组表面作粗基准才能把精基准加工出来。

1. 精基准的选择原则

选择精基准一般应遵循以下几项原则：

（1）基准重合原则　应尽可能选择所加工表面的设计基准为精基准，这样可以避免由于基准不重合引起的误差。

（2）统一基准原则　应尽可能选择用同一组精基准加工工件上尽可能多的表面，以保证所加工的各个表面之间具有正确的相对位置关系。例如，加工轴类零件时，一般都采用两个顶尖孔作为统一的精基准面来加工轴类零件上的所有外圆表面和端面，这样可以保证各外圆表面间的同轴度和端面对轴心线的垂直度。采用统一基准进行加工还有减少夹具种类、降低夹具设计制造费用的作用。

（3）互为基准原则　当工件上两个加工表面之间的位置精度要求比较高时，可以采用两个加工表面互为基准的方法进行加工。例如，车床主轴前后支承轴颈与主轴锥孔间有严格的同轴度要求，常先以主轴锥孔为定位基面磨主轴前、后支承轴颈表面，然后再以前、后支承轴颈表面为定位基面磨主轴锥孔，最后达到图样上规定的同轴度要求。

（4）自为基准原则　一些表面的精加工工序，要求加工余量小而均匀，常以加工表面自身为精基准进行加工。图5-1所示为一个在导轨磨床上磨床身导轨

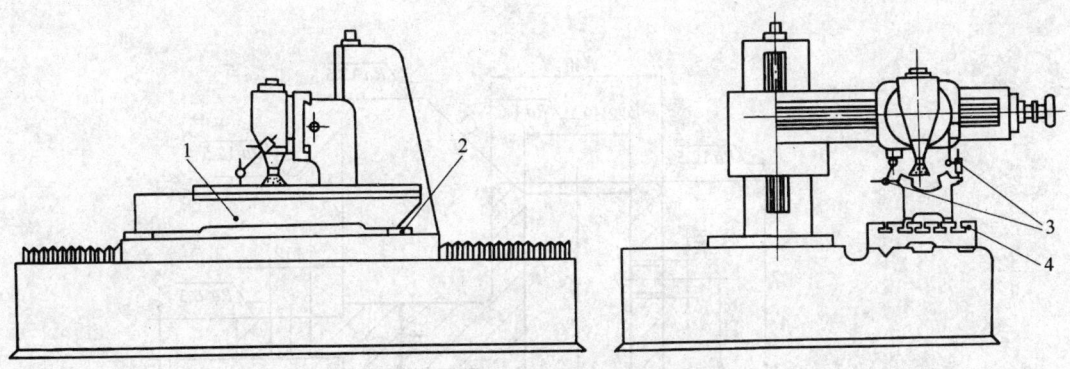

图 5-1 在导轨磨床上磨床身导轨面
1—工件（床身） 2—楔铁 3—百分表 4—机床工作台

表面的加工示意图，被加工工件 1 通过楔铁 2 支承在工作台上，纵向移动机床工作台时，轻压在被加工导轨面上的百分表指针便给出了被加工导轨面相对于磨床床身导轨的平行度误差的读数，根据百分表读数，操作工人调整工件 1 底部的楔铁 2，直至机床工作台带动工件 1 纵向移动时百分表指针基本不动为止，然后将工件 1 夹紧在工作台上进行磨削。这是一个以被加工表面自身为基准进行加工的实例。

上述四项选择精基准的原则，有时不可能同时满足，应根据实际条件决定取舍。

2．粗基准的选择原则

工件加工的第一道工序所用基准都是粗基准，粗基准选择得正确与否，不但与第一道工序的加工有关，而且还将对该工件加工的全过程产生重大影响。选择粗基准，一般应遵循以下几项原则：

（1）保证零件加工表面相对于不加工表面具有一定位置精度的原则　被加工零件上如有不加工表面应选不加工面作粗基准，这样可以保证不加工表面相对于加工表面具有一定的相对位置关系。图 5-2 所示零件，表面 1 为不加工表面，为保证镗孔后零件的壁厚均匀，应选表面 1 作粗基准镗孔、车外圆、车端面。当零件上有几个不加工表面时，应选择与加工面相对位置精度要求较高的不加工表面作粗基准。图 5-3 所

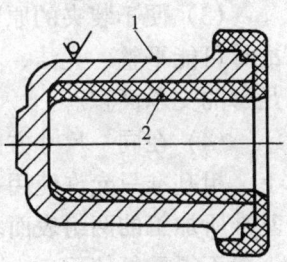

图 5-2 零件加工实例
1—不加工表面 2—加工余量

示拨叉零件上有 4 个不加工表面，由于 $\phi 22H9$ 孔与 $\phi 40mm$ 外圆间要求壁厚均匀，故应选不加工面 $\phi 40mm$ 外圆面作粗基准来加工 $\phi 22H9$ 孔。

（2）合理分配加工余量的原则　从保证重要表面加工余量均匀考虑，应选择重要表面作粗基准，床身加工就是一个很好的实例。在床身零件中，导轨面是最重要的表面，它不仅精度要求高，而且要求导轨面具有均匀的金相组织和较高的耐磨性。由于在铸造床身时，导轨面是倒扣在砂箱的最底部浇铸成形的，导轨面材料质地致密，砂眼、气孔相对较少，因此要求在加工床身时，导

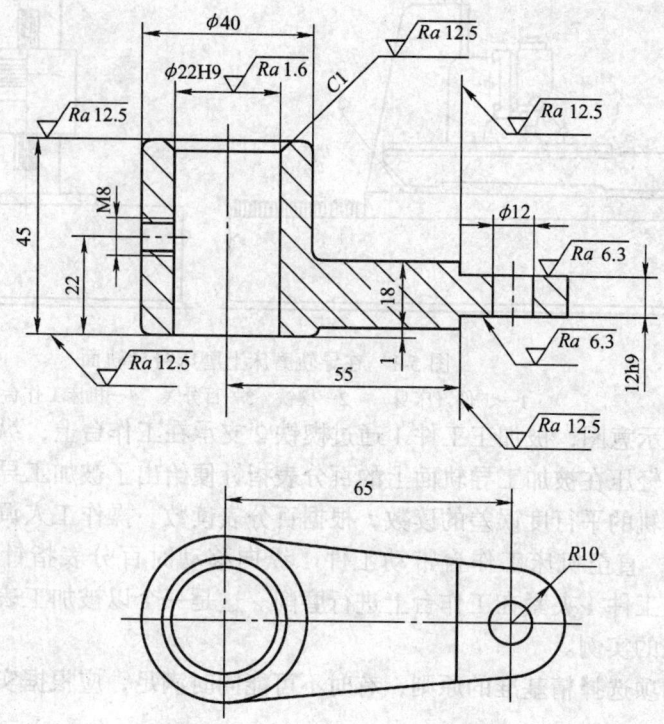

图 5-3 拨叉加工实例

轨面的实际切除量要尽可能地小而均匀;故应选导轨面作粗基准加工床身底面(图 5-4a),然后再以加工过的床身底面作精基准加工导轨面(图 5-4b),这样做可以保证从导轨面上切除的加工余量小而均匀。

(3) 便于装夹的原则 为使工件定位稳定,夹紧可靠,要求所选用的粗基准尽可能平整、光洁,不允许有锻造飞边、铸造浇冒口切痕或其他缺陷,并有足够的支承面积。

(4) 在同一尺寸方向上粗基准一般不得重复使用的原则 在同一尺寸方向上,粗基准只允许使用一次,这是因为粗基准一般都很粗糙,重复使用同一粗基准所加工的两组表面之间的位置误差会相当大,故在同一尺寸方向上粗基准一般不得重复使用。

上述四项选择粗基准的原则,有时不能同时兼顾,只能根据主次决择。

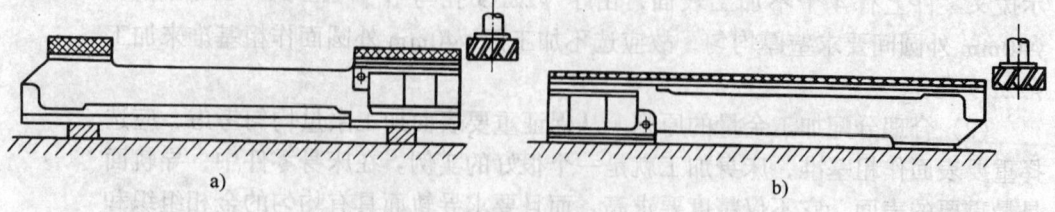

图 5-4 床身加工粗基准选择

(二) 零件表面加工方法的选择

机器零件的结构形状虽然多种多样，但它们都是由一些最基本的几何表面（外圆、孔、平面等）组成的，机器零件的加工过程实际就是获得这些几何表面的过程。同一种表面可以选用各种不同的加工方法加工，但每种加工方法的加工质量、加工时间和所花费的费用却是各不相同的。工程技术人员的任务，就是要根据具体加工条件（加工表面技术要求、生产类型、设备状况、工人的技术水平等）选用最适当的加工方法，加工出合乎图样要求的机器零件。表5-1、表5-2和表5-3分别列出了加工外圆、孔、平面中各种加工方法所能达到的加工经济精度和表面粗糙度值，供选择零件表面加工方法作参考。

表 5-1 外圆表面加工中各种加工方法的加工经济精度和表面粗糙度

加工方法	加工情况	加工经济精度 IT	表面粗糙度 $Ra/\mu m$
车	粗车	12~13	10~80
	半精车	10~11	2.5~10
	精车	7~8	1.25~2.5
	金刚石车（镜面车）	5~6	0.02~1.25
铣	粗铣	12~13	10~80
	半精铣	11~12	2.5~10
	精铣	8~9	1.25~2.5
车槽	一次行程	11~12	10~20
	二次行程	10~11	2.5~10
外磨	粗磨	8~9	1.25~10
	半精磨	7~8	0.63~2.5
	精磨	6~7	0.16~1.25
	精密磨（精修整砂轮）	5~6	0.04~0.32
	镜面磨	5	0.008~0.08
抛光			0.008~1.25
研磨	粗研	5~6	0.16~0.63
	精研	5	0.04~0.32
	精密研	5	0.008~0.08
超精加工	精	5	0.08~0.32
	精密	5	0.01~0.16
砂带磨	精磨	5~6	0.02~0.16
	精密磨	5	0.01~0.04
滚压		6~7	0.16~1.25

注：切削有色金属时，表面粗糙度 Ra 取小值。

表 5-2 孔表面加工中各种加工方法的加工经济精度及表面粗糙度

加工方法	加工情况	加工经济精度 IT	表面粗糙度 $Ra/\mu m$
钻	$\phi15mm$ 以下	11~13	5~80
	$\phi15mm$ 以上	10~12	20~80

(续)

加工方法	加工情况	加工经济精度 IT	表面粗糙度 $Ra/\mu m$
扩	粗扩	12～13	5～20
	一次扩孔（铸孔或冲孔）	11～13	10～40
	精扩	9～11	1.25～10
铰	半精铰	8～9	1.25～10
	精铰	6～7	0.32～2.5
	手铰	5	0.08～1.25
拉	粗拉	9～10	1.25～5
	一次拉孔（铸孔或冲孔）	10～11	0.32～2.5
	精拉	7～9	0.16～0.63
推	半精推	6～8	0.32～1.25
	精推	6	0.08～0.32
镗	粗镗	12～13	5～20
	半精镗	10～11	2.5～10
	精镗（浮动镗）	7～9	0.63～5
	金刚镗	5～7	0.16～1.25
内磨	粗磨	9～11	1.25～10
	半精磨	9～10	0.32～1.25
	精磨	7～8	0.08～0.63
	精密磨（精修整砂轮）	6～7	0.04～0.16
珩	粗珩	5～6	0.16～1.25
	精珩	5	0.04～0.32
研磨	粗研	5～6	0.16～0.63
	精研	5	0.04～0.32
	精密研	5	0.008～0.08
挤	滚珠、滚柱扩孔器，挤压头	6～8	0.01～1.25

注：切削有色金属时，表面粗糙度 Ra 取小值。

表 5-3 平面加工中各种加工方法的加工经济精度及表面粗糙度

加工方法	加工情况	加工经济精度 IT	表面粗糙度 $Ra/\mu m$
周铣	粗铣	11～13	5～20
	半精铣	8～11	2.5～10
	精铣	6～8	0.63～5
端铣	粗铣	11～13	5～20
	半精铣	8～11	2.5～10
	精铣	6～8	0.63～5
车	半精车	8～11	2.5～10
	精车	6～8	1.25～5
	细车（金刚石车）	6	0.02～1.25
刨	粗刨	11～13	5～20
	半精刨	8～11	2.5～10
	精刨	6～8	0.63～5
	宽刃精刨	6	0.16～1.25

（续）

加工方法	加工情况		加工经济精度 IT	表面粗糙度 $Ra/\mu m$
插				2.5~20
拉	粗拉（铸造或冲压表面）		10~11	5~20
	精拉		6~9	0.32~2.5
平磨	粗磨		8~10	1.25~10
	半精磨		8~9	0.63~2.5
	精磨		6~8	0.16~1.25
	精密磨		6	0.04~0.32
刮	25mm×25mm 内点数	8~10		0.63~1.25
		10~13		0.32~0.63
		13~16		0.16~0.32
		16~20		0.08~0.16
		20~25		0.04~0.08
研磨	粗研		6	0.16~0.63
	精研		5	0.04~0.32
	精密研		5	0.008~0.08
砂带磨	精磨		5~6	0.04~0.32
	精密		5	0.01~0.04
滚压			7~10	0.16~2.5

注：切削有色金属时，表面粗糙度 Ra 取小值。

具有一定技术要求的加工表面，一般都不是只通过一次加工就能达到图样要求的，对于精密零件的主要表面，往往要通过多次加工才能逐步达到加工质量要求。图 5-5~图 5-7 分别列出了外圆表面、孔表面、平面的加工方案和各种加工方案所能达到的加工经济精度和表面粗糙度，供选择表面加工方案时作参考。

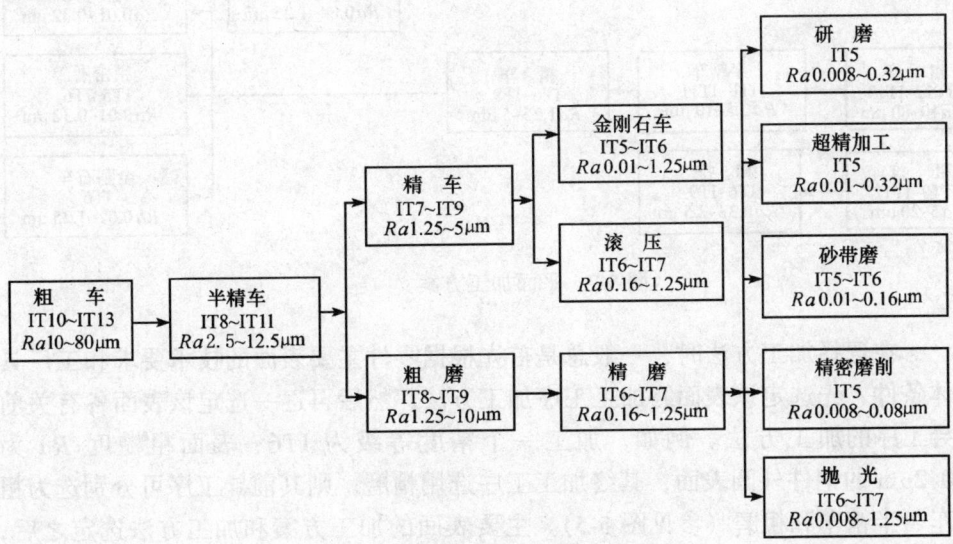

图 5-5 外圆表面加工方案

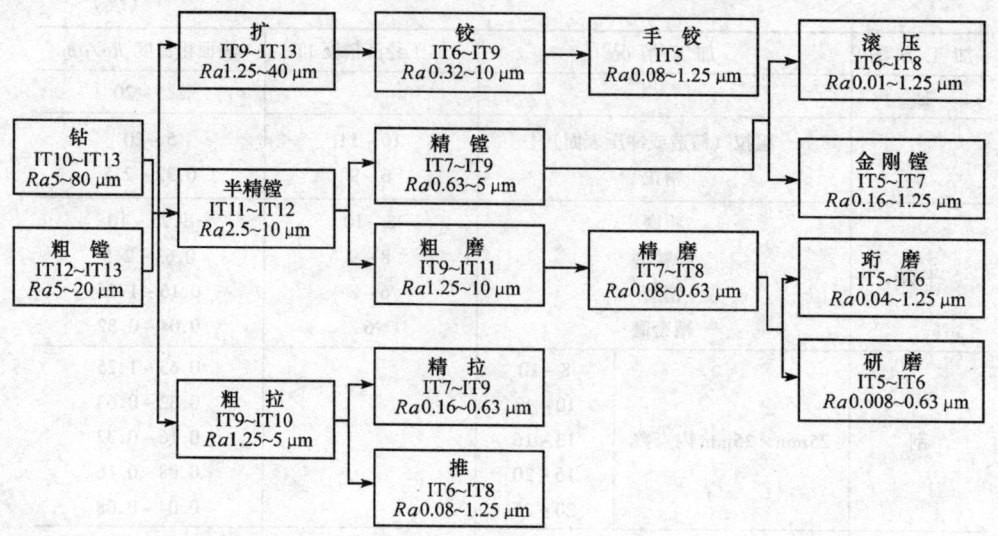

图 5-6 孔表面加工方案

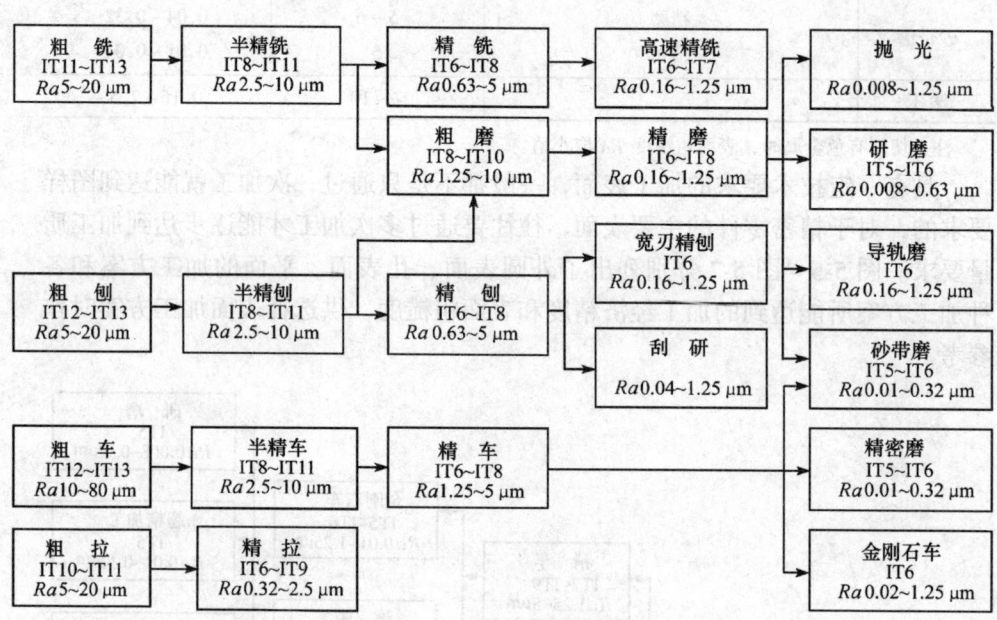

图 5-7 平面加工方案

在选择加工方法时，一般总是首先根据零件主要表面的技术要求和工厂具体条件，先选定该表面终加工工序加工方法，然后再逐一选定该表面各有关前导工序的加工方法。例如，加工一个精度等级为 IT6、表面粗糙度 Ra 为 $0.2\mu m$ 的钢件外圆表面，其终加工工序选用精磨，则其前导工序可分别选为粗车、半精车和粗磨（参见图5-5）。主要表面的加工方案和加工方法选定之后，再选定次要表面的加工方案和加工方法。

（三）加工阶段的划分

当零件的加工质量要求较高时，一般都要经过粗加工、半精加工和精加工三个阶段；如果零件的加工精度要求特别高、表面粗糙度值要求特别小时，还要经过光整加工阶段。各个加工阶段的主要任务是：

1. 粗加工阶段

高效地切除加工表面上的大部分余量，使毛坯在形状和尺寸上接近成品零件。

2. 半精加工阶段

去除粗加工后留下的误差和缺陷，使被加工工件达到一定精度，为精加工作准备，并完成一些次要表面的加工，例如钻孔、攻螺纹、铣键槽等。

3. 精加工阶段

保证各主要表面达到零件图规定的加工质量要求。

4. 光整加工阶段

对于精度要求很高（IT5以上）、表面粗糙度值要求很小（$Ra \leq 0.2\mu m$）的表面，尚需设置光整加工阶段，其主要任务是降低表面粗糙度值和进一步提高尺寸精度和形状精度，但一般没有提高表面间位置精度的作用。

将零件的加工过程划分为几个加工阶段的主要目的是：

（1）保证零件加工质量　粗加工阶段要切除加工表面上的大部分余量，切削力和切削热都比较大，装夹工件所需夹紧力亦较大，被加工工件会产生较大的受力变形和受热变形；此外，粗加工阶段从工件上切除大部分余量后，残存在工件中的内应力要重新分布，也会使工件产生变形。如果加工过程不划分阶段，把各个表面的粗、精加工工序混在一起交错进行，那么安排在工艺过程前期通过精加工工序获得的加工精度势必会被后续的粗加工工序所破坏，这是不合理的。加工过程划分为几个阶段以后，粗加工阶段产生的误差和缺陷，可以通过半精加工和精加工阶段逐步予以修正，零件的加工质量可以得到保证。

（2）有利于及早发现毛坯缺陷并得到及时处理　粗加工各表面后，由于切除了各加工表面的大部分加工余量，可及早发现毛坯的缺陷（气孔、砂眼、裂纹和加工余量不够），以便及时报废或修补，不会浪费后续精加工工序的制造费用。

（3）有利于合理利用机床设备　粗加工工序需选用功率大、精度不高的机床加工，精加工工序则应选用高精度机床加工。在高精度机床上安排做粗加工工作，机床精度会迅速下降，将某一表面的粗、精加工工作安排在同一机床上加工是不合理的。

应当指出，将工艺过程划分成几个不同的加工阶段进行是对零件整个加工过程而言的，不能拘泥于某一表面的加工，例如，工件的定位基面，在半精加工阶段（有时甚至在粗加工阶段）中就需要加工得很精确；而在精加工阶段中安排某些钻、攻螺纹孔之类的粗加工工序也是常见的。

当然，划分加工阶段并不是绝对的。在高刚度、高精度机床设备上加工刚性好、加工精度要求不特别高或加工余量不太大的工件就可以不必划分加工阶段。有些精度要求不太高的重型零件，由于运送工件和装夹工件费时费工，一般也不划分加工阶段，而是在一个工序中完成全部粗加工和精加工工作。在这类加工中，为减少夹紧变形对工件加工精度的影响，一般都在粗加工后松开夹紧装置，然后用较小的夹紧力重新夹紧工件，继续进行精加工，这对提高工件加工精度有利。

（四）工序的集中与分散

确定加工方法之后，就要按零件加工的生产类型和工厂（车间）生产条件确定工艺过程的工序数。确定零件加工过程工序数有两种迥然不同的原则，一种是工序集中原则，另一种是工序分散原则。按工序集中原则组织工艺过程，就是使每个工序所包括的加工内容尽量多些，组成一个集中工序；最大限度的工序集中，就是在一个工序内完成工件所有表面的加工。按工序分散原则组织工艺过程，就是使每个工序所包括的加工内容尽量少些；最大限度的工序分散就是使每个工序只包括一个简单工步。

1. 按工序集中原则组织工艺过程的特点

1）有利于采用自动化程度较高的高效率机床和工艺装备进行加工，生产效率高。

2）工序数少，设备数少，可相应减少操作工人数和生产面积。

3）工件的装夹次数少，不但可缩短辅助时间，而且由于在一次装夹中加工了许多表面，有利于保证各加工表面之间的相互位置精度要求。

2. 按工序分散原则组织工艺过程的特点

1）所用机床和工艺装备简单，易于调整。

2）对操作工人的技术水平要求不高。

3）工序数多，设备数多，操作工人多，占用生产面积大。

按工序集中原则和工序分散原则组织工艺过程各有特点，生产上都有应用。传统的以专用机床、组合机床为主体组建的流水生产线、自动生产线基本是按工序分散原则组织工艺过程的，这种组织方式可以实现高效生产，但对产品改型的适应性较差，转产比较困难。采用数控机床和加工中心加工零件都按工序集中原则组织工艺过程，虽然设备的一次性投资较高，但由于可重组生产的能力较强，生产适应性好，转产相对容易，受到越来越多的重视。

（五）工序先后顺序的安排

1. 机械加工工序的安排

机械加工工序先后顺序的安排，一般应遵循以下几个原则：

1）先加工定位基面，再加工其他表面。

2）先加工主要表面，后加工次要表面。

3）先安排粗加工工序，后安排精加工工序。

4）先加工平面，后加工孔。

安排数控加工顺序，尚须考虑以下情况：在换刀时间大于工作台转位时间的情况下，为减少换刀次数和换刀时间，在不影响加工精度的条件下，宜将所有能用同一把刀具加工的表面都集中在一起依次加工完成；为减少工作台转位误差和由于工作台转位带来的时间损失，在换刀时间小于工作台转位时间的情况下，采用工位集中加工原则安排加工顺序，即将所有能在一个工位加工的表面通过不断更换刀具的办法都集中在同一工位加工；对于位置精度要求很高的孔系，宜在同一工位中安排该孔系各相关表面的加工工作，以消除工作台转位重复定位误差对孔系位置精度要求的影响。

2. 热处理工序及表面处理工序的安排

为改善工件材料切削性能安排的热处理工序，例如退火、正火、调质等，应在切削加工之前进行。

为消除工件内应力安排的热处理工序，例如人工时效、退火等，最好安排在粗加工阶段之后进行；为了减少机械加工车间与热处理车间之间的运输工作量，对于加工精度要求不高的工件也可安排在粗加工之前进行。对于机床床身、立柱等结构较为复杂的铸件，在粗加工前后均须安排时效处理工序（人工时效或自然时效），使材料组织稳定，日后不再有较大的变形产生。所谓人工时效，就是将毛坯件以 $50 \sim 100℃/h$ 的速度加热到 $500 \sim 550℃$，保温 $3 \sim 5h$，然后以 $20 \sim 50℃/h$ 的速度随炉冷却。所谓自然时效就是将毛坯件在露天放置几个月到几年时间，让毛坯件在自然界经受日晒雨淋的"锤炼"，使材料组织内部应力松弛并逐渐趋于稳定。

为改善工件材料力学性能的热处理工序，例如淬火、渗碳淬火等，一般都安排在半精加工和精加工之间进行，这是因为淬火处理后尤其是渗碳淬火后工件会有较大的变形产生。为修正渗碳、淬火处理产生的变形，热处理后需要安排精加工工序。在淬火处理进行之前，需将铣槽、钻孔、攻螺纹、去毛刺等次要表面的加工进行完毕。当工件需要作渗碳淬火处理时，由于渗碳过程工件会有较大的变形产生，常将渗碳过程放在次要表面加工之前进行，这样可以减少次要表面与淬硬表面间的位置误差。

为提高工件表面耐磨性、耐蚀性安排的热处理工序以及以装饰为目的而安排的热处理工序，例如镀铬、镀锌、发蓝等，一般都安排在工艺过程最后阶段进行。

3. 其他工序的安排

为保证零件制造质量，防止产生废品，需在下列场合安排检验工序：粗加工全部结束之后；送往外车间加工的前后；工时较长工序和重要工序的前后；最终加工之后。除了安排几何尺寸检验工序之外，有的零件还要安排探伤、密封、称重、平衡等检验工序。

零件表层或内腔的毛刺对机器装配质量影响甚大，切削加工之后，应安排去毛刺工序。

零件在进入装配之前，一般都应安排清洗工序。工件内孔、箱体内腔易存留切屑；研磨、珩磨等光整加工工序之后，微小磨粒易附着在工件表面上，要注意清洗。

在用磁力夹紧的工序之后,要安排去磁工序,不让带有剩磁的工件进入装配线。

(六) 机床设备与工艺装备的选择

正确选择机床设备是一件很重要的工作,它不但直接影响工件的加工质量,而且还影响工件的加工效率和制造成本。所选机床设备的尺寸规格应与工件的形体尺寸相适应,机床精度等级应与本工序加工要求相适应,电动机功率应与本工序加工所需功率相适应,机床设备的自动化程度和生产效率应与工件生产类型相适应。

选用机床设备应立足于国内,必须进口的机床设备,须经充分论证,严格履行审批手续。

如果工件尺寸太大(或太小)或工件的加工精度要求过高,没有现成的机床设备可供选择时,可以考虑采用自制专用机床。可根据工序加工要求提出专用机床设计任务书,机床设计任务书应附有与该工序加工有关的一切必要的数据资料,包括工序尺寸、公差及技术条件,工件的装夹方式,该工序加工所用切削用量、工时定额、切削力、切削功率以及机床的总体布置形式等。

工艺装备的选择将直接影响工件的加工精度、生产效率和制造成本,应根据不同情况适当选择。在中小批生产条件下,应首先考虑选用通用工艺装备(包括夹具、刀具、量具和辅具);在大批大量生产中,可根据加工要求设计制造专用工艺装备。使用数控机床加工,机时费用高,为充分发挥数控机床的作用,宜选用机械夹固不重磨刀具和耐磨性特别好的刀具,例如,硬质合金涂层刀具、立方氮化硼刀具和人造金刚石刀具等,以减少更换刀具和预调刀具的时间。数控加工所用刀具寿命至少应保证能将一个工件加工完。

机床设备和工艺装备的选择不仅要考虑设备投资的当前效益,还要考虑产品改型及转产的可能性,应使其具有较大的"柔性"。

(七) 实例

现以 CA6140 型车床主轴箱箱体为例介绍工艺路线拟订的方法和步骤。图 5-8 为 CA6140 型车床主轴箱箱体简图。

1. 主轴箱箱体的结构特点及技术条件分析

主轴箱箱体是主轴箱部件的基础件,主轴箱部件的装配精度在很大程度上取决于主轴箱的加工精度。主轴箱箱体零件的主要加工面是平面和孔。底面 A 和小侧面 N 既是主轴箱部件的装配基准,又是主轴孔Ⅵ的设计基准;主轴孔Ⅵ相对于 A、N 面的平行度要求为 $0.1\text{mm}/600\text{mm}$,各主要平面对 A、N 面的垂直度要求为 $0.1\text{mm}/300\text{mm}$。主轴箱箱体上的孔大多是轴承的支承孔,这些孔不仅本身有较高的尺寸精度要求(IT6、IT7)、几何形状精度要求(圆度公差为 $0.006 \sim 0.008\text{mm}$),而且有较高的位置精度要求。主轴箱箱体孔系中,技术要求最高的是主轴孔Ⅵ,它的尺寸公差为 IT6,圆度公差为 0.006mm,前后主轴承孔的同轴度要求为 0.012mm。

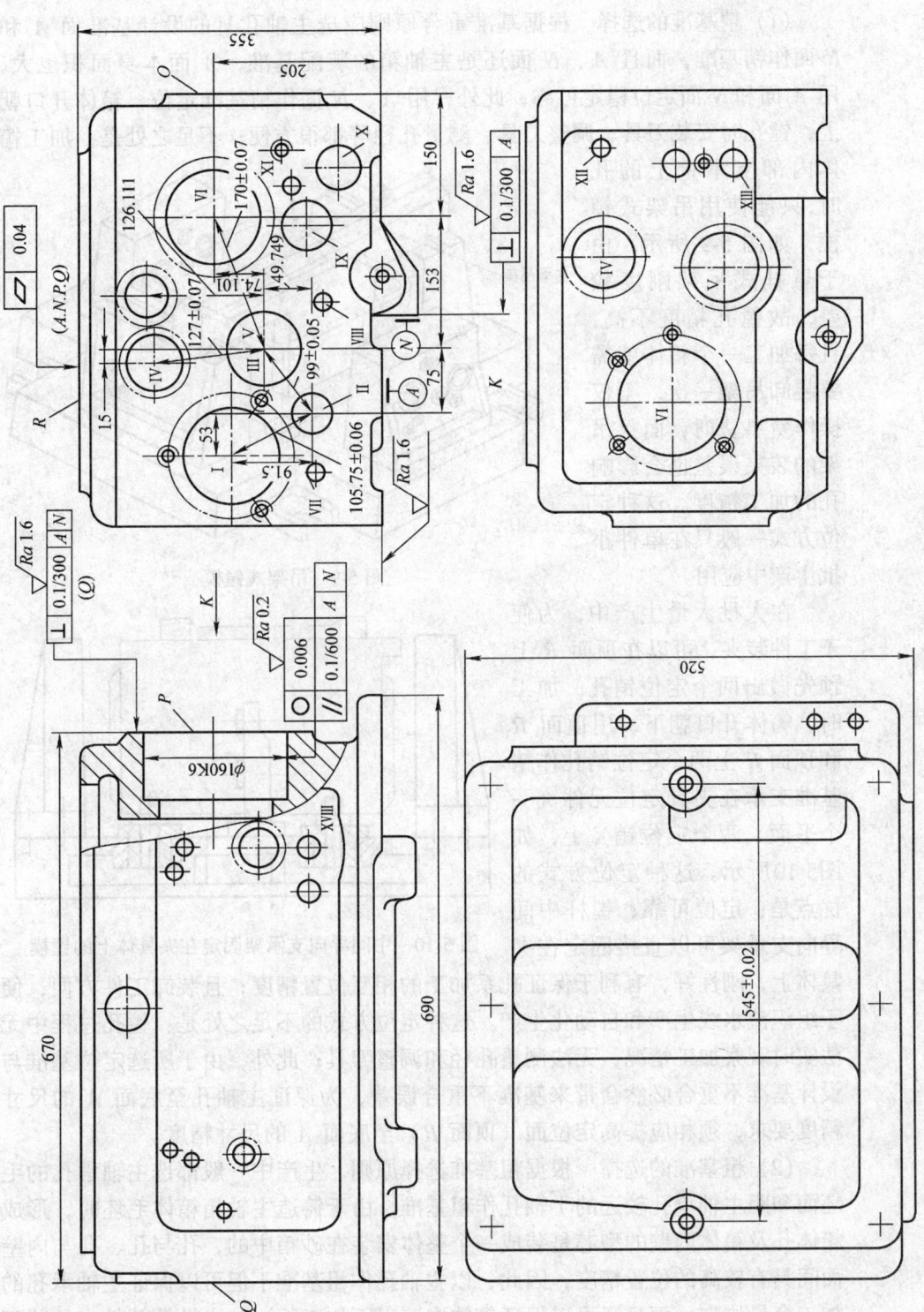

图5-8 CA6140型车床主轴箱体简图

2. 定位基准的选择

(1) 精基准的选择 根据基准重合原则应选主轴孔Ⅵ的设计基准面 A 和 N 面作精基准，而且 A、N 面还是主轴箱的装配基准，A 面本身面积也大，用 A 面和 N 面定位稳定可靠；此外，用 A、N 面作精基准定位，箱体开口朝上，镗孔时安装刀具、调整刀具、测量孔径等都很方便；不足之处是：加工箱体内部支承壁上的孔时，只能使用吊架式镗模，如图 5-9 所示，由于悬挂式吊架刚度较差，故镗孔精度不高，且每加工一个箱体就需要装卸吊架一次，不仅操作费事费时，而且吊架的装夹误差也会影响孔的加工精度。这种定位方式一般只在单件小批生产中应用。

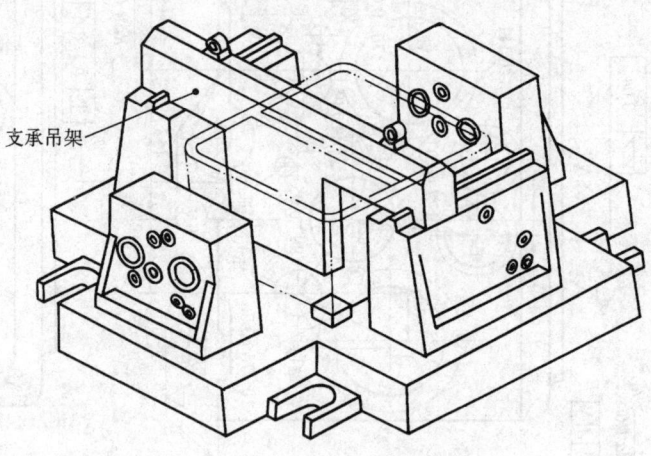

图 5-9 吊架式镗模

在大批大量生产中，为便于工件装夹，可以在顶面 R 上预先做出两个定位销孔；加工时，箱体开口朝下，用顶面 R 和顶面 R 上两个定位销孔作精基准支承在夹具定位元件（一个平面、两个定位销）上，如图 5-10 所示。这种定位方式的优点是：定位可靠；镗杆中间导向支承架可以直接固定在夹具体上，刚性好，有利于保证孔系加工的相互位置精度；且装卸工件方便，便于组织流水线生产和自动化生产。这种定位方式的不足之处是：镗孔过程中无法实时观察加工情况，无法测量孔径和调整刀具；此外，由于所选定位基准与设计基准不重合必然会带来基准不重合误差，为保证主轴孔至底面 A 的尺寸精度要求，须相应提高定位面（顶面 R）至底面 A 的尺寸精度。

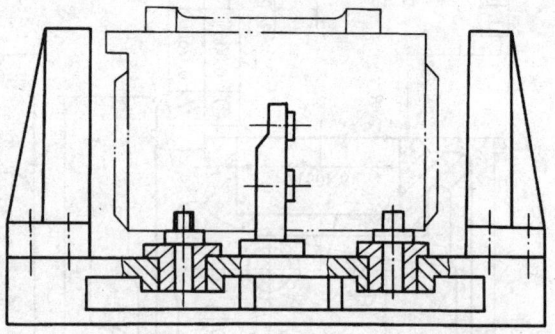

图 5-10 中间导向支承架固定在夹具体上的镗模

(2) 粗基准的选择 根据粗基准选择原则，生产中一般都选主轴承孔的毛坯面和距主轴承孔较远的Ⅰ轴孔作粗基准。由于铸造主轴箱箱体毛坯时，形成箱体孔及箱体内壁的型芯是装成一个整体安装在砂箱中的，孔与孔、孔与内壁面间具有较高的位置精度，因此，以主轴孔作粗基准不但可以保证主轴承孔的加工余量均匀，而且还可以保证箱体内壁（不加工面）与主轴箱部件中的装配件（主要是齿轮）之间具有足够的间距。

3. 加工方法的选择

(1) 平面加工 主轴箱箱体主要平面的平面度要求为 0.04mm，表面粗糙度要求为 $Ra1.6\mu m$。参照图 5-7 推荐的平面加工方案和表 5-3 所列平面加工方法，在大批大量生产中宜选用铣平面和磨平面加工方案；在单件小批生产中宜选用粗刨、半精刨和宽刃精刨平面加工方案。

(2) 孔系加工 主轴孔的加工精度要求为 IT6，表面粗糙度要求为 $Ra0.2\mu m$，参照图 5-6 推荐的孔加工方案和表 5-2 所列孔加工方法宜选用粗镗—半精镗—精镗—金刚镗的加工方案；其他轴孔选用粗镗—半精镗—精镗的加工方案。

4. 加工阶段的划分和工序先后顺序安排

主轴箱箱体加工精度要求高，宜将工艺过程划分为粗加工、半精加工和精加工三个阶段。根据先粗后精、先加工定位基面后加工其他表面、先加工平面后加工孔、先加工主要表面后加工次要表面等原则，在大批大量生产中主轴箱箱体的加工顺序可作如下安排：

(1) 加工精基准面 铣顶面 R 和钻、铰 R 面上的两个定位孔，并就便加工 R 面上的其他小孔。

(2) 主要表面的粗加工 粗铣底平面（A）、侧平面（O、N）和两端面（P、Q），粗镗、半精镗主轴孔和其他孔。

(3) 人工时效处理。

(4) 次要表面加工 在两侧面上钻孔、攻螺纹，在两端面上和底面上钻孔、攻螺纹。

(5) 精加工精基准面 磨顶面 R。

(6) 主要表面精加工 精镗主轴孔及其他孔，金刚镗（高速细镗）主轴孔，磨箱体主要表面。

考虑到孔系精加工的废品率较高，有些工厂将精镗、金刚镗主轴孔工序安排在次要表面加工之前进行，为的是不会因孔系精加工万一出现废品而浪费次要表面加工工时；但这有一个条件，在精加工之后安排的次要表面加工，它们的材料去除量应是不多的，且在工件上的分布应是比较均匀的。如不满足上述条件，次要表面加工后由于箱体内应力重新分布引起的变形将会破坏金刚镗主轴孔所获得的加工精度。

在大批大量生产中，毛坯质量较高，各轴承孔的镗孔余量较小，为使镗孔余量均匀，最好是粗镗、半精镗、精镗和金刚镗等加工工序都统一采用经精加工过的精基准面定位依次进行，这就要求在粗镗孔之前安排精加工基准面。这种违反先粗后精原则的工序顺序安排有一个前提条件，那就是箱体毛坯的制造质量较高，各轴承孔的镗孔余量较小，粗镗、半精镗孔之后由于内应力重新分布所引起的箱体变形很小。

表 5-4 列出了大批大量生产 CA6140 型车床主轴箱箱体的机械加工工艺路线。

在中小批生产条件下加工主轴箱箱体，可以考虑根据工序集中原则组织工艺过程，选用加工中心加工箱体。它的特点是：一次装夹就能完成箱体许多表面的加工；加工表面间具有较高的位置精度；转换生产对象非常方便，生产适应性好。

表5-4　大批大量生产CA6140型车床主轴箱箱体机械加工工艺路线

工序号	工序内容	所用设备
1	粗铣顶面R	立式铣床
2	钻、扩、铰顶面R上两定位销孔，加工其他紧固孔	摇臂钻床
3	粗铣底面A；侧面O、N，端面P、Q	龙门铣床
4	磨顶面R	立式转台平面磨床
5	粗镗纵向孔系	双工位组合机床
6	时效处理	
7	半精镗、精镗纵向孔系，半精镗、精镗主轴孔	双工位组合机床
8	金刚镗主轴孔	专用机床
9	钻、铰横向孔及攻螺纹	组合机床
10	钻A、P、Q、O各面上的孔、攻螺纹	组合机床
11	磨底面A，侧面O、N，端面P、Q	组合平面磨床
12	去毛刺、修锐边	钳工台
13	清洗	清洗机
14	检验	检验台

三、加工余量

（一）概述

用去除材料方法制造机器零件时，一般都要从毛坯上切除一层层材料之后才能制得符合图样规定要求的零件。毛坯上留作加工用的材料层，称为加工余量。加工余量有总余量和工序余量之分。某一表面毛坯尺寸与零件设计尺寸的差值就是总余量值，以Z_0表示。上工序与本工序基本尺寸的差值为本工序的工序余量Z_i。总余量Z_0与工序余量Z_i的关系可用下式表示

$$Z_0 = \sum_{i=1}^{n} Z_i \tag{5-1}$$

式中　n——某一表面所经历的加工工序数。

工序余量有单边余量和双边余量之分。对于非对称表面（图5-11a），其加工余量用单边余量Z_b表示

$$Z_b = l_a - l_b \tag{5-2}$$

式中　Z_b——本工序的工序余量；

l_b——本工序的基本尺寸；

l_a——上工序的基本尺寸。

对于外圆与内圆这样的对称表面（图5-11b、c），其加工余量用双边余量$2Z_b$表示。对于外圆表面（图5-11b）

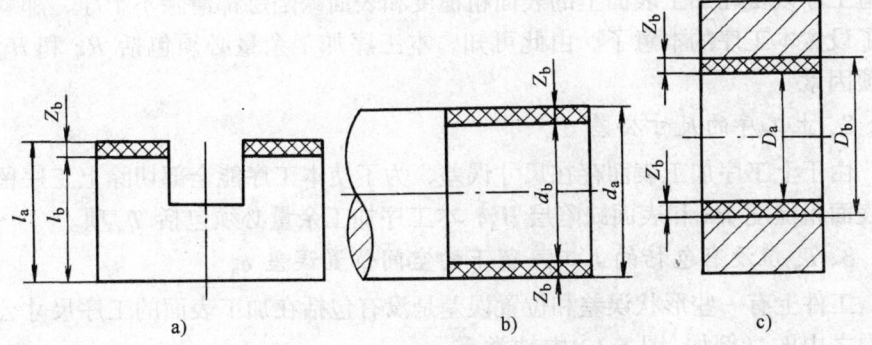

图 5-11 单边余量与双边余量

$$2Z_b = d_a - d_b \tag{5-3}$$

对于内圆表面（图 5-11c）

$$2Z_b = D_b - D_a \tag{5-4}$$

由于工序尺寸有偏差，各工序实际切除的余量值是变化的，工序余量有公称余量（简称余量）、最大余量 Z_{max} 和最小余量 Z_{min} 之分。对于图 5-12 所示被包容面加工情况，本工序加工的公称余量

$$Z_b = l_a - l_b \tag{5-5}$$

公称余量的变动范围

$$T_z = Z_{max} - Z_{min} = T_b + T_a \tag{5-6}$$

式中 T_b——本工序的工序尺寸公差；

T_a——上工序的工序尺寸公差。

工序尺寸偏差一般按"入体原则"标注，对被包容尺寸（例如轴径），上偏差为 0，其最大尺寸就是基本尺寸；对包容尺寸（例如孔径、槽宽），下偏差为 0，其最小尺寸就是基本尺寸。孔距类工序尺寸偏差按"对称偏差"配置。

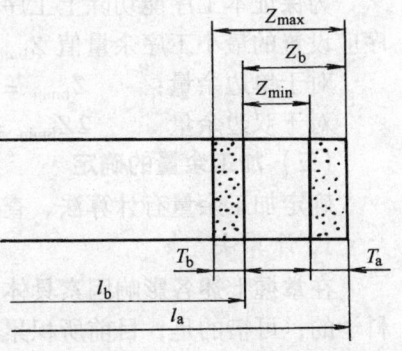

图 5-12 被包容面工序余量及其变动量

正确规定加工余量的数值是十分重要的，加工余量规定得过大，不仅浪费材料而且耗费机时、刀具和电力；但加工余量也不能规定得过小，如果加工余量留得过小，则本工序加工就不能完全切除上工序留在加工表面上的缺陷层，因而也就没有达到设置这道工序的目的。

（二）影响加工余量的因素

为了合理确定加工余量，必须深入了解影响加工余量的各项因素。影响加工余量的因素有以下四个方面：

1. 上工序留下的表面粗糙度值 Rz（表面轮廓的最大高度）[41] 和表面缺陷层深度 H_a

本工序必须把上工序留下的表面粗糙度和表面缺陷层全部切去，如果连上一道工序残留在加工表面上的表面粗糙度和表面缺陷层都清除不干净,那就失去了设置本工序的本意了。由此可知,本工序加工余量必须包括 Rz 和 H_a 这两项因素。

2. 上工序的尺寸公差 T_a

由于上工序加工表面存在尺寸误差,为了使本工序能全部切除上工序留下的表面粗糙度 Rz 和表面缺陷层 H_a,本工序加工余量必须包括 T_a 项。

3. T_a 值没有包括的上工序留下的空间位置误差 e_a

工件上有一些形状误差和位置误差是没有包括在加工表面的工序尺寸公差范围之内的(例如,图 5-13 中轴类零件的轴心线弯曲误差 e_a 就没有包括在轴径公差 T_a 中)。在确定加工余量时,必须考虑它们的影响,否则本工序加工将无法全部切除上工序留在加工表面上的表面粗糙度和表面缺陷层。

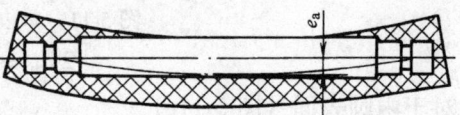

图 5-13 轴线弯曲误差对加工余量的影响

4. 本工序的装夹误差 ε_b

如果本工序存在装夹误差 ε_b(包括定位误差、夹紧误差),则在确定本工序加工余量时还应考虑装夹误差 ε_b 的影响。由于 e_a 与 ε_b 都是向量,所以要用矢量相加取矢量和的模进行余量计算。

为保证本工序能切除上工序留在加工表面上的表面粗糙度和缺陷层,本工序应设置的最小工序余量值 Z_{bmin} 可用以下公式计算

对于单边余量: $Z_{bmin} = T_a + Rz + H_a + |e_a + \varepsilon_b|$ (5-7)

对于双边余量: $2Z_{bmin} = T_a + 2(Rz + H_a) + 2|e_a + \varepsilon_b|$ (5-8)

(三)加工余量的确定

确定加工余量有计算法、查表法和经验估计法等三种方法,分述如下:

1. 计算法

在掌握上述各影响因素具体数据的条件下,用计算法确定加工余量是比较科学的;可惜的是,目前所积累的统计资料尚不多,计算有困难,此法目前应用较少。

2. 经验估计法

加工余量由一些有经验的工程技术人员和工人根据经验确定。由于主观上有怕出废品的思想,故所估加工余量一般都偏大,此法只用于单件小批生产。

3. 查表法

此法以工厂生产实践和实验研究积累的数据为基础制定的各种表格为依据,再结合实际加工情况加以修正。用查表法确定加工余量,方法简便,比较接近实际,生产上广泛应用。

四、工序尺寸及其公差的确定

零件图上所标注的尺寸公差是零件加工最终所要求达到的尺寸要求,工艺

过程中许多中间工序的尺寸公差，必须在设计工艺规程中予以确定。工序尺寸及其公差一般都是通过解算工艺尺寸链确定的。为掌握工艺尺寸链计算规律，这里先介绍尺寸链的概念及尺寸链计算方法，然后就工序尺寸及其公差的确定方法进行论述。

（一）尺寸链及尺寸链计算公式

1. 尺寸链的定义

在工件加工和机器装配过程中，由相互连接的尺寸形成的封闭尺寸组称为尺寸链。图 5-14a 所示工件，如先以 A 面定位加工 C 面，得尺寸 A_1；然后再以 A 面定位加工台阶面 B，得尺寸 A_2，要求保证尺寸 A_0；A_1、A_2 和 A_0 三个尺寸组成一个封闭尺寸组，这就构成了一个尺寸链，如图 5-14b 所示。

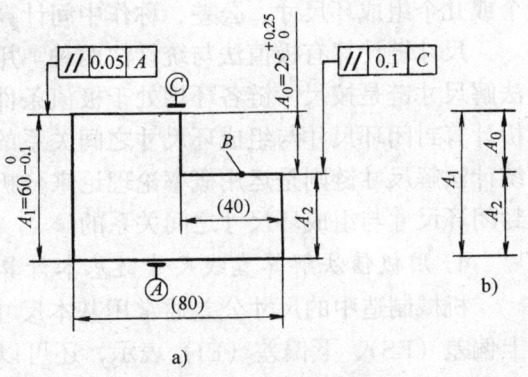

图 5-14 尺寸链示例

组成尺寸链的每一个尺寸，称为尺寸链的环。尺寸链中凡属间接得到的尺寸称为封闭环，在图 5-14b 所示尺寸链中，A_0 是间接得到的尺寸，它就是图 5-14b 所示尺寸链的封闭环。尺寸链中凡属通过加工直接得到的尺寸称为组成环，图 5-14b 所示尺寸链中 A_1 与 A_2 都是通过加工直接得到的尺寸，A_1、A_2 都是图 5-14b 所示尺寸链的组成环。组成环按其对封闭环的影响又可分为增环和减环。当其他组成环的大小不变，若封闭环随着某组成环的增大而增大，则此组成环就称为增环；若封闭环随着某组成环的增大而减小，则此组成环就称为减环；在图 5-14b 所示尺寸链中，A_1 是增环，A_2 是减环。

绘制尺寸链图对于正确进行尺寸链计算具有重要意义，下面以图 5-14b 为例说明尺寸链图的画法：

1) 首先根据工艺过程，找出间接保证的尺寸 A_0，作为封闭环。

2) 从封闭环两端出发，按照工件表面间的尺寸联系，依次画出直接获得的尺寸 A_1、A_2，形成一封闭图形。

2. 尺寸链的分类

按尺寸链在空间分布的位置关系，可分为直线尺寸链、平面尺寸链和空间尺寸链，分述如下：

(1) 直线尺寸链 直线尺寸链由彼此平行的直线尺寸组成，图 5-14 所示尺寸链属直线尺寸链。

(2) 平面尺寸链 平面尺寸链由位于一个或几个平行平面内但相互不都平行的尺寸组成，图 5-15 中 A_0、A_1 与 A_2 三个尺寸就组成了一个平面尺寸链。

(3) 空间尺寸链 空间尺寸链由位于几个不平行平面内的尺寸组成。

由于最常见的是直线尺寸链，而且平面尺寸链和空间尺寸链都可以通过坐标投影方法转换为直线尺寸链求解，故此处只介绍直线尺寸链的计算方法。

3. 尺寸链计算

尺寸链计算有正计算、反计算和中间计算三种类型。已知组成环尺寸、公差求封闭环尺寸、公差的计算方式称作正计算；已知封闭环尺寸、公差反求各组成环尺寸、公差称作反计算；已知封闭环及部分组成环的尺寸、公差，求其余的一个或几个组成环尺寸、公差，称作中间计算。

尺寸链计算有极值法与统计法两种。用极值法解尺寸链是按尺寸链各环均处于极值条件来分析计算封闭环尺寸与组成环尺寸之间关系的。用统计法解尺寸链则是运用概率论理论来分析计算封闭环尺寸与组成环尺寸之间关系的。

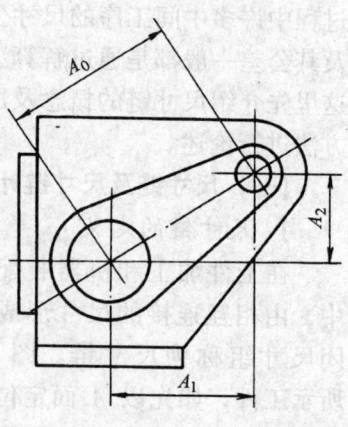

图 5-15 平面尺寸链示例

4. 用极值法解算直线尺寸链基本计算公式

机械制造中的尺寸公差通常用基本尺寸（A）、上偏差（ES）、下偏差（EI）表示，还可以用最大极限尺寸（$A_{\max}$）与最小极限尺寸（$A_{\min}$）或基本尺寸（A）、中间偏差（Δ）与公差（T）表示，它们之间的关系如图 5-16 所示。

用极值法解算尺寸链的计算公式主要有：

(1) 封闭环基本尺寸 A_0

$$A_0 = \sum_{i=1}^{m} \xi_i A_i$$

式中　m——组成环数；

　　　ξ_i——第 i 组成环的尺寸传递系数，对直线尺寸链而言，增环的尺寸传递系数 $\xi_i = 1$，减环的尺寸传递系数 $\xi_i = -1$。据此，上式可改写为

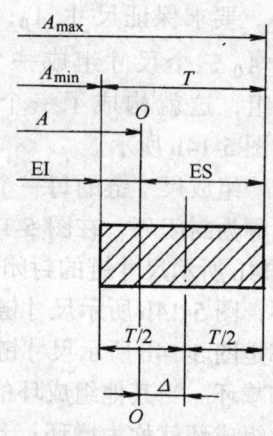

图 5-16 基本尺寸、极限偏差、公差与中间偏差

$$A_0 = \sum_{p=1}^{k} A_p - \sum_{q=k+1}^{m} A_q \tag{5-9}$$

式中　A_p——增环基本尺寸；

　　　A_q——减环基本尺寸；

　　　k——增环数。

分析上式可知，封闭环基本尺寸 A_0 等于所有增环基本尺寸（A_p）之和减去所有减环基本尺寸（A_q）之和。

(2) 环的极限尺寸

$$A_{\max} = A + \mathrm{ES} \tag{5-10}$$

$$A_{\min} = A + \mathrm{EI} \tag{5-11}$$

(3) 环的极限偏差

$$\mathrm{ES} = \Delta + T(A)/2 \tag{5-12}$$

$$EI = \Delta - T(A)/2 \quad (5\text{-}13)$$

(4) 环的中间偏差

$$\Delta = (ES + EI)/2 \quad (5\text{-}14)$$

(5) 封闭环中间偏差

$$\Delta_0 = \sum_{i=1}^{m} \xi_i \Delta_i \quad (5\text{-}15)$$

式中 Δ_i——第 i 组成环的中间偏差。

(6) 封闭环公差

$$T(A_0) = \sum_{i=1}^{m} |\xi_i| T(A_i)$$

对直线尺寸链而言

$$T(A_0) = \sum_{i=1}^{m} T(A_i) \quad (5\text{-}16)$$

(7) 封闭环极限尺寸

$$A_{0\max} = \sum_{p=1}^{k} A_{p\max} - \sum_{q=k+1}^{m} A_{q\min} \quad (5\text{-}17)$$

$$A_{0\min} = \sum_{p=1}^{k} A_{p\min} - \sum_{q=k+1}^{m} A_{q\max} \quad (5\text{-}18)$$

(8) 封闭环极限偏差

$$ES_0 = \sum_{p=1}^{k} ES_p - \sum_{q=k+1}^{m} EI_q \quad (5\text{-}19)$$

$$EI_0 = \sum_{p=1}^{k} EI_p - \sum_{q=k+1}^{m} ES_q \quad (5\text{-}20)$$

5. 用统计法解算直线尺寸链基本计算公式

机械制造中的尺寸分布多数为正态分布，但也有非正态分布，非正态分布又有对称分布与不对称分布之分。

用统计法解算尺寸链的基本计算公式，除可应用极值法解直线尺寸链的基本公式 [式 (5-9) ~式 (5-14)] 外，尚有以下两个基本计算公式：

(1) 封闭环中间偏差

$$\Delta_0 = \sum_{i=1}^{m} \xi_i [\Delta_i + e_i T(A_i)/2] \quad (5\text{-}21)$$

(2) 封闭环公差

$$T(A_0) = \frac{1}{k_0} \sqrt{\sum_{i=1}^{m} \xi_i^2 k_i^2 T^2(A_i)} \quad (5\text{-}22)$$

式中 e_i——第 i 组成环尺寸分布曲线的不对称系数；
$e_i T(A_i)/2$——第 i 组成环尺寸分布中心相对于公差带中心的偏移量；
k_0——封闭环的相对分布系数；
k_i——第 i 组成环的相对分布系数。

表 5-5 列出了常见尺寸分布曲线的 e 值与 k 值。

表 5-5 不同分布曲线的 e 值与 k 值

分布特征	正态分布	三角分布	均匀分布	瑞利分布	偏态分布	
					外尺寸	内尺寸
分布曲线						
e	0	0	0	−0.28	0.26	−0.26
k	1	1.22	1.73	1.14	1.17	1.17

(二) 工艺尺寸及其公差的计算实例

1. 定位基准与设计基准不重合时工序尺寸公差的计算

例 5-1 加工图 5-17a 所示工件,设 1 面已加工好,现以 1 面定位加工 3 面和 2 面,其工序简图如图 5-17b 所示,试求工序尺寸 A_1 与 A_2。

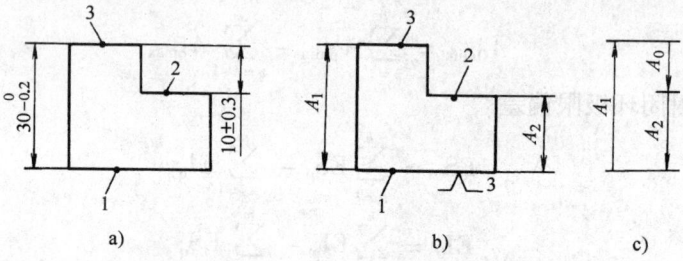

图 5-17 工序尺寸公差计算实例

解 由于加工 3 面时定位基准与设计基准重合,因此工序尺寸 A_1 取为设计尺寸,即 $A_1 = 30_{-0.2}^{0}$mm。加工 2 面时,定位基准与设计基准不重合,工序尺寸 A_2 须通过解算图 5-17c 所列尺寸链求取。图 5-17c 中 A_0 是封闭环,A_1、A_2 为组成环,A_1 为增环,A_2 为减环。由式 (5-9) 知

$$A_0 = A_1 - A_2$$

所以 $\qquad A_2 = A_1 - A_0 = (30 - 10)\text{mm} = 20\text{mm}$

由式 (5-19) 知

$$ES_0 = ES_1 - EI_2$$

所以 $\qquad EI_2 = ES_1 - ES_0 = (0 - 0.3)\text{mm} = -0.3\text{mm}$

由式 (5-20) 知

$$EI_0 = EI_1 - ES_2$$

所以 $\qquad ES_2 = EI_1 - EI_0 = [-0.2 - (-0.3)]\text{mm} = 0.1\text{mm}$

所以 $\qquad A_2 = 20_{-0.3}^{+0.1}\text{mm} = 20.1_{-0.4}^{0}\text{mm}$

2. 一次加工满足多个设计尺寸要求时工序尺寸及其公差的计算

例 5-2 一带有键槽的内孔要淬火及磨削,其设计尺寸如图 5-18a 所示,内孔及键槽的加工顺序是:

1) 镗内孔至 $\phi 39.6^{+0.10}_{0}$ mm；

2) 插键槽至尺寸 A；

3) 淬火；

4) 磨内孔，同时保证内孔直径 $\phi 40^{+0.05}_{0}$ mm 和键槽深度 $43.6^{+0.34}_{0}$ mm 两个设计尺寸的要求。

要求确定工序尺寸 A 及其公差（假定淬火后内孔没有胀缩）。

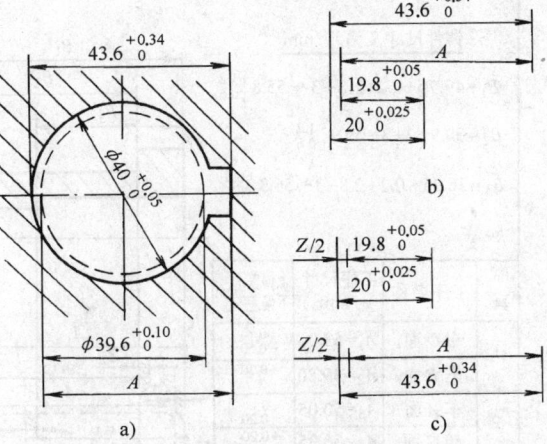

图 5-18 加工内孔及键槽的工序尺寸链

解 为解算工序尺寸 A，首先须画出它的尺寸链图，如图 5-18b 所示。在图 5-18b 所示尺寸链中，尺寸 $43.6^{+0.34}_{0}$ mm 是封闭环，尺寸 A、$20^{+0.025}_{0}$ mm 是增环，尺寸 $19.8^{+0.05}_{0}$ mm 是减环，由式（5-9）、式（5-19）、式（5-20）可得

$$A = (43.6 - 20 + 19.8)\,\text{mm} = 43.4\,\text{mm}$$
$$ES(A) = (0.34 - 0.025 + 0)\,\text{mm} = 0.315\,\text{mm}$$
$$EI(A) = (0 - 0 + 0.05)\,\text{mm} = 0.05\,\text{mm}$$

所以
$$A = 43.4^{+0.315}_{+0.050}\,\text{mm}$$

按"偏差入体标注"原则标注尺寸，可得工序尺寸

$$A = 43.45^{+0.265}_{0}\,\text{mm}$$

图 5-18b 所示尺寸链也可化简为图 5-18c 所示两个较为简单的尺寸链求解，所得结果完全相同。

3. 用综合图表跟踪法计算工序尺寸及其公差

当零件在同一方向上加工的尺寸较多，并需多次转换定位基准时，工序尺寸公差的计算容易出错，应用综合图表跟踪方法将加工过程中的尺寸关系直观地列在一张图表上，可以帮助工程技术人员查找建立尺寸链。现举例说明。

例 5-3 加工图 5-19 所示套筒零件，其轴向有关表面的加工工序安排（参见图 5-20a）为：

1) 轴向以 A 面定位，粗车 D 面，然后以 D 面为测量基准粗车 B 面，保证工序尺寸 A_1 和 A_2；

2) 轴向以 D 面定位，粗车 A 面，保证工序尺寸 A_3，然后以 A 面作测量基准镗 C 面，保证工序尺寸 A_4；

3) 轴向以 D 面定位磨 A 面，保证工序尺寸 A_5。

要求确定工序尺寸 A_1、A_2、A_3、A_4 和

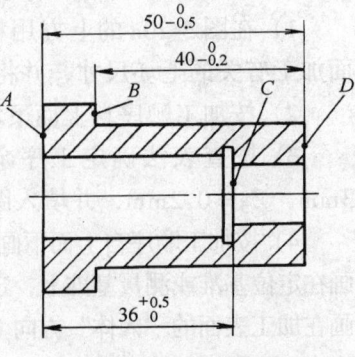

图 5-19 套筒零件简图

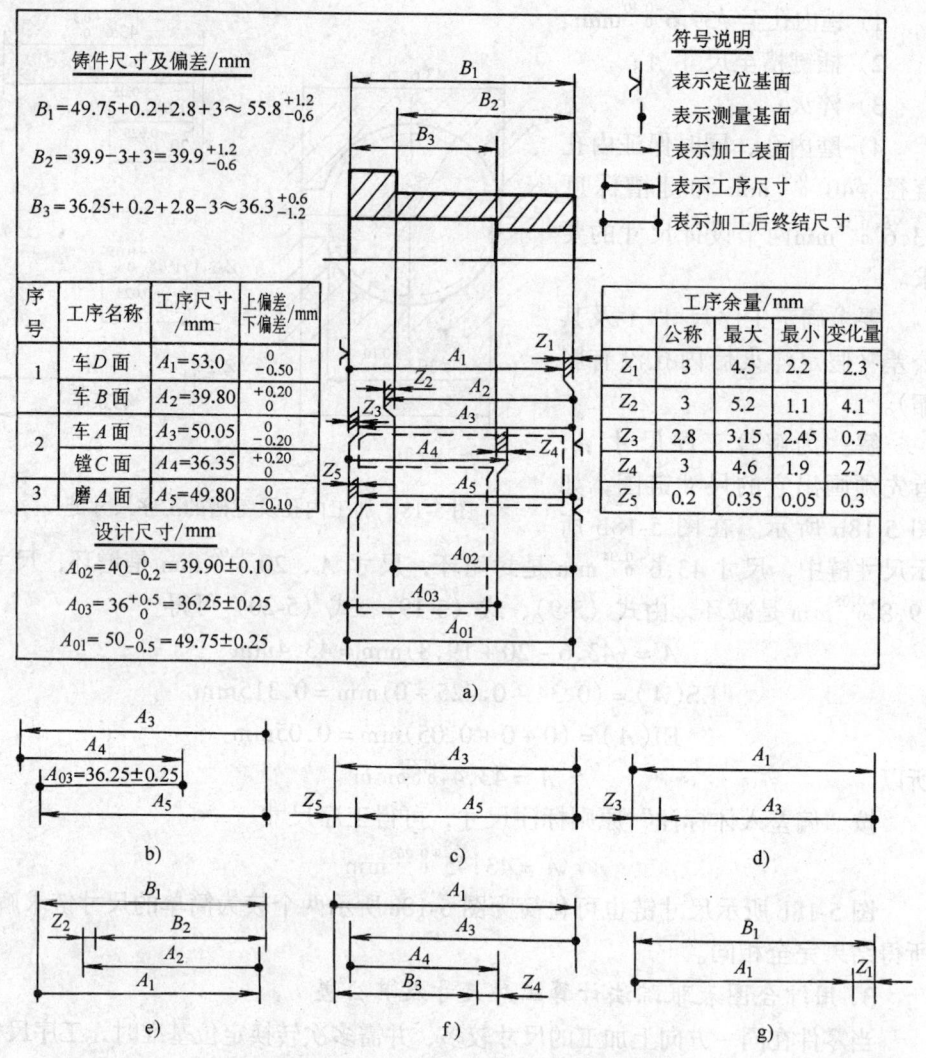

图 5-20 用综合图表跟踪法解算工序尺寸

A_5 及其公差。

解 用综合图表跟踪法解算工序尺寸按下列步骤进行：

（1）绘制加工过程尺寸联系图

1）在图 5-20a 的上方用粗实线画出被加工零件的毛坯图，标出与轴向表面加工有关的毛坯尺寸，并将有关表面向下引细实线；

2）按加工顺序自上而下填写工序号和加工内容；

3）按查表法确定工序余量 $Z_1 = 3$mm，$Z_2 = 3$mm，$Z_3 = 2.8$mm，$Z_4 = 3$mm，$Z_5 = 0.2$mm，并填入图 5-20a 右侧所列工序余量表中；

4）按加工顺序自上而下画工序尺寸分布图，箭头指向加工面，箭尾用黑圆点画在定位基准或测量基准上，定位面用符号 ⋏ 标出；加工余量用剖面线符号表示，画在加工表面的"入体"方向上；零件的设计尺寸 A_{01}、A_{02} 和 A_{03} 两端均用黑圆点标出。为便于计算，可将设计尺寸的偏差换算成对称偏差的形式标注为：

$$A_{02} = 40_{-0.2}^{0}\text{mm} = 39.90 \pm 0.10\text{mm}$$

$$A_{03} = 36_{0}^{+0.5}\text{mm} = 36.25 \pm 0.25\text{mm}$$

$$A_{01} = 50_{-0.5}^{0}\text{mm} = 49.75 \pm 0.25\text{mm}$$

(2) 用跟踪法列出尺寸链 从设计尺寸或加工余量的两端出发，沿工件表面引线垂直向上（或向下）跟踪，遇到箭头就沿箭头拐弯，经该尺寸线到末端黑圆点后继续垂直向上（或向下）跟踪，直至两条查找路线汇合封闭为止。图 5-20a 中的虚线就是以设计尺寸 A_{03} 为封闭环向上跟踪所列出的一个尺寸链。采用同样的方法，可以列出所有以设计尺寸（或加工余量）为封闭环的尺寸链，如图 5-20b、c、d、e、f、g 所示。

(3) 计算工序尺寸及公差 由于封闭环的公差是所有组成环的公差之和，组成环数越多，组成环的制造公差必然要规定得严，故一般应先解算组成环数较多的尺寸链。

1) 通过解算图 5-20b 所列尺寸链计算工序尺寸 A_3、A_4、A_5 及其公差

① 确定工序尺寸 A_3、A_4、A_5 的基本尺寸。由图 5-20a 知，A_5 与 A_{01} 是同一尺寸，A_{01} 是已知设计尺寸，由此知 $A_5 = A_{01} = 49.75\text{mm}$。

由图 5-20c 知

$$A_3 = A_5 + Z_5 = (49.75 + 0.2)\text{mm} = 49.95\text{mm}$$

在图 5-20b 所示尺寸链中，A_3、A_4、A_5 都是通过加工直接得到的尺寸，它们都是组成环；A_{03} 是封闭环。由式 (5-9) 知

$$A_4 = A_{03} + A_3 - A_5 = (36.25 + 49.95 - 49.75)\text{mm} = 36.45\text{mm}$$

② 确定工序尺寸 A_3、A_4、A_5 的公差。将封闭环 A_{03} 的公差 $T(A_{03}) = 0.5\text{mm}$ 按加工经济精度分配给工序尺寸 A_3、A_4、A_5，现取 $T(A_3) = 0.20\text{mm}$，$T(A_4) = 0.20\text{mm}$，$T(A_5) = 0.10\text{mm}$。由此得

$$A_3 = (49.95 \pm 0.10)\text{mm}$$

$$A_4 = (36.45 \pm 0.10)\text{mm}$$

$$A_5 = (49.75 \pm 0.05)\text{mm}$$

2) 通过解算图 5-20d 所列尺寸链计算工序尺寸 A_1 及其公差

① 确定工序尺寸 A_1 的基本尺寸

$$A_1 = A_3 + Z_3 = (49.95 + 2.8)\text{mm} = 52.75\text{mm}$$

② 确定工序尺寸 A_1 的公差。按粗车的加工经济精度等级取 $T(A_1) = 0.50\text{mm}$。由此得

$$A_1 = (52.75 \pm 0.25)\text{mm}$$

3) 确定工序尺寸 A_2 及其公差。由图 5-20a 知，A_2 与 A_{02} 是同一尺寸，A_{02} 是已知的设计尺寸，由此知

$$A_2 = 40_{-0.2}^{0}\text{mm} = 39.90 \pm 0.10\text{mm}$$

4) 校核加工余量

① 校核磨削余量 Z_5。由图 5-20c 知

$$Z_{5\max} = A_{3\max} - A_{5\min} = [(49.95 + 0.10) - (49.75 - 0.05)] \text{mm} = 0.35 \text{mm}$$
$$Z_{5\min} = A_{3\min} - A_{5\max} = [(49.95 - 0.10) - (49.75 + 0.05)] \text{mm} = 0.05 \text{mm}$$

校核结果表明，磨削余量 Z_5 符合磨削加工要求。

② 校核车 A 面余量 Z_3。由图 5-20d 知

$$Z_{3\max} = A_{1\max} - A_{3\min} = [(52.75 + 0.25) - (49.95 - 0.10)] \text{mm} = 3.15 \text{mm}$$
$$Z_{3\min} = A_{1\min} - A_{3\max} = [(52.75 - 0.25) - (49.95 + 0.10)] \text{mm} = 2.45 \text{mm}$$

校核结果表明，余量 Z_3 符合车 A 面要求。

③ 校核车 B 面余量 Z_2。在图 5-20e 所示尺寸链中，A_1、A_2 与 B_1、B_2 都是通过加工直接得到的，Z_2 是封闭环。已知 $A_2 = A_{02} = 40_{-0.2}^{\ 0}$ mm $= (39.90 \pm 0.10)$ mm，$B_2 = 39.90_{-0.6}^{+1.2}$ mm，$B_1 = 55.80_{-0.6}^{+1.2}$ mm，$A_1 = (52.75 \pm 0.25)$ mm。由式 (5-17)、式 (5-18) 得

$$Z_{2\max} = B_{1\max} + A_{2\max} - (A_{1\min} + B_{2\min}) = (57.0 + 40.0 - 52.5 - 39.3) \text{mm}$$
$$= 5.2 \text{mm}$$
$$Z_{2\min} = B_{1\min} + A_{2\min} - (A_{1\max} + B_{2\max}) = (55.2 + 39.8 - 53.0 - 41.1) \text{mm}$$
$$= 0.9 \text{mm}$$

校核结果表明，Z_2 符合车 B 面要求。

④ 校核镗 C 面余量 Z_4。在图 5-20f 所示尺寸链中，A_1、A_3、A_4 与 B_3 都是通过加工直接得到的，Z_4 是封闭环。已知：$A_1 = (52.75 \pm 0.25)$ mm，$A_3 = (49.95 \pm 0.10)$ mm，$A_4 = (36.45 \pm 0.10)$ mm，$B_3 = 36.3_{-1.2}^{+0.6}$ mm。由式 (5-17)、式 (5-18) 得

$$Z_{4\max} = A_{1\max} + A_{4\max} - A_{3\min} - B_{3\min} = (53 + 36.55 - 49.85 - 35.1) \text{mm}$$
$$= 4.6 \text{mm}$$
$$Z_{4\min} = A_{1\min} + A_{4\min} - A_{3\max} - B_{3\max} = (52.5 + 36.35 - 50.05 - 36.9) \text{mm}$$
$$= 1.9 \text{mm}$$

校核结果表明，Z_4 符合镗 C 面要求。

⑤ 校核车 D 面余量 Z_1。在图 5-20g 所示尺寸链中，A_1、B_1 都是通过加工直接得到的，Z_1 是封闭环。已知：$A_1 = (52.75 \pm 0.25)$ mm，$B_1 = 55.8_{-0.6}^{+1.2}$ mm；由式 (5-17)、式 (5-18) 得

$$Z_{1\max} = B_{1\max} - A_{1\min} = (57 - 52.5) \text{mm} = 4.5 \text{mm}$$
$$Z_{1\min} = B_{1\min} - A_{1\max} = (55.2 - 53) \text{mm} = 2.2 \text{mm}$$

校核结果表明，Z_1 符合车 D 面要求。

加工余量校核如不符合要求，则须视情况修改工序尺寸及公差，必要时可修改毛坯尺寸和零件工艺过程，直到各工序加工余量够切但又不太大为止。

5) 将各工序尺寸按"偏差入体标注"原则标注，得 $A_1 = (52.75 \pm 0.25)$ mm $= 53.00_{-0.50}^{\ 0}$ mm，$A_2 = (39.9 \pm 0.10)$ mm $= 39.80_{0}^{+0.20}$ mm，$A_3 = (49.95 \pm 0.10)$ mm $= 50.05_{-0.2}^{\ 0}$ mm，$A_4 = (36.45 \pm 0.10)$ mm $= 36.35_{0}^{+0.20}$ mm，$A_5 = (49.75 \pm 0.05)$ mm $= 49.80_{-0.10}^{\ 0}$ mm。

6) 将计算结果填入图 5-20a 左侧表格中。

五、工艺过程的生产率

(一) 时间定额

所谓时间定额是指在一定生产条件下规定生产一件产品或完成一道工序所消耗的时间。时间定额是安排作业计划、进行成本核算的重要依据，也是设计或扩建工厂（或车间）时计算设备和工人数量的依据。

时间定额规定得过紧会影响生产工人的劳动积极性和创造性，并容易诱发忽视产品质量的倾向；时间定额规定得过松就起不到指导生产和促进生产发展的积极作用。合理制订时间定额对保证产品加工质量、提高劳动生产率、降低生产成本具有重要意义。

时间定额由以下几个部分组成：

1. 基本时间 t_j

直接改变生产对象的尺寸、形状、性能和相对位置关系所消耗的时间称为基本时间。对切削加工、磨削加工而言，基本时间就是去除加工余量所花费的时间，可按下式计算

$$t_j = \frac{l + l_1 + l_2}{nf} i \tag{5-23}$$

式中 i——$i = Z/a_P$，其中 Z 为加工余量（mm），a_P 为背吃刀量（mm）；

n——机床主轴转速（r/min），$n = 1000 v_c / \pi D$，其中 v_c 为切削速度（m/min），D 为加工直径（mm）；

f——进给量（mm/r）；

l——加工长度（mm）；

l_1——刀具切入长度（mm）；

l_2——刀具切出长度（mm）。

2. 辅助时间 t_f

为实现基本工艺工作所做各种辅助动作所消耗的时间，称为辅助时间，例如装卸工件、开停机床、改变切削用量、测量加工尺寸、引进或退回刀具等动作所花费的时间。

确定辅助时间的方法与零件生产类型有关。在大批大量生产中，为使辅助时间规定得合理，须将辅助动作进行分解，然后通过实测或查表求得各分解动作时间，再累积相加；在中小批生产中，一般用基本时间的百分比进行估算。

基本时间与辅助时间的总和称为作业时间。

3. 布置工作地时间 t_b

为使加工正常进行，工人为照管工作地（例如更换刀具、润滑机床、清理切屑、收拾工具等）所消耗的时间，称为布置工作地时间，又称工作地服务时间；一般按作业时间的 2%~7% 估算。

4. 休息和生理需要时间 t_x

工人在工作班内为恢复体力和满足生理需要所消耗的时间，称为休息和生

理需要时间；一般按作业时间的2%估算。

单件时间 t_d 是以上四部分时间的总和，即

$$t_d = t_j + t_f + t_b + t_x \tag{5-24}$$

5．准备与终结时间 t_z

在成批生产中，每加工一批工件的开始和终了，工人需做以下工作：加工一批工件前需熟悉工艺文件，领取毛坯材料，领取和安装刀具和夹具，调整机床及工艺装备等；在加工一批工件终了时，需拆卸和归还工艺装备，送交成品等。工人为生产一批工件进行准备和终结工作所消耗的时间，称为准备与终结时间 t_z。设一批工件数为 m，则分摊到每个工件上的准备与终结时间为 t_z/m。将这部分时间加到单件时间 t_d 中去，即为单件计算时间 t_{dj}，即

$$t_{dj} = t_d + \frac{t_z}{m} \tag{5-25}$$

（二）提高生产率的工艺途径

劳动生产率是以工人在单位时间内所生产的合格产品的数量来评定的。不断提高劳动生产率是降低成本、增加积累和扩大社会再生产的根本途径。提高劳动生产率是一个与产品设计、制造工艺、组织管理等都有关的综合性任务，此处仅就提高生产率的工艺途径作一简要说明。

1．缩减基本时间的工艺途径

由基本时间的计算公式可知，提高切削用量、缩减工作行程都可减少基本时间，现分述如下：

（1）提高切削用量 增大切削速度、进给量和背吃刀量都可缩减基本时间。但切削用量的提高受到刀具寿命和机床条件（动力、刚度、强度）的限制。目前，硬质合金刀具的切削速度为 100～300m/min，聚晶人造金刚石和立方氮化硼刀具，其切削速度可达 600～1200m/min。

磨削加工发展的趋势是高速磨削和强力磨削，目前采用的磨削速度已达60m/s。国外已有磨削速度为 120m/s 的磨床出售。采用缓进给强力磨削，背吃刀量可达6～12mm，有用磨削来代替铣削或刨削进行粗加工的。

（2）缩减工作行程长度 采用多刀加工可成倍缩减工作行程长度，图5-21所示为多刀车削加工实例，图5-22是用组合铣刀铣车床床身导轨面实例。

（3）多件加工 多件加工有平行加工、顺序加工和平行顺序加工三种不同方式。平行多件加工是一次走刀可同时加工几个平行排列的工件，如图5-23a所示，其基本时间与加工一个工件的基本时间相同。图5-23b 是顺序多件加工的实例，可减少每个工件的切入切出时间。平行顺序加工为上述两种方法的综合，如图5-23c所示。

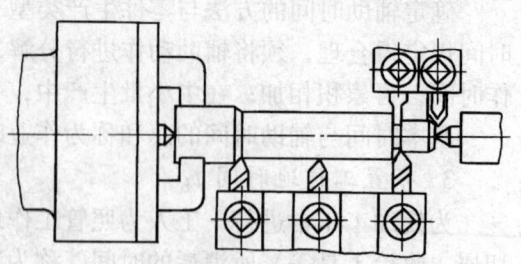

图5-21 多刀加工

第五章 工艺规程设计

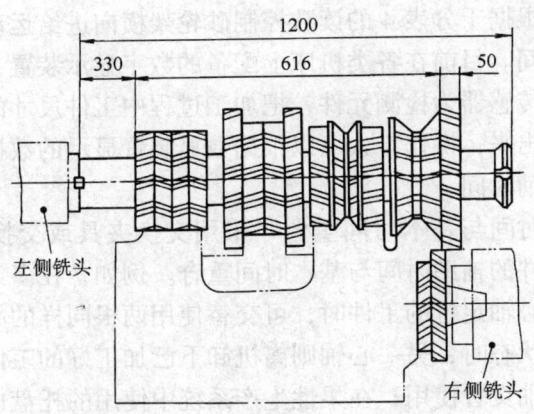

图 5-22 用组合铣刀铣床身导轨面

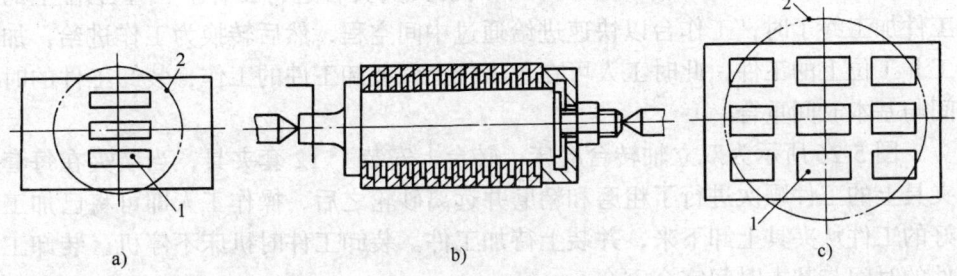

图 5-23 多件加工
1—工件 2—铣刀

2. 缩减辅助时间的工艺途径

辅助时间在单件时间中占有较大比重，采取措施缩减辅助时间是提高生产率的重要途径；尤其是在大幅度提高切削用量之后，基本时间显著减少，辅助时间所占比重相对较大的情况下，更显得重要。缩减辅助时间有两种不同途径，一是直接缩减辅助时间；二是设法将辅助时间与基本时间重合。

（1）直接缩减辅助时间 采用先进高效夹具和各种上下料装置，可缩短装卸工件的时间。

采用主动测量装置或数字显示装置，可减少加工过程中的测量时间。图5-24所示为在外圆磨床上使用的主动测量装置，在该装置的弓形架上有两个硬质合金定位点2与3，它们与工件直接接触，测头1在弹簧6作用下压向工件。磨削过程中工件尺寸的变化通过量杆5可在千分表4上反映出来。

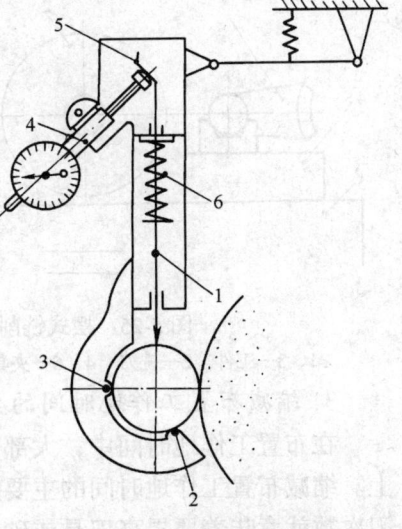

图 5-24 外圆磨床主动测量装置
1—测头 2、3—硬质合金定位点
4—千分表 5—量杆 6—弹簧

239

磨削时，工人可根据千分表 4 的读数控制砂轮架横向进给运动，减少了停机测量工件的辅助时间。目前在各类机床上配备的数字显示装置，都是以光栅、感应同步器等位移传感器为检测元件，把加工过程中工件尺寸的变化情况直接在显示屏幕上显示出来，操作工人可以根据数显装置显示的数据控制机床，节省了停机测量的辅助时间。

（2）将辅助时间与基本时间重合　采用交换夹具或交换托盘交替进行工作，可使装卸工件的辅助时间与基本时间重合。例如，在多刀半自动车床或外圆磨床上加工以心轴定位的工件时，可交替使用两根同样的心轴进行加工，一个心轴处于加工状态时，另一心轴则离机卸下已加工好的工件，并装夹另一待加工件，两个心轴交替使用；在柔性生产系统中使用的托盘也是交替进行工作的，不同的是托盘上可以安装不同的夹具、不同的工件。

图 5-25 所示铣床工作台上安装了两套夹具交替进行工作。当Ⅰ工位上的工件加工终了时，工作台以快速进给通过中间空程，然后转换为工作进给，加工Ⅱ工位上的工件，此时工人可在Ⅰ工位上做装卸工件的工作，装卸工件的时间与基本时间重合。

图 5-26 所示为双立轴转台磨床，转台上安装了 12 套夹具，当装夹在每套夹具上的工件顺次进行了粗磨和精磨并远离砂轮之后，操作工人即可将已加工好的工件从夹具上卸下来，并装上待加工件。装卸工件时机床不停机，装卸工件的时间与基本时间完全重合。

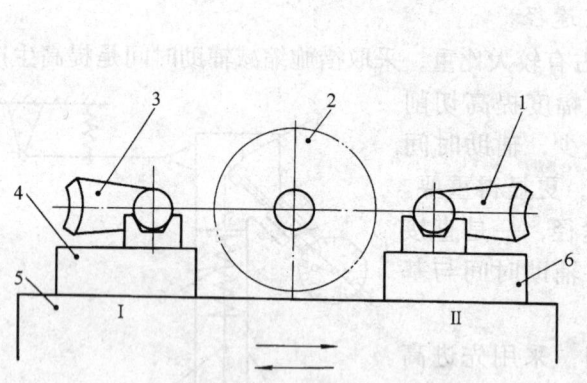

图 5-25　摆式铣削　　　　　图 5-26　双立轴转台磨床
1、3—工件　2—铣刀　4、6—夹具　5—工作台　　1—粗磨砂轮　2—精磨砂轮

3. 缩减布置工作地时间的主要途径

在布置工作地时间中，大部分消耗在更换刀具（包括小调整刀具）的工作上。缩减布置工作地时间的主要途径是减少换刀次数和缩短换刀时间。减少换刀次数就意味着要提高刀具或砂轮的寿命；而缩短换刀时间，则主要是通过改进刀具的安装方法和采用先进的对刀装置来实现，如采用各种快换刀夹、刀具微调装置、专用对刀样板和自动换刀装置等，以减少装卸刀具和对刀所花费的

时间。

使用机夹不重磨刀具（参见图 3-5 ~ 图 3-10）可显著减少换刀时间。刀片通过机械夹持方法固定在刀杆上；刀片上有 3 ~ 5 个切削刃，一个切削刃用钝后，可以松开紧固装置，换一个新的切削刃继续加工；刀片上所有切削刃用钝后可更换一个新的刀片继续加工。

4. 缩减准备终结时间的主要途径

缩减准备终结时间的主要途径是减少调整机床、刀具和夹具的时间，缩短数控编程时间和试调时间，具体措施如下：

1) 运用成组工艺原理，把结构形状、技术要求和工艺过程相类似的零件划归为一组，然后按组制订工艺规程，并为之设计或选用一套为该组零件共用的工艺装备，更换同组零件时，可不更换工艺装备，只需经少量调整即可投入生产。图 5-27 所示为拨叉零件组铣叉口侧面工序所用成组夹具，拨叉以定位基准孔与端面在定位销座 5 上定位限制 5 个自由度，拨叉臂靠在辅助支承 7 的侧面限制拨叉绕定位销座 5 回转的自由度。夹具的定位装置、夹紧装置、辅助支承等的位置均可根据组内零件的具体尺寸进行调整。定位销座 5 可根据组内拨叉零件定位孔径不同按需更换。

2) 采用可换刀架或刀夹。在机外按加工要求将刀具预先调整好，更换加工对象时，只需将事先调整好的刀架或刀夹装到机床上去便可进行加工。

3) 采用刀具微调和快调机构。在多刀加工中调整刀具特别费时，若在刀夹尾部装上微调机构就可显著减少调整时间。

4) 采用数控加工过程拟实技术。在更换加工对象前在机外采用仿真模拟技术，考证数控加工编程的正确性，如发现有干涉碰撞或加工尺寸不符合要求的情况，在机外进行修改，直至完全合格为止。

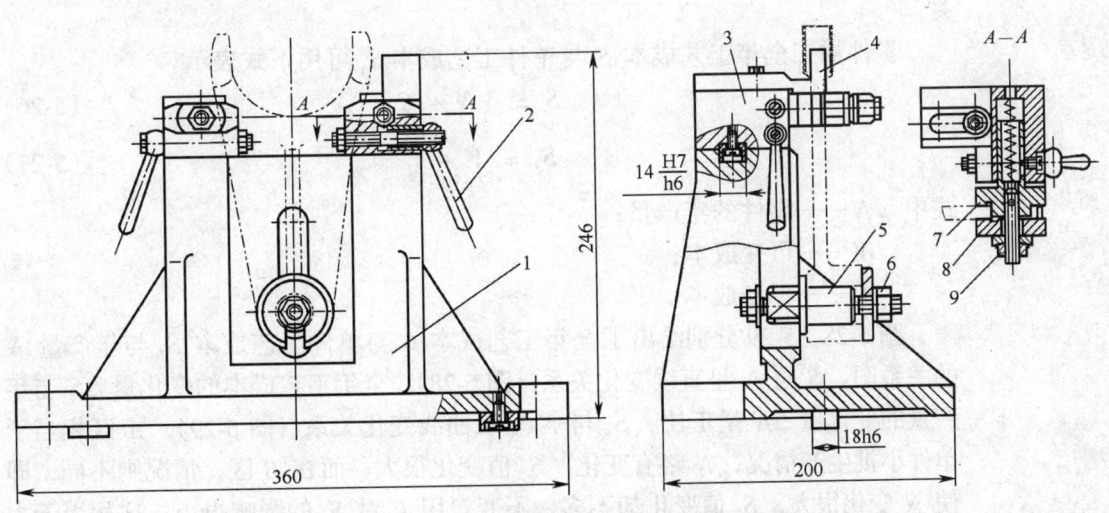

图 5-27 拨叉零件组铣叉口侧面工序用成组夹具
1—夹具体 2—手柄 3—可调支承座 4—可调对刀块 5—可换定位销座
6—夹紧螺母 7—辅助支承 8—压板 9—螺母

六、工艺方案的经济分析

制订零件机械加工工艺规程时，在同样能满足被加工零件技术要求和同样能满足产品交货期的条件下，经技术分析一般都可以拟订出几种不同的工艺方案，有些工艺方案的生产准备周期短，生产效率高，产品上市快，但设备投资较大；另外一些工艺方案的设备投资较少，但生产效率偏低；不同的工艺方案有不同的经济效果。为了选取在给定生产条件下最为经济合理的工艺方案，必须对各种不同的工艺方案进行经济分析。

所谓经济分析就是通过比较各种不同工艺方案的生产成本，选出其中最为经济的加工方案。生产成本包括两部分费用，一部分费用与工艺过程直接有关，另一部分费用与工艺过程不直接有关（例如行政人员工资、厂房折旧费、照明费、采暖费等）。与工艺过程直接有关的费用称为工艺成本，工艺成本约占零件生产成本的 70%～75%。对工艺方案进行经济分析时，只要分析与工艺过程直接有关的工艺成本即可，因为在同一生产条件下与工艺过程不直接有关的费用两相比方案基本上是相同的。

（一）工艺成本的组成及计算

工艺成本由可变费用与不变费用两部分组成。可变费用与零件的年产量有关，它包括材料费（或毛坯费）、机床工人工资、通用机床和通用工艺装备维护折旧费。不变费用与零件年产量无关，它包括专用机床、专用工艺装备的维护折旧费以及与之有关的调整费等。专用机床、专用工艺装备是专为加工某一零件所用，它不能用来加工其他零件。在每种专用机床、每种专用工艺装备只使用 1 台（套）的条件下，专用机床、专用工艺装备的费用与零件的年产量无关。

零件加工全年工艺成本 S 与单件工艺成本 S_t 可用下式表示

$$S = VN + C \tag{5-26}$$

$$S_t = V + \frac{C}{N} \tag{5-27}$$

式中　N——零件的年产量；
　　　V——可变成本；
　　　C——不变成本。

图 5-28、5-29 分别给出了全年工艺成本 S 与单件工艺成本 S_t 与年产量 N 的关系图。S 与 N 呈直线变化关系（图 5-28），全年工艺成本的变化量 ΔS 与年产量的变化量 ΔN 呈正比。S_t 与 N 呈双曲线变化关系（图 5-29），A 区相当于单件小批生产情况，N 略有变化，S_t 值变化很大；而在 B 区，情况则不同，即使 N 变化很大，S_t 值变化却不多，不变费用 C 对 S_t 的影响很小，这相当于大批大量生产的情况。在数控加工条件下，单件工艺成本 S_t 随零件年产量 N 的变化率将减缓，尤其是在年产量 N 取值较小时，此种减缓趋势更为明显。

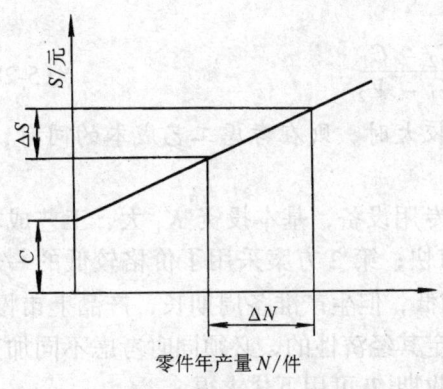
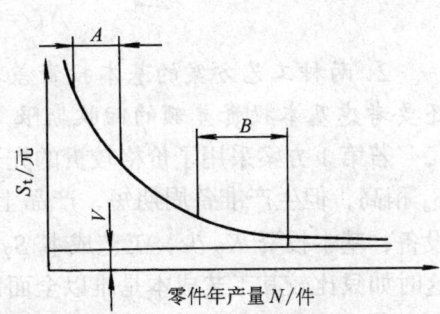

图 5-28 全年工艺成本 S 与年产量 N 的关系　　图 5-29 单件工艺成本 S_t 与年产量 N 的关系

(二) 工艺方案的经济评比

对几种不同工艺方案进行经济评比时,有以下两种不同情况:

1. 当需评比的工艺方案均采用现有设备或其基本投资相近时,可用工艺成本评比其优劣

1) 两加工方案中少数工序不同,多数工序相同时,可通过计算少数不同工序的单件成本 S_{t1} 与 S_{t2} 进行评比,即

$$S_{t1} = V_1 + \frac{C_1}{N}$$

$$S_{t2} = V_2 + \frac{C_2}{N}$$

当产量 N 一定时,可根据上式直接算出 S_{t1} 与 S_{t2},若 $S_{t1} > S_{t2}$,则第 2 方案为可选方案。若产量 N 为一变量时,则可根据上式作出曲线进行比较,如图 5-30 所示。产量 N 小于临界产量 N_k 时,方案 2 为可选方案;产量 N 大于 N_k 时,方案 1 为可选方案。

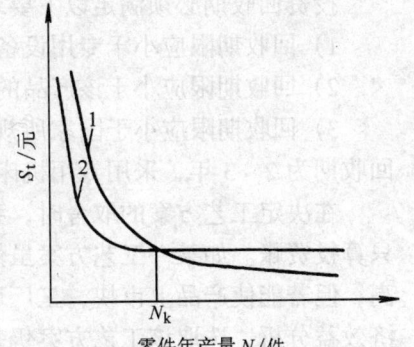

图 5-30 单件工艺成本比较图

2) 两加工方案中,多数工序不同,少数工序相同时,则以该零件加工全年工艺成本 S_1 与 S_2 进行比较,如图 5-31 所示。

$$S_1 = NV_1 + C_1$$

当年产量 N 一定时,可根据上式直接算出 S_1 及 S_2,若 $S_1 > S_2$,则第 2 方案为可选方案。若年产量 N 为变量时,可根据上式作图比较,如图 5-31 所示,由图可知,当 $N < N_k$ 时,第 2 方案的经济性好;当 $N > N_k$ 时,第 1 方案的经济性好。当 $N = N_k$ 时,$S_1 = S_2$,即有 $N_k V_1 + C_1 = N_k V_2 + C_2$,

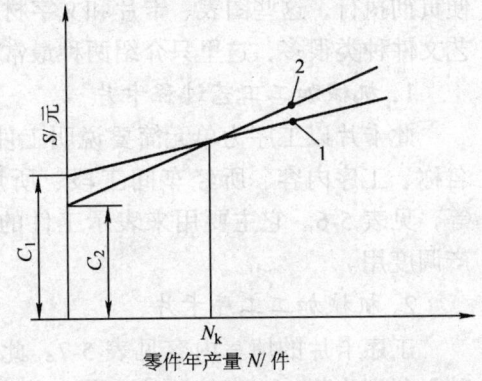

图 5-31 全年工艺成本比较

由此可知

$$N_k = \frac{C_2 - C_1}{V_1 - V_2} \tag{5-28}$$

2．两种工艺方案的基本投资差额较大时，则在考虑工艺成本的同时，还要考虑基本投资差额的回收期限

若第1方案采用了价格较贵的先进专用设备，基本投资 K_1 大，工艺成本 S_1 稍高，但生产准备周期短，产品上市快；第2方案采用了价格较低的一般设备，基本投资 K_2 少，工艺成本 S_2 稍低，但生产准备周期长，产品上市慢；这时如只比较其工艺成本是难以全面评定其经济性的，必须同时考虑不同加工方案基本投资差额的回收期限。投资回收期 T 可用下式求得

$$T = \frac{\Delta K}{\Delta S + \Delta Q} = \frac{K_1 - K_2}{(S_2 - S_1) + \Delta Q} \tag{5-29}$$

式中　ΔK——基本投资差额；

　　　ΔS——全年工艺成本节约额；

　　　ΔQ——由于采用先进设备促使产品上市快，工厂从产品销售中取得的全年增收总额。

投资回收期必须满足以下要求：

1）回收期限应小于专用设备或工艺装备的使用年限。

2）回收期限应小于该产品的市场寿命（年）。

3）回收期限应小于国家所规定的标准回收期，采用专用工艺装备的标准回收期为2～3年，采用专用机床的标准回收期为4～6年。

在决定工艺方案的取舍时，我们强调一定要作经济分析，但算经济账不能只算投资账。如某一工艺方案虽然投资较大，工件的单件工艺成本也许相对较高；但若能使产品上市快，工厂可以从中取得较大的经济收益，从工厂整体经济效益分析，选取该工艺方案仍是可行的。

七、编制工艺规程文件

工艺规程设计出来以后，须以图表、卡片和文字材料的形式固定下来，以便贯彻执行，这些图表、卡片和文字材料统称为工艺文件。在生产中使用的工艺文件种类很多，这里只介绍两种最常用的工艺文件。

1．机械加工工艺过程卡片

此卡片以工序为单元简要说明工件的加工工艺路线，包括工序号、工序名称、工序内容、所经车间工段、所用机床与工艺装备的名称、时间定额等，见表5-6。它主要用来表示工件的加工流向，供安排生产计划、组织生产调度用。

2．机械加工工序卡片

工序卡片的填写内容见表5-7。此卡片是在机械加工工艺过程卡片的基础上分别为每一工序编制的一种工艺文件，它指导操作工人完成某一工序的加工。工序卡片主要用于大批大量生产；成批生产中加工一些比较重要的零

件时，有时也编制机械加工工序卡片。工序卡片要求画工序简图，在工序简图中须用定位夹紧符号（详见参考文献33）表示定位基面、夹紧位置和夹紧方式；用加粗实线指出本工序的加工表面，标明工序尺寸、公差及技术要求，参见表5-7插图。对于多刀加工和多工位加工，还应绘出工序布置图，要求表明每个工位刀具和工件的相对位置和加工要求。图5-32所示为转塔车床工序布置图。

表5-6 机械加工工艺过程卡片

（厂名全称）	机械加工工艺过程卡片	产品型号		零（部）件图号		文件编号	
						共 页	
		产品名称		零（部）件名称		第 页	
材料牌号	毛坯种类	毛坯外形尺寸		每坯件数	每台件数	备注	
工序号	工序名称	工序内容	车间	工段	设备	工艺装备	工序时间
							准终 / 单件

描图

描校

底图号

装订号

*	a	编制（日期）	审核（日期）	会签（日期）	*	*
	标记 处数 更改文件号 签字 日期	标记 处数 更改文件号 签字 日期				

注：* 空格可根据需要写

表 5-7　机械加工工序卡片

（厂名全称）	机械加工工序卡片	产品型号		零（部）件图号		文件编号	
		产品名称		零（部）件名称		共　页 第　页	

车间	工序号	工序名称	材料牌号
毛坯种类	毛坯外形尺寸	每坯可制零件数	每台件数
设备名称	设备型号	设备编号	同时加工件数
夹具编号	夹具名称	冷却液	

		工序时间	
		准终	单件

工步号	工步内容	工艺装备	主轴转速 /(r/min)	切削速度 /(m/min)	进给量 /(mm/r)	背吃刀量 /mm	走刀次数	工时定额	
								基本	辅助

描图									
描校									
底图号									
装订号									

		编制（日期）	审核（日期）	会签（日期）	*	*
*	a					
标记	处数	更改文件号	签字	日期	标记	处数	更改文件号	签字	日期

注：* 空格可根据需要写

第五章 工艺规程设计

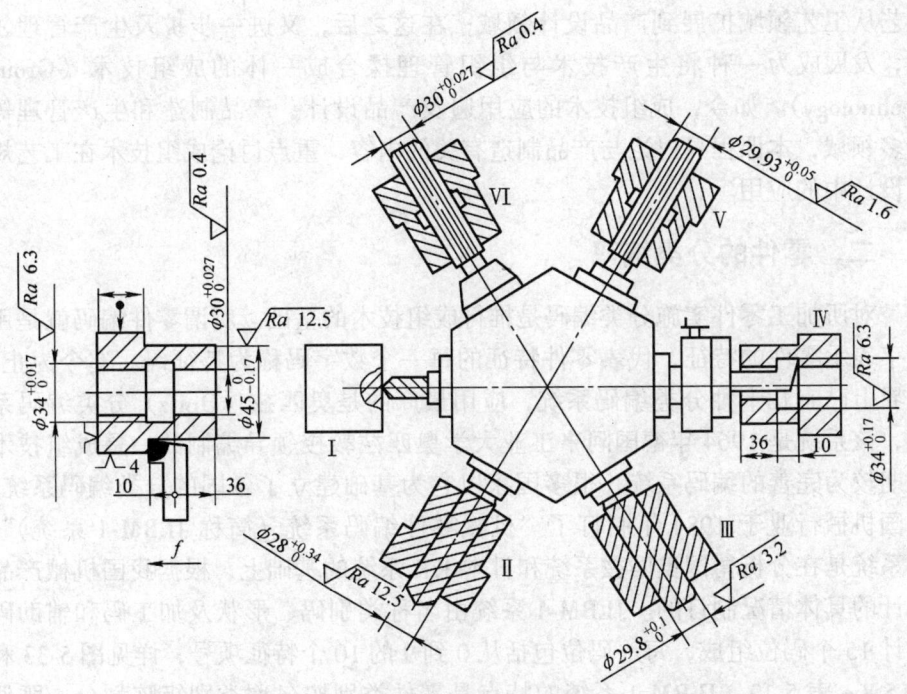

图 5-32 工序布置图示例

其他有关工艺文件的格式参见参考文献 [33]。

第三节 成组加工工艺规程设计

一、概述

近年来，由于科学技术飞速发展和市场竞争日趋激烈，机械工业产品的更新速度越来越快，产品品种增多，而每种产品的生产数量却并不很多。据统计，世界上 75%~80% 的机械产品是以中小批生产方式制造的。与大批量生产企业相比，中小批生产企业的劳动生产率相对较低，生产周期较长，产品成本较高，市场竞争能力较差。如何运用规模生产方式组织中小批量产品的生产，一直是国际生产工程界广为关注的重大研究课题，成组技术就是针对生产中的这种需求发展起来的一种先进制造技术。

成组技术是利用事物之间的相似性，将许多具有相似信息的研究对象归并成组，并用大致相同的方法来解决这一组研究对象的设计和制造问题。应用成组技术组织生产，可以扩大同类零件的生产数量，故能用规模生产方式组织中小批量产品的生产。

20 世纪 50 年代初前苏联米特洛弗诺夫工程师最早提出成组技术的思想，当时称作成组加工，主要用在机械加工中。20 世纪 50 年代末逐渐推广到铸、锻、焊、冲压、注塑、热处理等工艺领域，此时称作成组工艺。20 世纪 60 年代初，捷克的卡洛兹和德国的奥匹兹提出了产品零件的分类编码系统，使成组工艺从工艺领域扩展到产品设计领域；在这之后，又进一步扩及生产管理领域，发展成为一种将生产技术与组织管理揉合成一体的成组技术（Group Technology）。如今，成组技术的应用遍及产品设计、产品制造和生产管理等诸多领域，本课程只讨论与产品制造有关的内容，重点讨论成组技术在工艺规程设计中的应用。

二、零件的分类编码

对所加工零件实施分类编码是推行成组技术的基础。所谓零件编码就是用数字表示零件的特征，代表零件特征的每一个数字码称为特征码。迄今为止，世界上已有几十种分类编码系统，应用最广的是奥匹兹（Opitz）分类编码系统，该系统是 1964 年德国阿亨工业大学奥匹兹教授领导编制的，是成组技术早期较为完善的编码系统，很多国家以它为基础建立了各国的分类编码系统。我国机械行业于 1984 年制订了"机械零件编码系统（简称 JLBM-1 系统）"，该系统是在分析德国奥匹兹系统和日本 KK 系统的基础上，根据我国机械产品设计的具体情况制订的。JLBM-1 系统由名称类别码、形状及加工码和辅助码共计 15 个码位组成，每一码位包括从 0 到 9 的 10 个特征项号，详见图 5-33 和表 5-8 ~ 表 5-12。JLBM-1 系统的特点是零件类别按名称类别矩阵划分，既便于检索，又具有足够的描述信息的容量。

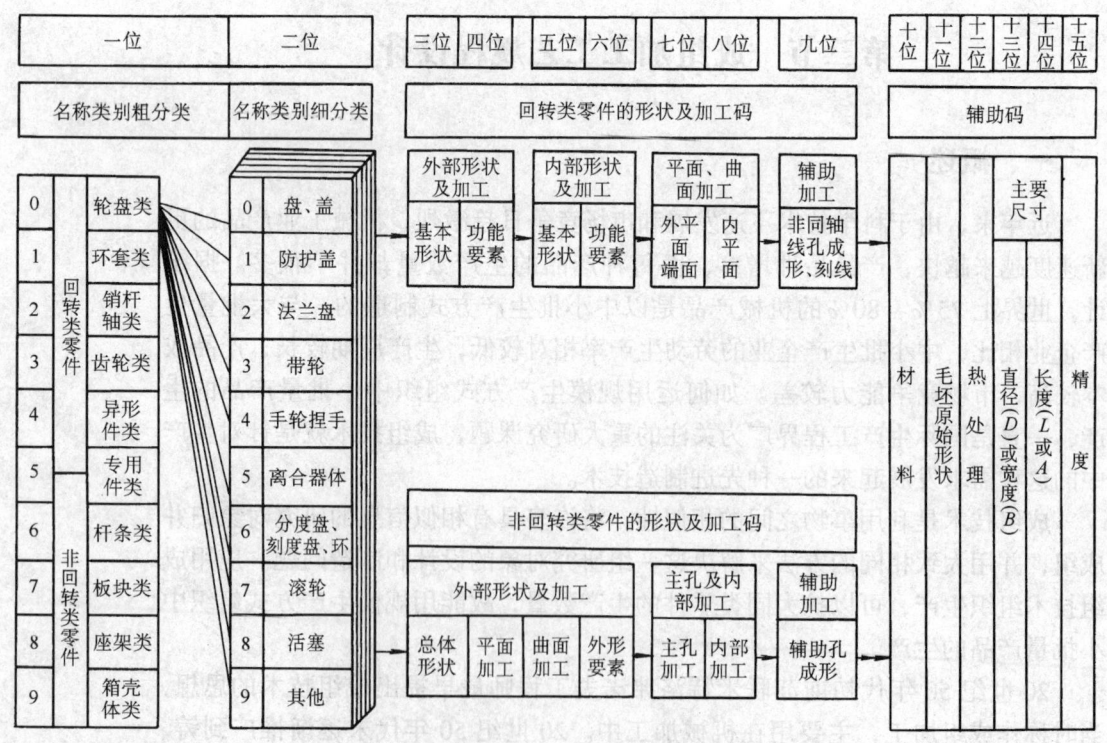

图 5-33 JLBM-1 分类编码系统

表 5-8　回转类零件分类表（第三～九位）

码位	三		四		五		六		七		八		九	
特征	外部形状及加工				内部形状及加工				平面、曲面加工				辅助加工（非同轴线孔、成形、刻线）	
项号	基本形状		功能要素		基本形状		功能要素		外（端）面		内面			
0	光滑	0	无	0	无轴线孔	0	无	0	无	0	无	0	无	
1	单向台阶	1	环槽	1	非加工孔	1	环槽	1	单一平面 不等分平面	1	单一平面 不等分平面	1	均布孔	轴向
2	双向台阶	2	螺纹	2	光滑单向台阶	2	螺纹	2	平行平面 等分平面	2	平行平面 等分平面	2		径向
3	球、曲面	3	1+2	3	通孔 双向台阶	3	1+2	3	槽、键槽	3	槽、键槽	3	非均布孔	轴向
4	单一轴线 正多边形	4	锥面	4	单侧	4	锥面	4	花键	4	花键	4		径向
5	非圆对称截面	5	1+4	5	盲孔 双侧	5	1+4	5	齿形	5	齿形	5	倾斜孔	
6	弓、扇形或4、5以外	6	2+4	6	球、曲面	6	2+4	6	2+5	6	3+5	6	各种孔组合	
7	平行轴线	7	1+2+4	7	深孔	7	1+2+4	7	3+5或4+5	7	4+5	7	成形	
8	多轴线 弯曲、相交轴线	8	传动螺纹	8	相交孔平行孔	8	传动螺纹	8	曲面	8	曲面	8	机械刻线	
9	其他	9	其他	9	其他	9	其他	9	其他	9	其他	9	其他	

表 5-9 非回转类零件分类表（第三～九位）

码位	三		四		五		六		七		八		九	
特征号	外部形状及加工								主孔、内部形状及加工				辅助加工(辅助孔、成形)	
	总体形状		平面加工		曲面加工		外形要素加工		主孔及要素加工		内部平面加工			
0		轮廓边缘由直线组成	无	0	无	0	无	0	无	0	无	0	无	0
1	板条 无弯曲	轮廓边缘由直线和曲线组成	一侧平面及台阶平面	1	回转面加工	1	外部一般直线沟槽	1	单一轴线 无螺纹	1	光滑、单向台阶或单向盲孔	1	单方向均布孔	圆周排列的孔	1
2		板或条与圆柱体组合	两侧平行平面及台阶平面	2	回转定位槽	2	直线定位导向槽	2			双向台阶双向盲孔	2		直线排列的孔	2
3	板条 有弯曲	轮廓边缘由直线或直线+曲线组成	双向平面 直交面	3	一般曲线沟槽	3	直线定位导向凸起	3	多轴线		平行轴线	3	主孔内成形	两个方向配置孔	3
4		板或条与圆柱体组合	斜交面	4	简单曲面	4	1+2	4			垂直或相交轴线	4		多个方向配置孔	4
5		块状	两个两侧平行平面（即四面需加工）	5	复合曲面	5	2+3	5	有螺纹	单一轴线	1+3	5	非均布孔	单个方向排列的孔	5
6		有分离面	多向平面 2+3或3+5	6	1+4	6	1+3或1+2+3	6		多轴线	2+3	6		多个方向排列的孔	6
7	箱壳座架 无分离面	矩形体组合	六个平面需加工	7	2+4	7	齿形齿纹	7	有其他功能要素（功能锥、功能槽、球面、曲面等）	单一轴线	异形孔	7		无辅助孔	7
8		矩形体与圆柱体组合	斜交面	8	3+4	8	刻线	8		多轴线	内腔平面及窗口平面加工	8		有辅助孔	8
9		其他	其他	9	其他	9	其他	9	其他	9	其他	9	其他	9

表 5-10 名称类别分类表（第一～二位）

第一位 \ 第二位		0	1	2	3	4	5	6	7	8	9
0	回转类零件	轮盘类	盘、盖	防护盖	法兰盘	带轮	手轮捏手	离合器体	分度盘、刻度盘杯	滚轮	活塞	其他
1		环套类	垫圈、片	环、套	螺母	衬套、轴套	外螺纹套、直管接头	法兰套	半联轴节	液压缸、气缸		其他
2		销、杆、轴类	销、堵、短圆柱	圆杆、圆管	螺杆、螺栓、螺钉	阀杆、阀芯、活塞杆	短轴	长轴	蜗杆、丝杠	手把、手柄、操纵杆		其他
3		齿轮类	圆柱外齿轮	圆柱内齿轮	锥齿轮	蜗轮	链轮、棘轮	螺旋锥齿轮	复合齿轮	圆柱齿条		其他
4		异形件	异形盘套	弯管接头、弯头	偏心件	扇形件、弓形件	叉形接头、叉轴	凸轮、凸轮轴	阀体			其他
5		专用件										其他
6	非回转类零件	杆条类	杆、条	杠杆、摆杆	连轩	撑杆、拉杆	扳手	键、镶（压）条	梁	齿条	拨叉	其他
7		板块类	板、块	防护板盖、板、门板	支承板、垫板	压板、连接板	定位块、棘爪	导向块、滑块、板	阀块、分油器	凸轮板		其他
8		座架类	轴承座	支座	弯板	底座、机架	支架					其他
9		箱壳体类	罩、盖	容器	壳体	箱体	立柱	机身	工作台			其他

表 5-11 材料、毛坯、热处理分类表（第十～十二位）

代码	十	十一	十二
项目	材料	毛坯原始形状	热处理
0	灰铸铁	棒材	无
1	特殊铸铁	冷拉材	发蓝
2	普通碳钢	管材（异形管）	退火、正火及时效
3	优质碳钢	型材	调质
4	合金钢	板材	淬火
5	铜和铜合金	铸件	高、中、工频感应加热淬火
6	铝和铝合金	锻件	渗碳+4 或 5
7	其他有色金属及其合金	铆焊件	氮化处理
8	非金属	铸塑成型件	电镀
9	其他	其他	其他

表 5-12 主要尺寸、精度分类表（第十三～十五位）

项目	十三			十四			项目	十五
	主要尺寸							
	直径或宽度（D 或 B）/mm			长度（L 或 A）/mm				精度
	大型	中型	小型	大型	中型	小型		
0	≤14	≤8	≤3	≤50	≤18	≤10	0	低精度
1	>14~20	>8~14	>3~6	>50~120	>18~30	>10~16	1	内外回转面加工（中等精度）
2	>20~58	>14~20	>6~10	>120~250	>30~50	>16~25	2	平面加工
3	>58~90	>20~30	>10~18	>250~500	>50~120	>25~40	3	1+2
4	>90~160	>30~58	>18~30	>500~800	>120~250	>40~60	4	外回转面加工
5	>160~400	>58~90	>30~45	>800~1250	>250~500	>60~85	5	内回转面加工（高精度）
6	>400~630	>90~160	>45~65	>1250~2000	>500~800	>85~120	6	4+5
7	>630~1000	>160~440	>65~90	>2000~3150	>800~1250	>120~160	7	平面加工
8	>1000~1600	>440~630	>90~120	>3150~5000	>1250~2000	>160~200	8	4 或 5、或 6 加 7
9	>1600	>630	>120	>5000	>2000	>200	9	超高精度

有了编码系统，就可以对工厂生产的所有零件进行编码。图 5-34 给出了两个零件的编码示例。

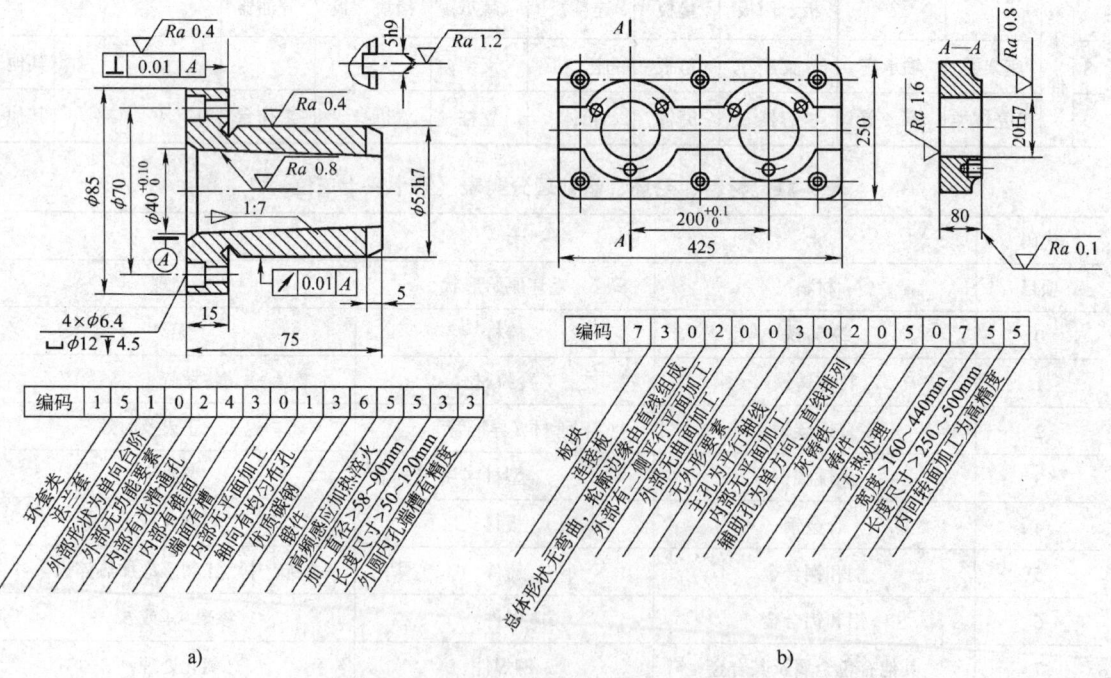

图 5-34 JLBM-1 分类编码系统编码示例
a) 回转类零件　名称：锥套；材料：45 钢（锻件）
b) 非回转类零件　名称：连接板；材料：HT150

三、成组加工工艺规程设计

1. 为产品零件划分零件组

划分零件组可按零件编码进行，有三种不同方法：

(1) 特征码位法　以加工相似性为出发点，选择几位与加工特征直接有关的特征码位作为形成零件组的依据，例如，可以规定第1、2、6、7等四个码位相同的零件划为一组，根据这个规定，编码为043063072、041103070、047023072的这三个零件可划为同一组。

(2) 码域法　对分类编码系统中各码位的特征码规定一定的码域作为零件分组的依据，例如可以规定某一组零件的第1码位的特征码只允许取0和1，第2码位的特征只允许取0，1，2，3等，凡各码位上的特征落在规定码域内的零件划为同一组。

(3) 特征位码域法　这是一种将特征码位法与码域法相结合的零件分组方法。根据具体生产条件与分组需要，选取特征性较强的特征码位并规定允许的特征码变化范围（码域），以此作为零件分组的依据。

2. 为零件组编制成组加工工艺规程

编制成组加工工艺规程常用的方法有综合零件法和综合工艺路线法，分述如下：

(1) 综合零件法　按综合零件法编制成组加工工艺规程时，首先需要设计一个能集中反映该组零件全部结构特征和工艺特征的综合零件，它可以是组内的一个真实零件，也可以是人为综合的"假想"零件。编制零件组成组加工工艺规程实际上就是为该零件组综合零件编制工艺规程，该工艺规程对零件组内的每一个零件都适用，有的零件可能没有其中的一个工序（工步）或几个工序（工步）。综合零件法常用于编制形体比较简单的回转体类零件的成组加工工艺规程，图5-35是用综合零件法编制的成组工艺过程示例。

(2) 综合工艺路线法　在零件分组的基础上，以组内零件最长工艺路线为基础，适当补充组内其他零件工艺过程的某些特有工序，最终形成能满足加工全组零件需求的成组加工工艺规程。综合工艺路线法常用于编制形体比较复杂的回转体类零件和非回转体类零件的成组加工工艺规程，图5-36是用综合工艺路线法编制的成组工艺过程示例。

成组加工所用机床应具有良好的精度和刚度，其加工范围应可调。可采用通用机床改装，也可采用可调高效自动化机床，数控机床已在成组加工中获得广泛应用。机床负荷率可根据工时核算，应保证各台设备特别是关键设备达到较高的负荷率（例如80%）。若机床负荷不足或过高时，可适当调整零件组，使机床负荷率达到规定的指标。

成组加工所用机床夹具是针对综合零件或综合工艺路线的某一工序设计的，它由基础部分和可调整部分组成，兼有专用和可调的特性，如图5-27所示。

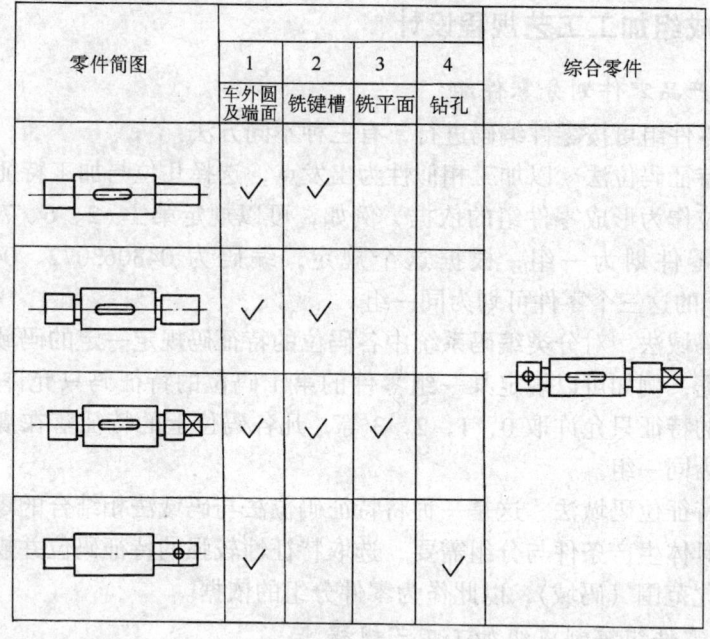

图 5-35 编制轴类零件成组工艺过程示例

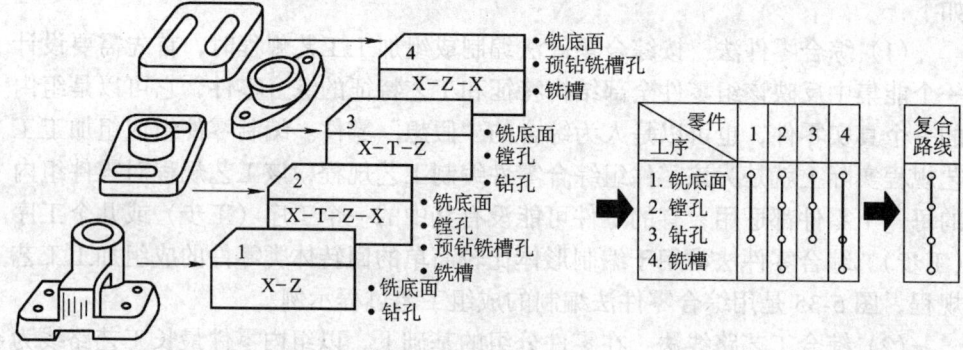

图 5-36 编制非回转体类零件成组工艺过程示例

第四节 计算机辅助机械加工工艺规程设计

长期以来，工艺规程大多由工艺人员凭经验设计，设计质量因人而异。计算机辅助工艺规程设计（Computer Aided Process Planing，简称CAPP）从根本上改变了上述状况，它不仅可以提高工艺规程的设计质量，而且还可使工艺人员从繁琐重复的事务工作中摆脱出来。

一、计算机辅助工艺规程设计方法

1. 派生法

在成组工艺的基础上，将编码相同或相近的零件组成许多零件组，并为其中每一个零件组设计一个能集中反映该组零件结构特征和工艺特征的综合零件，然后再为综合零件设计适合本厂生产条件的典型工艺规程，并以典型工艺文件的形式存储在计算机中，其设计流程如图5-37所示。当需要设计某一零件的工艺规程时，计算机会根据该零件的编码自动识别它所属的零件组别，并检索出该零件组的典型工艺文件；此时只要进一步输入所设计零件的形面编码及各有关表面的尺寸公差、表面粗糙度要求等数据，并对检索出的典型工艺进行修改和编辑，便可设计出该零件的工艺规程。派生法的特点是系统简单，但要求工艺人员参与并进行决策。

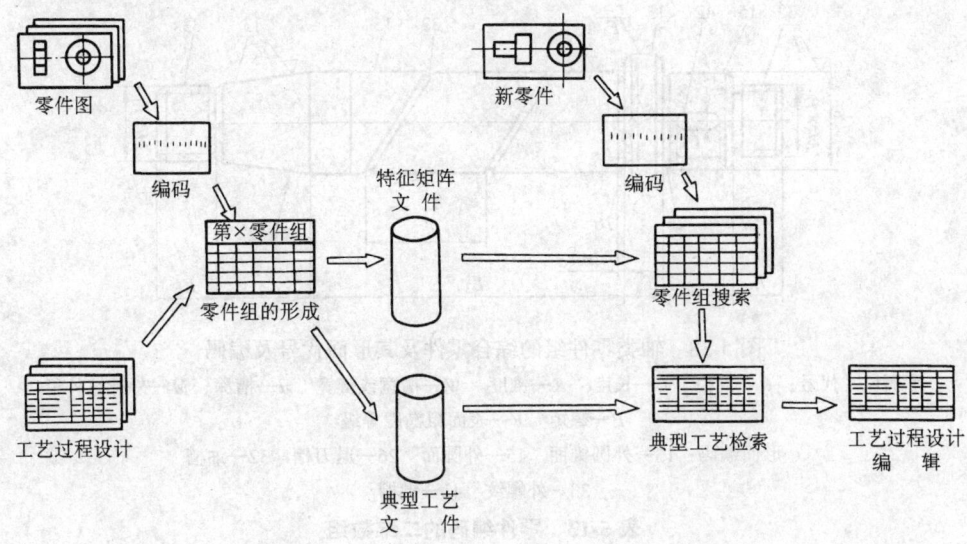

图5-37 派生法计算机辅助工艺规程设计流程

2. 创成法

用创成法设计工艺规程，只要输入零件的图形和工艺信息（材料、毛坯、加工精度和表面质量要求等），计算机便会利用按工艺决策制订的逻辑算法语言自动生成工艺规程。其特点是自动化程度高，但系统复杂，技术上尚不成熟。目前利用创成法设计工艺规程还只局限于某些特定类型的零件，其通用系统尚待进一步研究开发。

3. 综合法

这是一种以派生法为主、创成法为辅的设计方法，综合法兼取两者之长，因此是很有发展前途的。

限于教材篇幅，此处只介绍派生法计算机辅助工艺规程设计。

二、派生法计算机辅助工艺规程设计原理

1. 工艺信息数字化

（1）零件编码矩阵化　为使零件按其编码输入计算机后能够找到相应的零件组，必须先将零件的编码转换为矩阵。图5-38所示零件按JLBM-1系统其编码为252700300467679，为将该零件编码转换为矩阵表示方式，首先需将该

零件编码一维数组转换为二维数组,二维数组中的第 1 个数字表示原编码的数位序号,第 2 个数字表示原编码在该数位序号上的数,表 5-13 列出了零件编码 252700300467679 的二维数组表示。这个二维数组可用矩阵表示,矩阵行的序号 i 表示零件编码数字的位序号,矩阵列的序号 j 表示零件编码中该位的数字,矩阵元素 a_{ij} 表示零件编码的左起第 i 位数值为 j。$a_{ij}=1$ 表示该零件具有相对应的结构特征和工艺特征。如该零件不具有与此相对应的结构特征和工艺特征,则矩阵对应元素 $a_{ij}=0$。图 5-39a 是根据表 5-13 所列二维数组构造的反映图 5-38 所示零件结构特征和工艺特征的特征矩阵。

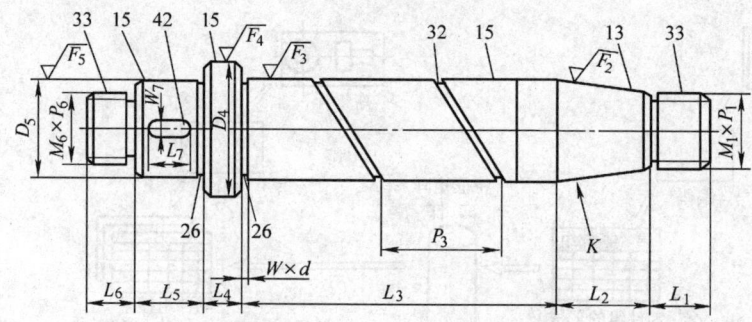

图 5-38 轴类零件组的综合零件及其形面代号及编码

形面尺寸代号:D—直径　L—长度　K—锥度　W—槽宽或键宽　d—槽深　M—外螺纹外径
　　　　　　 P—螺距　F—表面粗糙度等级
形面编码:13—外圆锥面　15—外圆面　26—退刀槽　32—油槽
　　　　 33—外螺纹　42—键槽

表 5-13 零件编码的二维数组

一维数组	2	5	2	7	0	0	3	0	0	4	6	7	6	7	9
二维数组	1,2	2,5	3,2	4,7	5,0	6,0	7,3	8,0	9,0	10,4	11,6	12,7	13,6	14,7	15,9

	0	1	2	3	4	5	6	7	8	9
1	0	0	1	0	0	0	0	0	0	0
2	0	0	0	0	0	1	0	0	0	0
3	0	0	1	0	0	0	0	0	0	0
4	0	0	0	0	0	0	0	1	0	0
5	1	0	0	0	0	0	0	0	0	0
6	1	0	0	0	0	0	0	0	0	0
7	0	0	0	1	0	0	0	0	0	0
8	1	0	0	0	0	0	0	0	0	0
9	1	0	0	0	0	0	0	0	0	0
10	0	0	0	0	1	0	0	0	0	0
11	0	0	0	0	0	0	1	0	0	0
12	0	0	0	0	0	0	0	1	0	0
13	0	0	0	0	0	0	1	0	0	0
14	0	0	0	0	0	0	0	1	0	0
15	0	0	0	0	0	0	0	0	0	1

a)

	0	1	2	3	4	5	6	7	8	9
1	0	0	1	0	0	0	0	0	0	0
2	0	0	0	0	0	1	0	0	0	0
3	1	1	1	1	0	0	0	0	0	0
4	1	1	1	1	1	1	1	1	0	0
5	1	0	0	0	0	0	0	0	0	0
6	1	0	0	0	0	0	0	0	0	0
7	1	1	1	1	0	0	0	0	0	0
8	1	0	0	0	0	0	0	0	0	0
9	1	0	0	0	0	0	0	0	0	0
10	0	0	0	0	1	0	0	0	0	0
11	0	0	0	0	0	0	1	0	0	0
12	0	0	0	0	0	0	1	1	0	0
13	0	0	0	0	0	0	1	0	0	0
14	0	0	0	0	0	0	1	1	0	0
15	0	0	0	0	1	0	0	0	0	1

b)

图 5-39 反映零件结构特征、工艺特征的特征矩阵

(2) 零件组特征的矩阵化　按照上述由零件编码转换为特征矩阵的原理，将零件组内所有零件都转换成各自的特征矩阵。将同组所有零件的特征矩阵叠加起来就得到了零件组的特征矩阵，如图 5-39b 所示。

(3) 综合零件设计　在图 5-39 所示特征矩阵图中交点上出现"1"与"0"的频数是各不相同的，频数大的特征必须反映到综合零件中去，频数小的特征可以舍去，使综合零件既能反映零件组的多数特征，又不至于过分复杂。

(4) 零件上各种形面的数字化　零件的编码只表示该零件的结构、工艺特征，它没有提供零件表面信息，而设计工艺规程必须了解零件的表面构成，因此必须对零件表面逐一编码（见图 5-38），例如用 13 表示外圆锥面，用 15 表示外圆面，用 26 表示退刀槽，用 32 表示油槽，用 33 表示外螺纹，用 42 表示键槽等，使零件形面数字化。

(5) 工序工步名称编码　为使计算机能按预定的方案调出工序和工步的名称，必须对所有工序、工步按其名称进行统一编码，编码以工步为单位，热处理、检验等非机械加工工序以及诸如装夹、调头等操作也当作一个工步编码。假设某一 CAPP 系统有 99 个工步，就可用 1、2、3、4、…99 这 99 个数字来表示这些工步的编码，例如用 32、33 分别表示粗车、精车，44 表示磨削，1 表示装夹，5 表示检验，10 表示调头装夹等。

(6) 综合加工工艺路线的数字化　有了零件各种形面和各工步的编码之后，就可用一个 $N \times 4$ 的矩阵来表示零件的综合加工工艺路线，如图 5-40 所示。图 5-40 所示矩阵中第 1 列为零件组综合加工工艺路线中工序的序号，当某工序有几个工步时，该工序列中相应行上的元素都是同一工序的序号；矩阵中第 2 列为工序中工步的序号；第 3 列为工步加工表面型面编码，如果某工步不是加工工步，则用"0"表示；第 4 列为该工步的工步名称编码。分析图 5-40b 所示矩阵可知，该综合加工工艺路线由 4 道工序组成，其中第 1、2 道工序都有 4 个工步；在第 3 列中"0"表示该工步不加工零件表面，15 表示外圆表面，13 表示外圆锥面；在第 4 列中，1 表示装夹，14 表示钻中心孔，32、33 分别表示粗车和精车，10 表示调头装夹，44 表示磨，5 表示检验。综上分析可知，图 5-40b 所示加工工艺路线矩阵描述了一个由圆柱面与外圆锥面组成的综合零件的综合加工工艺路线：第 1 道工序为装夹工件，钻顶尖孔，粗车外圆面，精车外圆面；第 2 道工序为调头装夹，钻顶尖孔，粗车外圆锥面，精车外圆锥面；第 3 道工序为磨外圆面；第 4 道工序为检验。

(7) 工序工步内容矩阵　对工序工步名称进行编码后，就可以用一个矩阵来描述工序工步的具体内容。在图 5-41 所示矩阵中行的排列以工步为单位，一个工步占一行；矩阵第 1 列是工步序号；第 2 列为工步名称编码；第 3、4 列是该工步所用机床和刀具的编码，对某一工厂而言，机床、刀具的型号和性能都是已知的，可以对工厂所有机床和刀具进行统一编码，计算机可根据这些编码到机床、刀具数据库查找所需要的各种数据；第 5、6 两列为工步的进给量值和背吃刀量值；第 7、8 两列分别为计算切削参数的公式编码和计算基本时间的公式编码；第 9 列为该工步所属工序编号。

$$\begin{Bmatrix} 一 & 二 & 三 & 四 \\ 工 & 组 & 工 & 工 \\ 序 & 成 & 序 & 步 \\ 号 & 每 & 或 & 名 \\ & 个 & 工 & 称 \\ & 工 & 步 & 编 \\ & 序 & 加 & 码 \\ & 的 & 工 & \\ & 工 & 的 & \\ & 步 & 型 & \\ & 号 & 面 & \\ & & 编 & \\ & & 码 & \end{Bmatrix} \quad \begin{bmatrix} 1 & 1 & 0 & 1 \\ 1 & 2 & 0 & 14 \\ 1 & 3 & 15 & 32 \\ 1 & 4 & 15 & 33 \\ 2 & 1 & 0 & 10 \\ 2 & 2 & 0 & 14 \\ 2 & 3 & 13 & 32 \\ 2 & 4 & 13 & 33 \\ 3 & 1 & 15 & 44 \\ 4 & 1 & 0 & 5 \end{bmatrix}$$

a)　　　　　b)

$$\begin{Bmatrix} 一 & 二 & 三 & 四 & 五 & 六 & 七 & 八 & 九 \\ 工 & 工 & 工 & 工 & 进 & 背 & 计 & 订 & 工 \\ 步 & 步 & 步 & 步 & 给 & 吃 & 算 & 制 & 步 \\ 序 & 名 & 所 & 所 & 量 & 刀 & 切 & 基 & 所 \\ 号 & 称 & 用 & 用 & & 量 & 削 & 本 & 属 \\ & 编 & 机 & 刀 & & & 参 & 时 & 工 \\ & 码 & 床 & 具 & & & 数 & 间 & 序 \\ & & 编 & 编 & & & 的 & 的 & 编 \\ & & 码 & 码 & & & 公 & 公 & 号 \\ & & & & & & 式 & 式 & \\ & & & & & & 编 & 编 & \\ & & & & & & 码 & 码 & \end{Bmatrix}$$

图 5-40　综合零件综合加工工艺路线矩阵　　图 5-41　工步内容矩阵

2. 计算机辅助工艺规程设计系统数据库

工艺信息经过数字化后便形成了大量数据，这些数据必须按一定的工艺文件形式集合起来，存储在计算机内，形成数据库。数据文件的格式主要有以下几种：

(1) 特征矩阵文件　每个零件组都有其特征矩阵，如果一个系统有 m 个零件组，相应地也将有 m 个特征矩阵与之一一对应，将这些特征矩阵按一定方式排列起来，存储在计算机内，便构成特征矩阵文件，以备在编制工艺规程时查找设计零件所属零件组别用。

(2) 综合工艺路线　每个零件组都有其综合工艺路线矩阵，将系统中所有零件组的综合工艺路线矩阵按一定方式排列起来，存储在计算机内，便构成综合工艺路线文件。零件组的综合工艺路线矩阵是和零件组特征矩阵相互对应的，只要找到特征矩阵，就能调出与其相对应的综合工艺路线矩阵。

(3) 工序、工步文件　这个文件就是工序、工步内容矩阵，它容纳了系统内所有工序和工步的具体内容，计算机可以按工序、工步的编码，从该文件中提取与该编码相对应的工序、工步内容，进而形成工艺规程。

(4) 工艺数据文件　此文件包括与工件材料、机床、刀具、加工余量、切削用量等有关的工艺数据。

3. 计算机辅助工艺规程设计

当用计算机编制某一零件工艺规程时，首先须将表示该零件特征的编码转换成零件特征矩阵输入计算机。计算机从特征矩阵文件中逐一调出各个零件组的特征矩阵，用以查找该零件所属零件组，并据此从综合工艺路线文件中调出与该零件组相对应的综合工艺路线矩阵。接着，用户再将零件的型面编码及各有关表面的尺寸公差、表面粗糙度要求等数据输入计算机，计算机根据输入的这些数据，从已调出的综合工艺路线矩阵中选取该零件的加工工序及工步编码，这样就得到了由工序及工步编码组成的零件加工工艺路线。然后，计算机根据该零件的工序及工步编码，从工序、工步文件中逐一调出工序及工步的具体内容，并根据机床、刀具的编码查找该工步使用的机床、刀具名称和型号，再根据所输入的零件材料、尺寸等信息计算各工步的切削用量、切削力和功率，计算各工步的基本时间、单件时间、工序成本等。计算机将每次查到的工序或工步的具体内容都存入存储区内，最后形成一份完整的加工工艺规程，并以一定的格式打印出来。图 5-42 列出了计算机按派生法原理自动设计机械加工工艺规程的流程。

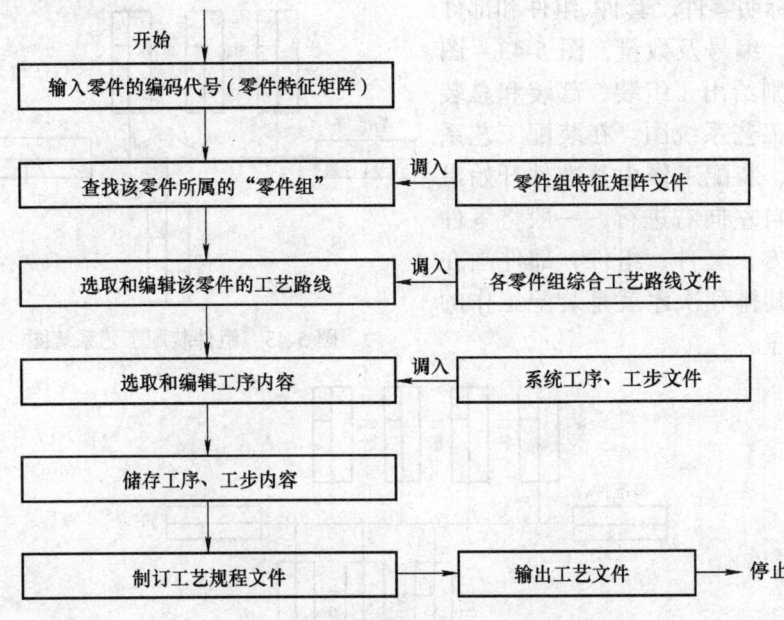

图 5-42 派生法 CAPP 流程框图

第五节 机器装配工艺规程设计

一、概述

1. 机器装配与装配工艺系统图

按照规定的技术要求，将零件或部件进行配合和连接，使之成为半成品或成品的过程，称为装配。机器的装配是机器制造过程中最后一个环节，它包括装配、调整、检验和试验等工作。装配过程使零件、套件、组件和部件间获得规定的相互位置关系，所以装配过程也是一种工艺过程。

机器质量最终是通过装配保证的，装配质量在很大程度上决定了机器的最终质量，装配工艺过程在机械制造中占有十分重要的地位。

为保证有效地进行装配工作，通常将机器划分为若干能进行独立装配的装配单元。零件是组成机器的最小单元。套件是在基准零件上装上一个或若干个零件构成的。组件是在基准件上，装上若干个零件和套件构成的，车床主轴箱中的主轴组件就是在主轴上装上若干齿轮、套、垫、轴承等零件组成的，为此而进行的装配工作称为组装。部件是在基准件上装上若干个组件、套件和零件构成的，为此而进行的装配工作称为部装。车床主轴箱装配就是部装，主轴箱箱体是进行主轴箱部件装配的基准件。一台机器则是在基准件上，装上若干部件、组件、套件和零件构成的，为此而进行的装配工作称为总装。

在装配工艺规程设计中，常用装配工艺系统图表示零、部件的装配流程和零、部件间相互装配关系。在装配工艺系统图上，每一个单元用一个长方形框表示，标明零件、套件、组件和部件的名称、编号及数量，图 5-43～图 5-45 分别给出了组装、部装和总装的装配工艺系统图。在装配工艺系统图上，装配工作由基准件开始沿水平线自左向右进行，一般将零件画在上方，套件、组件、部件画在下方，其排列次序就是装配工作的先后次序。

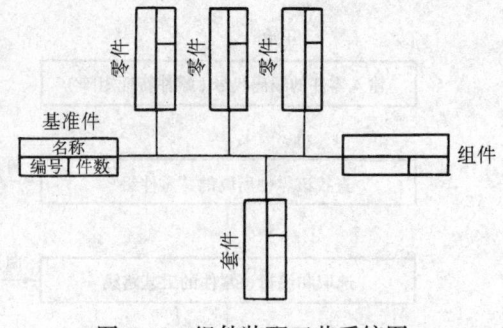

图 5-43　组件装配工艺系统图

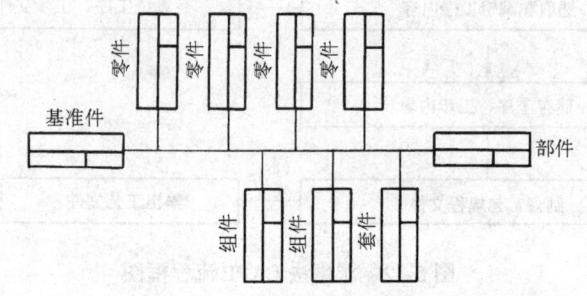

图 5-44　部件装配工艺系统图

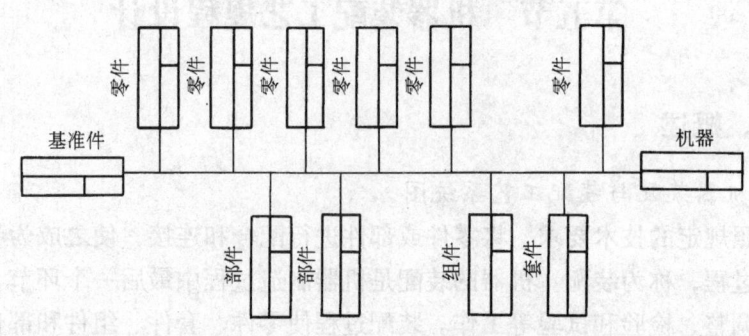

图 5-45　总装装配工艺系统图

2. 装配精度与装配尺寸链

机器的装配精度是根据机器的使用性能要求提出的，例如，CA6140 型卧式车床的主轴回转精度要求为 0.01mm，CM6132 型精密车床主轴回转精度要求就是 $1\mu m$，而中国航空精密机械研究所研制的 CTC-1 型超精密车床的主轴回转精度要求则高达 $0.1\sim 0.2\mu m$。正确地规定机器的装配精度是机械产品设计所要解决的最为重要的问题之一，它不仅关系到产品质量，也关系到制造的难易和产品成本的高低。

机器由零、部件组装而成，机器的装配精度与零、部件制造精度直接有关，例如图 5-46 所示卧式车床主轴中心线和尾座中心线对床身导轨有等高性要求，这项装配精度要求就与主轴箱、尾座、底板等有关部件的加工精度有关。可以从查找影响此项装配精度的有关尺寸入手，建立以此项装配要求为封闭环的装配尺寸链，如图 5-46b 所示，其中 A_1 是主轴箱中心线相对于床身导轨面的垂直距离，A_3 是尾座中心线相对于底板 3 的垂直距离，A_2 是底板相对于床身导轨面的垂直距离，A_0 则是在装配中间接获得的尺寸，是装配尺寸链的封闭环。由图 5-46 所列装配尺寸链可知，主轴中心线与尾座中心线相对于导轨面的等高性要求与 A_1、A_2、A_3 三个组成环的基本尺寸及其精度直接有关，可以根据车床装配精度要求通过解算装配尺寸链来确定有关部件和零件的尺寸精度要求。

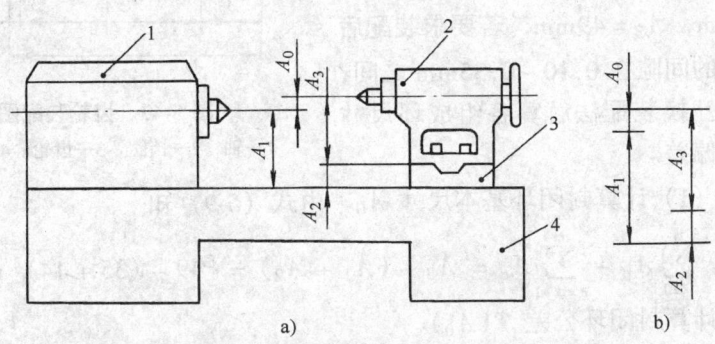

图 5-46　车床主轴中心线与尾座中心线的等高性要求
1—主轴箱　2—尾座　3—底板　4—床身

在根据机器装配精度要求来确定机器零部件尺寸及其精度时，必须考虑装配方法的影响，装配方法不同，解算装配尺寸链的方法截然不同，所得结果差异甚大。对于某一给定的机器结构，设计师可以根据装配精度要求和所采用的装配方法，通过解算装配尺寸链来确定零、部件有关尺寸的精度等级和极限偏差。

二、保证装配精度的四种装配方法

一台机器所能达到的装配精度既与零部件的加工质量有关，还与所采用的装配方法有关。生产中有四种保证装配精度的装配方法，分述如下：

(一) 互换装配法

采用互换法装配时，被装配的每一个零件不需作任何挑选、修配和调整就能达到规定的装配精度要求。用互换法装配，其装配精度主要取决于零件的制造精度。根据零件的互换程度，互换法装配可分为完全互换法装配和统计互换法装配。

1. 完全互换装配法

采用完全互换法装配时，运用式 (5-9) ~ 式 (5-20) 所示极值法计算公式解算装配尺寸链。

例 5-4　图 5-47 是一个齿轮装配结构图，由于齿轮 3 要在轴 1 上回转，要求齿轮左、右端面与轴套 4 和挡圈 2 之间应留有一定间隙。由于该间隙是在零件装配后才间接形成的,所以它是封闭环(A_0)。经查对,影响封闭环 A_0 大小的尺寸依次有齿轮轮毂宽度 A_1、轴套厚度 A_2 以及轴 1 两台肩间的长度 A_3;将 A_0 与 A_1、A_2、A_3 依次相连,可以得到图 5-47 所示尺寸链。在 A_0 与 A_1、A_2、A_3 组成的尺寸链中,A_1、A_2 为减环,A_3 是增环。已知 $A_1 = 35$mm,$A_2 = 14$mm,$A_3 = 49$mm,若要求装配后齿轮右端的间隙在 $0.10 \sim 0.35$mm 之间,试以完全互换装配法解算各组成环尺寸及其极限偏差。

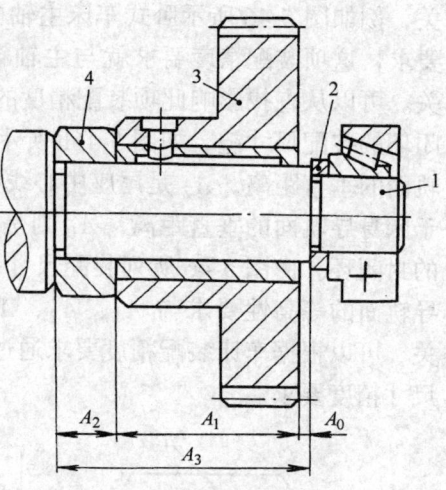

图 5-47 齿轮装配图
1—轴 2—挡圈 3—齿轮 4—轴套

解 (1) 计算封闭环基本尺寸 A_0 由式 (5-9) 知

$$A_0 = \sum_{p=1}^{k} A_p - \sum_{q=k+1}^{m} A_q = A_3 - (A_1 + A_2) = [49 - (35 + 14)] \text{ mm} = 0 \text{mm}$$

(2) 计算封闭环公差 $T(A_0)$

$$T(A_0) = (0.35 - 0.10) \text{ mm} = 0.25 \text{mm}$$

(3) 确定各组成环公差 由封闭环公差 $T(A_0)$ 反求各组成环公差的方法是:首先按等公差分配方法将封闭环公差 $T(A_0)$ 平均分配给各组成环,再按以下原则进行调整:标准件的尺寸公差按相应标准规定;组成环尺寸相近、加工方法类同,可取相同的标准公差值;组成环尺寸相差较大,取相同精度等级公差值;难加工或难测量的组成环,可取较低精度等级公差值;表面粗糙度值小于 $0.8\mu m$ 的加工表面,如有可能,其尺寸应取较高精度等级公差值。

当大多数组成环取为标准公差值之后,可能会有一个组成环的公差值取的不是标准值,此尺寸环在尺寸链中起协调封闭环的作用,这个组成环称为协调环。选择协调环的一般原则是:选择不需用定尺寸刀具加工、不需用极限量规检验的尺寸作协调环;将难于加工的组成环从宽取标准公差值,选一易于加工的组成环作协调环;或将易于加工的组成环从严取标准公差值,选一难于加工的组成环作协调环。

本例中,各组成环的平均公差

$$T_{av}(A) = T(A_0)/m = (0.25/3) \text{ mm} \approx 0.083 \text{mm}$$

式中 m ——组成环数。

相比较而言,A_2 比 A_1 与 A_3 更容易加工,取 A_2 为协调环。因 A_1 与 A_3 处在同一尺寸分段范围内,尺寸相近,加工方法亦类同,可取相同的标准公差值。因组成环的平均公差值接近 A_1 与 A_3 尺寸分段范围的 IT10,故组成环 A_1 与 A_3 的公差值按 IT10 取为

$$T(A_1) = T(A_3) = 0.10\text{mm}$$

最后确定协调环 A_2 的公差

$$T(A_2) = T(A_0) - T(A_1) - T(A_3) = (0.25 - 0.10 - 0.10)\text{mm}$$
$$= 0.05\text{mm}$$

(4) 确定各组成环的极限偏差 孔类与轴类尺寸的极限偏差按"偏差入体标注"原则配置，内尺寸偏差按 H 配置，外尺寸偏差按 h 配置，标准件的极限偏差按标准规定配置，配合尺寸的极限偏差按配合性质确定，孔距类尺寸的极限偏差按"对称偏差"配置。入体方向不明的长度尺寸，其极限偏差按"对称偏差"配置；入体方向明确的长度尺寸，其极限偏差按"偏差入体标注"原则配置。本例中，尺寸 A_1 属入体方向明确的长度尺寸，其极限偏差按"偏差入体标注"原则配置；尺寸 A_3 属入体方向不明的长度尺寸，其极限偏差按"对称偏差"配置。本例取

$$A_1 = 35\text{h}10 = 35_{-0.10}^{0}\text{mm}$$
$$A_3 = 49\text{js}10 = 49 \pm 0.05\text{mm}$$

由式 (5-19) 知

$$\text{ES}_0 = \sum_{p=1}^{k}\text{ES}_p - \sum_{q=k+1}^{m}\text{EI}_q$$

将有关数据代入上式得： $0.35 = 0.05 - (-0.10 + \text{EI}_2)$

所以 $\text{EI}_2 = -0.20\text{mm}$

由式 (5-20) 知

$$\text{EI}_0 = \sum_{p=1}^{k}\text{EI}_p - \sum_{q=k+1}^{m}\text{ES}_q$$

将有关数据代入上式得： $0.10 = -0.05 - (0 + \text{ES}_2)$

所以 $\text{ES}_2 = -0.15\text{mm}$

故得 $A_2 = 14_{-0.20}^{-0.15}\text{mm}$

使 A_2 的极限偏差值标准化，取 $A_2 = 14\text{b}9 = 14_{-0.193}^{-0.150}\text{mm}$

(5) 核算封闭环的极限尺寸 由式 (5-17) 和式 (5-18) 知

$$A_{0\max} = \sum_{p=1}^{k} A_{p\max} - \sum_{q=k+1}^{m} A_{q\min} = [49.05 - (34.9 + 13.807)]\text{mm}$$
$$\approx 0.34\text{mm}$$

$$A_{0\min} = \sum_{p=1}^{k} A_{p\min} - \sum_{q=k+1}^{m} A_{q\max} = [48.95 - (35 + 13.85)]\text{mm} = 0.10\text{mm}$$

核算结果表明，封闭环尺寸符合规定要求，故本例所求组成环尺寸和极限偏差分别为

$$A_1 = 35_{-0.10}^{0}\text{mm}, \quad A_2 = 14.2_{-0.193}^{-0.150}\text{mm}, \quad A_3 = (49 \pm 0.05)\text{mm}$$

上述计算表明，只要 A_1、A_2、A_3 分别按上述尺寸要求制造，就能做到完全互换装配，达到"拿起零件就装，装起来保证都合格"的要求。

完全互换装配的优点是：装配质量稳定可靠；装配过程简单，装配效率高；易于实现自动装配；产品维修方便。不足之处是：当装配精度要求较高，

尤其是在组成环数较多时，组成环的制造公差规定得严，零件制造困难，加工成本高。完全互换装配法适于在成批生产、大量生产中装配那些组成环数较少或组成环数虽多但装配精度要求不高的机器结构。

2. 统计互换装配法

用完全互换法装配，装配过程虽然简单，但它是根据所有增环和减环均同时呈现极值情况来建立封闭环与组成环之间的尺寸关系的，由于组成环分得的制造公差过小常使零件加工产生困难。实际上，在一个稳定的工艺系统中进行成批生产和大量生产时，零件尺寸出现极值的可能性极小；装配时，所有增环同时接近最大（或最小），而所有减环又同时接近最小（或最大）的可能性极小，可以忽略不计。完全互换法装配以提高零件加工精度为代价来换取完全互换装配，有时是不经济的。

统计互换装配法又称不完全互换装配法，其实质是将组成环的制造公差适当放大，使零件容易加工，这会使极少数产品的装配精度超出规定要求，但这是小概率事件，很少发生，从总的经济效果分析，仍然是经济可行的。

为便于与完全互换装配法比较，现仍以图 5-47 所示齿轮装配间隙要求为例说明。

例 5-5 图 5-47 所示齿轮装配结构，已知：$A_1 = 35\text{mm}$，$A_2 = 14\text{mm}$，$A_3 = 49\text{mm}$，齿轮装配间隙要求 $A_0 = 0^{+0.35}_{+0.10}\text{mm}$。设 A_1、A_2、A_3 的尺寸分布均为正态分布，且尺寸分布中心与公差带中心相重合，即 $k_1 = k_2 = k_3 = 1$，$e_1 = e_2 = e_3 = 0$。试以统计互换装配法解算各组成环的尺寸和极限偏差。

解 （1）计算封闭环基本尺寸 A_0 由式（5-9）知
$$A_0 = A_3 - (A_1 + A_2) = [49 - (35 + 14)]\text{mm} = 0\text{mm}$$

（2）计算封闭环公差 $T(A_0)$
$$T(A_0) = (0.35 - 0.10)\text{mm} = 0.25\text{mm}$$

（3）计算各组成环的平均平方公差 $T_{av}(A)$ 由式（5-22）知
$$T(A_0) = \frac{1}{k_0}\sqrt{\sum_{i=1}^{m}\xi_i^2 k_i^2 T^2(A_i)}$$

已知 $\xi_i = |1|$，$k_0 = 1$，$k_1 = k_2 = k_3 = 1$，代入上式得
$$T(A_0) = \sqrt{mT_{avq}^2(A)}$$

所以
$$T_{avq}(A) = \frac{T(A_0)}{\sqrt{m}} = \frac{0.25}{\sqrt{3}}\text{mm} \approx 0.144\text{mm}$$

与用极值法计算得到的各组成环平均公差 $T_{av}(A) = 0.083\text{mm}$ 相比较，$T_{avq}(A)$ 比 $T_{av}(A)$ 放大了 73.5%，组成环的制造变得容易了。

（4）确定 A_1、A_2、A_3 的制造公差 以组成环平均平方公差为基础，参考各组成环尺寸大小和加工难易程度，确定各组成环制造公差。因 A_2 便于加工，取 A_2 为协调环。因 A_1 与 A_3 的基本尺寸在同一尺寸分段范围内，平均平方公差 $T_{avq}(A)$ 接近于该尺寸分段范围的 IT11，本例按 IT11 确定 A_1 与 A_3 的公差，查公差标准得

由式（5-22）知
$$T(A_1) = T(A_3) = 0.160\text{mm}$$
$$T(A_2) = \sqrt{T^2(A_0) - T^2(A_1) - T^2(A_3)} = \sqrt{0.25^2 - 0.16^2 - 0.16^2}\text{ mm}$$
$$\approx 0.106\text{mm}$$

考虑到 A_2 易于制造，按 IT10 取 $T(A_2) = 0.07\text{mm}$。

(5) 确定 A_1、A_2、A_3 的极限偏差　取 $A_1 = 35\text{h11} = 35_{-0.16}^{\ 0}\text{mm}$，$A_3 = 49\text{js11} = 49 \pm 0.08\text{mm}$，最后确定协调环 A_2 的极限偏差 ES_2 和 EI_2。由式 (5-21) 知，封闭环中间偏差

$$\Delta_0 = \sum_{i=1}^{m} \xi_i(\Delta_i + e_i T(A_i)/2)$$

已知 $\xi_3 = 1$，$\xi_1 = \xi_2 = -1$，$e_1 = e_2 = e_3 = 0$，代入上式得
$$\Delta_0 = \Delta_3 - (\Delta_1 + \Delta_2)$$

所以　　　　　　　　$\Delta_2 = \Delta_3 - \Delta_1 - \Delta_0$

已知　　$\Delta_1 = (\text{ES}_1 + \text{EI}_1)/2 = (0 - 0.16)/2 \text{ mm} = -0.08\text{mm}$
$$\Delta_3 = (\text{ES}_3 + \text{EI}_3)/2 = (0.08 - 0.08)/2 \text{ mm} = 0\text{mm}$$
$$\Delta_0 = (\text{ES}_0 + \text{EI}_0)/2 = (0.35 + 0.10)/2 \text{ mm} = 0.225\text{mm}$$

代入前式得
$$\Delta_2 = [0 - (-0.08) - 0.225]\text{ mm} = -0.145\text{mm}$$

计算 A_2 极限偏差
$$\text{ES}_2 = \Delta_2 + T(A_2)/2 = (-0.145 + 0.07/2)\text{ mm} = -0.11\text{mm}$$
$$\text{EI}_2 = \Delta_2 - T(A_2)/2 = (-0.145 - 0.07/2)\text{ mm} = -0.18\text{mm}$$

由此求得　　　　　　　$A_2 = 14_{-0.18}^{-0.11}\text{mm} = 13.89_{-0.07}^{\ 0}\text{mm}$

(6) 核算封闭环的极限偏差　由式（5-21）知
$$\Delta_0 = \sum_{i=1}^{m} \xi_i(\Delta_i + e_i T(A_i)/2) = \Delta_3 - (\Delta_1 + \Delta_2)$$
$$= [0 - (-0.08) - (-0.145)]\text{ mm} = 0.225\text{mm}$$

由式（5-22）知，封闭环公差
$$T(A_0) = \sqrt{T^2(A_1) + T^2(A_2) + T^2(A_3)}$$
$$= \sqrt{0.16^2 + 0.07^2 + 0.16^2}\text{ mm} \approx 0.24\text{mm}$$

求封闭环极限偏差
$$\text{ES}_0 = \Delta_0 + T(A_0)/2 = (0.225 + 0.24/2)\text{ mm} = 0.345\text{mm}$$
$$\text{EI}_0 = \Delta_0 - T(A_0)/2 = (0.225 - 0.24/2)\text{ mm} = 0.105\text{mm}$$

由此得 $A_0 = 0_{+0.105}^{+0.345}\text{mm}$，它符合规定的装配间隙要求。

本例所求组成环尺寸和极限偏差分别为
$$A_0 = 35_{-0.16}^{\ 0}\text{mm},\ A_2 = 13.89_{-0.07}^{\ 0}\text{mm},\ A_3 = (49 \pm 0.08)\text{mm}$$

与用完全互换法装配方法求得的 A_1、A_2、A_3 相比，它们的制造公差都扩大了。

统计互换装配方法的优点是：与完全互换法装配相比，组成环的制造公差

较大,零件制造成本低。不足之处是:装配后有极少数产品达不到规定的装配精度要求,须采取相应的返修措施。统计互换装配方法适于在大批大量生产中装配那些装配精度要求较高且组成环数较多的机器结构。

(二) 分组装配法

在大批大量生产中,装配那些精度要求特别高同时又不便于采用调整装置的部件,若用互换装配法装配,组成环的制造公差过小,加工很困难或很不经济,此时可以采用分组装配法装配。

采用分组装配法装配时,组成环仍按加工经济精度制造,不同的是要对组成环的实际尺寸逐一进行测量并按尺寸大小分组,装配时被装零件按对应组号配对装配,最终达到规定的装配精度要求。现以汽车发动机活塞销孔与活塞销的分组装配为例来说明分组装配法的原理与方法。

在汽车发动机中,活塞销和活塞销孔的配合要求是很高的。图 5-48a 所示为某厂汽车发动机活塞销 1 与活塞 3 销孔的装配关系,销子和销孔的基本尺寸为 $\phi 28\text{mm}$,在冷态装配时要求有 $0.0025 \sim 0.0075\text{mm}$ 的过盈量。若按完全互换法装配,须将封闭环公差($T(A_0) = (0.0075 - 0.0025)\text{mm} = 0.0050\text{mm}$)均等地分配给活塞销直径和活塞销孔,则活塞销直径 $d = \phi 28_{-0.0025}^{0}\text{mm}$,活塞销孔直径 $D = \phi 28_{-0.0075}^{-0.0050}\text{mm}$,制造这样精确的销孔和销子是很困难的,也是不经济的。生产上常用分组法装配来保证上述装配精度要求,方法如下:将活塞销和活塞销孔的制造公差同向放大到原来的 4 倍,让 $d = \phi 28_{-0.010}^{0}\text{mm}$,$D = \phi 28_{-0.015}^{-0.005}\text{mm}$;活塞销和活塞销孔按上述要求加工好后,用精密量具逐一测量其实际尺寸;将销孔孔径 D 与销子直径 d 按尺寸大小从大到小分成 4 组,并按组号分别涂上不同颜色的标记;装配时让具有相同颜色标记的销子与销孔相配,即让大销子配大销孔,小销子配小销孔,使之达到产品图样规定的装配精度要求。图 5-48b 给出了活塞销和活塞销孔的分组公差带位置。

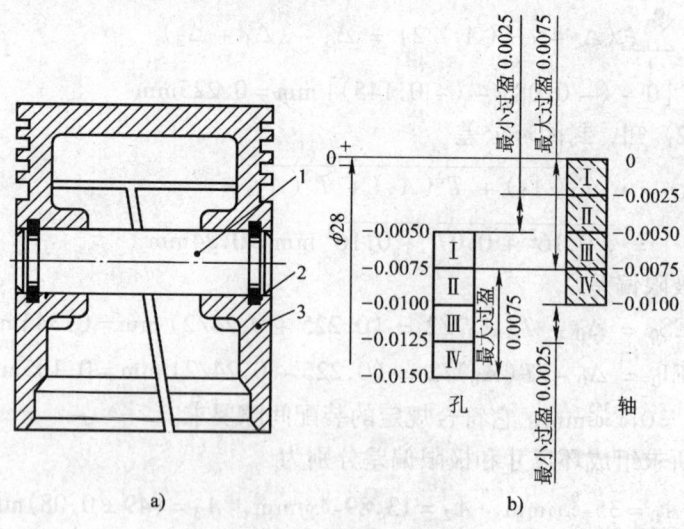

图 5-48 活塞销与活塞的装配
1—活塞销 2—挡圈 3—活塞

采用分组法装配,要求两相配件的尺寸分布曲线具有完全相同的对称分布曲线;如果尺寸分布曲线不相同或不对称,则将导致各尺寸组相配零件数不等而不能完全配套,造成浪费。

采用分组法装配,零件的分组数以 3～5 组为宜;分组数过多,会因零件测量、分类和存储工作量的增大而使生产组织工作变得复杂。

分组法装配的主要优点是:零件的制造精度不很高,但却可获得很高的装配精度;组内零件可以互换,装配效率高。不足之处是:额外增加了零件测量、分组和存储的工作量。分组装配法适于在大批大量生产中装配那些组成环数少而装配精度又要求特别高的机器结构。

(三)修配装配法

在单件生产、小批生产中装配那些装配精度要求高、组成环数又多的机器结构时,常用修配法装配。采用修配法装配时,各组成环均按加工经济精度加工,装配时封闭环所积累的误差通过修配装配尺寸链中某一组成环尺寸(此组成环称为修配环)的办法,达到规定的装配精度要求。选择修配环的一般原则是:选择易于加工且装拆方便的零件作修配环,不选同属几个尺寸链的公共环作修配环。

采用修配法装配时,应认真校核各有关组成环的尺寸,要求修配环必须留有足够但又不是太大的修配量,现举例说明如下。

例 5-6 图 5-49 是车床溜板箱齿轮与床身齿条的装配结构。为保证车床溜板箱沿床身导轨移动平稳灵活,要求溜板箱齿轮 1 与固定在床身上的齿条 2 间在垂直平面内必须保证有 (0.17～0.28) mm 的啮合间隙。从分析影响齿轮、齿条啮合间隙 A_0 的有关尺寸入手,可以建立如图 5-49 所示装配尺寸链。已知:$A_1 = 53$mm,$A_2 = 25.13$mm,$A_3 = 15.74$mm,$A_4 = 71.74$mm,$A_5 = 22$mm,试确定修配环尺寸并验算修配量。

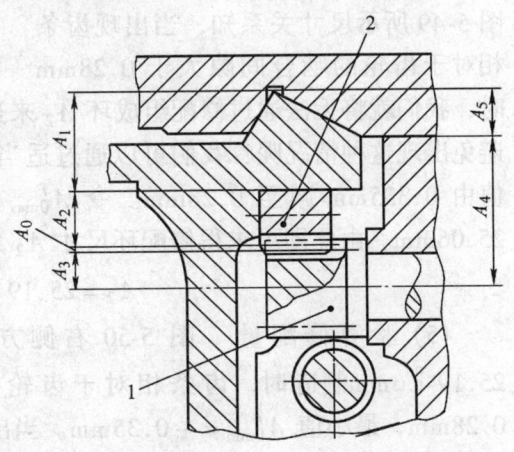

图 5-49 车床溜板箱齿轮与床身齿条的装配结构
1—齿轮 2—齿条

解 (1) 选择修配环 从易于加工且装拆方便考虑,本例选取组成环 A_2 作修配环。

(2) 确定组成环极限偏差 按加工经济精度确定各组成环公差,得:$A_1 = 53$h10$= 53_{-0.12}^{\ 0}$mm,$A_3 = 15.74$h11$= 15.74_{-0.055}^{\ 0}$mm,$A_4 = 71.74$js11$= (71.74 \pm 0.095)$mm,$A_5 = 22$js11$= (22 \pm 0.065)$mm,并设 $A_2 = 25.13_{-0.13}^{\ 0}$mm。

(3) 计算实施修配前封闭环极限尺寸 $A'_{0\max}$、$A'_{0\min}$ 由式 (5-17)、式 (5-18) 知

$$A'_{0\max} = A_{4\max} + A_{5\max} - A_{1\min} - A_{2\min} - A_{3\min}$$
$$= [(71.74 + 0.095) + (22 + 0.065) - (53 - 0.12) - (25.13 - 0.13) - (15.74 - 0.055)]\text{mm}$$
$$= 0.335\text{mm}$$
$$A'_{0\min} = A_{4\min} + A_{5\min} - A_{1\max} - A_{2\max} - A_{3\max}$$
$$= [(71.74 - 0.095) + (22 - 0.065) - 53 - 25.13 - 15.74]\text{mm}$$
$$= -0.29\text{mm}$$

由此可知 $A'_0 = 0^{+0.335}_{-0.290}\text{mm}$

计算结果表明，A'_0 值与装配要求不符。现采用修配组成环 A_2 的办法以获得规定的装配精度。

(4) 确定修配环尺寸 A_2　图 5-50 左侧公差带图给出了预定的装配精度要求，溜板箱齿轮与床身齿条间在垂直平面内的啮合间隙最大为 0.28mm，最小为 0.17mm。图 5-50 中部方框线给出的是实施修配前齿条相对于齿轮的啮合间隙 A'_0 的变化范围，最大为 +0.335mm，最小为 -0.29mm。分析图 5-49 所示尺寸关系知，当出现齿条相对于齿轮的啮合间隙大于 0.28mm

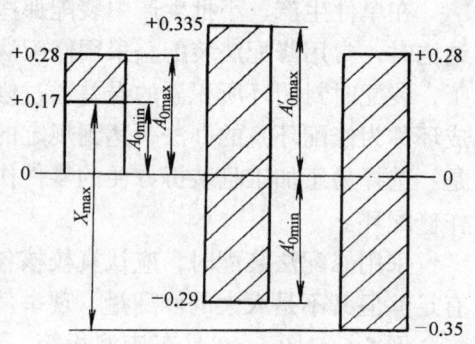

图 5-50　修配量验算图

时，我们就将无法通过修配组成环 A_2 来达到规定的装配精度要求。怎么才能避免出现这种情况呢？我们可以通过适当修改修配环 A_2 的基本尺寸使 $A'_{0\max}$ 值由 0.335mm 减至 0.28mm。令 $A'_{0\max} = 0.28$mm，反求 $A_{2\min}$ 得：$A_{2\min} = 25.06$mm。由此即可求得修配环尺寸 A_2 为

$$A_2 = 25.19^{\ 0}_{-0.13}\text{mm}$$

(5) 验算修配量　图 5-50 右侧方框线给出的是当修配环按 $A_2 = 25.19^{\ 0}_{-0.13}$mm 制造时，齿条相对于齿轮的啮合间隙 A_0 的最大值 $A'_{0\max} = 0.28$mm，最小值 $A'_{0\min} = -0.35$mm。当出现齿条相对于齿轮的啮合间隙为最大值 $A'_{0\max} = 0.28$mm 时，无需修配就满足装配精度要求；当出现 $A'_{0\min} = -0.35$mm 时，修配环的修配量最大，其值为：$X_{\max} = (0.35 + 0.17)$mm = 0.52mm。验算结果表明修配环的修配量在 (0 ~ 0.52) mm 范围内变化，修配量是合适的。如嫌上述最大修配量 $X_{\max}$ 值太大，可通过适当提高组成环制造精度的办法减小 $X_{\max}$ 值。这样做的结果，修配量是减少了，但这会增加组成环的制造成本。

修配装配法的主要优点是：组成环均能以加工经济精度制造，但却可获得较高的装配精度。不足之处是：增加了修配工作量，生产效率低，对装配工人技术水平要求高。修配装配法常用于单件小批生产中装配那些组成环数较多而装配精度又要求较高的机器结构。

（四）调整装配法

装配时用改变调整件在机器结构中的相对位置或选用合适的调整件来达到装配精度的装配方法，称为调整装配法。

调整装配法与修配装配法的原理基本相同。在以装配精度要求为封闭环建立的装配尺寸链中，除调整环外各组成环均以加工经济精度制造，由于扩大组成环制造公差造成的封闭环尺寸变动范围超差，通过调节调整件相对位置的方法来消除，最后达到装配精度要求。调节调整件相对位置的方法有可动调整法、固定调整法和误差抵消调整法三种，分述如下：

1. 可动调整法

图 5-51a 所示结构是靠拧螺钉 1 来调整轴承外环相对于内环的轴向位置，从而使滚动体与内环、外环间具有适当间隙的；螺钉 1 调到位后，须用螺母 2 背紧。图 5-51b 所示结构为车床刀架横向进给机构中丝杠螺母副间隙调整机构，丝杠螺母间隙过大时，可拧动螺钉 1，使撑垫 5 向上移，迫使螺母 3、4 分别靠紧丝杠的两个螺旋面，以减小丝杠与螺母 3、4 之间的间隙。

可动调整法的主要优点是：组成环的制造精度虽不高，却可获得比较高的装配精度；在机器使用中可随时通过调节调整件的相对位置来补偿由于磨损、热变形等原因引起的误差，使之恢复到原来的装配精度；它比修配法操作简便，易于实现。不足

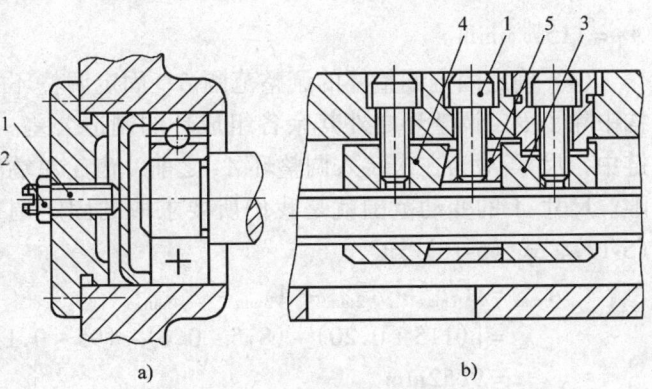

图 5-51 可动调整法装配示例
1—螺钉　2—螺母　3、4—丝杠螺母　5—撑垫

之处是需增加一套调整机构，增加了结构复杂程度。可动调整装配法在生产中应用甚广。

2. 固定调整法

在以装配精度要求为封闭环建立的装配尺寸链中，组成环均按加工经济精度制造，由于扩大组成环制造公差带来的封闭环尺寸变动范围超差，可通过更换不同尺寸的固定调整环进行补偿，最终达到装配精度要求。这种装配方法，称为固定调整装配方法。

例 5-7　图 5-52 所示双联齿轮装配后要求轴向具有间隙 $A_0 = 0^{+0.20}_{+0.05}$ mm，已知：$A_1 = 115$ mm，$A_2 = 8.5$ mm，$A_3 = 95$ mm，$A_4 = 2.5$ mm，$A_5 = 9$ mm，试以

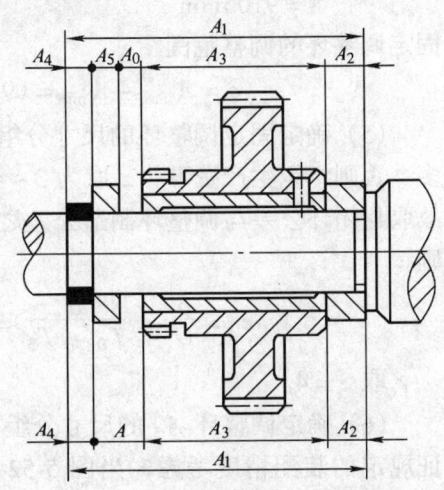

图 5-52 双联齿轮装配图

固定调整装配法解算各组成环的极限偏差，并确定调整环的分组数和分组尺寸。

解 (1) 建立装配尺寸链　从分析影响装配精度要求的有关尺寸入手，建立以装配精度要求为封闭环的装配尺寸链，如图 5-52 顶部所列尺寸链所示。

(2) 选择调整环　选择加工比较容易，装卸比较方便的组成环 A_5 作固定调整环。

(3) 确定组成环公差　按加工经济精度规定各组成环公差并确定极限偏差：$A_2 = 8.5_{-0.10}^{0}$ mm，$A_3 = 95_{-0.10}^{0}$ mm，$A_4 = 2.5_{-0.12}^{0}$ mm，$A_5 = 9_{-0.03}^{0}$ mm。为保证获得规定的装配要求（$A_0 = 0_{+0.05}^{+0.20}$ mm），组成环 A_1 的最小极限尺寸须由图 5-52 顶部所列尺寸链计算确定。由式 (5-18) 知

$$A_{0\min} = A_{1\min} - (A_{2\max} + A_{3\max} + A_{4\max} + A_{5\max})$$

所以
$$A_{1\min} = A_{0\min} + A_{2\max} + A_{3\max} + A_{4\max} + A_{5\max}$$
$$= (0.05 + 8.5 + 95 + 2.5 + 9)\text{mm} = 115.05\text{mm}$$

已知 $A_1 = 115$ mm，令 A_1 的制造公差 $T(A_1) = 0.15$ mm，由此得：$A_1 = 115_{+0.05}^{+0.20}$ mm。

(4) 确定固定调整环的调整范围 δ　固定调整环的调整范围取决于装配结构中除了固定调整环之外其余各组成环的制造公差。在图 5-52 底部所列尺寸链中，尺寸 A 为在未装入调整环 A_5 之前，齿轮左端面到卡环右端面的轴向空隙。尺寸 A 的变动范围就是我们所要求取的固定调整环的调整范围 δ。由式 (5-17)、式 (5-18) 知

$$A_{\max} = A_{1\max} - A_{2\min} - A_{3\min} - A_{4\min}$$
$$= [(115 + 0.20) - (8.5 - 0.1) - (95 - 0.1) - (2.5 - 0.12)]\text{mm}$$
$$= 9.52\text{mm}$$

$$A_{\min} = A_{1\min} - A_{2\max} - A_{3\max} - A_{4\max}$$
$$= [(115 + 0.05) - 8.5 - 95 - 2.5]\text{mm}$$
$$= 9.05\text{mm}$$

固定调整环的调整范围

$$\delta = A_{\max} - A_{\min} = (9.52 - 9.05)\text{mm} = 0.47\text{mm}$$

(5) 确定固定调整环的尺寸分组数 z　固定调整环的尺寸分组数 z 不宜过多，否则组织生产费事，z 取为 3~4 较为适宜。由于调整环自身有制造误差，故取封闭环公差与调整环制造公差之差 $T_0 - T_5$ 作为调整环尺寸分组间隔 G，则

$$z = \frac{\delta}{G} = \frac{\delta}{T_0 - T_5} = \frac{0.47\text{mm}}{(0.15 - 0.03)\text{mm}} \approx 3.9$$

取 $z = 4$。

(6) 确定调整环 A_5 的尺寸分组　首先确定最小一组调整环的尺寸。从保证规定的装配精度考虑，当图 5-52 底部所列尺寸链中轴向空隙 A 为最小值 $A_{\min}$ 时，在装入最小一组调整环 A_5' 后（调整环的基本尺寸为 A_5'，上偏差为 0，

下偏差为 -0.03mm），齿轮左端面到调整环右端面间的最小间隙应为装配精度所要求的最小间隙值（A_{0min} = 0.05mm），如图 5-53 所示。由图知，$A_5' = A_{min} - A_{0min} = (9.05 - 0.05)\text{mm} = 9\text{mm}$，由此求得最小一组调整环尺寸 $A_5' = 9_{-0.03}^{0}\text{mm}$。以此为基础，再依次分别加上一个尺寸分组间隔 G 值（$G = T_0 - T_5 = 0.12\text{mm}$），便可求得 4 组调整环 A_5 的尺寸分别为：$9_{-0.03}^{0}\text{mm}$，$9.12_{-0.03}^{0}\text{mm}$，$9.24_{-0.03}^{0}\text{mm}$，$9.36_{-0.03}^{0}\text{mm}$。

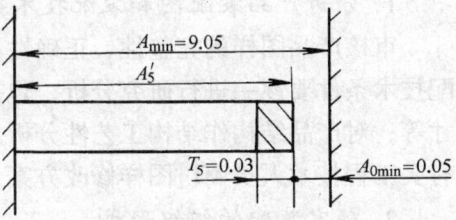

图 5-53 最小一组调整环尺寸计算图

4 组调整环的适用范围，详见表 5-14。

表 5-14 调整环尺寸分组及其适用范围

组号	调整环尺寸 A_5/mm	所适用的轴向间隙 A 值范围/mm	装相应调整环后装配间隙 A_0/mm
1	$9_{-0.03}^{0}$	9.05 ~ 9.17	0.05 ~ 0.20
2	$9.12_{-0.03}^{0}$	9.17 ~ 9.29	0.05 ~ 0.20
3	$9.24_{-0.03}^{0}$	9.29 ~ 9.41	0.05 ~ 0.20
4	$9.36_{-0.03}^{0}$	9.41 ~ 9.52	0.05 ~ 0.19

固定调整装配方法适于在大批大量生产中装配那些装配精度要求较高的机器结构。在产量大、装配精度要求较高的场合，调整件还可以采用多件拼合的方式组成，方法如下：预先将调整垫分别做成不同厚度（例如 1, 2, 5, …; 0.1, 0.2, 0.3, …, 0.9mm 等），再准备一些更薄的调整片（例如 0.01, 0.02, 0.05, …, 0.09mm 等）；装配时根据所测实际空隙 A 的大小，把不同厚度的调整垫拼成所需尺寸，然后把它装到空隙中去，使装配结构达到装配精度要求。这种调整装配方法比较灵活，它在汽车、拖拉机生产中广泛应用。

3. 误差抵消调整法

在机器装配中，通过调整被装零件的相对位置，使误差相互抵消，可以提高装配精度，这种装配方法称为误差抵消调整法。它在机床装配中应用较多，例如，在车床主轴装配中通过调整前后轴承的径向圆跳动方向来控制主轴的径向圆跳动；在滚齿机工作台分度蜗轮装配中，采用调整蜗轮和轴承的偏心方向来抵消误差，以提高工作台主轴的回转精度。

调整装配法的主要优点是：组成环均能以加工经济精度制造，但却可获得较高的装配精度；装配效率比修配装配法高。不足之处是要另外增加一套调整装置。可动调整法和误差抵消调整法适用于成批生产，固定调整法则主要用于大批量生产。

三、装配工艺规程设计

设计装配工艺规程要依次完成以下几方面的工作：

1. 分析产品装配图和装配技术条件

审核产品图样的完整性、正确性；对产品结构作装配尺寸链分析，主要装配技术条件要逐一进行研究分析，包括所选用的装配方法、相关零件的相关尺寸等；对产品结构作结构工艺性分析。分析中发现的问题，应及时提出，并同有关工程技术人员商讨图样修改方案，报主管领导审批。

2. 确定装配的组织形式

(1) 固定式装配　全部装配工作都在固定工作地进行，这种装配方式称作固定式装配。根据生产规模，固定式装配又可分为集中式固定装配和分散式固定装配。按集中式固定装配形式装配，整台产品的所有装配工作都由一个工人或一组工人在一个工作地集中完成。它的工艺特点是：装配周期长，对工人技术水平要求高，工作地面积大。集中式固定装配多用于单件小批生产。按分散式固定装配形式装配，整台产品的装配分为部装和总装，各部件的部装和产品总装分别由几个或几组工人同时在不同工作地分散完成。它的工艺特点是：产品的装配周期短，装配工作专业化程度较高。分散式固定装配多用于成批生产。在成批生产中装配那些重量大、装配精度要求较高的产品（例如车床、磨床）时，有些工厂采用固定流水装配形式进行装配，装配工作地固定不动，装配工人带着工具沿着装配线上一个个固定式装配台重复完成某一装配工序的装配工作。

(2) 移动式装配　被装配产品（或部件）不断地从一个工作地移动到另一个工作地，每个工作地重复地完成某一固定的装配工作，这种装配方式称作移动式装配。移动式装配又有自由移动式和强制移动式两种，前者适于在大批大量生产中装配那些尺寸和重量都不大的产品或部件；强制移动式装配又可分为连续移动和间歇移动两种方式，连续移动式装配不适于装配那些装配精度要求较高的产品。

装配组织形式的选择主要取决于产品结构特点（包括尺寸、重量和装配精度）和生产类型。

3. 划分装配单元，确定装配顺序，绘制装配工艺系统图

将产品划分为套件、组件、部件等能进行独立装配的装配单元，是设计装配工艺规程中最重要的一项工作，这对于大批大量生产中装配那些结构较为复杂的产品尤为重要。无论是哪一级装配单元，都要选定某一零件或比它低一级的装配单元作为装配基准件。装配基准件通常应是产品的基体或主干零部件，基准件应有较大的体积和重量，应有足够大的承压面。

在划分装配单元确定装配基准件之后即可安排装配顺序，并以装配工艺系统图的形式表示出来。安排装配顺序的原则是：先下后上，先内后外，先难后易，先精密后一般。图 5-54 所示为带传动中用的张紧轮装置，图 5-55 是它的装配工艺系统图。

4. 划分装配工序，进行工序设计

1) 划分装配工序，确定工序内容。

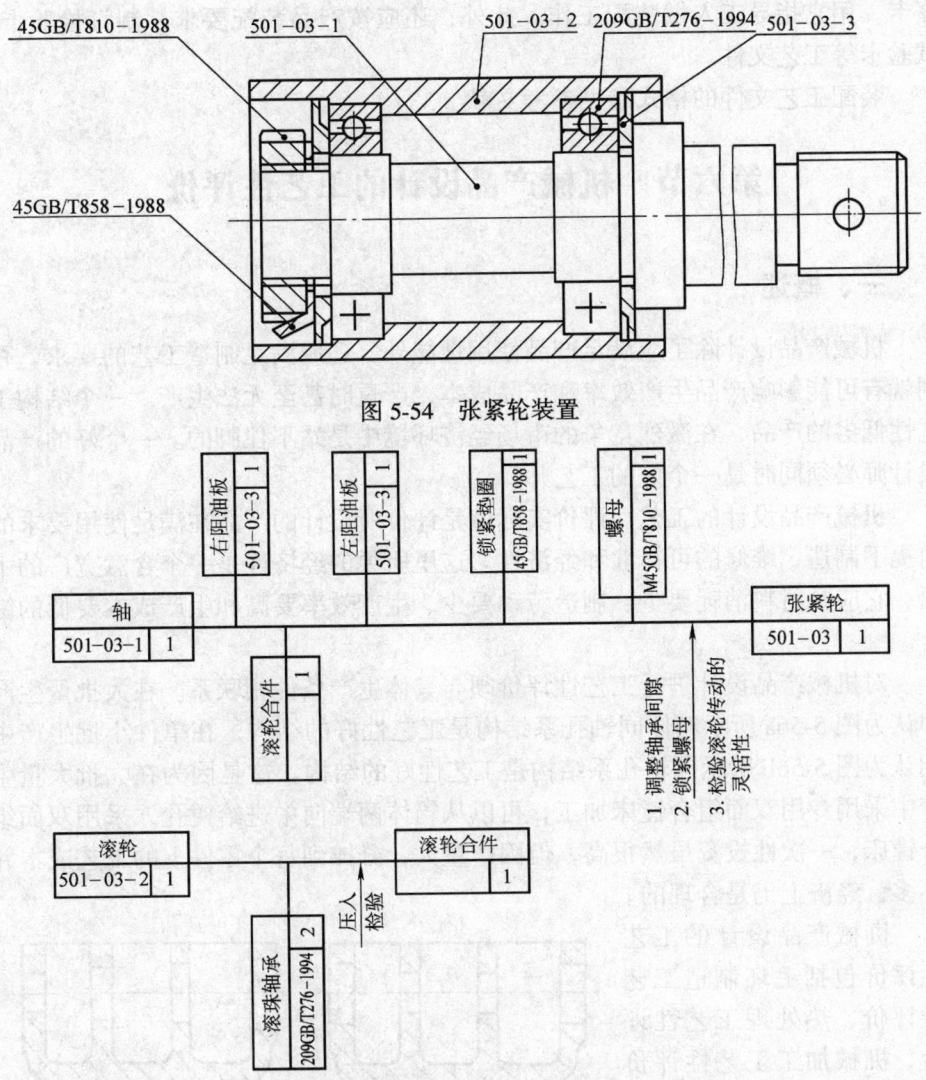

图 5-54 张紧轮装置

图 5-55 张紧轮装配工艺系统图

2）确定各工序所需设备及工具，如需专用夹具与设备，须提交设计任务书。

3）制订各工序装配操作规范，例如过盈配合的压入力，装配温度，拧紧固件的额定扭矩等。

4）规定装配质量要求与检验方法。

5）确定时间定额，平衡各工序的装配节拍。

5．编制装配工艺文件

单件小批生产中，通常只绘制装配工艺系统图，装配时按产品装配图及装配工艺系统图规定的装配顺序进行。成批生产中，通常还要编制部装、总装工艺卡，按工序标明工序工作内容、设备名称、工夹具名称与编号、工人技术等级、时间定额等。在大批量生产中，不仅要编制装配工艺卡，还要编制装配工序卡，用它指导工人做装配工作。此外，还应按产品装配要求，制订检验卡、试验卡等工艺文件。

装配工艺文件的格式参见参考文献［33］。

第六节　机械产品设计的工艺性评价

一、概述

机械产品设计除了应满足产品使用性能外，还应满足制造工艺的要求，否则就有可能影响产品生产效率和产品成本，严重时甚至无法生产。一个结构工艺性低劣的产品，在激烈竞争的市场经济环境中是站不住脚的。一个好的产品设计师必须同时是一个好的工艺师。

机械产品设计的工艺性评价实际就是评价所设计的产品在满足使用要求的前提下制造、维修的可行性和经济性。这里所说的经济性是一个含意宽广的术语，它应是材料消耗要少、制造劳动要少、生产效率要高和生产成本要低的综合。

对机械产品设计进行工艺性评价须与具体生产条件相联系。在大批量生产中认为图 5-56a 所示箱体同轴孔系结构是工艺性好的结构；在单件小批生产中则认为图 5-56b 所示同轴孔系结构是工艺性好的结构。这是因为在大批大量生产中采用专用双面组合镗床加工，可以从箱体两端向中进给镗孔，采用双面组合镗床，一次性投资虽然很高，但因产量大，分摊到每个零件上的工艺成本并不多，经济上仍是合理的。

机械产品设计的工艺性评价包括毛坯制造工艺性评价、热处理工艺性评价、机械加工工艺性评价和装配工艺性评价，此处只介绍机械加工工艺性评价和装配工艺性评价。

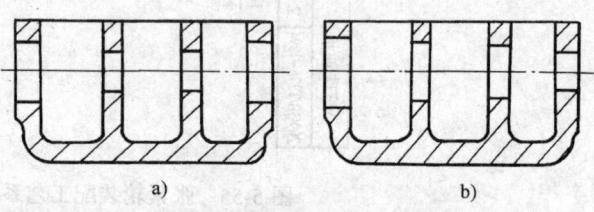

图 5-56　箱体同轴孔系结构

二、机械产品设计的机械加工工艺性评价

评价机械产品设计的机械加工工艺性可以从以下几个方面进行分析评价：

1. 零件结构要素必须符合标准规定

零件结构要素如螺纹、花键、齿轮、中心孔、空刀槽等的结构和尺寸都应符合国家标准规定。零件结构要素标准化了，不仅可以简化设计工作，而且在产品加工过程中可以使用标准的和通用的工艺装备（刀具、量具等），可以缩短零件的生产准备周期，可以降低生产成本，产品上市也快。

2. 尽量采用标准件和通用件

设计产品时应尽量选用标准件和通用件。标准件是指按照国家标准、部颁标准和企业标准制造的零件；通用件是指在同一类型不同规格的产品中或是不同类型产品中，部分零件相同，它们彼此可以互换通用的零件。上述两类零件在产品中所占的比例是评定产品设计标准化程度的一个重要指标。标准化程度可用标准化系数 A 进行评定。

$$A = \frac{\sum B + \sum T}{\sum J} \times 100\%$$

式中 $\sum B$ ——该产品采用的标准件总数；

$\sum T$ ——该产品采用的通用件总数；

$\sum J$ ——该产品零件总数。

采用标准件、通用件，不仅可以简化设计，避免重复的设计工作，而且还可以降低产品制造成本。机械产品设计的标准化系数 A 一般不应低于 70%～80%。

3. 在满足产品使用性能的条件下，零件图上标注的尺寸公差等级和表面粗糙度值应取经济值

尺寸公差规定过严，表面粗糙度值规定过小，必然会无谓地增加产品制造成本。在对机械产品设计进行机械加工工艺性评价时，必须对主要工作表面的尺寸公差逐一加以校核。在没有特殊要求的情况下，表面粗糙度值应与该表面加工精度等级相对应。

4. 尽量选用切削加工性好的材料

材料的切削加工性是指在一定生产条件下，该材料切削加工的难易程度。材料切削加工性评价与加工要求有关，粗加工时要求具有较高的切削效率，精加工时则要求被加工表面能获得较高的加工精度和较好的加工表面质量。材料的切削加工性一般可以根据加工质量高低、刀具寿命长短、切削力大小和切屑断屑性能好坏等几个方面进行衡量。材料强度高，切削力大，切削温度高，刀具磨损快，切削加工性差；材料强度相同时，塑性较大的材料由于加工变形和硬化程度较大，切屑与前刀面的接触长度较大，切削力较大，切削温度较高，刀具磨损较快，表面粗糙度较大，切削加工性相对较差。在钢材中适当添加磷、硫等元素，可以降低钢的塑性，对提高钢材的切削加工性有利。

5. 零件上有便于装夹的定位基面和夹紧面

产品设计人员在设计零件图时，须充分考虑零件加工时可能采用的定位基面和夹紧面，应尽量选用在夹具中能够进行稳定定位的表面作设计基准。如果零件上没有合适的设计基准、装配基准能作定位基面，应考虑设置辅助定位基面，例如在轴件加工中设置顶尖孔、在箱体加工中设置定位销孔等。辅助定位基面应标注尺寸公差、形位公差和表面粗糙度值。

6. 保证能以较高的生产率加工

(1) 被加工表面形状应尽量简单 如有可能，应尽量选用内、外圆柱面和平面构建零件，并能以生产率较高的方法加工。图 5-57a 所示键槽形状只能用生产率较低的键槽铣刀加工，图 5-57b 所示结构就能用生产率较高的三面刃铣刀加工。

(2) 尽量减少加工面积　图 5-58 所示两种气缸套零件，图 5-58b 所示结构比图 5-58a 所示结构外圆表面加工面积小，工艺性好。图 5-59 所示箱体零件耳座结构，图 5-59b 所示结构不但省料而且加工面积小、生产效率高，它的工艺性就比图 5-59a 所示结构好。

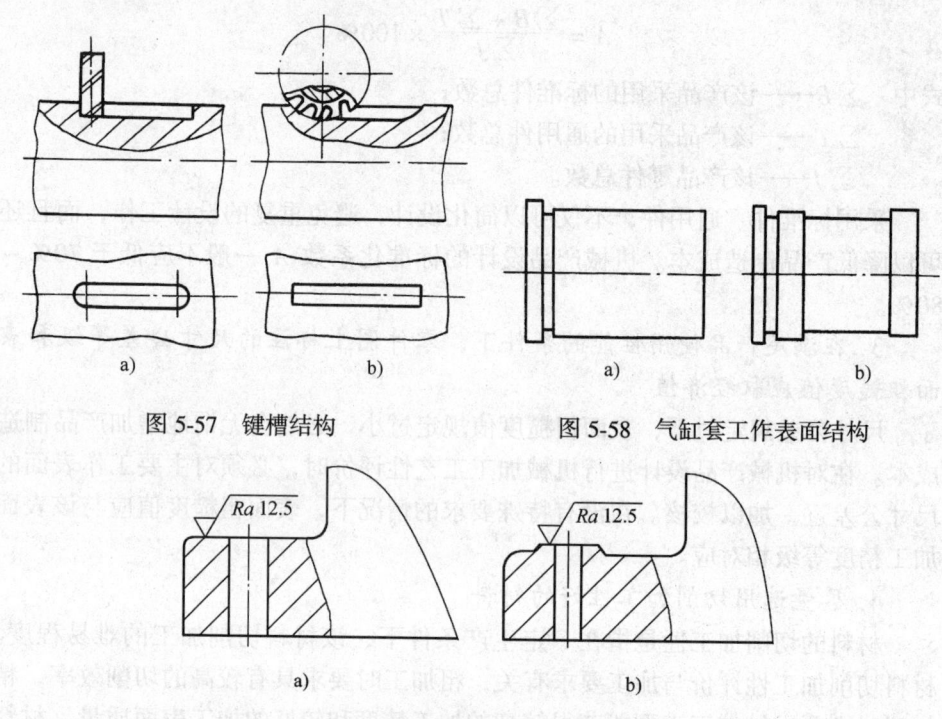

图 5-57　键槽结构　　　　　图 5-58　气缸套工作表面结构

图 5-59　箱体零件耳座结构

(3) 尽量减少加工过程的装夹次数　零件上的加工表面应尽量分布在同一方向上，以便在一次装夹中将处于同一方向上的加工面全部加工完毕。加工图 5-60 所示零件螺孔，需作两次装夹，先钻、攻螺孔 B、C，然后翻过来装夹，再钻、攻螺纹孔 A。如果设计允许，宜将螺孔 A 改成图 5-60 左上角的结构。

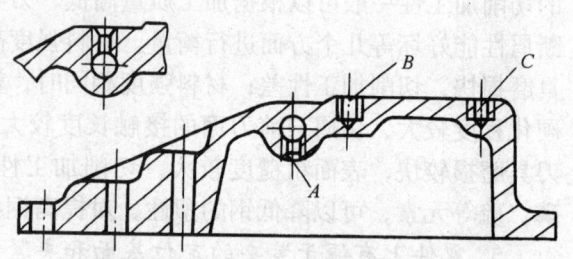

图 5-60　零件螺孔结构设计

(4) 尽量减少工作行程次数　图 5-61a 所示平面结构虽然凸起加工面都在同一方向上，但不在同一平面上，须经 2 或 3 次工作行程才能加工完，工艺性差。图 5-61b 所示平面结构只需一次工作行程就可以加工完，工艺性好。

7. 保证刀具能正常工作

图 5-62 是几种能保证刀具正常工作的零件结构。图 5-62a 是为保证车螺纹时不损坏车刀而在圆柱面与端面连接处设置了空刀槽；图 5-62b 所示零件，右边大孔精度高，要求磨孔，为保证磨孔径尺寸在全长上的一致性，在大孔左边

设置了宽度为 b 的砂轮越程槽；图 5-62c 是为插小齿轮设置的宽为 B 的退刀槽；图 5-62d 是为保证丝锥顺利引入螺纹底孔设置的内倒角。

图 5-63a 所示结构，孔的入口端和出口端都是斜面或曲面，钻孔时钻头两个刃受力不均，容易引偏，钻头也容易折断，宜改用图 5-63b 所示结构。图 5-63c 所示孔结构，入口是平的，但出口都是曲面，宜改用图 5-63d 所示结构。

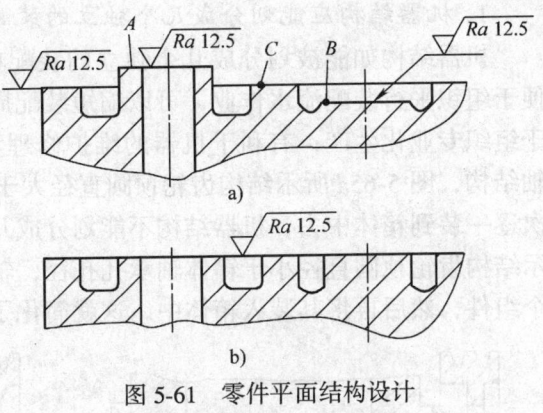

图 5-61 零件平面结构设计
a) 工艺性不好 b) 工艺性好

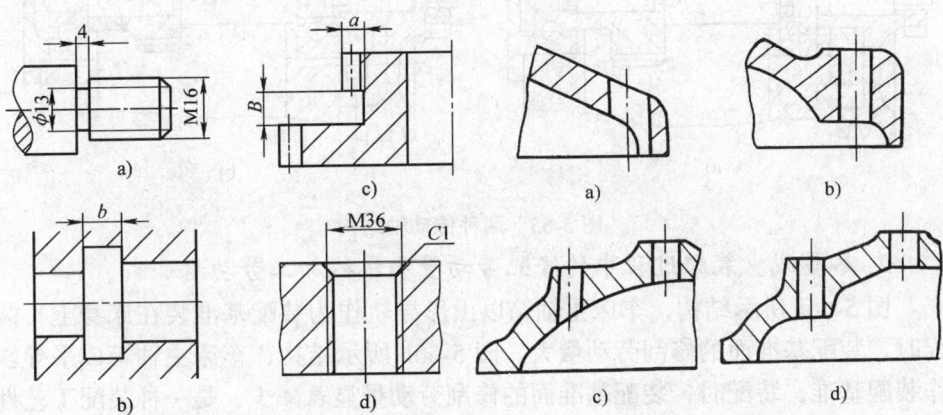

图 5-62 保证刀具能正常工作的零件结构

图 5-63 零件孔结构设计

8. 加工时工件应有足够的刚性

加工时，工件要承受切削力和夹紧力的作用，工件刚性不足易产生变形，影响加工精度。图 5-64 所示两种零件结构，图 5-64b 所示结构上平面设有加强肋，加工时不易产生变形，其工艺性比图 5-64a 所示结构好。

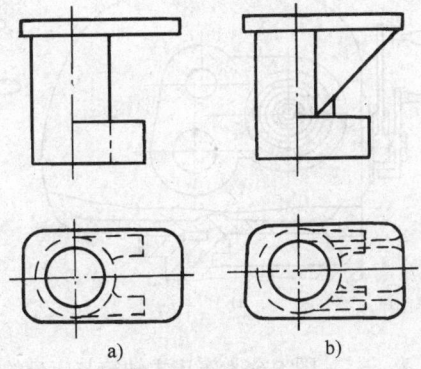

图 5-64 增设加强肋提高零件刚性

三、机械产品设计的装配工艺性评价

机械产品设计的装配工艺性可以从以下几个方面进行分析评价：

1. 机器结构应能划分成几个独立的装配单元

机器结构如能被划分成几个独立的装配单元，对生产好处很多，主要是：便于组织平行装配流水作业，可以缩短装配周期；便于组织厂际协作生产，便于组织专业化生产；有利于机器的维护修理和运输。图 5-65 给出了两种传动轴结构，图 5-65a 所示结构齿轮顶圆直径大于箱体轴承孔孔径，轴上零件须依次逐一装到箱体中去，机器结构不能划分成几个独立的装配单元；图 5-65b 所示结构齿轮顶圆直径小于箱体轴承孔孔径，轴上零件可以在箱体外先组装成一个组件，然后再将其装入箱体中，这就简化了装配过程，缩短了装配周期。

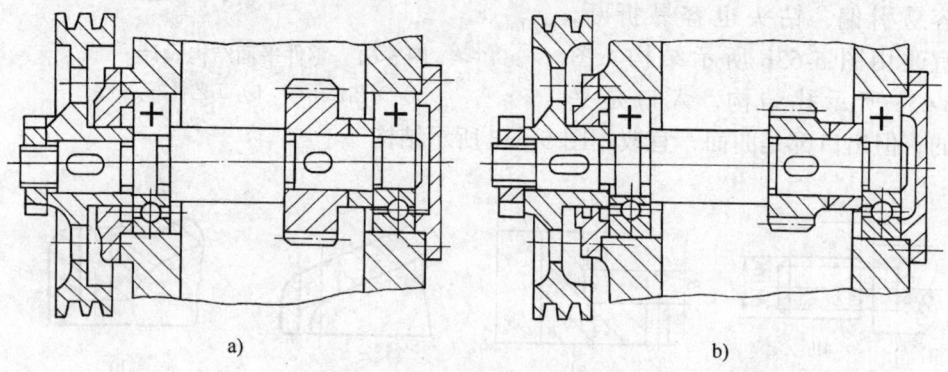

图 5-65　两种传动轴结构

2. 尽量减少装配过程中的修配劳动量和机械加工劳动量

图 5-66a 所示结构，车床主轴箱以山形导轨作为装配基准装在床身上，装配时，装配基准面的修刮劳动量大。图 5-66b 所示结构，车床主轴箱以平导轨作装配基准，装配时，装配基准面的修刮劳动量显著减少，是一种装配工艺性较好的结构。

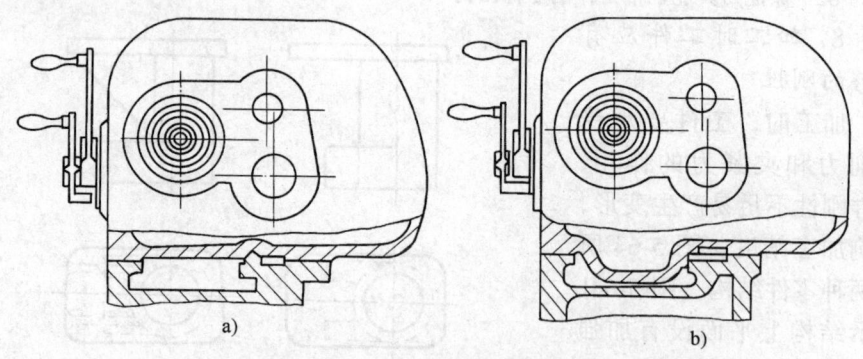

图 5-66　车床主轴箱与床身的两种不同装配结构形式

在机器设计中，采用调整法装配代替修配法装配可以减少修配工作量。图 5-67 给出了两种车床横刀架底座后压板结构，图 5-67a 所示结构用修刮后压板装配面的方法使横刀架底座后压板和床身下导轨间具有规定的装配间隙，图 5-67b 所示结构采用可调整结构使后压板与床身下导轨间具有规定的装配间隙，图 5-67b 所示结构比图 5-67a 所示结构的装配工艺性好。

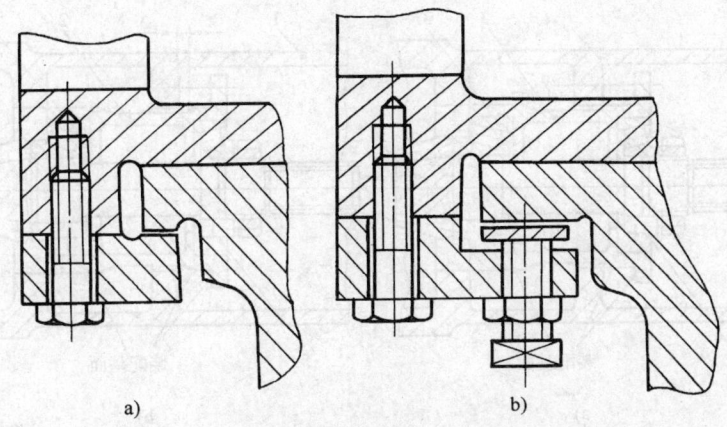

图 5-67　车床横刀架底座后压板两种不同结构

机器装配过程中要尽量减少机械加工量。在机器装配中安排机械加工不仅会延长装配周期,而且机械加工所产生的切屑如清除不净,往往会加剧机器磨损。图 5-68 所示两种轴润滑结构,图 5-68a 所示结构在轴套装到箱体上后需配钻油孔,在装配工作中增加了机械加工工作量;图 5-68b 所示结构改在轴套上预先加工油孔,装配工艺性就好。

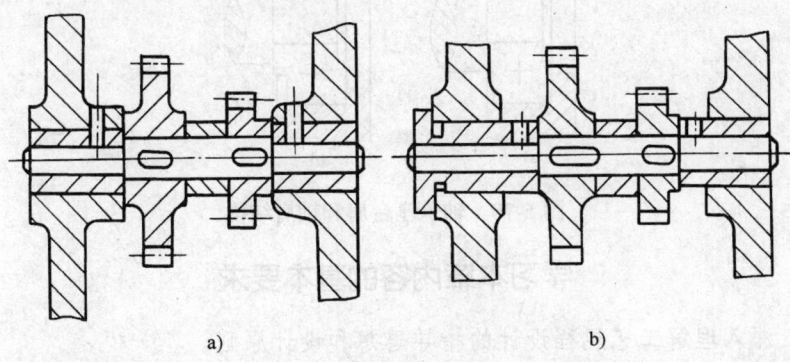

图 5-68　两种不同的轴润滑结构

3. 机器结构应便于装配和拆卸

图 5-69 给出了轴承座组件装配的两种不同设计方案。图 5-69a 所示结构装配时,轴承座 2 两段外圆表面同时装入壳体零件 1 的配合孔中,既不好观察,也不易同时对准;图 5-69b 所示结构,装配时先让轴承座 2 前端装入壳体 1 配合孔中 3mm 后,轴承座 2 后端外圆才开始进入壳体 1 配合孔中,容易装配。

图 5-70 给出了轴承外圈装在轴承座内和轴承内圈装在轴颈上的两种结构方案。图 5-70a 所示结构轴承座台肩内径等于或小于轴承外圈内径,而轴承内圈外径等于或小于轴肩直径,轴承内圈、外圈均无法拆卸,装配工艺性差;图 5-70b 所示结构,轴承座台肩内径大于轴承外圈的内径,轴肩直径小于轴承内圈外径,拆卸轴承内圈、外圈都十分方便,装配工艺性好。

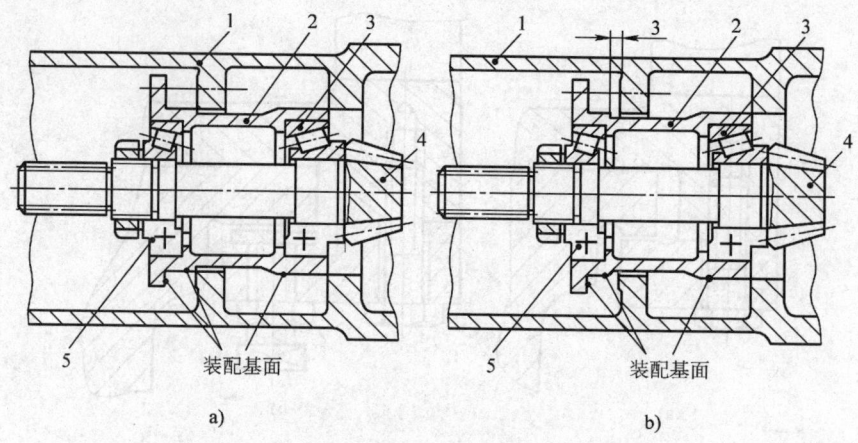

图 5-69 轴承座组件装配基面的两种设计方案
1—壳体 2—轴承座 3、5—轴承 4—锥齿轮

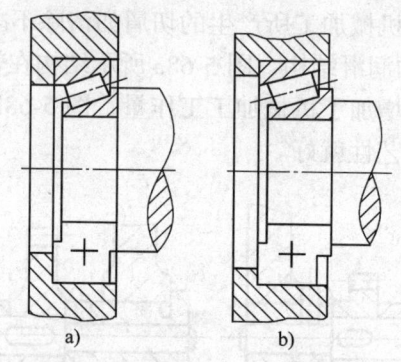

图 5-70 轴承座台肩和轴肩结构

学习本章内容的基本要求

1) 深入理解工艺规程设计的指导思想和设计原则。
2) 熟悉了解设计工艺规程必需的原始资料。
3) 熟悉了解设计机械加工工艺规程和装配工艺规程的内容和步骤。
4) 熟悉了解拟订机械加工工艺路线的工作内容和方法步骤。
5) 学习掌握选择粗、精基准的基本原则。
6) 正确理解划分加工阶段的目的意义。
7) 熟悉了解按工序集中原则和工序分散原则组织工艺过程的工艺特点及其应用范围。
8) 熟悉了解安排工序顺序的一般原则。
9) 熟悉了解机床设备和工艺装备选择的一般原则。
10) 熟悉了解加工余量的四个组成和减少加工余量的工艺途径。
11) 学会用查表法确定工序余量和总余量。
12) 学习掌握用极值法和统计法解算尺寸链的 14 个计算公式。
13) 学习掌握工序尺寸公差计算方法。

14) 熟悉了解时间定额的组成和提高生产率的工艺途径。

15) 熟悉了解工艺方案经济分析方法。

16) 熟悉了解绘制工序草图和工序布置图的基本要领。

17) 深入理解成组工艺原理，熟悉了解零件分类编码方法和成组加工工艺设计方法。

18) 熟悉了解用派生法做 CAPP 工作的方法步骤。

19) 学习掌握通过分析装配技术条件组建尺寸链的方法。

20) 熟悉了解装配单元划分和装配系统图。

21) 学习掌握保证装配精度的四种方法。

22) 学习掌握机械产品设计工艺性评价要领。

思考题与习题

5-1 什么是工艺过程？什么是工艺规程？

5-2 试简述工艺规程的设计原则、设计内容及设计步骤。

5-3 拟订工艺路线需完成哪些工作？

5-4 试简述粗、精基准的选择原则，为什么在同一尺寸方向上粗基准通常只允许用一次？

5-5 加工图 5-71 所示零件，其粗基准、精基准应如何选择（标有 ▽ 符号的表面为加工面，其余为非加工面）？图 5-71a、b 及 c 所示零件要求内外圆同轴，端面与孔中心线垂直，非加工面与加工面间尽可能保持壁厚均匀；图 5-71d 所示零件毛坯孔已铸出，要求孔加工余量尽可能均匀。

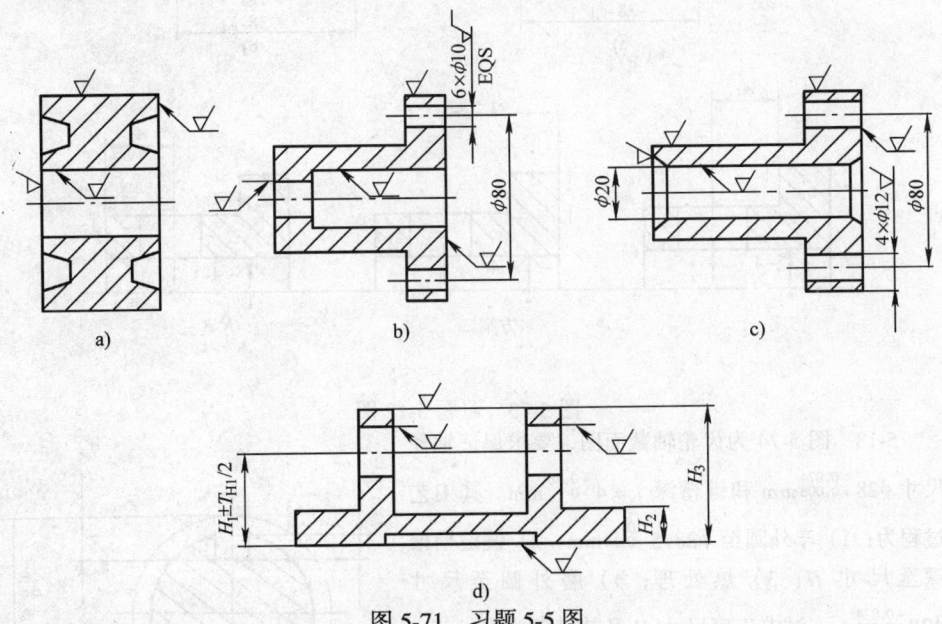

图 5-71 习题 5-5 图

5-6 为什么机械加工过程一般都要划分为若干阶段进行？

5-7 试简述按工序集中原则、工序分散原则组织工艺过程的工艺特征，各用于什么场合。

5-8 什么是加工余量、工序余量和总余量？

5-9 试分析影响工序余量的因素，为什么在计算本工序加工余量时必须考虑本工序装夹误差和上工序制造公差的影响？

5-10 图 5-72 所示尺寸链中（图中 A_0、B_0、C_0、D_0 是封闭环），哪些组成环是增环？哪些组成环是减环？

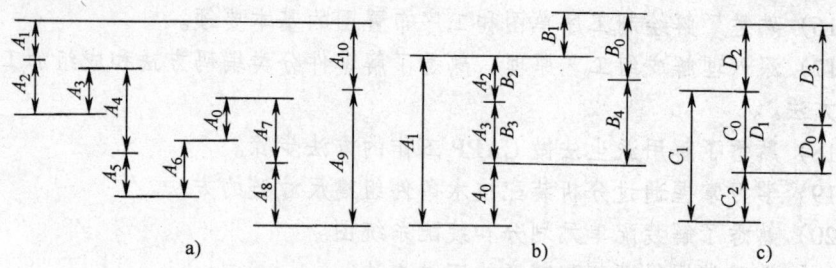

图 5-72 习题 5-10 图

5-11 试分析比较用极限法解尺寸链计算公式与用统计法解尺寸链计算公式的异同。

5-12 图 5-73a 为一轴套零件图，图 5-73b 为车削工序简图，图 5-73c 给出了钻孔工序三种不同定位方案的工序简图，要求保证图 5-73a 所规定的位置尺寸（10±0.1）mm 的要求。试分别计算工序尺寸 A_1、A_2 与 A_3 的尺寸及公差。为表达清晰起见，图中只标出了与计算工序尺寸 A_1、A_2、A_3 有关的轴向尺寸。

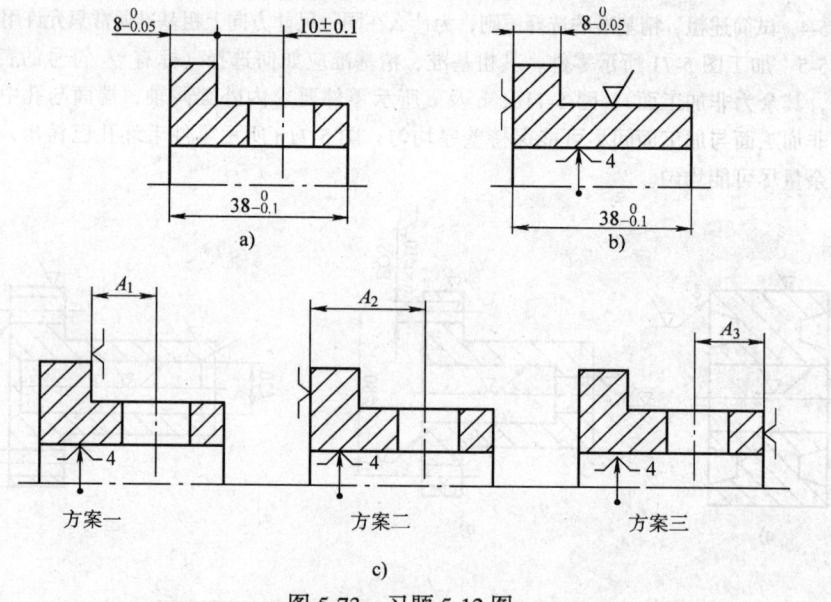

图 5-73 习题 5-12 图

5-13 图 5-74 为齿轮轴截面图，要求保证轴径尺寸 $\phi 28^{+0.024}_{+0.008}$ mm 和键槽深 $t = 4^{+0.16}_{0}$ mm。其工艺过程为：1）车外圆至 $\phi 28.5^{\ 0}_{-0.10}$ mm；2）铣键槽槽深至尺寸 H；3）热处理；4）磨外圆至尺寸 $\phi 28^{+0.024}_{+0.008}$ mm。试求工序尺寸 H 及其极限偏差。

5-14 加工图 5-75a 所示零件有关端面，要求保证轴向尺寸 $50^{\ 0}_{-0.1}$ mm，$25^{\ 0}_{-0.3}$ mm 和 $5^{+0.4}_{\ 0}$ mm。图 5-75b、c 是加工上述有关端面的工序草图，试求工序尺寸 A_1、A_2、A_3 及其极限偏差。

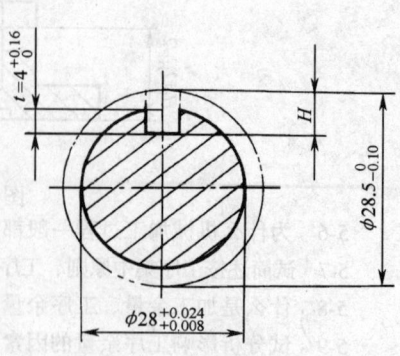

图 5-74 习题 5-13 图

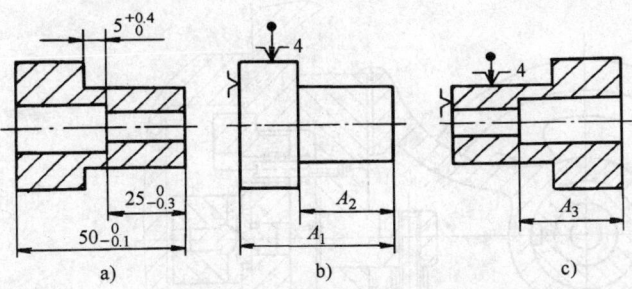

图 5-75 习题 5-14 图

5-15 图 5-76 是终磨十字轴端面的工序草图。图 5-76a 是磨端面 A 工位，它以 O_1O_1 轴外圆面靠在平面支承上，限制自由度 $\vec{z}$；以 O_2O_2 轴外圆支承在长 V 形块上限制自由度 $\vec{x}、\hat{x}、\vec{y}、\hat{y}$，要求保证工序尺寸 C。图 5-76b 是磨端面 B 工位，要求保证图示工序尺寸要求。已知轴径 $d=\phi 24.98_{-0.02}^{\ 0}$mm，试求工序尺寸 C 及其极限偏差。

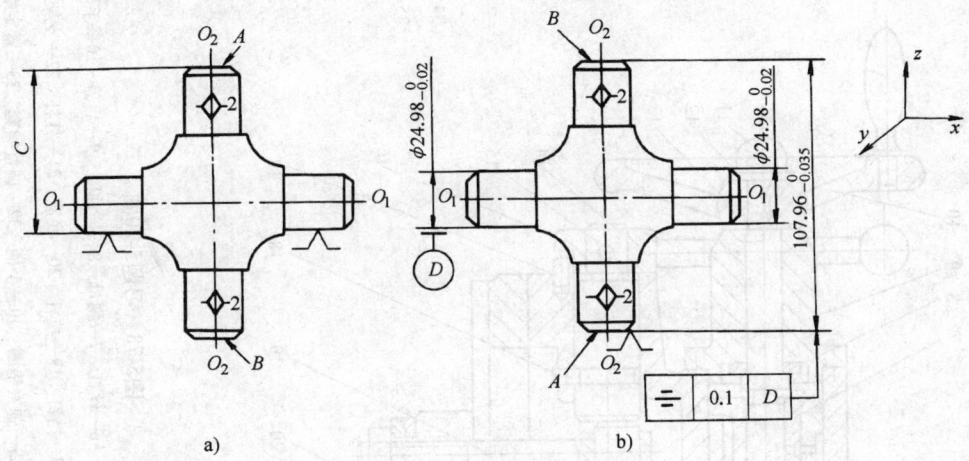

图 5-76 习题 5-15 图

5-16 什么是生产成本、工艺成本？什么是可变费用、不变费用？在市场经济条件下，如何正确运用经济分析方法合理选择工艺方案？

5-17 试分析成组工艺的科学内含和推广应用成组工艺的重要意义。

5-18 应用 JLBM-1 分类编码系统为图 5-77 所示零件进行编码，并将其转换为零件特征矩阵。

5-19 试述用派生法进行计算机辅助工艺规程设计的方法步骤。

5-20 在认真分析图 5-78 所示车床尾座装配关系的基础上，绘制车床尾座部件的装配工艺系统图，标准件编号自定。

5-21 什么是完全互换装配法？什么是统计互换装配法？试分析其异同，各适用于什么场合。

5-22 有一轴孔配合，若轴径尺寸为 $\phi 80_{-0.10}^{\ 0}$mm，孔径尺寸为 $\phi 80_{\ 0}^{+0.20}$mm，设轴

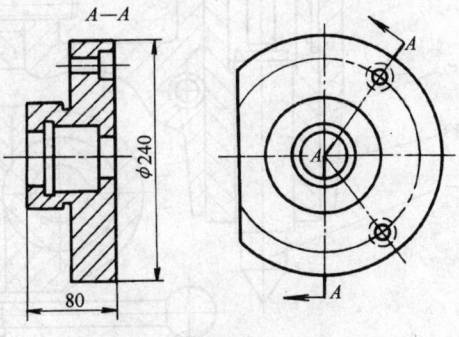

图 5-77 习题 5-18 图

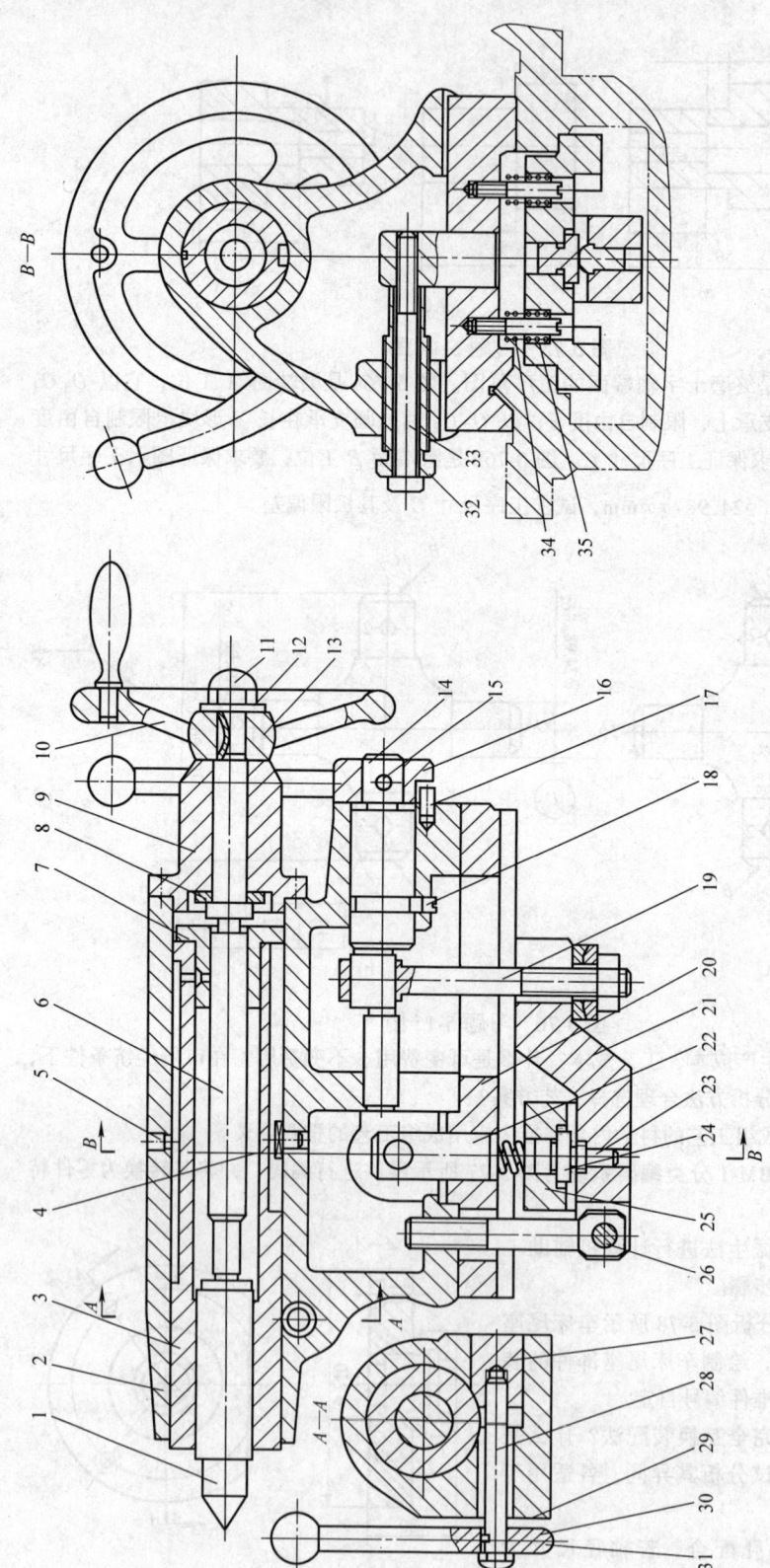

图5-78 习题5-20图

1—顶尖 2—尾座体 3—套筒 4—定位块 5—注油塞 6—丝杠 7—螺母 8—挡油圈 9—后盖 10—手轮 11—螺母 12—垫圈 13、31—半圆键 14—偏心轴 15—销子 16—手柄 17—挡销 18—挡钉 19—拉杆 20—底座 21—杠杆 22—支架 23—支承钉 24—压块 25—压板 26—铰链支架 27—夹紧块 28—螺杆 29—弹簧垫圈 30—手柄 32—调整螺套 33—紧定螺杆 34—弹簧 35—导向杆

径与孔径的尺寸均按正态分布，且尺寸分布中心与公差带中心重合，试用完全互换法和统计互换法分别计算轴孔配合间隙尺寸及其极限偏差。

5-23　图 5-79 所示减速器某轴结构的尺寸分别为：$A_1 = 40\text{mm}$，$A_2 = 36\text{mm}$，$A_3 = 4\text{mm}$；要求装配后齿轮端部间隙 A_0 保持在 $0.10 \sim 0.25\text{mm}$ 范围内，如选用完全互换法装配，试确定 A_1、A_2、A_3 的极限偏差。

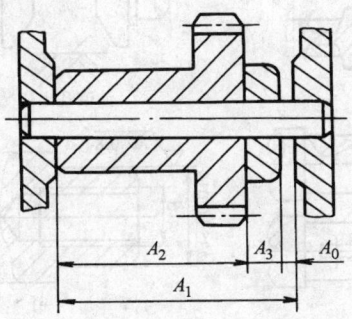

图 5-79　习题 5-23 图

5-24　图 5-80 所示为车床刀架座后压板与床身导轨的装配图，为保证刀架座在床身导轨上灵活移动，压板与床身下导轨面间间隙须保持在 $0.1 \sim 0.3\text{mm}$ 范围内，如选用修配法装配，试确定图示修配环 A 与其他各有关尺寸的基本尺寸和极限偏差。

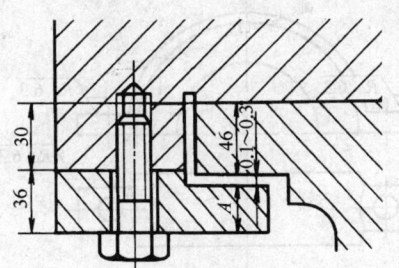

图 5-80　习题 5-24 图

5-25　图 5-81 所示传动装置，要求轴承端面与端盖之间留有 $A_0 = 0.3 \sim 0.5\text{mm}$ 的间隙。已知：$A_1 = 42_{-0.25}^{\ 0}\text{mm}$（标准件），$A_2 = 158_{-0.08}^{\ 0}\text{mm}$，$A_3 = 40_{-0.25}^{\ 0}\text{mm}$（标准件），$A_4 = 23_{\ 0}^{+0.045}\text{mm}$，$A_5 = 250_{\ 0}^{+0.09}\text{mm}$，$A_6 = 38_{\ 0}^{+0.05}\text{mm}$，$B = 5_{-0.03}^{\ 0}\text{mm}$。如采用固定调整法装配，试确定固定调整环 B 的分组数和分组尺寸。

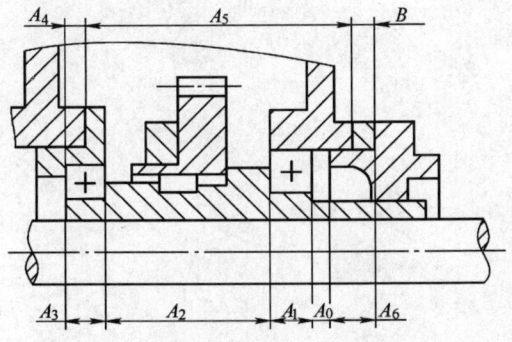

图 5-81　习题 5-25 图

5-26 对图 5-82 所示各零件的工艺性进行评价，指出其存在的问题，并提出改进意见。

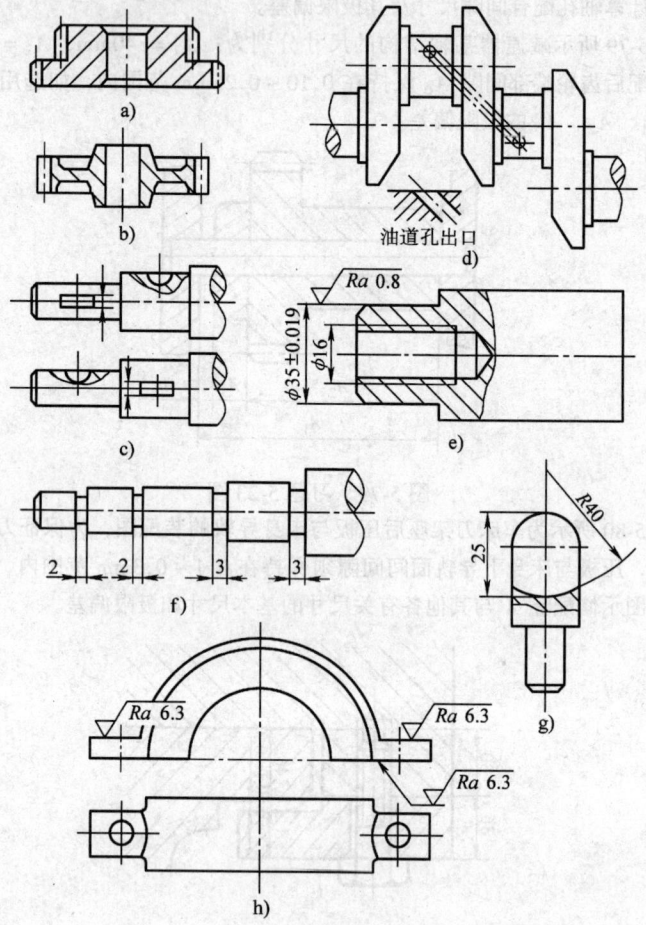

图 5-82 习题 5-26 图

第六章 机床夹具设计

机床夹具是装夹工件和引导刀具的装置。机床夹具是工艺系统的重要组成部分,它在生产中应用十分广泛。

第一节 概 述

一、机床夹具的作用

1. 减少加工误差,提高加工精度

用机床夹具装夹工件,能准确确定工件相对于刀具与机床的位置关系,可以减少加工误差,提高加工精度。

2. 提高生产效率

机床夹具能快速地将工件定位和夹紧,可以减少辅助时间,提高生产效率。

3. 减轻劳动强度

机床夹具采用机械、气动和液动等夹紧装置,可以减轻工人的劳动强度。

4. 扩大机床的工艺范围

利用机床夹具,能扩大机床的加工范围,例如,在车床或钻床上使用镗模可以代替镗床镗孔,使其具有镗床的功能。

二、机床夹具的分类

1. 按夹具的应用范围分类

(1) 通用夹具 通用夹具是指结构已经标准化,且有较大适用范围的夹具,例如,车床用的三爪自定心卡盘和四爪单动卡盘,铣床用的平口钳及分度头等。通用夹具适用于多品种、中小批量生产。

(2) 专用机床夹具 专用机床夹具是针对某一工件的某道工序专门设计制造的夹具。专用机床夹具定位准确,装卸工件迅速,但设计与制造的周期较长、费用较高,适于在产品相对稳定、产量较大的成批生产和大量生产中应用。

（3）组合夹具　组合夹具是用一套预先制造好的标准元件和合件组装而成的夹具。组合夹具结构灵活多变，设计和组装周期短，夹具零部件能长期重复使用；但组合夹具刚性相对较低，且需储备大量的标准零部件，一次性投资大，适于在单件小批生产或新产品试制中应用。

（4）成组夹具　成组夹具是在成组加工中为每个零件组设计制造的夹具，当改换加工同组内另一种零件时，只需调整或更换夹具上的个别元件，即可进行加工，如图 5-27 所示。成组夹具适于在多品种生产和中小批生产中应用。

（5）随行夹具　随行夹具是一种在自动线上使用的移动式夹具，在工件进入自动线加工之前，先将工件装在夹具中，然后夹具连同被加工工件一起沿着自动线依次从一个工位移到下一个工位，直到工件在退出自动线加工时，才将工件从夹具中卸下。随行夹具是一种始终随工件一起按自动线生产流程移动的夹具，适用于大批大量生产。

2. 按使用机床类型分类

机床类型不同，夹具结构各异，由此可将夹具分为车床夹具、钻床夹具、铣床夹具、镗床夹具、磨床夹具和组合机床夹具等类型。

3. 按夹具动力源分类

按夹具所用夹紧动力源，可将夹具分为手动夹紧夹具、气动夹紧夹具、液压夹紧夹具、气液联动夹紧夹具、电磁夹紧夹具和真空夹紧夹具等。

三、机床夹具的组成

夹具一般由下列元件或装置组成：

1. 定位元件

定位元件是用来确定工件正确位置的元件。被加工工件的定位基面与夹具定位元件直接接触或相配合实现定位。

2. 夹紧装置

夹紧装置是使工件在外力作用下仍能保持其正确定位位置的装置。

3. 对刀元件（导向元件）

对刀元件（导向元件）是指夹具中用于确定（或引导）刀具相对于夹具定位元件具有正确位置关系的元件，例如钻套、镗套、对刀块等。

4. 连接元件

连接元件是指用于确定夹具在机床上具有正确位置并与机床相连接的元件，例如安装在铣床夹具底面上的定位键等。

5. 其他元件及装置

根据加工要求，有些夹具尚需设置分度转位装置、靠模装置、工件抬起装置和辅助支承等装置。

6. 夹具体

夹具体是用于连接夹具元件和有关装置使之成为一个整体的基础件，夹具通过夹具体与机床连接。

定位元件、夹紧装置和夹具体是夹具的基本组成部分，其他部分可根据需要设置。

第二节　工件在夹具中的定位

工件的定位基面有各种形式，如平面、内孔、外圆、圆锥面和型面等。不同形状的定位基面应选择与之相适应的定位元件。

由于夹具定位元件是确定工件位置的元件，且经常与工件定位基面接触，定位元件的设计制造应满足以下要求：

（1）精度高　定位元件的精度直接影响工件的加工精度，定位元件应具有较高的精度。定位元件上直接用作定位的表面，其尺寸公差、形状公差和位置公差一般应是工件定位基面尺寸公差、形状公差和位置公差的 $1/5 \sim 1/2$。

（2）耐磨性好　定位元件与定位基面直接接触，为能较长期地保证其精度，定位元件必须具有良好的耐磨性。定位元件上与工件定位基面相接触、相配合的表面，其硬度要求为 $55 \sim 68HRC$。

（3）足够的刚性　为减少定位元件因切削力和夹紧力作用产生的变形，定位元件必须具有足够的刚性。

（4）良好的工艺性　定位元件应便于制造、装配与维修。

下面介绍几种常用的基本定位元件，实际生产中使用的定位元件都是这些基本定位元件的组合。

一、工件以平面定位常用定位元件

工件以平面定位时，常用的定位元件有支承钉、支承板、可调支承和自位支承等。

1．支承钉

常用支承钉的结构形式如图 6-1 所示。平头支承钉（图 6-1a）用于支承精基准面；球头支承钉（图 6-1b）用于支承粗基准面；网纹顶面支承钉（图 6-1c）能产生较大的摩擦力，但网槽中的切屑不易清除，常用在工件以粗基准定位且要求产生较大摩擦力的侧面定位场合。一个支承钉相当于一个支承点，限制一个自由度；在一个平面内，两个支承钉限制两个自由度；不在同一直线上的三个支承钉限制三个自由度。

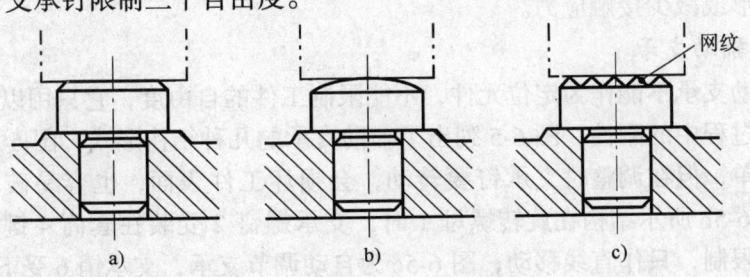

图 6-1　常用支承钉的结构形式

2. 支承板

常用支承板的结构形式如图 6-2 所示。平面型支承板（图 6-2a）结构简单，但沉头螺钉处清理切屑比较困难，适于作侧面和顶面定位；带斜槽型支承板（图 6-2b），在带有螺钉孔的斜槽中允许容纳少许切屑，适于作底面定位。当工件定位平面较大时，常用几块支承板组合成一个平面。一个支承板相当于两个支承点，限制两个自由度；两个（或多个）支承板组合，相当于一个平面，可以限制三个自由度。

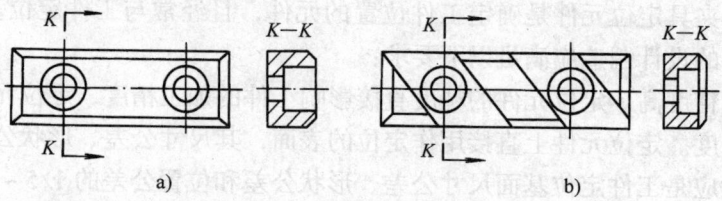

图 6-2 常用支承板的结构形式

3. 可调支承

常用可调支承的结构形式如图 6-3 所示。可调支承多用于支承工件的粗基准面，支承高度可以根据需要进行调整，调整到位后用螺母锁紧。一个可调支承限制一个自由度。

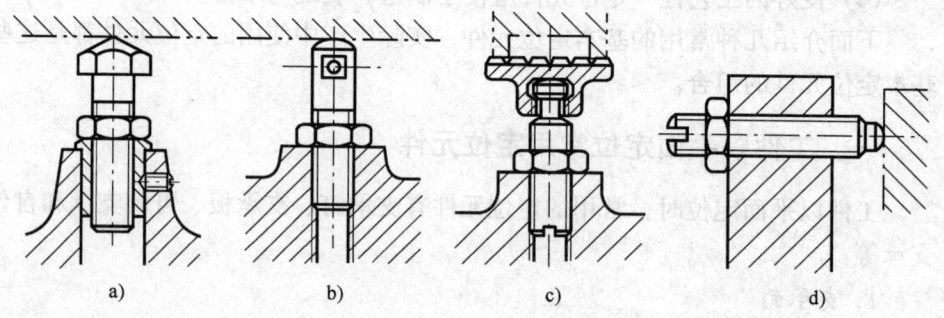

图 6-3 常用可调支承的结构形式

4. 自位支承

常用自位支承的结构形式如图 6-4 所示。由于自位支承是活动的或是浮动的，无论结构上是两点或三点支承，其实质只起一个支承点的作用，所以自位支承只限制一个自由度。使用自位支承的目的在于增加与工件的接触点，减小工件变形或减少接触应力。

5. 辅助支承

辅助支承不能作为定位元件，不能限制工件的自由度，它只用以增加工件在加工过程中的刚性。图 6-5 列出了辅助支承的几种结构形式。图 6-5a 所示的结构简单，但在调整时支承钉要转动，会损坏工件表面，也容易破坏工件定位；图 6-5b 所示结构在旋转螺母 1 时，支承螺钉 2 受装在套筒 4 键槽中止动销 3 的限制，只作直线移动；图 6-5c 为自动调节支承，支承销 6 受下端弹簧 5 的推力作用与工件接触，当工件定位夹紧后，回转手柄 9，通过锁紧螺钉 8 和

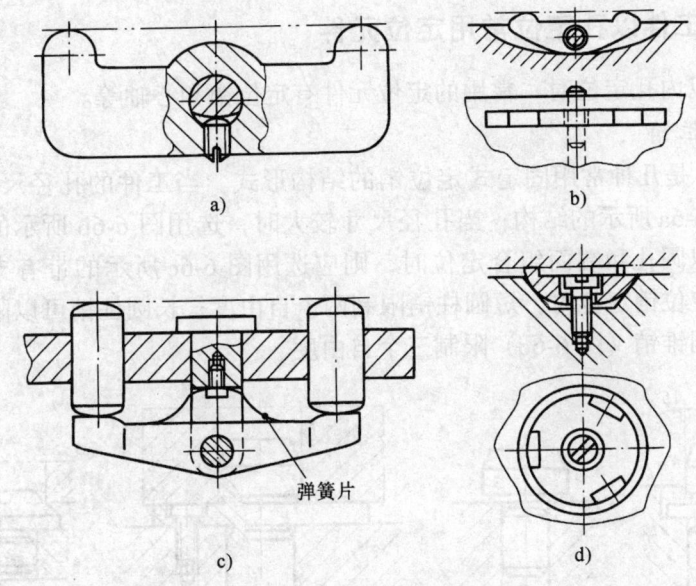

图 6-4 常用自位支承的结构形式

顶销 7 斜面,将支承销 6 锁紧;图 6-5d 为推式辅助支承,支承滑柱 11 通过推杆 10 向上移动与工件接触,然后回转手柄 13,通过钢球 14 和半圆键 12,将支承滑柱 11 锁紧。

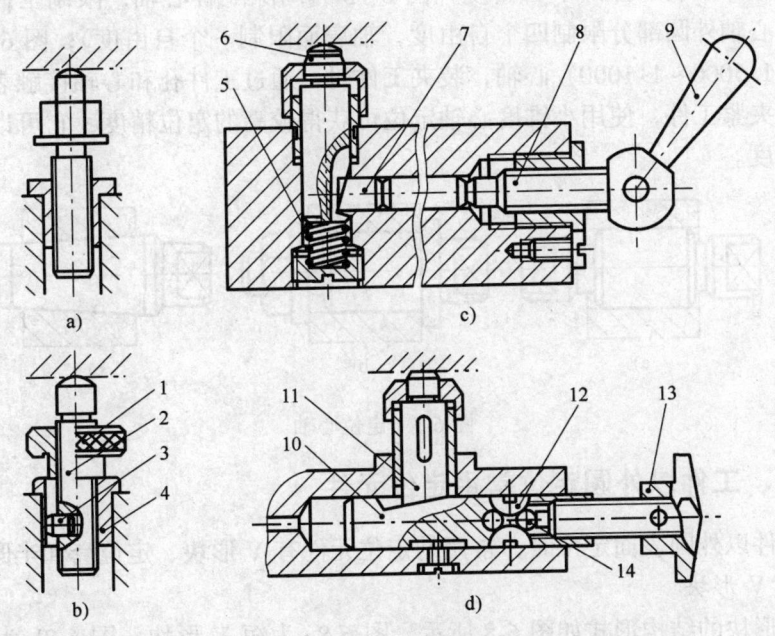

图 6-5 辅助支承
1—螺母 2—支承螺钉 3—止动销 4—套筒 5—弹簧 6—支承销 7—顶销 8—锁紧螺钉
9、13—手柄 10—推杆 11—支承滑柱 12—半圆键 13—手柄 14—钢球

二、工件以孔定位常用定位元件

工件以内孔定位时，常用的定位元件有定位销和心轴等。

1．定位销

图 6-6 是几种常用固定式定位销的结构形式。当工件的孔径尺寸较小时，可选用图 6-6a 所示的结构；当孔径尺寸较大时，选用图 6-6b 所示的结构；当工件同时以圆孔和端面组合定位时，则应选用图 6-6c 所示的带有支承端面的结构。用定位销定位时，短圆柱销限制两个自由度；长圆柱销可以限制四个自由度；短圆锥销（图 6-6d）限制三个自由度。

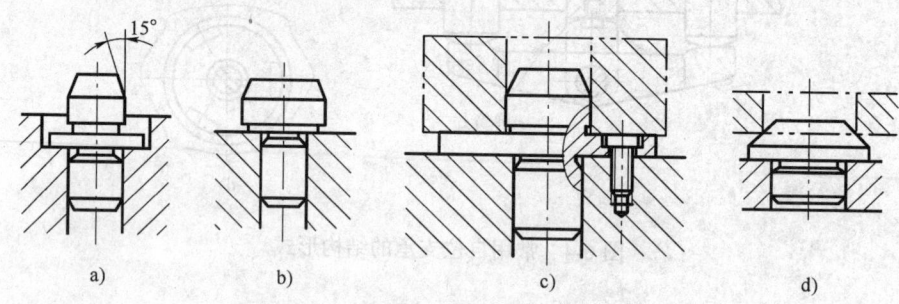

图 6-6　固定式定位销的结构形式

2．心轴

心轴的结构形式很多，图 6-7 是几种常用的心轴结构形式。图 6-7a 为过盈配合心轴，限制工件四个自由度；图 6-7b 为间隙配合心轴，限制工件五个自由度（心轴外圆部分限制四个自由度，轴肩面限制一个自由度）；图 6-7c 为小锥度（1:5000～1:1000）心轴，装夹工件时，通过工件孔和心轴接触表面的弹性变形夹紧工件，使用小锥度心轴定位可获得较高的定位精度，它可以限制五个自由度。

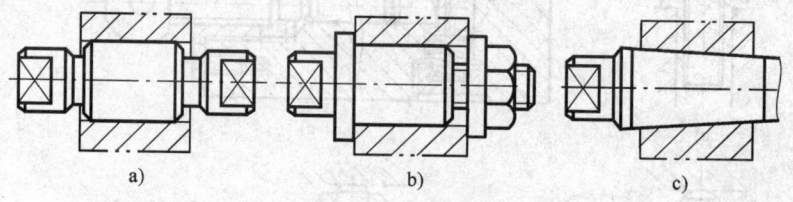

图 6-7　定位心轴

三、工件以外圆定位常用定位元件

工件以外圆表面定位时，常用的定位元件有 V 形块、定位套和半圆孔等。

1．V 形块

V 形块的结构形式如图 6-8 所示。图 6-8a 为短 V 形块；图 6-8b 为两短 V 形块组合，用于工件定位基面较长的情况；图 6-8c 为分体结构的 V 形块，淬硬钢镶块或硬质合金镶块用螺钉固定在 V 形铸铁底座上，用于工件定位基面长度和直径均较大的情况；图 6-8e、图 6-8f 是两种浮动式 V 形块结构。当工件以粗基准或工件以阶梯圆柱面定位时，V形块工作面的宽度一般应减为2~5mm（如图6-8d所示），以提高定位的稳定性。

用V形块定位，工件的定位基准始终在V形块两定位面的对称中心平面内，对中性能好。

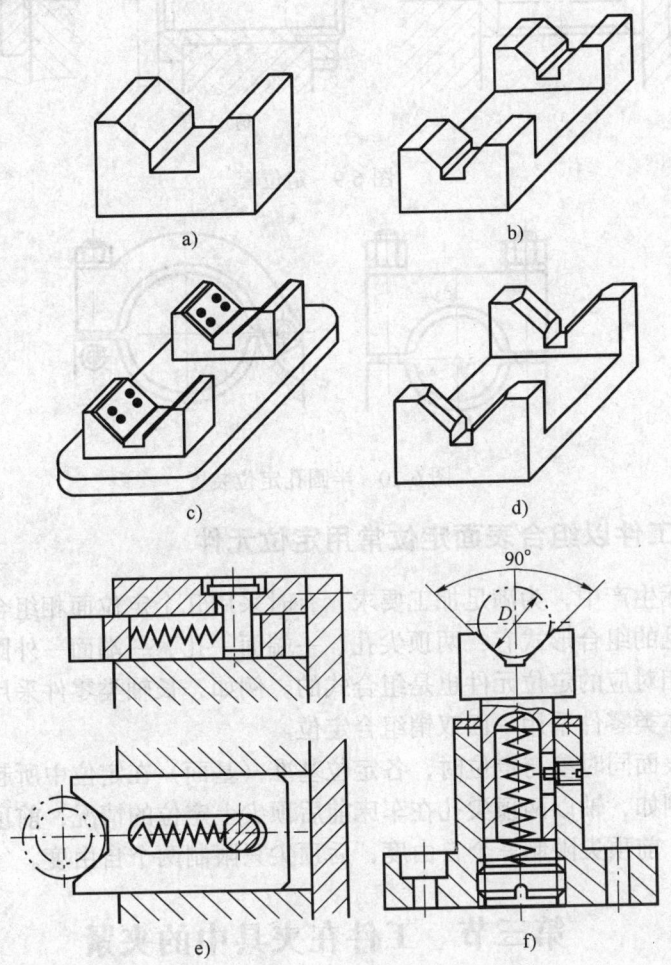

图6-8 V形块

一个短V形块限制两个自由度；两个短V形块组合或一个长V形块限制四个自由度；浮动式V形块只限制一个自由度。

2. 定位套

图6-9是常用的定位套结构形式。图6-9a用在工件以端面为主要定位基面的场合，短定位套孔限制工件的两个自由度；图6-9b用在工件以外圆柱表面为主要定位基面的场合，长定位套孔限制工件的四个自由度；图6-9c用于工件以圆柱面端部轮廓为定位基面，锥孔限制工件的三个自由度。

3. 半圆孔

图6-10是半圆孔定位装置。当工件尺寸较大，用圆柱孔定位不方便时，可将圆柱孔改成两半，下半孔用作定位，上半孔用于压紧工件。短半圆孔定位

限制工件的两个自由度；长半圆孔定位限制工件的四个自由度。

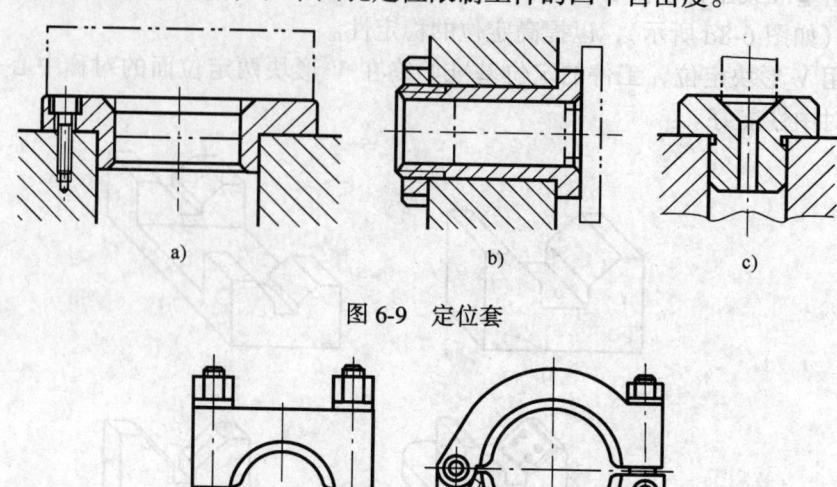

图 6-9　定位套

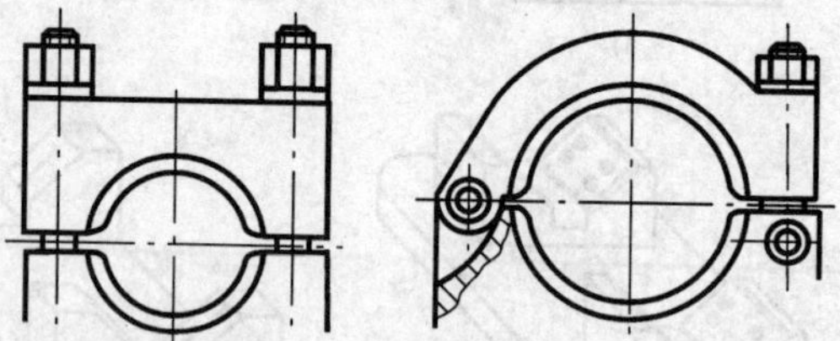

图 6-10　半圆孔定位装置

四、工件以组合表面定位常用定位元件

在实际生产中，为满足加工要求，有时采用几个定位面相组合的方式进行定位。常见的组合形式有：两顶尖孔、一端面一孔、一端面一外圆、一面两孔等，与之相对应的定位元件也是组合式的。例如，长轴类零件采用双顶尖组合定位；箱体类零件采用一面双销组合定位。

几个表面同时参与定位时，各定位基准（基面）在定位中所起的作用有主次之分。例如，轴以两顶尖孔在车床前后顶尖上定位的情况，前顶尖孔为主要定位基面，前顶尖限制三个自由度，后顶尖只限制两个自由度。

第三节　工件在夹具中的夹紧

一、夹紧装置的组成和要求

1. 夹紧装置的组成

工件在夹具中正确定位后，由夹紧装置将工件夹紧。夹紧装置的组成有（参见图 6-11）：

(1) 动力装置　产生夹紧动力的装置。

(2) 夹紧元件　直接用于夹紧工件的元件。

(3) 中间传力机构　将原动力传递给夹紧元件的机构。

图 6-11 中气缸 1 为动力装置，压板 4 为夹紧元件，由斜楔 2、滚子 3 和杠杆等组成的斜楔铰链传力机构为中间传力机构。

在有些夹具中，夹紧元件往往就是中间传力机构的一部分，通常将夹紧元

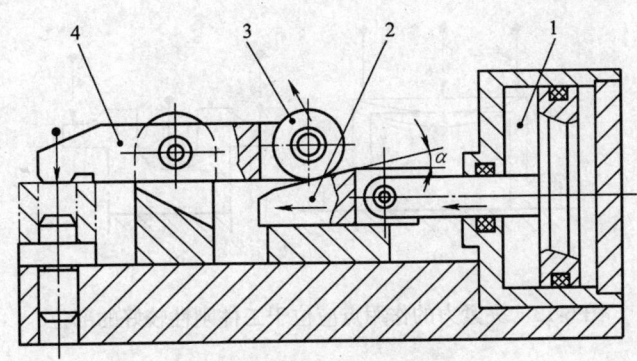

图 6-11 夹紧装置的组成
1—气缸　2—斜楔　3—滚子　4—压板

件和中间传力机构统称为夹紧机构。

2．对夹紧装置的要求

1）夹紧过程不得破坏工件在夹具中占有的定位位置。

2）夹紧力要适当，既要保证工件在加工过程中定位的稳定性，又要防止因夹紧力过大损伤工件表面或使工件产生过大的夹紧变形。

3）操作安全、省力。

4）结构应尽量简单，便于制造，便于维修。

二、夹紧力的确定

1．夹紧力作用点的选择

（1）夹紧力的作用点应正对定位元件或位于定位元件所形成的支承面内　图 6-12 所示夹具的夹紧力作用点就违背了这项原则，夹紧力作用点不正对定位元件 1，使工件 2 发生翻转，破坏了工件的定位位置。图 6-12 中实线箭头给出了夹紧力作用点的正确位置。

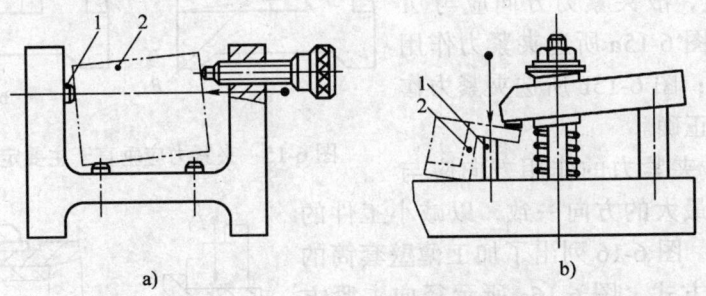

图 6-12 夹紧力作用点的选择
1—定位元件　2—工件

（2）夹紧力的作用点应位于工件刚性较好的部位　图 6-13 中实线箭头所示夹紧力作用点位置工件刚性较大，工件变形小；虚线箭头所示夹紧力作用点位置工件刚性小，工件变形大。

（3）夹紧力作用点应尽量靠近加工表面，使夹紧稳固可靠　在图 6-14 所示

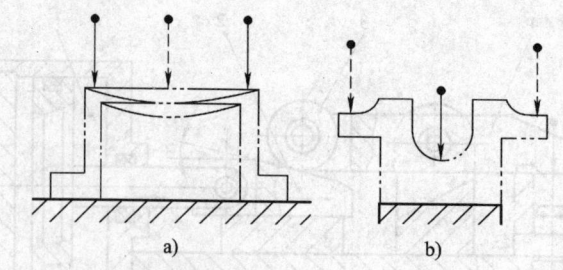

图 6-13 夹紧力的作用点应位于工件刚性较好的部位

两种滚齿加工工件装夹方案中，图 6-14a 的夹紧力作用点离工件加工面较远，不正确；图 6-14b 的夹紧力作用点选择正确。

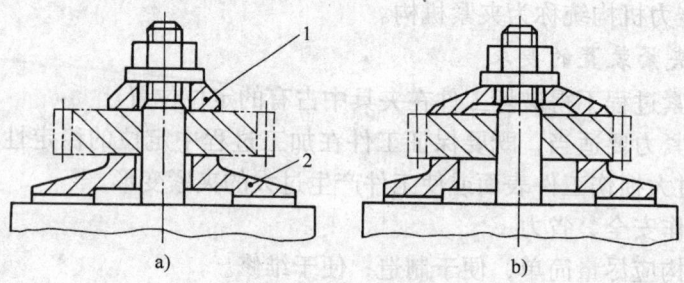

图 6-14 夹紧力的作用点应靠近加工表面
1—压盖 2—基座

2. 夹紧力作用方向的选择

（1）夹紧力的作用方向应垂直于工件的主要定位基面 图 6-15 所示镗孔工序要求保证孔中心线与 A 面垂直，故夹紧力方向应与 A 面垂直。图 6-15a 所选夹紧力作用方向正确；图 6-15b 所选夹紧力作用方向不正确。

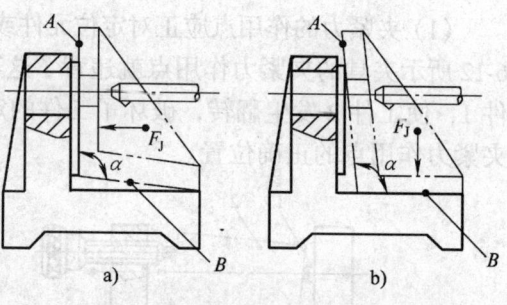

图 6-15 夹紧力应垂直于主要定位基面

（2）夹紧力的作用方向应与工件刚度最大的方向一致，以减小工件的夹紧变形 图 6-16 列出了加工薄壁套筒的两种夹紧方式。图 6-16a 所示径向夹紧方式，由于工件径向刚度差，工件的夹紧变形大；图 6-16b 所示轴向夹紧方式，由于工件轴向刚度大，夹紧变形较小。

（3）夹紧力作用方向应尽量与工件的切削力、重力等的作用方向一致，可减小所需夹紧力值。

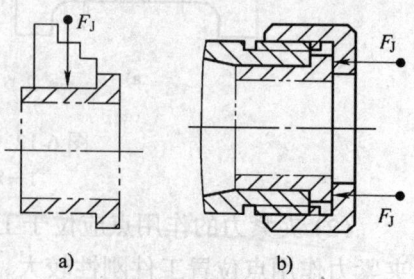

图 6-16 夹紧力应与工件刚度最大方向一致

3. 夹紧力的估算

设计夹具，估算夹紧力是一件十分重要的工作。夹紧力过大会增大工件的夹紧变形，还会无谓地增大夹紧装置，造成浪费；夹紧力过小工件夹不紧，加工中工件的定位位置将被破坏，而且容易引发安全事故。

在确定夹紧力时，可将夹具和工件看成一个整体，将作用在工件上的切削力、夹紧力、重力和惯性力等，根据静力平衡原理列出静力平衡方程式，即可求得夹紧力。为使夹紧可靠，应再乘一安全系数 k，粗加工时取 $k = 2.5 \sim 3$，精加工时取 $k = 1.5 \sim 2$。

加工过程中切削力的作用点、方向和大小可能都在变化，估算夹紧力时应按最不利的情况考虑。

例 6-1 在图 6-17 所示刨平面工序中，G 为工件自重，F 为夹紧力，F_c、F_p 分别为主切削力和背向力。已知：$F_c = 800\text{N}$，$F_p = 200\text{N}$，$G = 100\text{N}$。问需施加多大夹紧力才能保证加工正常进行？

解 根据静力平衡原理，可列出作用在工件上所有作用力的静力平衡方程式

$$F_c l - [Fl/10 + Gl + F(2l - l/10) + F_p z] = 0$$

从夹紧的可靠性考虑，在刀具切削到终点时（即当 $z = l/5$ 时）属于最不利的情况。将有关已知条件代入上式，即可求得夹紧力 $F = 330\text{N}$；取安全系数 $k = 3$，最后求得需施加的夹紧力 $F = 990\text{N}$。

夹具设计中，夹紧力大小并非在所有情况下都需要计算。在手动夹紧装置中，常根据经验或类比法确定所需的夹紧力。

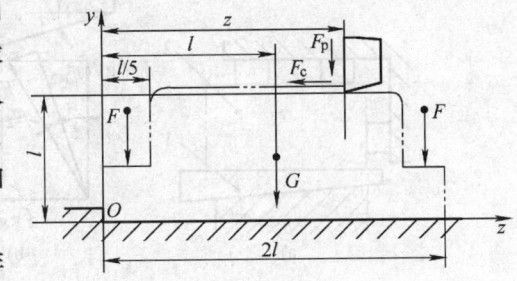

图 6-17 夹紧力计算图例

三、典型夹紧机构

1. 斜楔夹紧机构

斜楔是夹紧机构中最为基本的一种形式，它是利用斜面移动时所产生的力来夹紧工件的，常用于气动和液压夹具中。在手动夹紧中，斜楔往往和其他机构联合使用。从作用原理分析，螺旋夹紧机构和圆偏心夹紧机构都是斜楔的变形，现以斜楔夹紧机构为例，来分析夹紧力及自锁条件。图 6-18a 为一斜楔夹紧机构，它用移动斜楔 1 产生的力夹紧工件 2。图 6-18b 是 F_Q 作用在斜楔上的受力情况，在 F_Q 作用下，斜楔与工件接触的一面受到工件对它的反作用力 F_J（与斜楔对工件的作用力数值相同，方向相反）和摩擦力 F_1 的作用；斜楔的另一面受到夹具元件对它的反作用力 F_{N2} 和摩擦力 F_2 的作用。将 F_{N2} 与 F_2 合成为 F_{R2}，然后再将 F_{R2} 分解为水平分力 F_{Rx} 和垂直分力 F_{Ry}。根据静力平

衡条件得

$$\begin{cases} F_1 + F_{Rx} = F_Q \\ F_{Ry} = F_J \end{cases}$$

式中　$F_1 = F_J \tan\varphi_1$，$F_{Rx} = F_{Ry}\tan(\alpha + \varphi_2)$

代入上式得
$$F_J = \frac{F_Q}{\tan\varphi_1 + \tan(\alpha + \varphi_2)} \tag{6-1}$$

式中　α——斜楔升角（°）；
　　　φ_1——斜楔与工件间的摩擦角（°）；
　　　φ_2——斜楔与夹具元件间的摩擦角（°）。

夹紧机构一般都要求自锁，即在去除作用力 F_Q 后，夹紧机构仍能保持对工件的夹紧，不会松夹。图 6-18c 是去除作用力 F_Q 后斜楔的受力情况。斜楔实现自锁的条件为 $F_1 > F_{Rx}$。

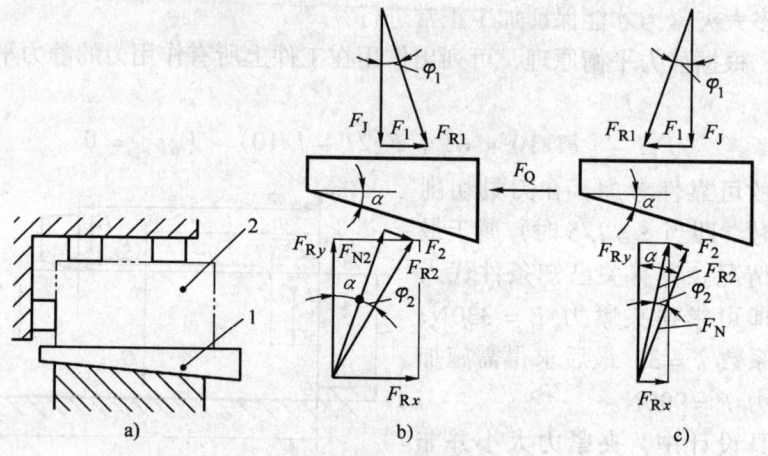

图 6-18　斜楔夹紧
1—斜楔　2—工件

由于 $F_1 = F_J\tan\varphi_1$，$F_J = F_{Ry}$，而 $F_{Rx} = F_{Ry}\tan(\alpha - \varphi_2) = F_J\tan(\alpha - \varphi_2)$，代入自锁条件得　　　$F_J\tan\varphi_1 > F_J\tan(\alpha - \varphi_2)$
即　　　　　　　　　　　$\tan\varphi_1 > \tan(\alpha - \varphi_2)$

因 α 和 φ_1、φ_2 都很小，将上式化简即可求得斜楔夹紧机构实现自锁的条件为
$$\alpha < \varphi_1 + \varphi_2 \tag{6-2}$$

手动夹紧机构一般取 $\alpha = \varphi_1 = \varphi_2 \approx 6° \sim 8°$。

斜楔夹紧机构的缺点是夹紧行程小，手动操作不方便。斜楔夹紧机构常用在气动、液压夹紧装置中，此时斜楔夹紧机构不需要自锁，可取 $\alpha = 15° \sim 30°$。

2. 螺旋夹紧机构

采用螺旋装置直接夹紧或与其他元件组合实现夹紧的机构，统称螺旋夹紧机构。螺旋夹紧机构结构简单，容易制造。由于螺纹升角小，螺旋夹紧机构的自锁性能好，夹紧力和夹紧行程都较大，在手动夹具上应用较多。螺旋夹紧机构可以看作是绕在圆柱表面上的斜面,将它展开就相当于一个斜楔。

图 6-19a 是一个最简单的螺旋夹紧机构,螺钉头部直接压紧工件表面。这种结构在使用时容易压坏工件表面,而且拧动螺钉时容易使工件产生转动,破坏工件的定位,一般应用较少。图 6-19b 中螺杆 3 的头部通过活动压块 1 与工件表面接触,拧螺杆时,压块不随螺杆转动,故不会带动工件转动;用压块 1 压工件,由于承压面积大,故不会压坏工件表面;采用衬套 2 可以提高夹紧机构的使用寿命,螺纹磨损后通过更换衬套 2 可迅速恢复螺旋夹紧功能。

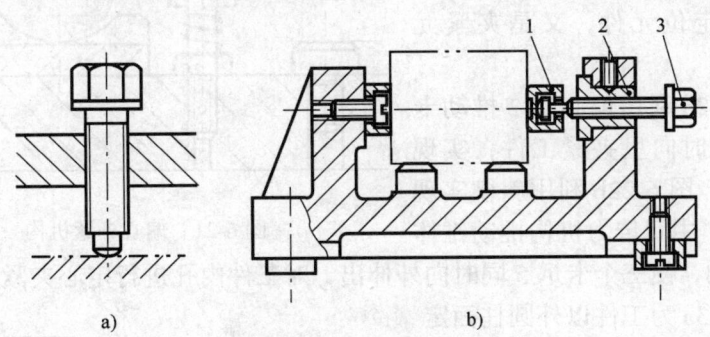

图 6-19 单螺旋夹紧机构
1—活动压块 2—衬套 3—螺杆

图 6-20 所示为螺旋压板夹紧机构。图 6-20a 中,拧动螺母 1 通过压板 4 压紧工件表面。采用螺旋压板组合夹紧时,由于被夹紧表面的高度尺寸有误差,压板 4 的位置不可能一直保持水平,在螺母端面和压板之间设置球面垫圈(件 2)和锥面垫圈(件 3),可防止在压板倾斜时,螺栓不致因受弯矩作用而损坏。图 6-20b 所示螺旋压板夹紧机构通过锥面垫圈将夹紧力均匀地作用在薄壁工件上,可减少夹紧变形。

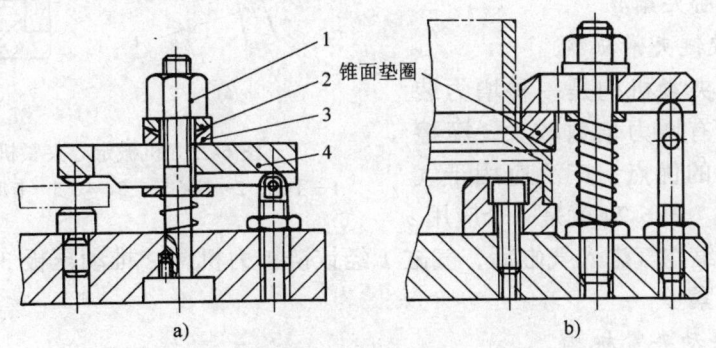

图 6-20 螺旋压板夹紧机构
1—螺母 2—球面垫圈 3—锥面垫圈 4—压板

3. 偏心夹紧机构

偏心夹紧机构(见图 6-21)是斜楔夹紧机构的一种变形,它是通过偏心轮直接夹紧工件或与其他元件组合夹紧工件的。常用的偏心件有圆偏心和曲线偏心,圆偏心夹紧机构具有结构简单,夹紧迅速等优点;但它的夹紧行程小,增力倍数小,自锁性能差,故一般只在被夹紧表面尺寸变动不大和切削过程振动较小的场合应用。铣削加工属断续切削，振动较大，铣床夹具一般都不采用偏心夹紧机构。

4. 定心夹紧机构

定心夹紧机构是指能够在实现工件定心作用的同时，又起着夹紧工件作用的夹紧机构。定心夹紧机构中与工件定位基面相接触的元件，既是定位元件，又是夹紧元件。

图 6-22a 利用偏心轮 2 推动卡爪 3、4 同时向里夹紧工件，实现定心夹紧；图 6-22b 利用斜楔实现定心夹紧，中间传力机构推动锥体 6 向右移动，使三个卡爪 5 同时向外伸出，对工件内孔进行定心夹紧。

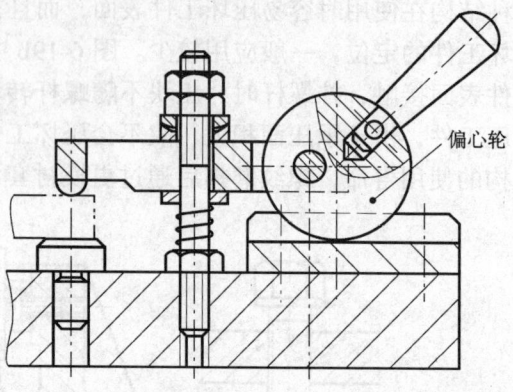

图 6-21 偏心夹紧机构

图 6-23a 为工件以外圆柱面定位的弹簧夹头，旋转螺母 4，其内螺孔端面推动弹性筒夹 2 向左移动，锥套 3 内锥面迫使弹性筒夹 2 上的簧瓣向里收缩，将工件定心夹紧。图 6-23b 为工件以内孔定位的弹簧心轴，旋转带肩螺母 8 时，其端面向左推动锥套 7 迫使弹性筒夹 6 上的簧瓣向外胀开，将工件定心夹紧。

5. 铰链夹紧机构

铰链夹紧机构是一种增力装置，它具有增力倍数较大，摩擦损失较小的优点，广泛应用于气动夹具中。图 6-24 就是一个应用

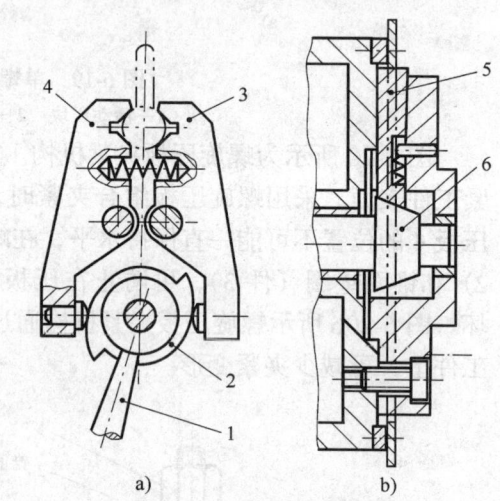

图 6-22 机械定心夹紧机构
1—手柄 2—偏心轮 3、4、5—卡爪 6—锥体

实例，压缩空气进入气缸后，气缸 1 经铰链扩力机构 2 推动压板 3、4，同时将工件夹紧。

6. 联动夹紧机构

联动夹紧机构是一种高效夹紧机构，它可通过一个操作手柄或一个动力装置，对一个工件的多个夹紧点实施夹紧，或同时夹紧若干个工件。图 6-24 是气动联动夹紧机构实例。图 6-25 是多件联动夹紧机构实例。图 6-26 是联动夹紧机构实例，图 6-26a 是为实现相互垂直的两个方向的夹紧力同时作用的联动夹紧机构；图 6-26b 是为实现相互平行的两个夹紧力同时作用的联动夹紧机构。

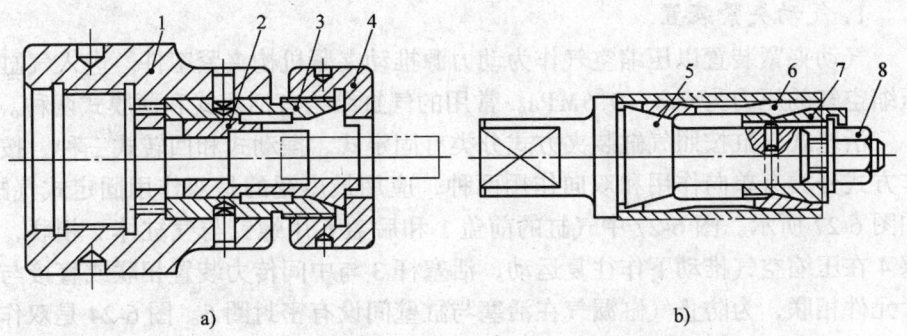

图 6-23 弹性定心夹紧机构
1—夹具体 2、6—弹性筒夹 3、7—锥套 4、8—螺母 5—心轴本体

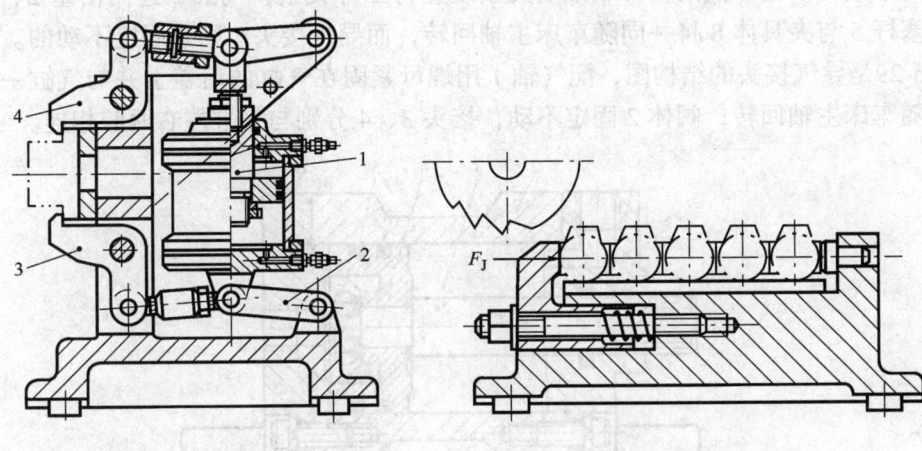

图 6-24 铰链夹紧机构　　　图 6-25 多件联动夹紧机构
1—气缸 2—铰链扩力机构 3、4—压板

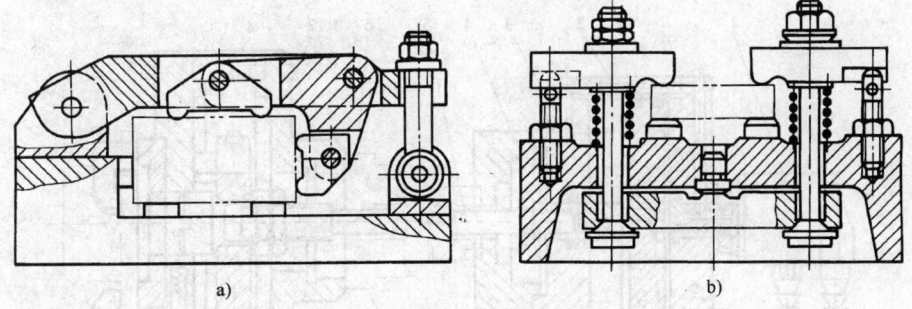

图 6-26 联动夹紧机构

四、夹紧的动力装置

在大批大量生产中,为提高生产率和降低工人劳动强度,大多数夹具都采用机动夹紧装置,驱动方式有气动、液动、气液联合驱动,电(磁)驱动,真空吸附等多种形式。

1. 气动夹紧装置

气动夹紧装置以压缩空气作为动力源推动夹紧机构夹紧工件。进入气缸的压缩空气的压力为 0.4~0.6MPa。常用的气缸结构有活塞式和薄膜式两种。

活塞式气缸按照气缸装夹方式分类有固定式、摆动式和回转式三种，按工作方式分类有单向作用和双向作用两种，应用最广泛的是双作用固定式气缸，如图 6-27 所示。图 6-27 中气缸的前盖 1 和后盖 6 用螺钉与气缸体 2 相联，活塞 4 在压缩空气推动下作往复运动，活塞杆 3 与中间传力装置相联或直接与夹紧元件相联，为防止气缸漏气在活塞与缸壁间设有密封圈 5。图 6-24 是双作用摆动式气缸的应用实例。图 6-28 是车床上使用的回转式气缸实例，夹具体 8 通过过渡盘 7 装夹在车床主轴 6 的前端，气缸 3 通过过渡盘 4 固定在车床主轴的末端；活塞 2 拽活塞杆 5 推动夹紧装置将工件夹紧；气缸 3 连同活塞 2、活塞杆 5 与夹具体 8 将一同随车床主轴回转，而导气接头 1 则是固定不动的。图 6-29 是导气接头的结构图，配气轴 1 用螺母紧固在气缸的后盖上并与气缸一同随车床主轴回转；阀体 2 固定不动，接头 3、4 分别与气缸左右两腔相连。

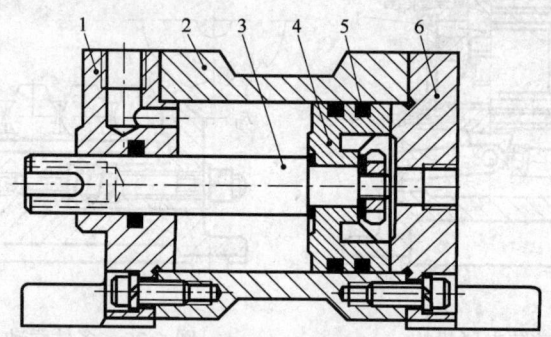

图 6-27 双向作用固定式活塞式气缸图
1—前盖 2—气缸体 3—活塞杆 4—活塞 5—密封圈 6—后盖

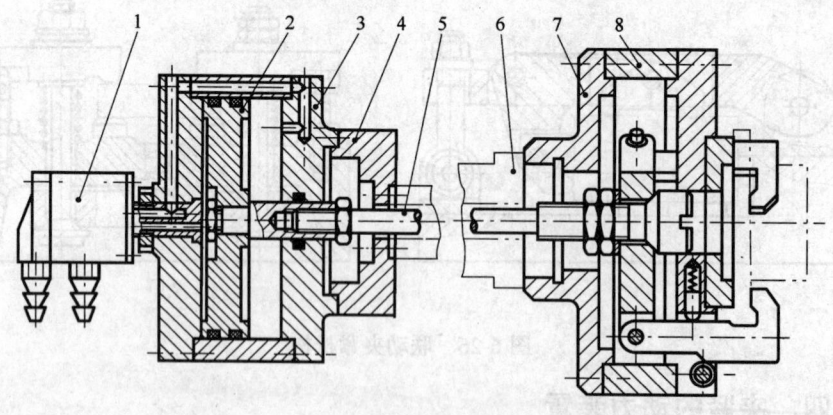

图 6-28 回转式气缸及其应用
1—导气接头 2—活塞 3—气缸 4、7—过渡盘 5—活塞杆 6—主轴 8—夹具体

图 6-30 所示为单向作用的薄膜式气缸结构，薄膜 2 代替活塞将气室分为左右两部分。当压缩空气由导气接头 1 输入左腔后，推动薄膜 2 和推杆 5 右移

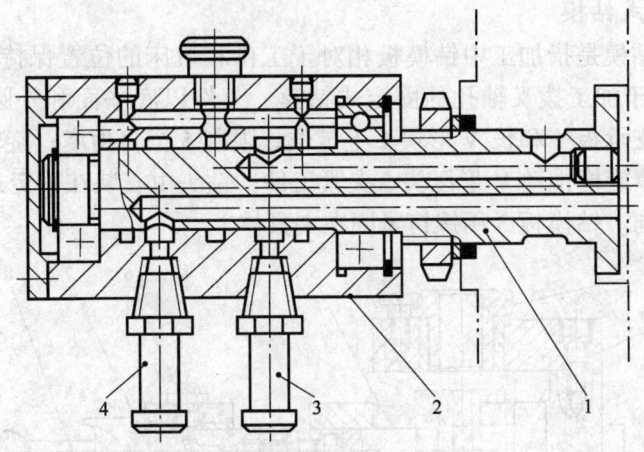

图 6-29 导气接头
1—配气轴 2—阀体 3、4—接头

夹紧工件。当左腔由导气接头经分配阀放气时，弹簧 6 使推杆左移复位，松开工件。与活塞式气缸相比，薄膜式气缸具有密封性好，结构简单，寿命较长的优点；缺点是工作行程较短，夹紧力随行程变化而变化。

2. 液压夹紧装置

液压夹紧装置的结构和工作原理与气动夹紧装置基本相同，所不同的是它所用的工作介质是压力油，工作压力可达 5～6.5MPa。与气压夹紧装置相比，液压夹紧具有以下优点：传动力大，夹具结构相对比较小；油液不可压缩，夹紧可靠，工作平稳；噪声小。它的不足之处是须设置专门的液压系统，应用范围受限制。

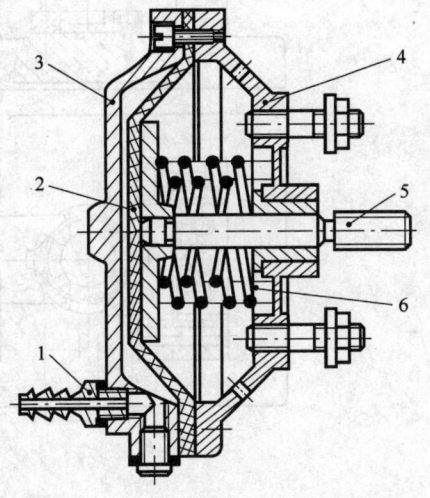

图 6-30 薄膜式气缸
1—导气接头 2—薄膜 3—左气缸壁
4—右气缸壁 5—推杆 6—弹簧

第四节 典型机床夹具

一、钻床夹具

钻床夹具的明显特点是设有引导钻头的钻套，钻套安装在钻模板上，习惯上将钻床夹具称为"钻模"。

（一）钻模的主要类型及其结构特点

根据工件上被加工孔的分布情况和工件的生产类型，钻模在结构上有固定式、回转式、翻转式、摆动式和滑柱式等多种形式。

1. 固定式钻模

固定式钻模是指加工中钻模板相对于工件和机床的位置保持不变的钻模。图 6-31 为用于加工拨叉轴孔的固定式钻模。工件以底平面和外圆表面分别在夹具上的圆支承板 1 和长 V 形块 2 上定位，限制 5 个自由度；旋转手柄 8，由转轴 7 上的螺旋槽推动 V 形压头 5 夹紧工件；钻头由安装在固定式钻模板 3 上的钻套 4 导向。钻模板 3 用螺钉紧固在夹具体上。

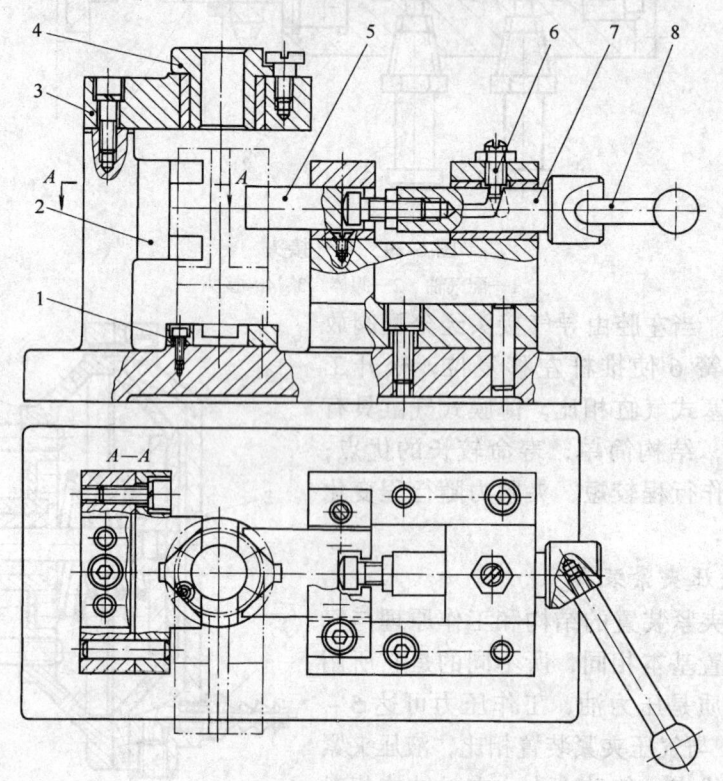

图 6-31　固定式钻模
1—圆支承板　2—长 V 形块　3—钻模板　4—钻套　5—V 形压头　6—螺钉　7—转轴　8—手柄

2. 回转式钻模

回转式钻模用于加工分布在同一圆周上的平行孔系或径向孔系。图 6-32 是用来加工扇形工件上三个等分径向孔的回转式钻模。工件以内孔、键槽和侧平面为定位基面，分别在夹具定位元件定位销轴 6、键 7 和圆支承板 3 上定位，限制 6 个自由度。由螺母 5 和开口垫圈 4 夹紧工件。分度装置由分度盘 9、等分定位套 2、拨销 1 和锁紧手柄 11 组成；工件分度时，拧松手柄 11，拔出拨销 1，旋转分度盘 9 带动工件一起分度，当转至拨销 1 对准下一个定位套时，将拨销 1 插入，实现分度，然后用手柄 11 锁紧分度盘，即可加工工件上另一个孔。钻头由安装在固定式钻模板上的钻套 8 导向。

3. 翻转式钻模

翻转式钻模主要用于加工小型工件上几个不同方向的孔。图 6-33 所示是钻锁紧螺母上径向孔的翻转式钻模。工件以内孔和端面在弹簧胀套 3 和圆支承

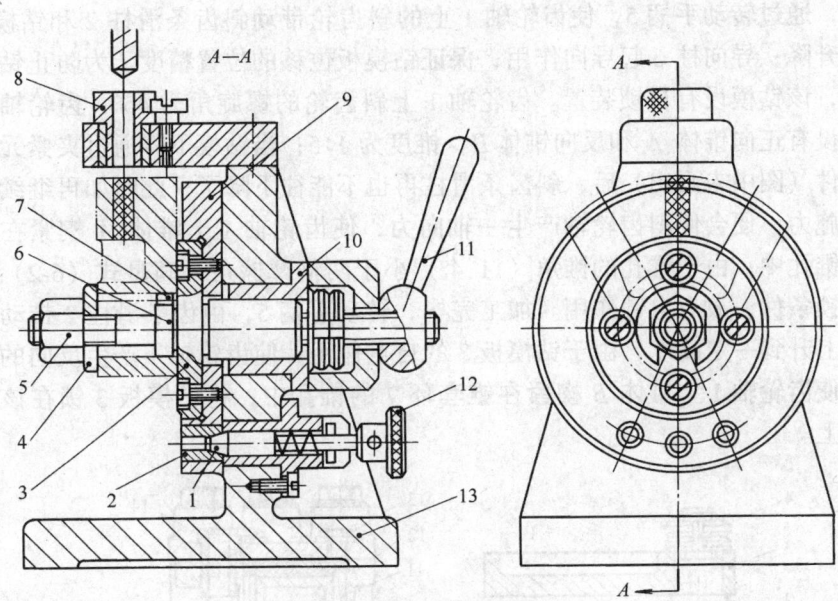

图 6-32 回转式钻模
1—拔销 2—等分定位套 3—圆支承板 4—开口垫圈 5—螺母 6—定位销轴 7—键
8—钻套 9—分度盘 10—套筒 11—锁紧手柄 12—手柄 13—夹具体

板 4 上定位，拧紧螺母 5，向左拉动倒锥螺栓 2，使弹簧胀套 3 胀开，将工件内孔胀紧，并使工件端面紧贴在支承板 4 上，使工件夹紧。根据加工孔的位置在夹具的四个侧面分别装有钻套 1 用以引导钻头。在钻床工作台上按顺序翻转夹具，即可钻出工件上四个径向孔。由于切削力小，钻模在钻床工作台上不用压紧，直接用手扶持即可方便地进行加工。翻转式钻模靠手工翻转，所以此类钻模连同工件的总重量不能太重，一般应在 80~100N 以内。此种钻模操作方便，适于在中小批生产中使用。

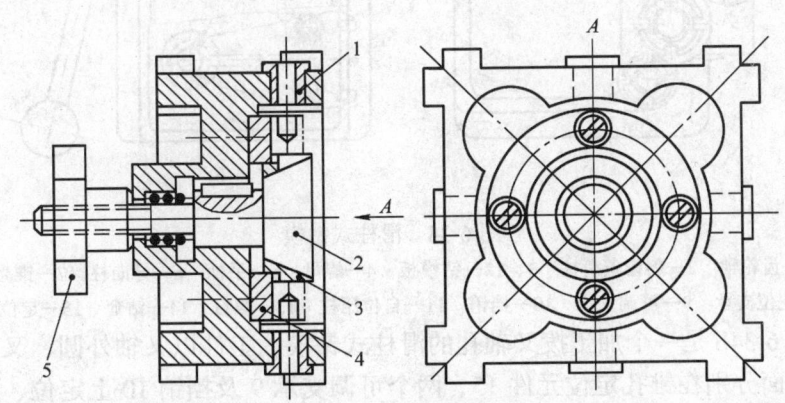

图 6-33 翻转式钻模
1—钻套 2—倒锥螺栓 3—弹簧胀套 4—支承板 5—螺母

4. 滑柱式钻模

滑柱式钻模的钻模板可上下升降，其结构已规格化，如图 6-34a 所示。使用时，通过转动手柄 5，使齿轮轴 1 上的斜齿轮带动斜齿条滑柱 2 和钻模板 3 上下升降；导向柱 6 起导向作用，保证钻模板位移的位置精度。为防止钻模板松动，该钻模设有自锁装置。齿轮轴 1 上斜齿轮的螺旋角为 45°，齿轮轴 1 的前端设有正向锥体 A 和反向锥体 B，锥度为 1∶5；当钻模下降通过夹紧元件压紧工件（图中未画出）后，斜齿条滑柱再也不能往下降了；此时如再继续转动手柄施力，便会使斜齿轮轴产生一轴向力，使齿轮轴 1 上锥体 A 楔紧在夹具体的锥孔中；由于锥孔的锥角（11.4°）小于两倍摩擦角，满足式（6-2）规定的自锁条件，故有自锁作用。加工完毕，转动手柄 5，由齿条滑柱 2 带动钻模板 3 上升到一定高度，由于钻模板 3 的自重作用，使齿轮轴 1 产生反向的轴向力，使齿轮轴 1 上锥体 B 楔紧在锥套环 7 的锥孔中，将钻模板 3 锁在该高度位置上。

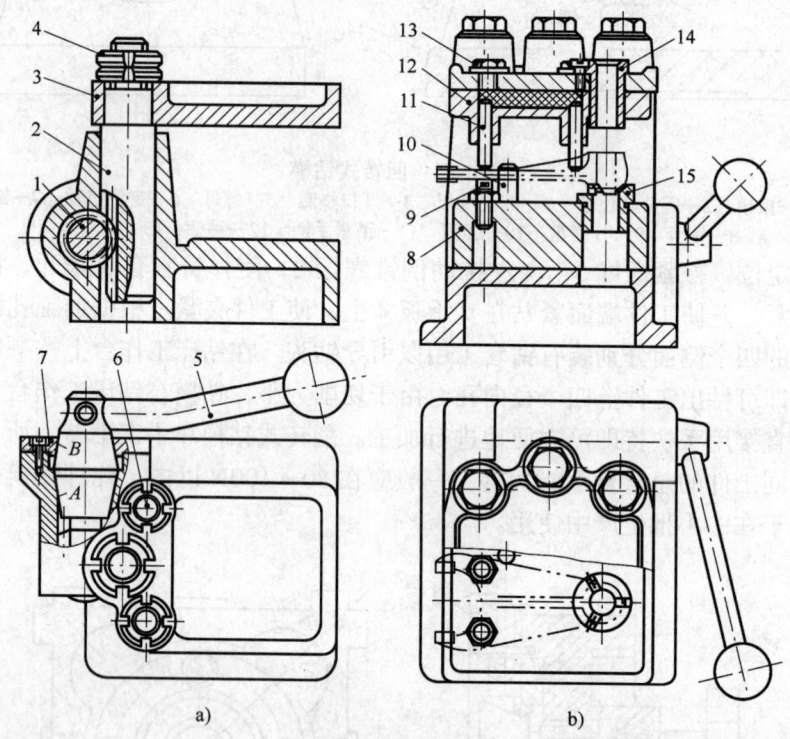

图 6-34 滑柱式钻模

1—齿轮轴　2—斜齿条滑柱　3、12—钻模板　4—螺母　5—手柄　6—导向柱　7—锥套环　8—定位支承　9—可调支承　10—挡销　11—自位压柱　13—螺钉　14—钻套　15—定位元件

图 6-34b 是一个加工拨叉轴孔的滑柱式钻模。工件以叉轴外圆、叉体平面和叉侧面分别在锥孔定位元件 15、两个可调支承 9 及挡销 10 上定位，限制工件的 6 个自由度。工件定位后，转动手柄，使钻模板 12 下移带动 4 个自位压柱 11 下降，将工件压紧在定位支承上。

除手动外，滑柱式钻模还可以采用其他动力装置，如气动、液压等。

滑柱式钻模具有结构简单、操作迅速方便、自锁可靠、其结构已通用化等优点，被广泛用于成批生产和大量生产中。

5. 盖板式钻模（可卸钻模板式钻模）

图 6-35 所示是钻主轴箱侧面上 7 个孔所用的盖板式钻模。工件平放在机床工作台上，钻模板 5 以 3 个支承钉 1 组成的平面及圆柱销 2 和菱形销 4 在工件的一面两孔中定位，然后旋转手柄 3，通过钢球 6 和 3 个均布的定心销 7 将钻模板紧固在工件上。

盖板式钻模的钻模板是可卸的，在装、卸工件时需将它拆卸下来。为装、卸钻模板方便，钻模板重量以不超过 100N 为宜。因装卸钻模板费力费时，此种钻模仅适于在中小批量生产中使用。

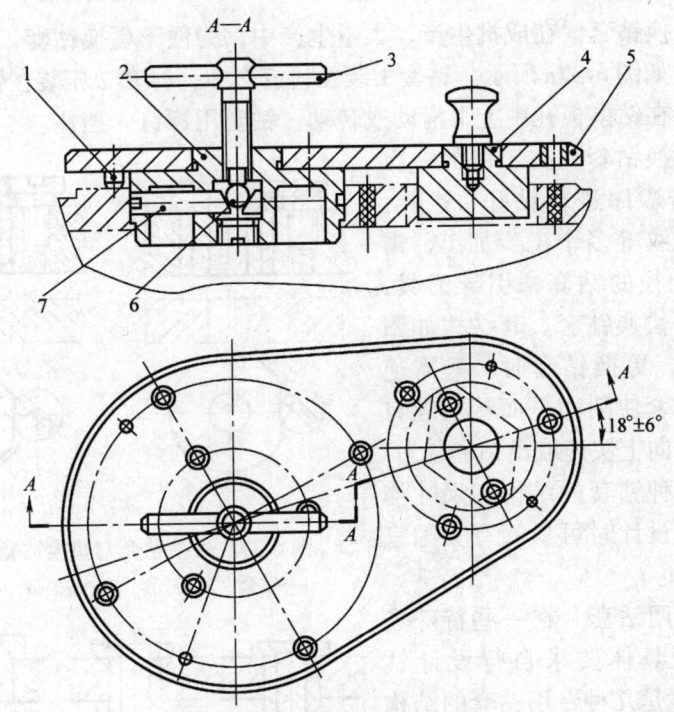

图 6-35 钻主轴箱 7 孔用盖板式钻模
1—支承钉 2—圆柱销 3—手柄 4—菱形销 5—钻模板 6—钢球 7—定心销

（二）钻床夹具设计要点

1. 钻套

钻套的作用是确定钻头、铰刀等刀具的轴线位置，防止刀具在加工中发生偏斜。根据使用特点，钻套可分为固定式、可换式、快换式等多种结构形式。

（1）固定钻套　固定钻套直接被压装在钻模板上，其位置精度较高，但磨损后不易更换。图 6-36 所示为固定钻套的两种结构，图 6-36a 是无肩的，图 6-36b 是有肩的。钻模板较薄时，为使钻套具有足够的引导长度，应采用有肩钻套。

钻套导向部分高度尺寸 H 越大，刀具的导向性越好，但刀具与钻套的摩擦越大，一般取 $H = (1 \sim 2.5)D$，孔径小、精度要求较高时，H 取较大值。

为便于排屑,钻套下端与被加工工件间应留有适当距离 h;但是,h 值不能取得太大,否则会降低钻套对钻头的导向作用,影响加工精度。根据经验,加工钢件时,取 $h = (0.7 \sim 1.5)D$;加工铸铁件时,取 $h = (0.3 \sim 0.4)D$;大孔取较小的系数,小孔取较大的系数。

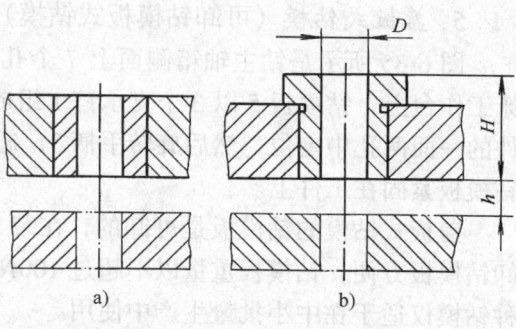

图 6-36 固定钻套的结构

(2) 可换钻套 在成批生产、大量生产中,为便于更换钻套,采用可换钻套,其结构如图 6-37a 所示。钻套 1 装在衬套 2 中,衬套 2 压装在钻模板 3 中;为防止钻套在钻模板孔中上下滑动或转动,钻套用螺钉 4 挡住。

(3) 快换钻套 在工件的一次装夹中,若顺序进行钻孔、扩孔、铰孔或攻螺纹等多个工步加工,需使用不同孔径的钻套来引导刀具,此时应使用快换钻套。其结构如图 6-37b 所示,更换钻套时,只需逆时针转动钻套使削边平面转至螺钉位置,即可向上快速取出钻套。

上述三种钻套的结构和尺寸均已标准化,设计时可参阅有关国家标准。

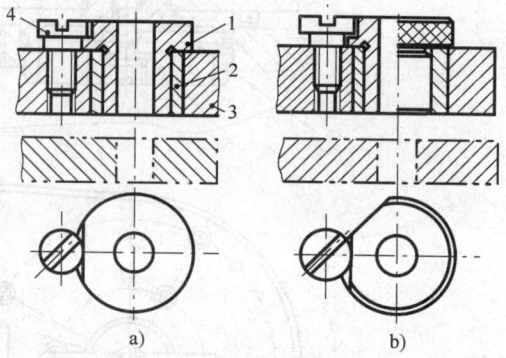

图 6-37 可换钻套与快换钻套的结构
1—钻套 2—衬套 3—钻模板 4—螺钉

(4) 专用钻套 在一些特殊场合,可根据具体要求自行设计钻套。图 6-38 是几种专用钻套的结构形式,图 6-38a 用于在斜面上钻孔;图 6-38b 用于钻孔表面离钻模板较远的场合;图 6-38c 用于两孔孔距过小而无法分别采用完整钻套的场合。

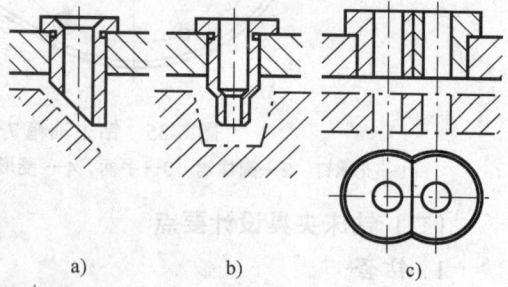

图 6-38 特殊钻套

2. 钻模板

常见的钻模板有固定式、铰链式、可卸式、悬挂式四种结构形式。

(1) 固定式钻模板 固定式钻模板与夹具体是固定联接的,可以与夹具体做成一体,也可以用螺钉将它与夹具体相联接,图 6-31 所示钻模所用钻模板就是固定式钻模板。采用这种钻模板钻孔,位置精度较高。

(2) 铰链式钻模板 铰链式钻模板与夹具体通过铰链连接,图 6-39 所示钻模板 3 可绕铰链轴 1 翻转。装卸工件时,将钻模板往上翻;加工时将钻模板往下翻,并用菱形螺钉 2 固紧。采用铰链式钻模板,工件可在夹具上方装入,装卸工件方便；但翻转钻模板费工费时，效率较低，且钻套位置精度受铰链间隙的影响，钻孔位置精度不高。它主要用在生产规模不大、钻孔精度要求不高的场合。

（3）悬挂式钻模板　悬挂式钻模板是与机床主轴箱相连接的。图6-40中，钻模板2与夹具体的相对位置是通过夹具体上的两个定位套1和与钻模板相连的两个滑柱4定位确定的。悬挂式钻模板随机床主轴箱5上下升降，不需另设机构操纵，同时可利用悬挂式钻模板下降动作夹紧工件。悬挂式钻模板通常在用多轴传动头加工平行孔系时采用，生产效率高，适用于大批大量生产。

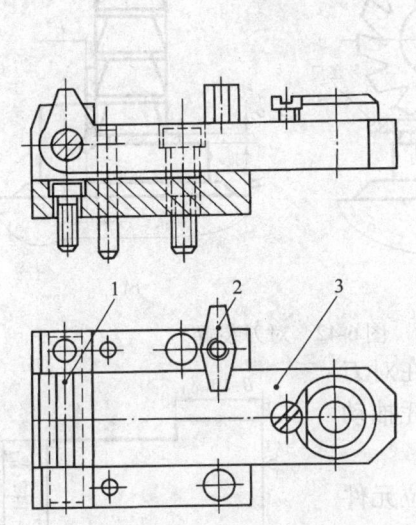

图6-39　铰链式钻模板
1—铰链轴　2—菱形螺钉　3—钻模板

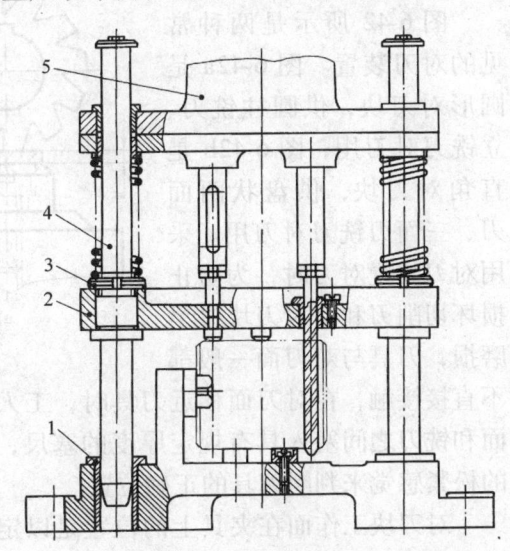

图6-40　悬挂式钻模板
1—定位套　2—钻模板　3—螺母
4—滑柱　5—主轴箱

3. 钻套位置尺寸和公差的确定

钻套在夹具上的位置以定位元件的定位表面或定位元件轴线为基准进行标注。钻套位置尺寸以工件相应尺寸的平均尺寸为基本尺寸，公差取为工件相应尺寸公差的1/5～1/2，偏差对称标注。

例6-2　钻图6-41a所示 $\phi 10$mm的孔，要求保证孔中心线位置尺寸 $L_1 = (100 \pm 0.1)$mm，$L_2 = (50 \pm 0.1)$mm，试确定图6-41b所示夹具钻套位置尺寸 L。

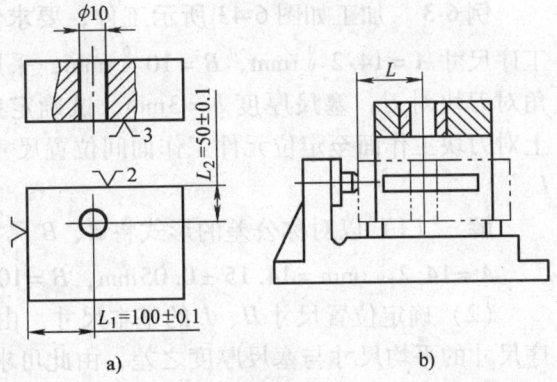

图6-41　钻套位置尺寸和公差的确定

解　钻套位置尺寸取为工序尺寸的平均尺寸，即 $L = 100$mm。

尺寸 L 的公差 δ 取为工件工序尺寸 L_1 公差的1/4，即 $\delta = 0.05$mm，故所

求钻套位置尺寸为 $L = (100 \pm 0.025)$ mm。

二、铣床夹具

铣削加工属断续切削，易产生振动，铣床夹具的受力部件要有足够的强度和刚度，夹紧机构所提供的夹紧力应足够大，且要求有较好的自锁性能。

对刀块和定位键是铣床夹具的特有元件。对刀块是用来确定铣刀相对于夹具定位元件位置关系的；定位键是用来确定夹具相对于机床位置关系的。

1. 对刀装置

图 6-42 所示是两种常见的对刀装置。图 6-42a 是圆形对刀块，供圆柱铣刀、立铣刀对刀用；图 6-42b 是直角对刀块，供盘状两面刃、三面刃铣刀对刀用。采用对刀装置对刀时，为防止损坏切削刃和使对刀块过早磨损，刀具与对刀面一般都不直接接触，在对刀面移近刀具时，工人在对刀面和铣刀之间塞入具有规定厚度的塞尺，凭抽动的松紧感觉来判断刀具的正确位置。

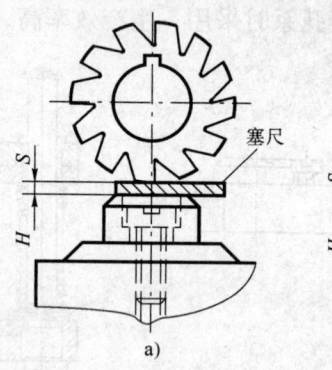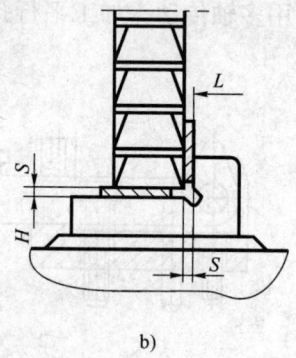

图 6-42 对刀装置

对刀块工作面在夹具上的位置是以定位元件的定位表面或定位元件轴线为基准进行标注的。其位置尺寸可根据工序尺寸及塞尺尺寸计算，其公差一般取为相应工序尺寸公差的 1/5 ~ 1/2，偏差对称标注。

例 6-3 加工如图 6-43 所示工件，要求保证工序尺寸 $A = 14.2_{-0.1}^{0}$ mm，$B = 10_{-0.1}^{0}$ mm，采用直角对刀块对刀，塞尺厚度 $b = 3$ mm。试确定夹具上对刀块工作面至定位元件工作面间位置尺寸 H、L。

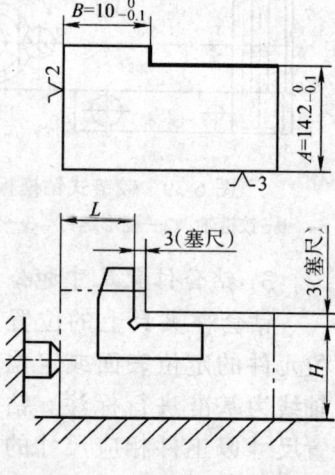

图 6-43 对刀块位置尺寸和公差

解 （1）以对称公差的形式将 A、B 尺寸改写成

$A = 14.2_{-0.1}^{0}$ mm $= 14.15 \pm 0.05$ mm，$B = 10_{-0.1}^{0}$ mm $= 9.95 \pm 0.05$ mm

（2）确定位置尺寸 H、L 的基本尺寸　由图 6-43 知，对刀面位置尺寸为工序尺寸的平均尺寸与塞尺厚度之差，由此可求得

$H = (14.15 - 3)$ mm $= 11.15$ mm，$L = (9.95 - 3)$ mm $= 6.95$ mm

（3）确定位置尺寸 H、L 的公差 δ　取对刀块位置尺寸的公差为工件相应尺寸公差的 1/3，由此确定 $\delta_H \approx 0.033$ mm，$\delta_L \approx 0.033$ mm。

所求对刀面位置尺寸为

$H = (11.15 \pm 0.0165)$ mm，$L = (6.95 \pm 0.0165)$ mm

2. 定位键

铣床夹具与机床的正确位置是靠安装在夹具体底面纵向通槽中的两个定位键与机床工作台上的T形槽配合确定的。常用的定位键为矩形截面结构。为减少定位误差,两定位键的安装距离应尽可能大。铣床夹具底座定位键与铣床工作台T形槽的配合联接如图6-44所示。

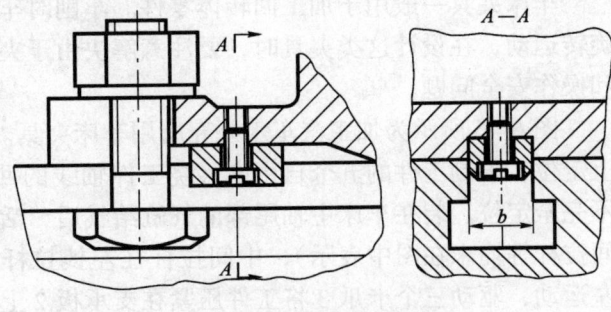

图6-44 定位键联接图

3. 铣床夹具

图6-45是加工分离叉内侧面所用铣床夹具,该图的右下角列出了铣分离叉内侧面工序的工序简图。工件以 $\phi25H9$ 孔定位支承在定位销5和顶锥3上,限制四个自由度;轴向则由右端面靠在右支座6侧平面上定位,限制一个自由度;叉脚背面靠在支承板1或7上限制一个自由度,实现完全定位。由螺母8、螺柱9和压板4组成的螺旋压板机构将工件压紧在支承板7和1上。支承板7还兼作对刀块用。夹具在铣床工作台上的定位,由装在夹具体底部的两个定位键2实现。

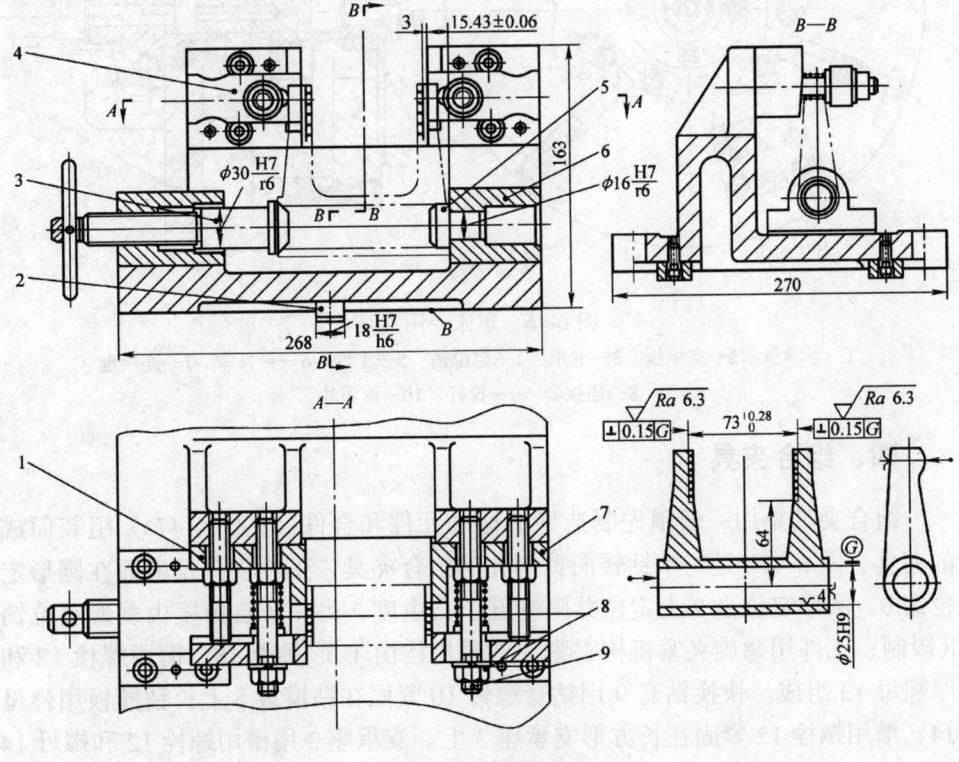

图6-45 铣床夹具
1、7—支承板 2—定位键 3—顶锥 4—压板 5—定位销 6—右支座 8—螺母 9—螺柱

三、车床夹具

车床夹具一般用于加工回转体零件。车削时车床主轴通过夹具带动工件作旋转运动,在设计这类夹具时,要注意解决由于夹具旋转带来的质量平衡问题和操作安全问题。

图 6-46 所示为加工汽车水泵壳所用车床夹具。工件在支承板 2 和定位销 4 上定位,限制工件的五个自由度(绕工件轴线的回转自由度不需要限制),是不完全定位。装在车床主轴尾部的气缸给气后,活塞杆拽中间拉杆(气缸、中间拉杆等均未在图中表示),中间拉杆往左拽拉杆 9,拉杆 9 带动浮动盘 1 向左运动,驱动三个卡爪 3 将工件压紧在支承板 2 上。为保证三个卡爪都能起到压紧工件的作用,浮动盘 1 被设计成浮动自位的结构。为保证质量平衡,在夹具体上安装了配重块 10。

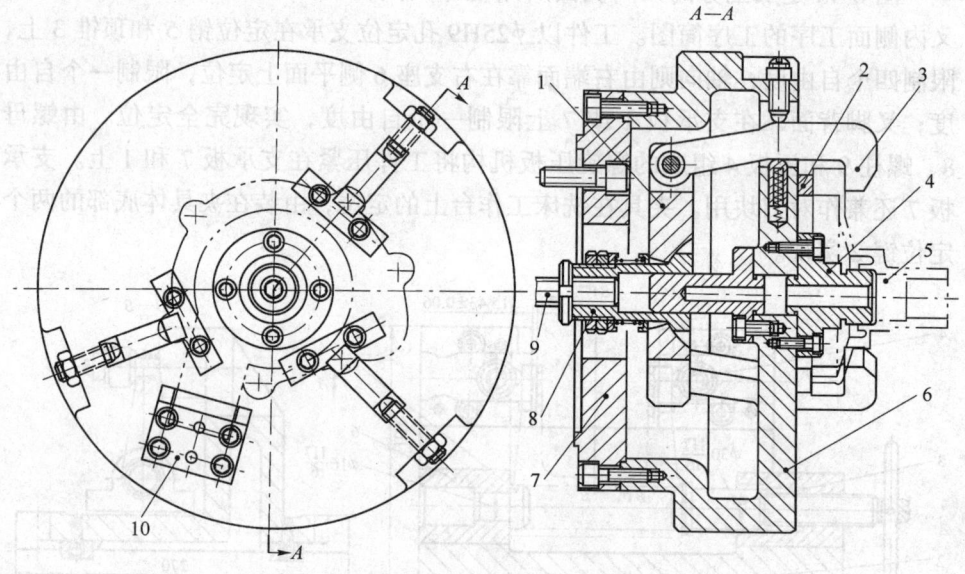

图 6-46 车床专用夹具
1—浮动盘 2—支承板 3—卡爪 4—定位销 5—工件 6—夹具体 7—连接盘
8—连接套 9—拉杆 10—配重块

四、组合夹具

组合夹具是用一套预先制造好的标准元件和合件(见图 6-47a)组装而成的夹具。图 6-47b 是一个钻转向臂侧孔的组合夹具,工件以孔及端面在圆形定位销 6、圆形定位盘 7 上定位共限制五个自由度,另一个自由度由菱形定位销 8 限制;工件用螺旋夹紧机构夹紧,夹紧机构由 U 形垫圈 18、槽用螺栓 12 和厚螺母 13 组成。快换钻套 9 用钻套螺钉 10 紧固在钻模板 5 上;钻模板用螺母 14、槽用螺栓 12 紧固在长方形支承座 3 上。支承座 3 用槽用螺栓 12 和螺母 14 紧固在长方形垫板 2 和长方形基础板 1 上。图 6-47b 中未标全的件号如图 6-47a 所示。

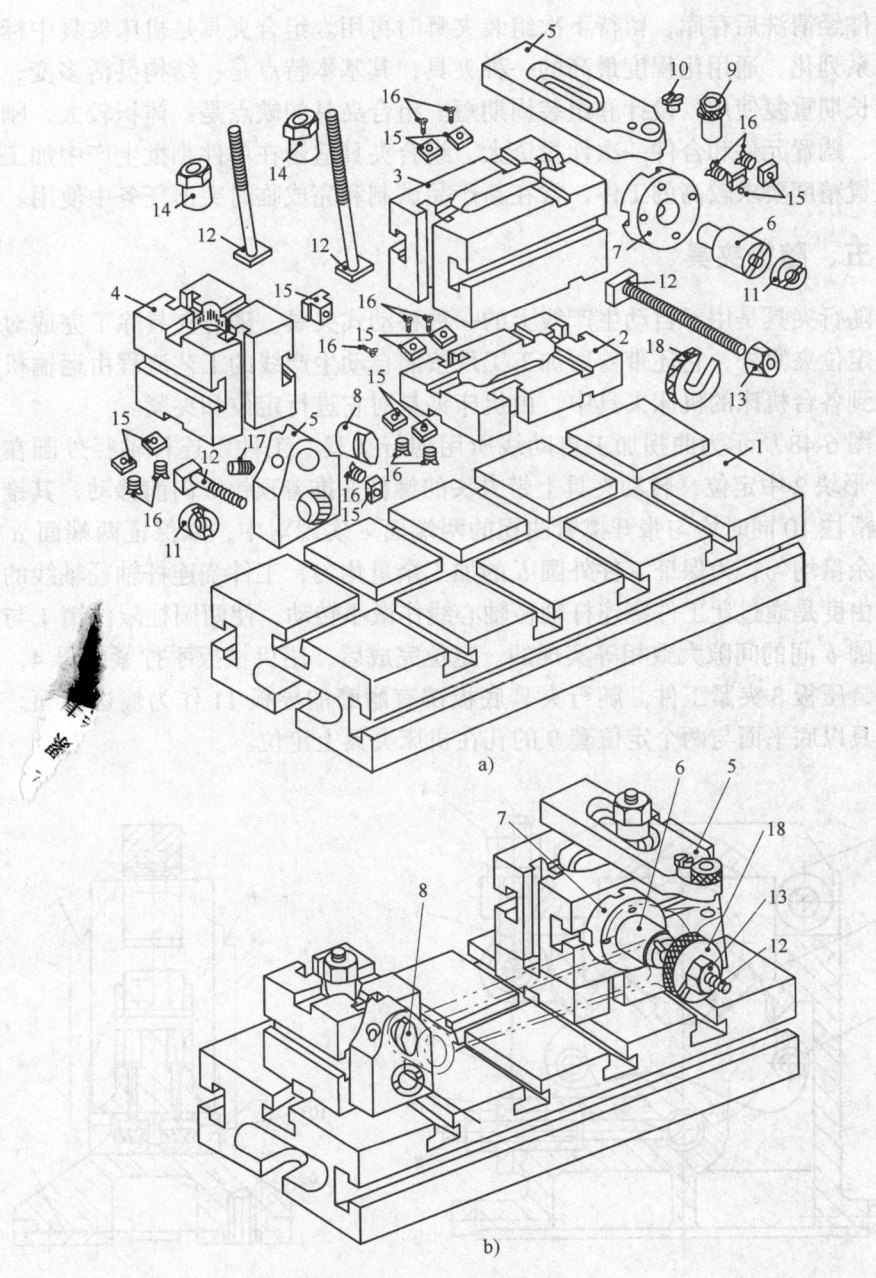

图 6-47 组合夹具组装图

基础件：1—长方形基础板
支承件：2—长方形垫板　3—长方形支承座　4—方形支承座
定位件：6—圆形定位销　7—圆形定位盘　8—菱形定位销
导向件：5—钻模板　9—快换钻套
紧固件：10—钻套螺钉　11—圆螺母　12—槽用螺栓　13—厚螺母　14—专用螺母
　　　　16—埋头螺钉　17—限位螺钉　18—U形垫圈
连接元件：15—定位键

用组合夹具完成规定的加工任务后，可以很方便地将它拆开。用过的元件和合件经清洗后存库，留待下次组装夹具时再用。组合夹具是机床夹具中标准化、系列化、通用化程度最高的一种夹具，其基本特点是：结构灵活多变，元件能长期重复使用，设计和组装周期短。组合夹具的缺点是：体积较大，刚性较差，购置元件和合件一次性投资大。组合夹具适于在单件小批生产中加工那些位置精度要求较高的工件，常在新产品试制和完成临时突击任务中使用。

五、随行夹具

随行夹具是用于自动生产线上的一种移动式夹具。随行夹具除了完成对工件的定位夹紧外，它还带着所加工工件按照自动生产线的工艺流程由运输机构运送到各台机床的机床夹具中，由机床夹具对它进行定位和夹紧。

图 6-48 所示为曲拐加工自动线所用随行夹具。工件以连杆轴径外圆在夹具 V 形块 2 中定位，转动夹具上带方头的螺杆 8 推着顶销 6 向前移动，其锥面使两滑柱 10 同时均匀张开撑紧曲拐的两端面 c 实现对中，以保证两端面 a 的加工余量均匀；为保证工件外圆 b 的加工余量均匀，工件绕连杆轴径轴线的转动自由度是通过让工件绕连杆轴径轴心线作微小转动，使两圆柱限位销 1 与曲拐外圆 b 间的间隙大致相等实现的。定位完成后，用机械扳手拧紧螺母 4，通过铰链压板 3 夹紧工件。随行夹具底板镶有耐磨的导板 11 作为输送基面。随行夹具以底平面与两个定位套 9 的孔在机床夹具上定位。

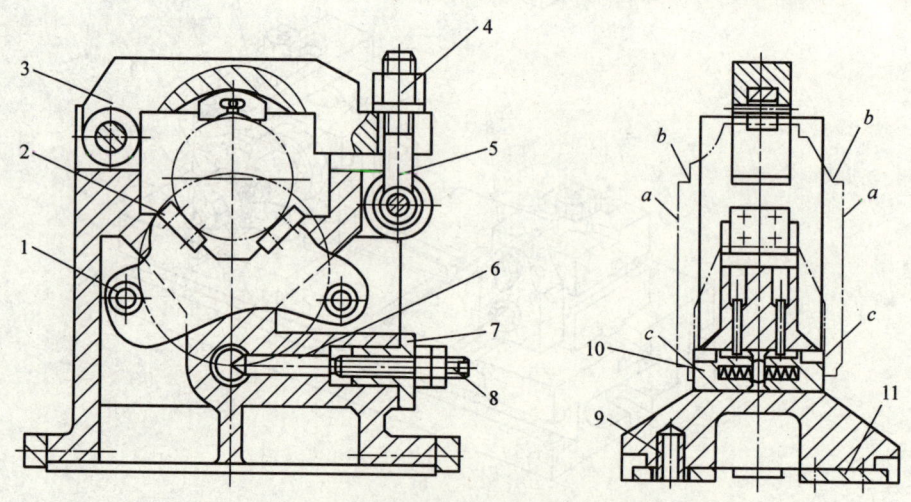

图 6-48 曲拐加工自动线随行夹具
1—圆柱限位销 2—V 形块 3—铰链压板 4—螺母 5—活头螺杆 6—顶销
7—螺纹套 8—方头螺杆 9—定位套 10—滑柱 11—导板

第五节 机床夹具设计方法

一、机床夹具设计要求

夹具设计必须满足下列基本要求。

1. 保证工件加工的各项技术要求

要求正确确定定位方案、夹紧方案,正确确定刀具的导向方式,合理制定夹具的技术要求,必要时要进行误差分析与计算。

2. 具有较高的生产效率和较低的制造成本

为提高生产效率,应尽量采用多件夹紧、联动夹紧等高效夹具,但结构应尽量简单,造价要低廉。

3. 尽量选用标准化零部件

尽量选用标准夹具元件和标准件,这样可以缩短夹具的设计制造周期,提高夹具设计质量和降低夹具制造成本。

4. 夹具操作方便安全、省力

为便于操作,操作手柄一般应放在右边或前面;为便于夹紧工件,操纵夹紧件的手柄或扳手在操作范围内应有足够的活动空间;为减轻工人劳动强度,在条件允许的情况下,应尽量采用气动、液压等机械化夹紧装置。

5. 夹具应具有良好的结构工艺性

所设计的夹具应便于制造、检验、装配、调整和维修。

二、机床夹具设计内容及步骤

1. 明确设计要求,收集和研究有关资料

在接到夹具设计任务书后,首先要仔细阅读加工件的零件图和与之有关的部件装配图,了解零件的作用、结构特点和技术要求;其次,要认真研究加工件的工艺规程,充分了解本工序的加工内容和加工要求,了解本工序使用的机床和刀具,研究分析夹具设计任务书上所选用的定位基面和工序尺寸。

2. 确定夹具的结构方案

1) 确定定位方案,选择定位元件,计算定位误差。

2) 确定对刀或导向方式,选择对刀块或导向元件。

3) 确定夹紧方案,选择夹紧机构。

4) 确定夹具其他组成部分的结构形式,例如分度装置、夹具和机床的连接方式等。

5) 确定夹具体的形式和夹具的总体结构。

在确定夹具结构方案的过程中,应提出几种不同的方案进行比较分析,选取其中最为合理的结构方案。

3. 绘制夹具的装配草图和装配图

夹具总图绘制比例除特殊情况外,一般均应按1:1绘制,以使所设计夹具有良好的直观性。总图上的主视图,应尽量选取与操作者正对的位置。

绘制夹具装配图可按如下顺序进行:用双点画线画出工件的外形轮廓和定位基面、加工面;画出定位元件和导向元件;按夹紧状态画出夹紧装置;画出其他元件或机构;最后画出夹具体,将上述各组成部分连接成一体,形成完整的夹具。在夹具装配图中,被加工件视为透明体。

4. 确定并标注有关尺寸、配合及技术要求

(1) 夹具总装配图上应标注的尺寸

1) 工件与定位元件间的联系尺寸，例如，工件基准孔与夹具定位销的配合尺寸。

2) 夹具与刀具的联系尺寸，例如，对刀块与定位元件之间的位置尺寸及公差，钻套、镗套与定位元件之间的位置尺寸及公差。

3) 夹具与机床连接部分的尺寸，对于铣床夹具是指定位键与铣床工作台T形槽的配合尺寸及公差，对于车、磨床夹具指的是夹具连接到机床主轴端的连接尺寸及公差。

4) 夹具内部的联系尺寸及关键件配合尺寸，例如，定位元件间的位置尺寸，定位元件与夹具体的配合尺寸等。

5) 夹具外形轮廓尺寸。

(2) 确定夹具技术条件 在装配图上需要标出与工序尺寸精度直接有关的下列各有关夹具元件之间的相互位置精度要求。

1) 定位元件之间的相互位置要求。

2) 定位元件与连接元件（夹具以连接元件与机床相连）或找正基面间的相互位置精度要求。

3) 对刀元件与连接元件（或找正基面）间的相互位置精度要求。

4) 定位元件与导向元件的位置精度要求。

5. 绘制夹具零件图

绘制装配图中非标准零件的零件图，其视图应尽可能与装配图上的位置一致。

6. 编写夹具设计说明书

三、机床夹具设计实例

1. 夹具设计任务

图 6-49a 所示为钻摇臂小头孔的工序简图。已知：工件材料为 45 钢，毛坯为模锻件，所用机床为 Z525 型立式钻床，成批生产规模。试为该工序设计一钻床夹具。

2. 确定夹具的结构方案

(1) 确定定位元件 根据工序简图规定的定位基准，选用定位销 2 和活动 V 形块 5 实现定位，如图 6-49b 所示。

上述定位方案是否可行，需核算其定位误差。

定位孔与定位销的配合尺寸取为 $\phi 36 \frac{H7}{g6}$（定位孔 $\phi 36^{+0.026}_{0}$ mm，定位销 $\phi 36^{-0.0095}_{-0.0265}$ mm）。对于工序尺寸 (120 ± 0.08) mm 而言，其定位基准与工序基准重合 $\Delta_{jb} = 0$；其定位基准位移误差 $\Delta_{jw} = (0.026 + 0.017 + 0.0095)$ mm $= 0.0525$ mm；定位误差 $\Delta_{dw} = 0.0525$ mm，它小于该工序尺寸制造公差 0.16 的 1/3，证明上述定位方案可行。

(2) 确定导向装置 本工序需依次对被加工孔进行钻、扩、粗铰、精铰等

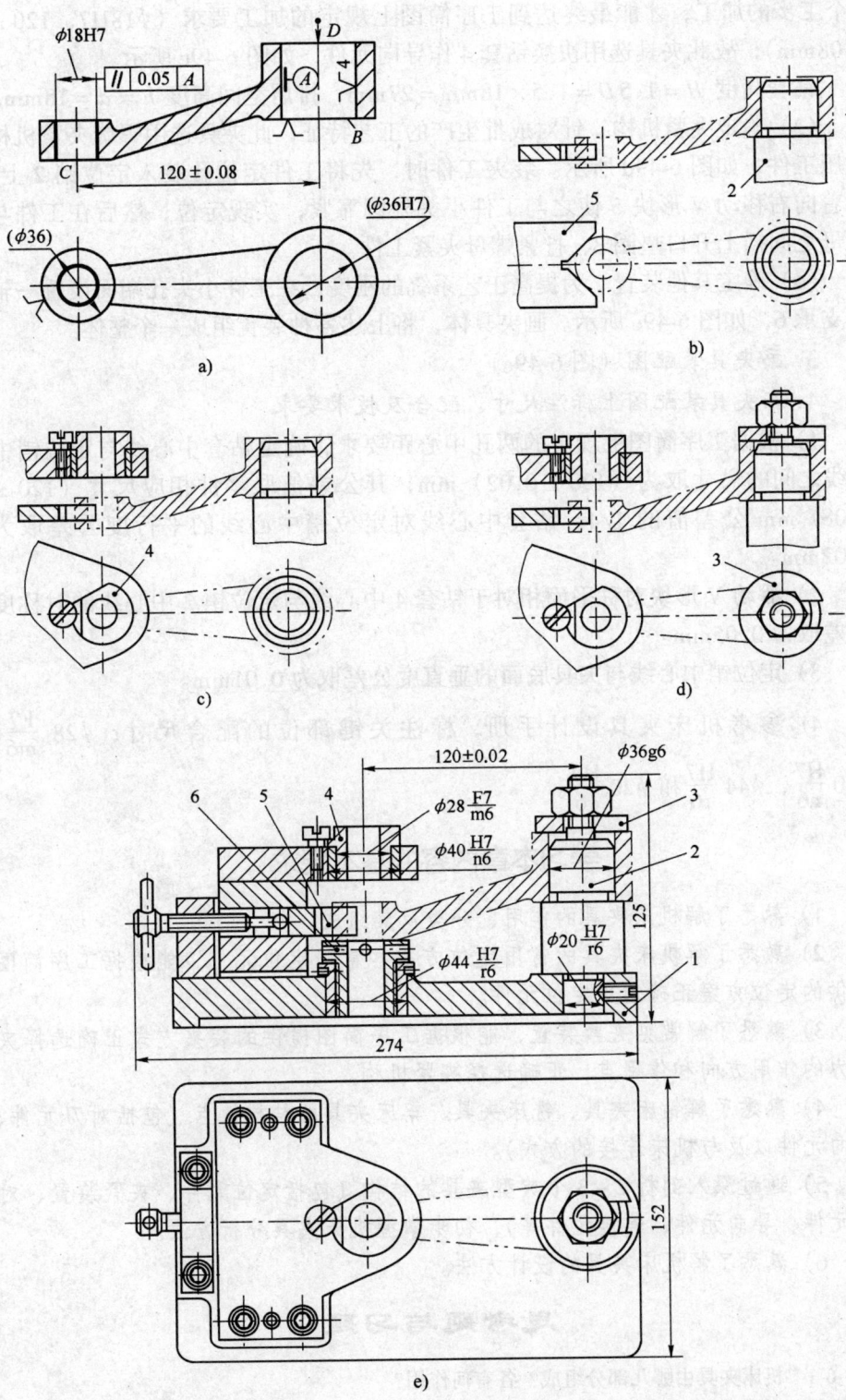

图 6-49 机床夹具设计实例
1—夹具体 2—定位销 3—开口垫圈 4—钻套 5—V形块 6—辅助支承

4个工步的加工，才能最终达到工序简图上规定的加工要求（$\phi18H7$，120 ± 0.08mm），故此夹具选用快换钻套4作导向元件，如图6-49c所示。

钻套高度 $H = 1.5D = 1.5 \times 18\text{mm} = 27\text{mm}$，排屑空间高度 $h = d = 18\text{mm}$。

（3）确定夹紧机构 针对成批生产的工艺特征，此夹具选用螺旋夹紧机构夹压工件，如图6-49d所示。装夹工件时，先将工件定位孔装入定位销2上，接着向右移动V形块5使之与工件小头外圆靠紧，实现定位；然后在工件与螺母之间插上开口垫圈3，拧紧螺母夹紧工件。

（4）确定其他装置 为提高工艺系统的刚度，在工件小头孔端面设置一辅助支承6，如图6-49e所示。画夹具体，将上述各种装置组成一个整体。

3．画夹具装配图（图6-49e）

4．在夹具装配图上标注尺寸、配合及技术要求

1）根据工序简图上规定的两孔中心距要求，确定钻套中心线与定位销中心线之间的尺寸取为（120 ± 0.02）mm，其公差值取零件相应尺寸（120 ± 0.08）mm公差值的1/4；钻套中心线对定位销中心线的平行度公差取为0.02mm。

2）活动V形块对称平面相对于钻套4中心线与定位销2中心线的对称度公差取为0.05mm。

3）定位销中心线与夹具底面的垂直度公差取为0.01mm。

4）参考机床夹具设计手册，标注关键部位的配合尺寸：$\phi 28 \frac{F7}{m6}$、$\phi 40 \frac{H7}{n6}$、$\phi 44 \frac{H7}{r6}$ 和 $\phi 20 \frac{H7}{r6}$。

学习本章内容的基本要求

1）熟悉了解机床夹具的作用、分类及其组成。

2）熟悉了解机床夹具的常用定位方式和常用定位元件，能根据工序简图提供的定位方案正确选用定位元件。

3）熟悉了解常见夹紧装置，能根据工序简图提供的装夹方式正确选择夹紧力的作用方向和作用点，正确选择夹紧机构。

4）熟悉了解钻床夹具、铣床夹具、车床夹具的结构特点（包括对刀元件、导向元件以及与机床连接的方式）。

5）通过深入剖析2~3个典型夹具的结构（包括定位元件、夹紧装置、对刀元件、导向元件、连接元件等），初步掌握机床夹具分析方法。

6）熟悉了解机床夹具的设计方法。

思考题与习题

6-1 机床夹具由哪几部分组成？各有何作用？

6-2 为什么夹具具有扩大机床工艺范围的作用？试举三个实例说明。

6-3 图6-50所示连杆在夹具中定位，定位元件分别为支承平面1、短圆柱销2和固定短V形块3。试分析该定位方案的合理性并提出改进办法。

6-4 试分析比较可调支承、自位支承和辅助支承的作用和应用范围。

6-5 试分析各典型夹紧机构的特点及应用场合。

6-6 已知切削力 F，若不计小轴 1、2 的摩擦损耗，试计算图 6-51 所示夹紧装置作用在斜楔左端的作用力 F_Q。

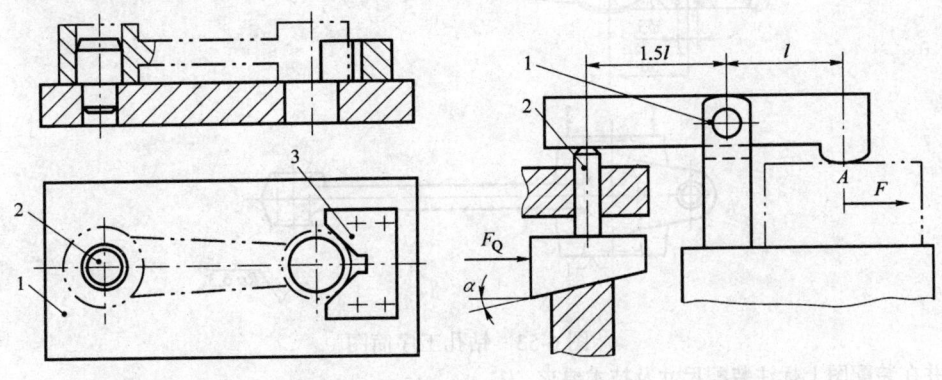

图 6-50 习题 6-3 图
1—支承平面 2—短圆柱销
3—固定短 V 形块

图 6-51 习题 6-6 图

6-7 图 6-52 所示气动夹紧机构，夹紧工件所需夹紧力 $F_J = 2000\text{N}$，已知：气压 $p = 4 \times 10^5 \text{Pa}$，$\alpha = 15°$，$L_1 = 100\text{mm}$，$L_2 = 200\text{mm}$，$L_3 = 20\text{mm}$，各相关表面的摩擦因数 $\mu = 0.18$，铰链轴 ϕd 处摩擦损耗按 5% 计算。问需选用多大缸径的气缸才能将工件夹紧？

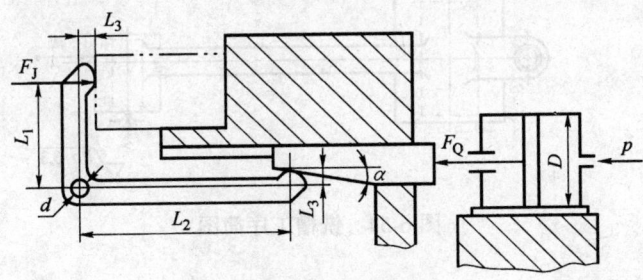

图 6-52 习题 6-7 图

6-8 试分析各类钻床夹具的结构特点及应用场合。

6-9 钻床夹具在机床上的位置是根据什么确定的？车床夹具在机床上的位置是根据什么确定的？

6-10 铣刀相对于铣床夹具的位置是根据什么确定的？试校核图 6-45 所示铣床夹具所标尺寸（15.43±0.06）mm 的正确性。

6-11 图 6-53 所示为在成批生产中钻螺栓连接孔 $\phi 7\text{mm}$ 和 $\phi 5\text{mm}$ 的工序简图，定位基面均为已加工面。已知：工件两定位孔间距为(230±0.06)mm，大头孔直径为 $\phi 42^{+0.04}_{\ 0}\text{mm}$，小头孔直径为 $\phi 22^{+0.021}_{\ 0}\text{mm}$。试为该工序徒手绘制一钻床夹具草图。要求根据加工要求绘制定位元件、导向元件、夹紧装置和夹具体，并在装配图上标注装配尺寸及技术要求。

6-12 图 6-54 所示为在大量生产中铣 2mm 槽工序简图，已知：工件两定位孔间距为(170±0.05)mm，大头孔直径为 $\phi 26^{+0.021}_{\ 0}\text{mm}$，小头孔直径为 $\phi 16^{+0.018}_{\ 0}\text{mm}$。试为该工序徒手绘制一铣床夹具草图。要求根据加工要求绘制定位元件、夹紧装置、对刀元件和夹具体，

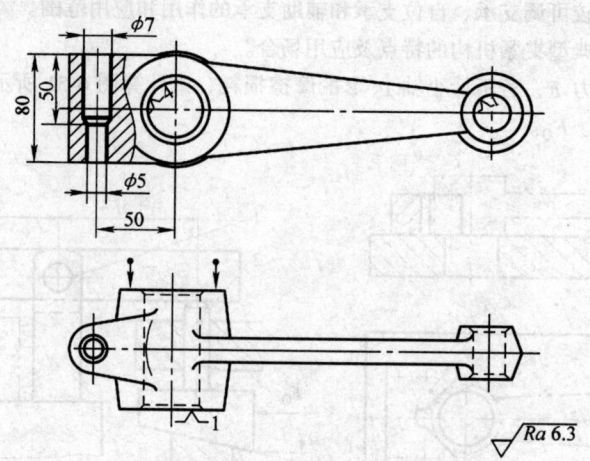

图 6-53 钻孔工序简图

并在装配图上标注装配尺寸及技术要求。

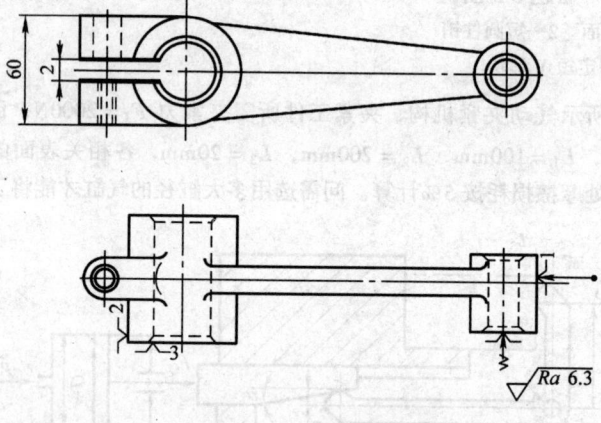

图 6-54 铣槽工序简图

第七章 机械制造技术的新发展

当今世界机械制造技术的发展方向可以归结为以下四个方面：

1) 适应发展现代高、精、尖军品和民品生产的需求，发展精密与超精密加工技术，发展纳米加工技术和微机电系统制造技术。

2) 以提高生产效率和加工质量为主要目标，发展多品种、中小批量生产机械制造自动化技术。

3) 适应市场快速多变的需求，发展快速响应制造技术。

4) 适应建设资源节约型社会发展循环经济的需求，发展以绿色制造为主要内容的可持续发展技术。

机械制造技术新发展的具体内容很多，限于教材篇幅，此处不能一一介绍。根据当代机械制造技术的发展趋势，结合我国国情，本章将扼要介绍超精密加工与纳米加工技术、机械制造自动化技术、快速响应制造技术和绿色制造技术四个方面的内容。

第一节 超精密加工与纳米加工技术

普通精度和高精度是个相对概念，两者之间的分界线是随着制造技术水平的发展而变化的。就当前世界工业发达国家制造水平分析，一般工厂已能稳定掌握 $3\mu m$（我国为 $5\mu m$）制造公差的加工技术，制造公差大于此值的加工称为普通精度加工，制造公差低于此值的加工称为高精度加工。在高精度加工范围内，根据加工精度水平的不同，还可以进一步划分为精密加工、超精密加工和纳米加工三个档次。制造公差为 $3.0 \sim 0.3 \mu m$、表面粗糙度值为 $Ra0.30 \sim 0.03 \mu m$ 的加工称为精密加工；制造公差为 $0.30 \sim 0.03 \mu m$、表面粗糙度值为 $Ra0.03 \sim 0.005 \mu m$ 的加工称为超精密加工；制造公差小于 $0.03 \mu m$、表面粗糙度小于 $Ra0.005 \mu m$ 的加工称为纳米加工。

发展超精密加工与纳米加工技术是 21 世纪机械制造技术最为重要的发展方向之一。不掌握超精密加工与纳米加工技术，许多高新技术就上不去，许多尖端军品、民品就制造不出来。超精密加工与纳米加工技术水平的高低是衡量一个国家国力和国威的标志，发展超精密加工与纳米加工技术意义重大。

本节重点讨论超精密加工与纳米加工的基本原理，并简要介绍金刚石超精密切削工艺、超精密磨削工艺和纳米级加工技术。

一、超精密加工基本原理

1. 微量切除原理

一种加工方法所能达到的加工精度等级取决于这种加工方法能够切除的最小极限背吃刀量 a_{pmin}，说天然金刚石切削能达到 $0.1\mu m$ 级的加工精度，金刚石刀具必须具有能从加工表面上切除深度小于 $0.1\mu m$ 材料的能力。道理很简单，如检测结果发现工件尺寸还大了 $0.1\mu m$ 须切除，如果金刚石刀具根本就没有能力切除这多余的 $0.1\mu m$ 材料，那么金刚石切削的加工精度就根本达不到 $0.1\mu m$ 级。依此类推，纳米级加工方法的 a_{pmin} 必须小于 $1nm$。一种加工方法能切除的 a_{pmin} 越小，它的加工精度就越高。

影响微量切除能力的主要因素有：

（1）切削工具的刃口锋利程度 切削工具的刃口锋利程度一般都用切（磨）削工具的刃口钝圆半径 r_n 进行评定，钝圆半径 r_n 值越小，刃口就越锋利。由图 7-1 知，切削点 A_i 处的负前角

$$\gamma_{oi} = \arcsin \frac{r_n - a_i}{r_n} = \arcsin\left(1 - \frac{a_i}{r_n}\right) \tag{7-1}$$

分析式（7-1）可知，切削点 A_i 处的负前角 γ_{oi} 值将随着切削刃钝圆半径 r_n 的增大和切削点 A_i 处 a_i 值的减小而增大；负前角 γ_o 值越大切削阻力越大，负前角 γ_o 值大到一定程度，切削工具就将丧失切削能力。切削工具所能切除的 a_{pmin} 与切（磨）削工具刃口钝圆半径 r_n、机床加工系统刚度等因素有关，作为估算，可取

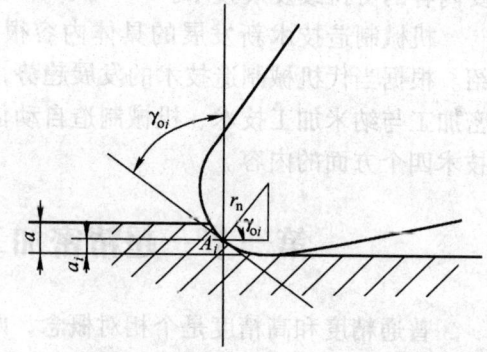

图 7-1 切削刃钝圆半径 r_n 与工作前角 γ

$$a_{pmin} \approx \frac{1}{10} r_n \tag{7-2}$$

切削工具刃口钝圆半径 r_n 大小与所采用的切削工具材料与刃磨技术水平有关，表 7-1 列出了几种常用切削工具材料的刃口钝圆半径 r_n 值。

表 7-1 切削刃口钝圆半径 r_n 的取值范围

工具材料	碳素工具钢	高速钢	硬质合金	陶 瓷	天然单晶金刚石
切削刃钝圆半径 $r_n/\mu m$	10~12	12~15	18~24	18~31	0.01（国际最高水平） 0.1~0.3（中国） 0.05（日本）

(2) 机床加工系统的刚度 机床加工系统的刚度主要是机床主轴系统和刀架进给系统的刚度。美国 Lawrence Livermore 实验室研制的 DTM-3 型金刚石切削车床的主轴系统刚度高达 500N/μm。

(3) 机床进给系统的分辨力 为实现微量切除，数控系统的脉冲当量要小，数控系统的脉冲当量值一般应为上述 a_{pmin} 值的 1/5~1/10。设 a_{pmin} = 0.1μm，数控系统的脉冲当量值应为（0.02~0.01）μm/脉冲。

2. 精密切除原理

具有微量切除能力只是实现超精密加工的必备条件，还必须具有能进行精密切除的设备条件和环境条件。实现精密切削总的要求是：由机床加工系统不准确引起的静态误差，连同由于力作用、热作用和外界环境干扰引起的动误差，必须小于超精密加工规定的制造公差要求。影响精密切除能力的主要因素有：

(1) 机床加工系统的几何精度 机床加工系统的几何精度主要是机床主轴的回转精度、床身导轨的平直度以及导轨相对于机床主轴的位置精度。美国研制的大型光学金刚石超精密车床（LODTM）的主轴静态径向圆跳动小于 0.025μm；导轨直线度误差为 0.102μm/全长。我国已能制造主轴回转精度为 0.05μm 的超精密机床。

(2) 机床加工系统的静刚度、动刚度和热刚度 提高机床加工系统的静刚度及热刚度可以减少由于力作用和热作用引起的加工误差；提高机床加工系统的动刚度，可以降低由于动态力作用引起的振动响应幅值。

(3) 加工环境条件 加工环境条件主要指空气的洁净度、机床加工环境的温度和湿度变化以及外界振动的干扰。超精密加工要求每立方英尺的空气中大于 0.5μm 的灰尘不得超过 10~100 个；机床加工环境温度要求达到（20±0.01）℃。

二、金刚石超精密切削

天然单晶金刚石质地坚硬，其硬度高达 6000~10000HV，是已知材料中硬度最高的。金刚石刀具具有很高的耐磨性，它的寿命是硬质合金的 50~100 倍。表 7-2 列出了几种硬质材料的硬度对比数据，表 7-3 列出了金刚石的物理力学性能数据。金刚石刀具的弹性模量大，断裂强度比氧化铝高 3 倍，切削刃钝圆半径 r_n 值可以磨得很小，不易断裂，能长期保持切削刃的锋锐程度；金刚石刀具的热膨胀系数小，热变形小；但金刚石不是碳的稳定状态，遇热易氧化和石墨化，开始氧化的温度为 900~1000K，开始石墨化的温度潍 1800K，故用金刚石刀具进行切削时须对切削区进行强制风冷或进行酒精喷雾冷却，务使刀尖温度降至 650℃以下。此外，由于金刚石是由碳原子组成的，它与铁族元素的亲和力大，故不能用金刚石刀具切削钢铁材料。

用金刚石刀具进行超精密切削，刀具的刃磨质量是关键，切削刃必须磨得极其锋锐，切削刃钝圆半径 r_n 值要小，国际上达到的最高水平 r_n 值最小为 0.01μm，国内只能达到 0.1~0.3μm。

表 7-2 材料硬度对比

硬质材料	金刚石	CBN	SiC	TiC	WC	Al_2O_3	高碳马氏体
硬度 HV	6000~10000（随晶面、晶向和温度而异）	6000~8500	3500	3200	2400	2200	1000

表 7-3 金刚石的物理力学性能

硬度 HV	抗弯强度 /MPa	抗压强度 /MPa	弹性模量 /$N \cdot m^{-2}$	热导率 /$W \cdot m^{-1} \cdot K^{-1}$	比热容 /$J \cdot g^{-1} \cdot {}^\circ C^{-1}$	开始氧化温度/K	开始墨化温度/K	摩擦因数（与 Al, Cu）
6000~10000	210~490	1500~2500	(9~10.5)×10^{11}	(2~4)×418.68	0.516	900~1000	1800（在惰性气体中）	0.06~0.13（随晶面、晶向而异）

为实现超精密切削，除了有高质量的金刚石刀具外，还应有金刚石超精密机床作支撑。经多年攻关，我国已能生产主轴回转精度为 $0.05\mu m$、定位精度为 $0.1\mu m/100mm$、数控系统最小输入量为 5nm、主轴最大回转直径为 800mm 的超精密车床。

用天然金刚石刀具进行超精密切削有许多优点，主要是：①加工精度高，加工表面质量好，加工表面形状误差可控制在 $0.1~0.01\mu m$ 范围内，表面粗糙度值 Ra 为 $0.01~0.001\mu m$；②生产效率高，Cu、Al 材料的光学镜面可以通过金刚石超精密车削直接制取；③加工过程易于实现计算机自动控制；④它不仅可以加工平面、球面，而且可以很方便地通过数控编程加工非球面和非对称表面。

金刚石超精密切削主要用于加工光学镜面（平面、球面及非球面）、感光鼓、磁盘等精密器件，材料多为铜、铝及其合金，也可加工硬脆材料（例如陶瓷、单晶锗、单晶硅等）。

三、超精密磨削

对于铜、铝及其合金等软金属，用金刚石刀具进行超精密切削是十分有效的，但金刚石不能切钢铁材料，因为切削过程产生的局部高温会使金刚石中的碳原子很容易扩散到铁素体中，造成金刚石的碳化磨损（扩散磨损）。虽然金刚石刀具可以切陶瓷、单晶硅、单晶锗等硬脆材料，但用金刚石刀具微量切削硬质材料时，要克服所切材料原子（或分子）间键合力才能将薄层材料切除，承担切削的切削刃部位所承受的高应力和高温作用会使切削刃产生较大的机械磨损；机床加工系统所承受的力作用和热作用也比切铜、铝及其合金大得多；故用金刚石刀具切硬脆材料工件的加工质量不易达到超精密加工要求，生产效率也不高，刀具消耗亦大。对于上述金刚石刀具所不能加工的钢铁材料或不宜加工的硬质材料，超精密磨削则是一种比较理想的超精密加工方法。

超精密磨削与普通磨削相比，其主要特征是：

(1) 使用超硬磨料　超精密磨削的背吃刀量极小，磨削行为通常在被磨材料的晶粒内进行（普通磨削的磨削行为在晶粒间进行，主要是利用晶粒周界处缺陷和材料内部其他缺陷实现材料切除的，磨削抗力相对较小），只有在磨削力超过了被磨材料原子（或分子）间键合力的条件下才能从加工表面上磨去一薄层材料，磨粒所承受的切应力极大，温度亦很高，要求磨粒材料必须具有很高的高温强度和高温硬度。超精密磨削一般多用人造金刚石、立方氮化硼等超硬磨料。使用金属结合剂金刚石砂轮可以磨削玻璃、单晶硅等，使用金属结合剂 CBN 砂轮可以磨削钢铁材料。

(2) 所用机床精度高　超精密磨床是实现超精密磨削的基本条件。为实现精密切除，数控系统最小输入增量要小（例如 $0.1\mu m$、$0.01\mu m$），机床加工系统的几何精度要高，还需有很高的静刚度、动刚度和热刚度；为实现微量切除，在横进给（背吃刀量）方向应配置微量进给装置；为降低由于砂轮不平衡质量引起的振动，超精密磨床应配置精密动平衡装置和防振隔振装置；为获得光洁表面，超精密磨床须配置砂轮精密修整装置。

目前超精密磨削所能达到的水平为：尺寸精度为（$\pm 0.25 \sim \pm 5$）μm；圆度误差为（$0.25 \sim 0.1$）μm；圆柱度误差为 25000∶0.25 ~ 50000∶1；表面粗糙度值 Ra 为（$0.006 \sim 0.01$）μm。

超精密磨削常用于玻璃、陶瓷、硬质合金、硅、锗等硬脆材料零件的超精密加工。

四、纳米级加工技术

纳米技术是一个涉及范围非常广泛的术语，它包括纳米材料、纳米摩擦、纳米电子、纳米光学、纳米生物、纳米机械、纳米加工等，这里只讨论与纳米级加工有关的问题。

纳米级加工的材料去除过程与传统的切削、磨削加工的材料去除过程有原则区别。为加工具有纳米级加工精度的工件，其最小极限背吃刀量必须小于 1nm，而加工材料原子间间距为 10^{-1}nm，这表明，在纳米级加工中材料的去除（增加）量是以原子或分子数计量的；纳米级加工是通过切断原子（分子）间结合进行加工的，而这只有在外力对去除材料做功产生的能量密度超过了材料内部原子（分子）间结合能密度（$10^2 \sim 10^8 J/cm^3$）才能实现。传统的切削、磨削加工所能产生的能量密度较小，用传统的切削、磨削方法切断工件材料原子（分子）间结合是无能为力的。

纳米级加工方法种类很多，此处仅以扫描隧道显微加工为例，介绍纳米加工原理和方法，并用以展示近年来人们在研究发展纳米级加工方面所达到的水平。

扫描隧道显微镜（Scanning Tunneling Microscope，简称 STM）是 1981 年由两位在 IBM 瑞士苏黎士实验室工作的 C.Binning 和 H.Rohrer 发明的。STM 可用于测量三维微观表面形貌，也可用作纳米加工。STM 的工作原理主要是基于量子力学的隧道效应。当一个具有原子尺度的探针针尖足够接近被加工表面某一原子 A 时（参见图 7-2），探针针尖原子与 A 原子的电子云相互重叠，此时如在探针与被加工（测量）表面之间施加适当电压，即使探针针尖与 A 原子并未接触，也会有电流在探针与被加工材料间通过，这就是隧道电流。从受力分析考虑，在外加电场作用下 A 原子受到两方面力的作用，一方面是探针针尖原子对原子 A 的吸引力，包括范德华（Van Der Wall）力和静电力；另一方面是被加工工件上其他原子对 A 原子的结合力；在外界电场作用下，当探针针尖原子与 A 原子的距离小到某一极限距离时，探针针尖原子对 A 原子的吸引力将大于工件上其他原子对 A 原子的结合力，探针针尖就能拖动 A 原子跟随探针针尖在加工表面上移动，实现原子搬迁。控制探针针尖与被移动原子之间的偏压和距离是实现原子搬迁的两个关键参数。

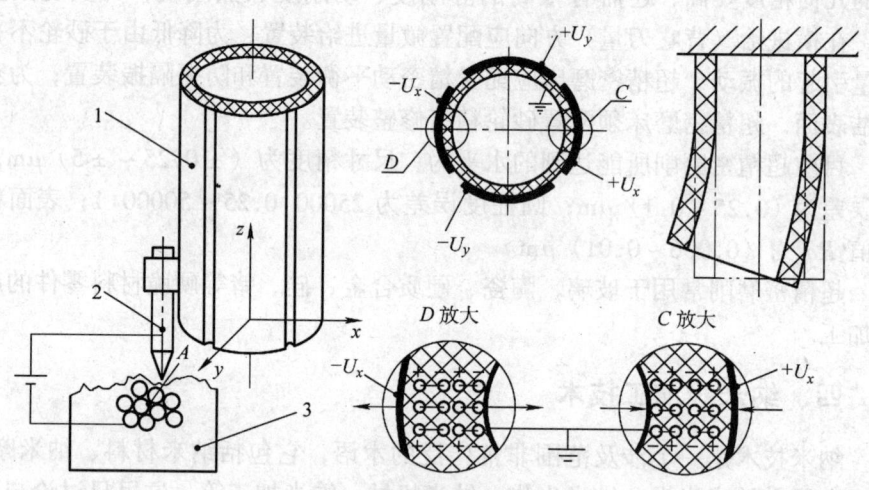

图 7-2　扫描隧道显微加工原理图
1—压电陶瓷管　2—探针　3—工件

在图 7-2 所示扫描隧道显微加工原理图中，探针移动由压电陶瓷管 1 驱动。探针用金属制取，探针针尖要做得很尖，其极限为针尖上只有一个原子；探针安装在压电陶瓷扫描管的下部，如图 7-2 所示，压电陶瓷管的顶部被固定在机架上。压电陶瓷管用锆钛铅等材料高温烧结并经极化处理制成，陶瓷管外壁对称分布了相互隔开的 4 个金属膜电极（参见图 7-2 陶瓷管横截面图），其中相对的两个电极成对使用；陶瓷管内壁也镀了金属膜形成内壁电极，在本例中内壁电极与地相接，如图 7-2 所示。当对 x 方向的一对电极分别施加电压 $+U_x$ 和 $-U_x$ 时，如压电陶瓷管经极化处理，内部电偶极子取向为正极居外、负极居内（参见图 7-2 压电陶瓷管横截面局部 C、D 放大图），与施加 $+U_x$ 电极板相连接的右侧压电陶瓷管壁部分（参见 C 放大图）因受"同性相斥"的压力作用使管壁厚度减小，导致压电陶瓷管右侧部分在长度方向（z 向）伸长；与此相反，与施加 $-U_x$ 电极板相连接的左侧压电陶瓷管壁部分（参见 D 放大图）因受"异性相吸"的拉力作用使管壁厚度增大，导致压电陶瓷管左侧部分在长度方向（z 向）缩短。上述两种运动同时作用的结果，压电陶瓷管下端将向缩短的那一侧弯曲（参见图 7-2 右上角压电陶瓷管弯曲示意图），从而带动探针在 x 方向移动。同理，当对 y 方向的另一对电极分别施加电压 $+U_y$ 和 $-U_y$ 时，压电陶瓷管将带动探针在 y 方向移动；如果两个相对的外壁电极同时接上相等的正电压或负电压，内壁电极仍接地，陶瓷管将在 z 向伸长或缩短，压电陶瓷管将带动探针作 z 向位移。

在 STM 上用搬迁原子的方法进行纳米加工已取得成功，1990 年美国 IBM 实验室研究人员在高真空和低温（4K）状态下成功地用氙原子在金属晶体 Ni（111）表面上写出了"IBM"字样；1995 年中国真空物理研究所的研究员在高真空、室温状态下，借助原子搬迁在 Si（111）表面上加工出了"#"图案。

在 STM 上除了用搬迁原子方法进行纳米级加工外，还可以应用化学沉积、电流曝光等方法进行纳米级加工。

第二节　机械制造自动化技术

生产过程自动化是工业生产现代化的重要标志之一，也是人类在长期生产活动中不断追求的重要目标。发展自动化制造技术对保证产品制造质量、提高生产效率、降低产品制造成本、提高企业的市场竞争能力均具有重要意义。自动化制造技术是机械制造技术的重要发展方向之一。

机械制造自动化可分为大批大量生产的自动化和多品种、中小批量生产的自动化两大类，由于产品品种数量和生产批量的不同，它们各自所采取的自动化手段和措施也不相同。

一、大批大量生产自动化

在大批大量生产中，常采用专用机床和单功能组合机床为主体的刚性自动化生产线。图 7-3 所示为加工汽车发动机上球墨铸铁曲拐的自动化生产线总体布局图，全线由 7 台机床（$C_1 \sim C_7$）和 1 个装卸工位组成。装卸工位 4 设在自动线后端，操作工人将加工好的工件从随行夹具上卸下后随即将工件毛坯装在随行夹具上，随行夹具连同工件毛坯经提升机提升，并由斜滑道从上方送到自动线始端。随行夹具采用步伐式输送带输送，输送带用钢丝绳牵引驱动。切屑运送采用链板式排屑装置，排屑装置 2 从机床下方通过。自动化生产线用工件输送系统将自动化加工设备和辅助设备连接起来。被加工工件以规定的生产节拍，顺序通过 7 个加工工位，便加工成合格零件。

刚性自动化生产线严格按规定的生产节拍运行，生产率极高；此外，刚性自动化生产线还具有物料流程短，没有半成品中间库存，生产占地面积小，便于管理等优点。它的主要缺点是一次性投资额大，系统调整周期长，且它是为特定零件设计的，更换产品难，因转产而使刚性自动化生产线报废的事例屡见不鲜。为克服上述缺点，人们发展了组合机床自动线，可以大幅度缩短建线周期，更换产品时只需要更换组合机床的某些部件（例如更换主轴箱）即可，提

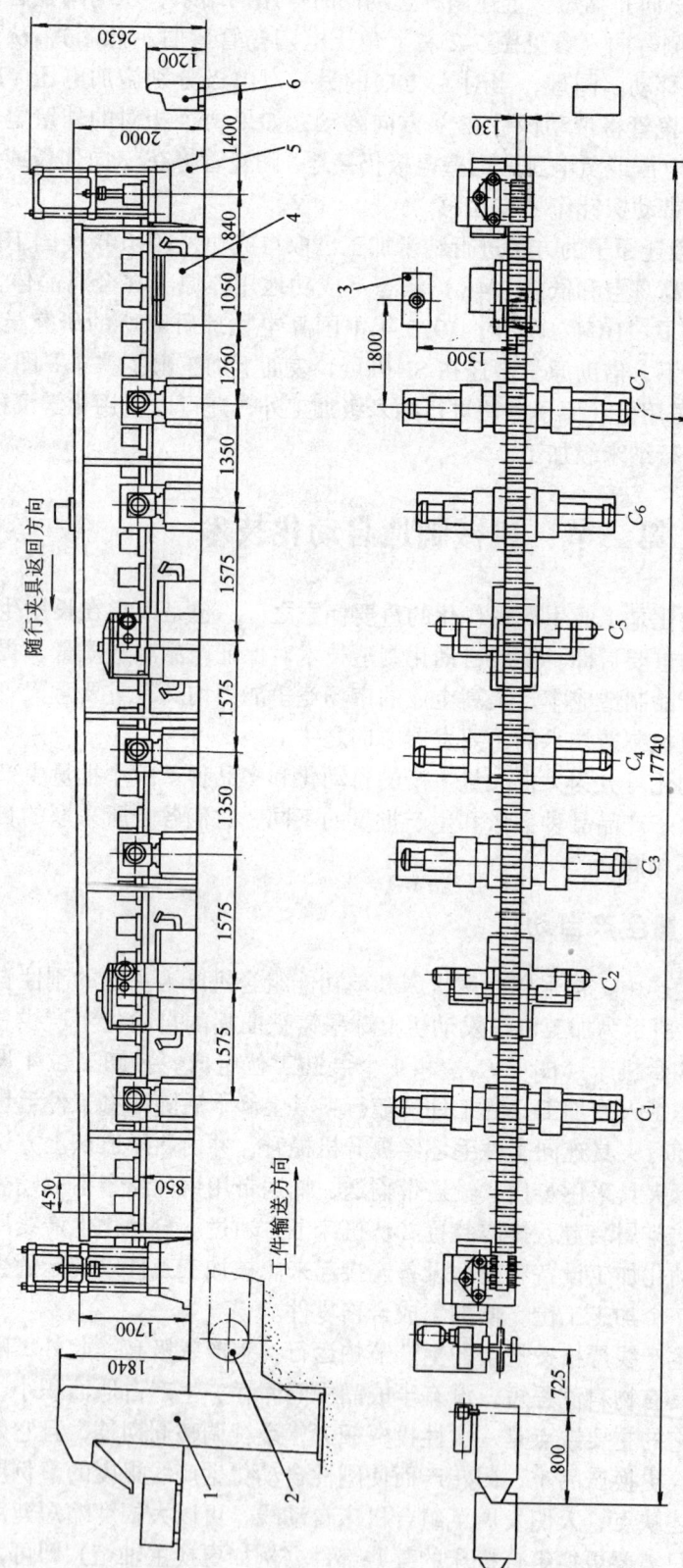

图 7-3 曲拐加工自动线
1—斗式切屑提升机 2—链板式排屑装置 3—泵站
4—工件输送带及工件装卸台 5—工件提升机 6—中央控制台

高了生产自动线的柔性，取得了较好的使用效果和经济效果。图 7-3 所示曲拐加工自动线就是以组合机床为主体组建的。刚性自动化生产线目前正向刚柔结合的方向发展。

刚性自动化生产线适于在生产量大、产品相对固定的场合应用。

二、多品种中小批量生产自动化

随着经济的发展和人们消费水平的提高，消费需求日趋个性化、多样化，社会所需生产的产品品种多，而每个品种的数量却又不很大。据统计，在机械制造企业中，单件生产、成批生产占 85%，大批大量生产仅占 15% 左右。选用硬件设备可调的办法实现多品种、小批量生产自动化，在技术上有许多很难克服的困难，因为硬件设备的柔性毕竟是十分有限的。近年来由于计算机技术、数控技术以及加工中心、工业机器人等技术的发展，使多品种、中小批量生产自动化出现了新的希望，并相继出现了柔性制造单元、柔性制造系统、柔性制造线等自动化模式。

1. 柔性制造单元（Flexible Manufacturing Cell，简称 FMC）

柔性制造单元是由计算机直接控制的自动化加工单元，它由单台具有自动交换刀具和工件功能的数控机床和工件自动输送装置所组成。典型的结构有两类：①由单台卧式或立式加工中心和环形（圆形或椭圆形）托盘输送装置（又称托盘库）构成，主要用于加工箱体、支座等非回转零件；②由单台车削中心和机器人构成，主要用于加工轴、盘等回转体类零件[34]。

图 7-4 是由一台加工中心和一台 6 工位环形自动交换托盘库组成的柔性制造单元。更换工件由加工中心上的托盘交换装置和环形托盘库协调配合完成。6 个托盘可同时沿托盘库的椭圆形轨道运行，实现托盘的输送和定位。图 7-4 中 1 为装卸工位，待加工件由操作工人装入托盘夹具中，托盘连同工件一道由托盘库输送装置运送到靠近加工中心的工位，再由托盘交换装置将托盘送到机床加工部位；工件加工好之后，由托盘交换装置将其送回托盘库，并由托盘库输送装置送回装卸工位。托盘的选择和定位由可编程控制器控制，托盘库具有正反向回转、随机选择及跳跃分度等功能。更换刀具由加工中心上的换刀机械手和刀具库执行。

柔性制造单元的主要优点是：与刚性自动化生产线相比，它具有一定的生产柔性，在同一零件组（族）内更换生产对象时，只需变换加工程序即可实现，无需对加工设备作重大调整；与柔性制造系统相比，它占地面积少，系统结构不很复杂，投资不大，可靠性较高，使用及维护均较简便。柔性制造单元常用于中批量生产规模和产品品种变化不大的场合。国内外许多著名机械制造厂商均能提供成套产品。

柔性制造单元既可以是一个独立的制造单元，也可以是柔性制造系统的一个组成部分。

2. 柔性制造系统（Flexible Manufacturing System，简称 FMS）

柔性制造系统由两台以上数控机床或加工中心、工件储运系统、刀具储运系统和多层计算机控制系统组成。

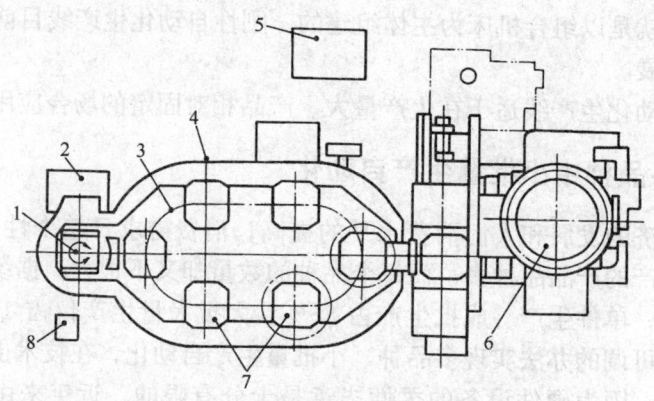

图 7-4 带托盘库的柔性制造单元
1—装卸工位 2—切屑箱 3—托盘库 4—安全隔离栏 5—油箱
6—加工中心 7—托盘 8—托盘控制台

图 7-5 所示为一加工小型棱形件、小型回转件的柔性制造系统。它由 2 台立式加工中心、1 台卧式加工中心、1 台三坐标测量机、1 台换刀机器人、1 台清洗机、1 台有轨运输小车、1 个中央刀库组成。柔性制造系统的计算机控制系统分三层，第 1 层是系统控制器，第 2 层为工作站控制器，第 3 层为底层设备控制器。

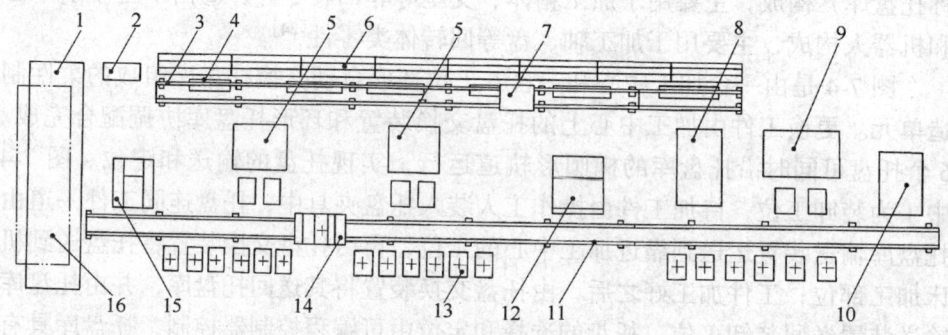

图 7-5 柔性制造系统
1—半成品库 2—刀具预调仪 3—空架轨道 4—刀具进出站 5—立式加工中心 6—中央刀库
7—换刀机器人 8—卧式加工中心 9—三坐标测量机 10—工件装卸站 11—地面直线导轨
12—清洗机 13—托盘缓冲站 14—有轨自动运输小车 15—工件装卸站
16—系统控制器（在半成品库的楼上）

柔性制造系统按生产作业计划进行。如下一步要安排棱形工件 A 在立式加工中心上加工，预先就要安排操作工人在工件装卸站 15 将工件 A 的毛坯装夹在托盘的夹具中，操作工人通过装卸站 15 的设备终端计算机经工作站控制器通知系统控制器，系统控制器控制有轨自动运输小车 14 到工件装卸站 15 将装有工件 A 毛坯的托盘送到托盘缓冲站 13。紧接着系统控制器将查对中央刀库有无加工工件 A 所需的刀具，如没有或不够，系统控制器将发出刀具补充信号，管理人员从刀库领出所需刀具并由刀具预调仪 2 调整到规定尺寸后，将刀具放入刀具进出站 4，并由其终端计算机经工作站控制器通知系统控制器控制换刀机器人 7 将该刀具从刀具进出站 4 取出送至中央刀库 6 的预定位置。一旦某台立式加工中心出现空闲时，系统控制器便指挥运输小车 14 到托盘缓冲站 13 取下装有工件 A 毛坯的托盘送到该立式加工中心进行加工；与此同时，系统控制器将工件 A 的加工程序传输给该立式加工中心的数控系统。当工件 A 完成所有加工后，由小车 14 将工件送至三坐标测量机 9 进行检测，检测合格的工件由小车 14 送至清洗机 12 清洗，清洗完毕再由小车 14 将其送至工件装卸站 10，操作工人将已加工好的工件 A 从夹具上卸下。

柔性制造系统的主要优点是：①制造系统柔性较大，可混流加工不同组别的零件，适于在多品种、中小批量生产中使用；②系统局部调整或维修时可不中断整个系统的运行。主要缺点是：①投资额大，投资回收期长；②系统复杂，可靠性较差。柔性制造系统适于在产品品种变化不大，年产 200～2500 件的中批量生产中应用。

3. 柔性制造线（Flexible Manufacturing Line，简称 FML）

FML 与 FMS 之间的界限并不十分清楚，两者之间的主要区别在于柔性制造线像刚性自动生产线那样，具有一定生产节拍，被加工工件沿着一定的方向顺序传送；柔性制造系统没有固定的生产节拍，工件的传输方向也是随机的。柔性制造线所用机床主要是循环式可换主轴箱加工中心或是转塔式换箱加工中心。变换加工工件时，可更换主轴箱，同时调入相应的数控程序，生产节拍随之作相应的调整。图 7-6 所示为一柔性制造线加工设备平面布置图，它由 2 台数控铣床、4 台转塔式换箱加工中心和 1 台循环式可换主轴箱加工中心组成，采用辊道传送带输送工件。这条柔性制造线看起来与传统的刚性自动化生产线差不多，区别在于柔性制造线所用设备是可调的或是部分可换的，具有一定柔性。

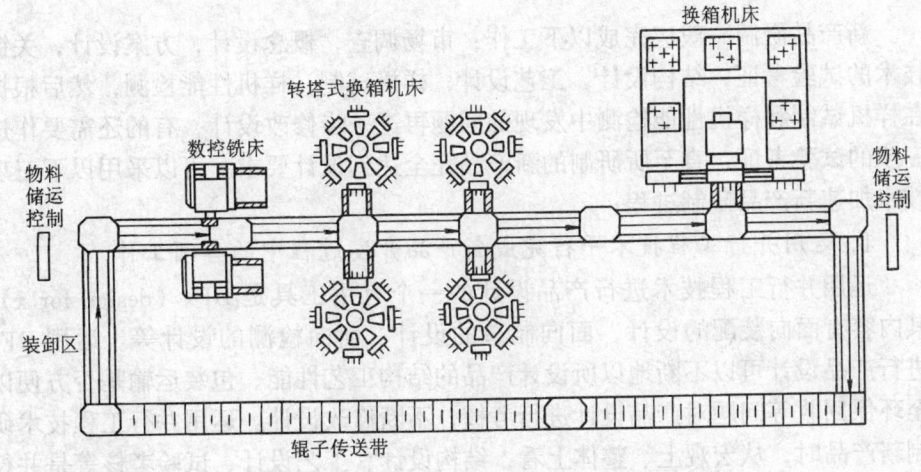

图 7-6 柔性制造线

柔性制造线的主要特点是：它具有刚性自动化生产线的优点，当生产批量不很大时，生产成本比刚性自动化生产线低得多；变换产品时，系统所需调整时间比刚性自动化生产线少得多；但建线的总费用要比刚性自动线高得多。为了节省投资，提高系统的运行效益，柔性制造线可采用刚柔结合的形式，部分设备采用专用机床（主要是组合机床），部分设备采用可换主轴箱或可换刀架式柔性加工机床。

柔性制造线主要适用于生产品品种变化不大的中批和大批量生产。

未来的机械制造自动化技术主要面向多品种、中小批量生产，要求系统具有尽可能多的柔性，以适应市场快速多变的需求。多品种、中小批量生产自动化是本世纪机械制造自动化技术的主要研究命题。

第三节　快速响应制造技术

随着科学技术和生产的发展，新产品开发周期越来越短，一个新产品上市不久，另一个性能价格比更优的同类产品又问世了，市场竞争越来越激烈。以汽车制造为例，从前，一个轿车车型一般都要生产数十万辆或数百万辆，现在一个新的车型平均只生产几万辆，为什么不能再多生产呢？原因在于，市场上已有性能价格比更优的新车型上市了，原车型已丧失市场竞争能力。从前，轿车的研发上市周期为 5~8 年；现在，国际上一个新车型的研发上市周期已缩短为 2 年以下。统计数据表明，新产品最早上市的几家公司往往能占领 85% 的市场份额。为使企业在激烈的市场竞争中立于不败之地，人们要求发展对市场动态需求具有快速响应能力的快速响应制造技术。

快速响应制造技术主要包括新产品的快速研制和制造资源的快速重组两大部分，分述如下。

一、新产品的快速研制

新产品研制一般应完成以下工作：市场调查，概念设计，方案设计，关键技术的试验考证，结构设计，工艺设计，样机试制，样机性能检测，然后根据在样机试制和样机性能检测中发现的问题再进一步修改设计，有的还需要作进一步的试验考证，直至所研制的新产品完全达到设计要求。可以采用以下三项技术加速新产品研制进程：

1. 运用并行工程技术平行完成新产品开发过程中的各项工作

运用并行工程技术进行产品设计的一个有用工具是 DFx (design for x)，其内容有面向装配的设计，面向制造的设计，面向检测的设计等。运用 DFx 进行产品设计可以不断地以所设计产品的结构工艺性能、包装运输是否方便以至环保回收等问题对产品设计进行考核，不断修改设计。运用并行工程技术研制新产品时，从宏观上、整体上看，结构设计、工艺设计、试验考核等是并行交叉进行的；但在具体实施步骤看，结构设计、结构工艺性分析、工艺设计、成本估算等工作却是逐步交替串行运作的。

2. 运用面向产品开发的虚拟制造技术考核产品设计的结构工艺性和产品工作性能

虚拟现实技术是利用计算机技术建立一种逼近真实的虚拟环境，在这个环境中，设计、制造和试验的产品，不是实物，它不消耗实际材料，也不需要机床等设备，它只是一种图像和声音的"数字产品"，但人们可以利用这些"数字产品"对所设计的产品进行外观审查，装配模拟和干涉检查，机械运动仿真，零件加工模拟，直至产品的工作性能模拟与评价；然后根据仿真模拟中暴露的缺陷和问题指导修改设计，直到完全达到预期的设计要求，产品最终定型为止。采用虚拟现实环境进行模拟仿真来指导设计，要比组建制造系统实地进行试验和试制容易得多，快捷得多，经济得多，它是加快新产品研制进程的一种十分有效的办法。

3. 采用快速原型制造技术，加快样件制造过程

运用面向产品开发的虚拟制造技术可以对产品设计的结构工艺性能和产品的工作性能进行较为全面的考核，但这种考核所依据的毕竟还是"数字产品"，为使产品设计立于不败之地，有时尚需对所研发产品关键部位的结构进行实际考察，要求将有关零部件制造出来。制造样件往往需要专用工具、夹具、模具，尤其是制造结构复杂的零件（例如机床床身）更是如此。在产品开发阶段为试制样件制造工具、夹具、模具是一件既费事又极易造成浪费（在日后生产中不一定能用得上）的事情。采用快速原型制造技术可以在计算机控制下，直接制造出形状精确的零件原型；该原型在精铸技术和模具制造技术支持下，还可以做成与实际零件非常接近的功能零件，无需另外制造工具、夹具、模具。

目前，在国内已建有快速原型制造技术服务中心，快速原型制造信息网络中心也已经建立，此项技术将在我国机电产品开发中发挥重要作用。

二、制造资源的快速重组

新产品开发出来之后，就要尽快组建制造系统，迅速形成生产能力。

按照常规方式组织生产通常要完成以下工作：市场调查，征地建厂或原地扩建，编制工艺，设备的订购、安装与调试，非标设备的设计、制造与调试，工装设计、制造与调试，人员培训，小批试制，最后形成批量生产能力，这是一个漫长的过程，有时甚至需要花费几年时间才能最终形成批量生产能力。为了适应市场需求多变的形势，许多企业已开始注意选用柔性较大的设备（例如选用数控机床、加工中心、柔性制造单元、模块化数控机床、模块化可重组柔性生产线等）组建柔性制造系统。上述努力虽也取得了一定收效，但要花费巨大投资，而且制造系统的柔性仍然有限，因为硬件设备只对同组（族）零件才具有柔性，如果改做另一组（族）零件，就不具有柔性。这表明，指望通过不断提高硬件设备的柔性来解决制造资源的快速重组问题是有一定限度的，必须寻求新的突破。

在解决快速响应市场竞争需求方面，美国里海大学和通用汽车公司共同提出的敏捷制造生产模式给出了一种新的理念、新的思路、新的解决办法。敏捷制造生产模式不主张借助大规模的技术改造来扩充企业的生产能力，也不主张建立拥有一切生产要素独霸市场的巨型公司。敏捷制造生产模式的核心是虚拟企业（或称动态联盟）。新产品开发成功后，主导企业将通过计算机网络在全

球范围内选取最优的制造资源组建虚拟企业，然后通过网络、数据库、多媒体等技术的支撑来协调设计、制造、装配、销售等活动，各加盟单元将根据贡献和合同分享利润。产品的市场寿命终结时，虚拟企业便解体了。

图 7-7 给出了一个虚拟企业的结构。在计算机网络协调控制下，产品开发、加工制造、装配调试、市场营销等工作分散在不同地点进行[44]。

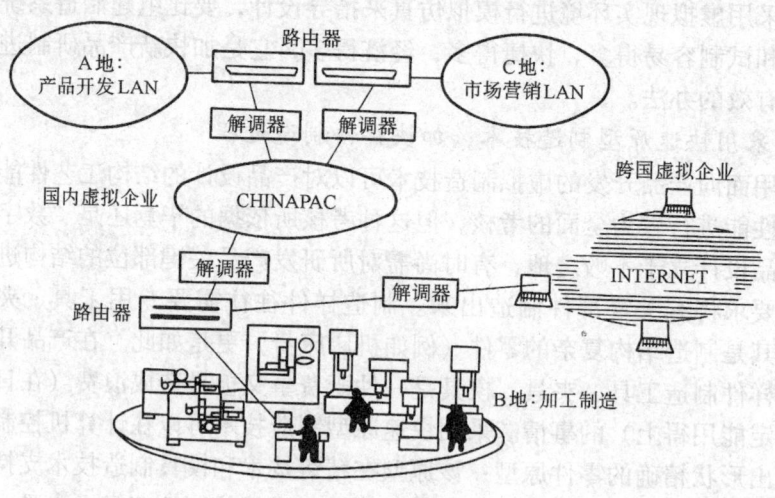

图 7-7 虚拟企业结构

在我国，初级阶段的虚拟企业在现实生活中已有不少。例如，鑫港公司是一家制造和销售电信产品的企业，总部设在中国香港，它主要从事新产品研制、市场开发和销售、财务、行政管理等工作；产品的制造则是在厦门经济特区宏泰工业园区进行[44]。

又如，美国波音公司 747 型飞机上有 400 多万个零件，绝大部分都不是波音公司自己生产的，而是由 65 个国家的 1500 多个大企业和 15000 多个中小企业分别提供的。我国四大飞机工业公司（西飞、沈飞、成飞和上飞）这几年也承担了波音飞机上平尾、垂尾、舱门、机身、机头和翼盒等零部件的"外包"生产任务。

采用组建虚拟企业的办法实现制造资源快速重组的优点是：

1）虚拟企业可充分利用现有制造资源与技术，提高了制造资源重组的速度，可显著缩短产品上市周期。

2）虚拟企业在全球范围内优化组织制造资源，可以保证产品的制造质量，并可降低制造成本。

3）它不需要固定资产的再投资，避免了固定资产的投资风险和支付贷款利率，虚拟企业可以获得稳定的利润。

基于国际互联网、局域网的快速响应制造技术，是当今机械制造工程学术界、企业界广为关注的热门技术。从工业发达国家和地区已经实施的情况分析，推行快速响应制造技术可以明显加快新产品的上市速度，美国笔记本电脑生产从设计到上市销售只用了 4 个月时间，就是一个成功实例。

第四节　绿色制造技术

20世纪90年代，国际上就已经提出了绿色制造（Green Manufacturing，简称 GM）的概念，绿色制造技术又称清洁生产（Clean Production，简称 CP）和面向环境的制造技术（Manufacturing For Environment，简称 MFE）。绿色制造技术是一种综合考虑环境影响和资源利用的现代制造技术，它强调在产品生命周期全过程中要尽可能地减少对环境和人体健康的负面影响，提高资源和能源的利用率。所谓产品生命周期全过程是指从地球环境（土地、空气和海洋）中提取材料，加工成产品，出售给用户使用，产品报废后作回收处理，使一切有用资源重新利用的整个过程，如图 7-8 所示[45]。

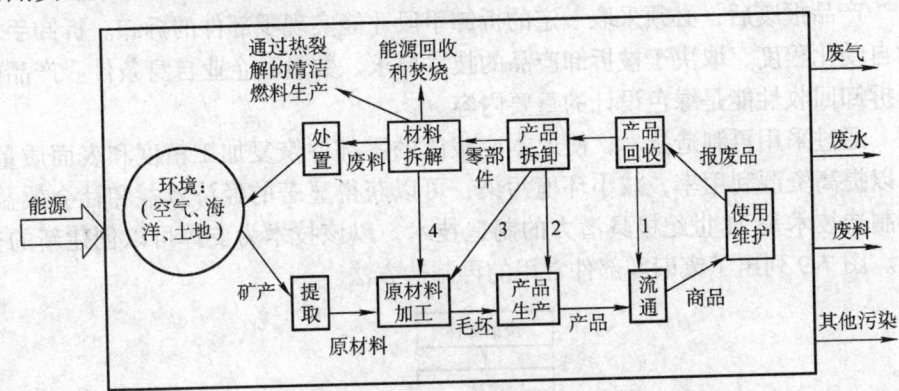

图 7-8　产品全生命周期循环过程图

1—重复利用　2—可重复利用成分的再制造　3—循环材料的再加工　4—原材料再生

绿色制造技术的含义很广，它主要涵盖以下三方面内容。

1. 绿色产品设计

绿色产品设计除遵守一般产品设计原则外，尚须遵守下列原则：

（1）资源最佳利用原则　产品取材应来源丰富，尽量不用稀缺资源，尽量选用可再生资源；在设计上，应尽可能保证所选资源在产品的整个生命周期中得到最大限度的利用，力争使资源的回收利用和投入比趋于1；对于确因技术水平限制而不能回收再利用的废弃物，应能自然降解或便于安全处理。

（2）能量最佳利用原则　尽量选用太阳能、风能等清洁型可再生能源，尽量减少汽油、柴油等不可再生能源的使用；力求减少能量消耗，并使有效能量与总能量之比趋于1。

（3）污染最小化原则　变末端治理为源头控制，彻底抛弃传统设计中采取的"先污染后治理"的末端治理方式，确保产品在其全生命周期中产生的环境污染接近于0。

2. 清洁生产

清洁生产要求在产品生产过程中，应尽量减少对自然环境的污染和破坏。对机械加工而言，切削加工、磨削加工中所用切削液，以及电火花加工、电解加工所用工作液都会对环境和人体造成污染和破坏。采用干式切削和干式磨削虽可以防止因使用切削液对环境和人体带来的污染，但干式切削和干式磨削过程中产生的细微切屑与粉尘也是一种污染源，须配置回收装置。机床加工中产生的振动与噪声会污染环境，对人体造成危害，需采取相应的控制措施，使之不超过规定的指标。

3. 再资源化技术

图 7-8 中所指 1、2、3、4 过程均属再资源化工作内容，它包括报废产品的回收、拆卸分类、可重复利用成分的再制造、循环材料的再加工和原材料再生等。报废产品的再资源化不仅可以解决资源短缺问题，而且可以减少废弃产品中的有害物质对环境的污染。再资源化技术主要包括产品的拆卸技术、零部件的再制造技术和材料再资源化技术等。

产品报废后，必须采取一定的拆卸手段才能实现零部件的拆卸。拆卸手段的自动化程度，取决于被拆卸产品的技术要求、数量和企业自身条件。产品的可拆卸回收性能是绿色设计的重要内容。

通过采用再制造技术，使原本应报废的零部件恢复加工精度和表面质量，可以提高资源利用率，减小环境污染，可以获得显著的经济效益和社会效益。再制造技术是 21 世纪极具潜力的制造技术，以该技术为支撑可以创建新的企业。图 7-9 列出了废旧零部件常用的再制造方法。

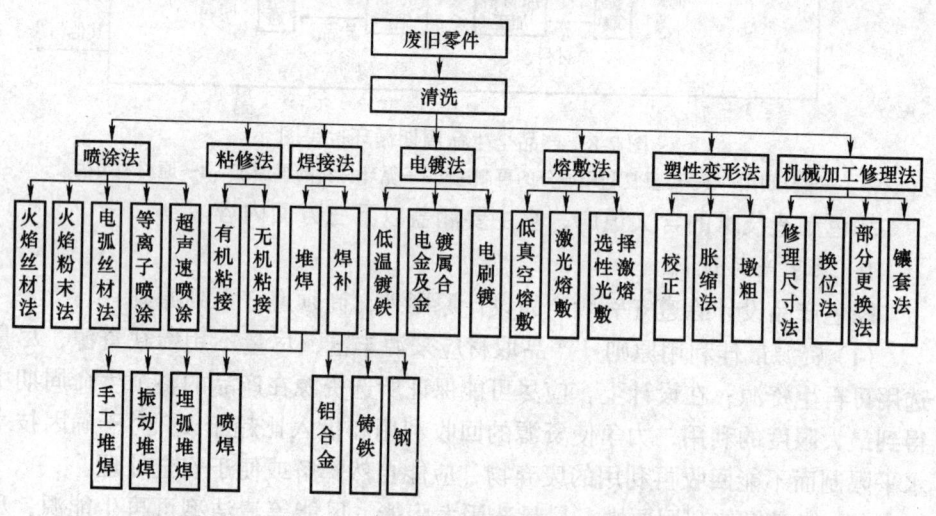

图 7-9　废旧零部件常用再制造方法

材料的再资源化技术主要包括材料粉碎技术、材料的物理及化学分选技术、高分子材料热分解技术等。

目前，国际组织和许多发达国家纷纷推出绿色制造技术方面的标准、政策和法律，形成了当前国际市场的"绿色贸易壁垒"。我国制造业要以产品的全生命周期为目标，致力发展循环经济，实施绿色设计、绿色制造、绿色运行、绿色回收，以期突破"绿色贸易壁垒"，争取在全球竞争与合作中赢得主动和优势。

学习本章内容的基本要求

1) 深刻理解当代机械制造技术的发展方向。
2) 深刻理解发展超精密加工和纳米加工技术的重要意义。
3) 学习掌握超精密加工与纳米级加工的基本原理、工艺特征及其应用范围。
4) 熟悉了解大批量生产自动化和多品种、中小批量生产自动化的工艺特征及其应用范围。
5) 熟悉了解 FMC、FMS、FML 的工艺特征及其应用范围。
6) 深刻理解发展快速响应制造技术的重要意义。
7) 熟悉了解加速新产品研制进程的途径和方法。
8) 熟悉了解利用互联网、局域网快速重组制造资源的方法。
9) 深刻理解发展绿色制造技术的重要意义。

思考题与习题

7-1 试论述当代机械制造技术的发展方向。

7-2 为什么切削工具所能切除的最小极限背吃刀量与切削刃钝圆半径有关？为什么它还与机床加工系统的刚度有关？

7-3 试分析归纳超精密加工与纳米级加工的基本原理。

7-4 试分析超精密切削、超精密磨削的工艺特征及其应用范围。

7-5 在图 7-3 中，为什么在对 x 方向的一对电极分别施加电压 $+U_x$ 和 $-U_x$ 后，压电陶瓷管会带动探针在 x 方向移动？

7-6 为什么说发展自动化制造技术对保证产品加工质量、提高生产效率、降低产品制造成本、提高企业的市场竞争能力均具有重要意义？试举例说明。

7-7 试论述大批量生产自动化和多品种、中小批量生产自动化的异同。

7-8 试分析 FMC 与 FMS、FMS 与 FML 的异同，各适于在何种场合应用。

7-9 影响新产品快速上市的关键环节有哪些？各有几种解决方案？试分析比较其优缺点。

7-10 设计制造机械产品，怎样才能减少对环境和人体健康的负面影响，并提高资源和能源的利用率？

参 考 文 献

[1] 路甬祥. 坚持科学发展, 推进制造业的历史性跨越. 2007年中国机械工程学会年会论文集 [C]. 北京: 机械工业出版社, 2007.
[2] 宋健. 制造业与现代化 [J]. 机械工程学报, 2002, 38 (12): 1-9.
[3] 中国工程院《新世纪如何提高和发展我国制造业》课题组. 新世纪的中国制造业 (调查报告). 经济日报, 2002-07-04 (14-15).
[4] 朱高峰. 新世纪如何提高和发展我国制造业 [J]. 中国制造业信息化, 2003, 32 (4): 4-8.
[5] 张国宝. 实现装备制造业的振兴与发展 [J]. 学会信息, 2006, (4): 6-13.
[6] 国发 [2006] 8号文件:《国务院关于振兴装备制造业的若干意见》.
[7] 卢秉恒, 于骏一, 张福润. 机械制造技术基础 [M]. 北京: 机械工业出版社, 1999.
[8] 张福润, 徐鸿本, 刘廷林. 机械制造技术基础 [M]. 2版. 武汉: 华中科技大学出版社, 2000.
[9] 王先逵. 机械制造工艺学 [M]. 2版. 北京: 机械工业出版社, 2007.
[10] 于骏一, 夏卿, 包善斐. 机械制造工艺学 [M]. 长春: 吉林教育出版社, 1986.
[11] 宾鸿赞, 曾庆福. 机械制造工艺学 [M]. 北京: 机械工业出版社, 1988.
[12] 袁哲俊, 王先逵. 精密与超精密加工技术 [M]. 北京: 机械工业出版社, 1999.
[13] 朱绍华, 等. 机械加工工艺 [M]. 北京: 机械工业出版社, 1999.
[14] 张根保. 自动化制造系统 [M]. 北京: 机械工业出版社, 1999.
[15] 戴曙. 金属切削机床 [M]. 北京: 机械工业出版社, 1999.
[16] 周泽华. 金属切削原理 [M]. 2版. 上海: 上海科技出版社, 1993.
[17] 陈日曜. 金属切削原理 [M]. 2版. 北京: 机械工业出版社, 1993.
[18] 蔡在亶. 金属切削原理 [M]. 上海: 同济大学出版社, 1994.
[19] 张幼桢. 金属切削原理 [M]. 北京: 航空工业出版社, 1988.
[20] 张维纪. 金属切削原理及刀具 [M]. 杭州: 浙江大学出版社, 1991.
[21] 袁哲俊. 金属切削刀具 [M]. 上海: 上海科技出版社, 1984.
[22] 韩荣第, 周明. 金属切削原理与刀具 [M]. 哈尔滨: 哈尔滨工业大学出版社, 1998.
[23] 许香穗, 蔡建国. 成组技术 [M]. 2版. 北京: 机械工业出版社, 1999.
[24] 于骏一, 等. 典型零件制造工艺 [M]. 北京: 机械工业出版社, 1989.
[25] 王宝玺, 贾庆祥. 汽车制造工艺学 [M]. 北京: 机械工业出版社, 2007.
[26] 韩楚生. 机械制造技术基础 [M]. 重庆: 重庆大学出版社, 2000.
[27] 朱心正. 机械制造技术 [M]. 北京: 机械工业出版社, 1999.
[28] 刘晋春, 赵家齐, 赵万生. 特种加工 [M]. 3版. 北京: 机械工业出版社, 2002.
[29] 龚定安, 蔡建国. 机床夹具设计原理 [M]. 西安: 陕西科学技术出版社, 1983.
[30] 屈维德, 唐恒龄. 机械振动手册 [M]. 北京: 机械工业出版社, 2000.
[31] 于骏一, 吴博达. 机械加工振动的诊断、识别与控制 [M]. 北京: 清华大学出版社, 1994.
[32] 刘雄伟, 等. 数控加工理论与编程技术 [M]. 北京: 机械工业出版社, 2000.

[33] 张纪真. 机械制造工艺标准 [M]. 北京：机械工业出版社，1997.
[34] 王大珩，王淦昌，等. 高技术辞典 [M]. 北京：清华大学出版社，科学出版社，2001.
[35] 艾兴，肖诗纲. 切削用量简明手册 [M]. 北京：机械工业出版社，1994.
[36] 王光斗，王春福. 机床夹具设计手册 [M]. 上海：上海科技出版社，2000.
[37] 邹青. 机械制造技术基础课程设计指导教程 [M]. 北京：机械工业出版社，2004.
[38] 李旦，邵东向，王杰. 机床专用夹具图册 [M]. 哈尔滨：哈尔滨工业大学出版社，1998.
[39] 甘永立. 几何量公差与检测 [M]. 7版. 上海：上海科技出版社，2007.
[40] 王忠. 机械工程材料 [M]. 北京：清华大学出版社，2005.
[41] 中华人民共和国国家标准 GB/T 3505—2000 产品几何技术规范 表面结构 轮廓法表面结构的术语、定义及参数 [S]. 北京：中国标准出版社，2000.
[42] 利人. 统计推断理论基础及其应用 [M]. 北京：群众出版社，1982.
[43] 赵特伟. 试验数据的整理与分析 [M]. 北京：中国铁道出版社，1981.
[44] 张曙. 信息时代的全球制造. 先进制造技术 [C]. 北京：机械工业出版社，1996：29-36.
[45] 王先逵，等. 机械加工工艺手册 [M]. 2版. 北京：机械工业出版社，2007.

《机械制造技术基础》
第 2 版
（于骏一　邹青　主编）
读者信息反馈表

尊敬的老师：

　　您好！感谢您多年来对机械工业出版社的支持和厚爱！为了进一步提高我社教材的出版质量，更好地为我国高等教育发展服务，欢迎您对我社的教材多提宝贵意见和建议。另外，如果您在教学中选用了本书，欢迎您对本书提出修改建议和意见。

一、基本信息

姓名：_____　性别：_____　职称：_____　职务：_____

邮编：_____　地址：_____

任教课程：_____　电话：____-_____（H）_____（O）

电子邮件：_____　手机：_____

二、您对本书的意见和建议

　　　　（欢迎您指出本书的疏误之处）

三、您对我们的其他意见和建议

请与我们联系：

100037　机械工业出版社·高教分社　刘小慧 收
Tel：010-88379712，88379715，68994030（Fax）
E-mail：lxh9592@126.com